Gerd Raguß

Der Vorstand einer Aktiengesellschaft

Gerd Raguß

Der Vorstand einer Aktiengesellschaft

Vertrag und Haftung von Vorstandsmitgliedern

Springer

Gerd Raguß
Sozietät Hecker, Werner, Himmelreich & Nacken
Brabanter Str. 2
50674 Köln
E-Mail: rg@hwhn.de

Bibliografische Information Der Deutschen Bibliothek
Die Deutsche Bibliothek verzeichnet diese Publikation in der Deutschen Nationalbibliografie; detaillierte bibliografische Daten sind im Internet über <http://dnb.ddb.de> abrufbar.

ISBN 3-540-21414-3 Springer Berlin Heidelberg New York

Springer ist ein Unternehmen von Springer Science+Business Media
springer.de

Umschlaggestaltung: design & production GmbH, Heidelberg
Herstellung: PTP-Berlin Protago-TeX-Production GmbH, Germany
Satz: Janet Wenzel, Berlin
Gedruckt auf säurefreiem Papier 68/3020/Yu - 5 4 3 2 1 0

Inhaltsverzeichnis

Abkürzungsverzeichnis

Abs.	Absatz
Abschn.	Abschnitt
a.E.	am Ende
AEG	Allgemeines Eisenbahngesetz
a.F.	alte Fassung
AG	Aktiengesellschaft; Amtsgericht; Die Aktiengesellschaft (Zeitschrift)
AktG	Aktiengesetz
AMG	Arzneimittelgesetz
AO	Abgabenordnung
ArbGG	Arbeitsgerichtsgesetz
AtomG	Atomgesetz
AÜG	Arbeitnehmerüberlassungsgesetz
Aufl.	Auflage
BB	Betriebs-Berater (Zeitschrift)
BDSG	Bundesdatenschutzgesetz
BetrVG	Betriebsverfassungsgesetz
BewG	Bewertungsgesetz
BFH	Bundesfinanzhof
BGB	Bürgerliches Gesetzbuch
BGBl.	Bundesgesetzblatt
BGH	Bundesgerichtshof
BImSchG	Bundes-Immissionsschutzgesetz
BMF	Bundesminister der Finanzen
BNatSchG	Bundesnaturschutzgesetz
BörsenG	Börsengesetz
BStBl.	Bundessteuerblatt
BZRG	Bundeszentralregistergesetz
ca.	circa
DB	Der Betrieb (Zeitschrift)
d. h.	das heißt
DM	Deutsche Mark
DStR	Deutsches Steuerrecht (Zeitschrift)
ErbStG	Erbschaftsteuergesetz
EStG	Einkommensteuergesetz
FahrPersG	Fahrpersonalgesetz
ff.	folgende

FGG	Gesetz über die Angelegenheiten der freiw. Gerichtsbarkeit
GebrMG	Gebrauchsmustergesetz
GeschmMG	Geschmacksmustergesetz
gem.	gemäß
GenTG	Gentechnikgesetz
GewO	Gewerbeordnung
ggf.	gegebenenfalls
GmbH	Gesellschaft mit beschränkter Haftung
GmbHR	GmbH-Rundschau (Zeitschrift)
GrEStG	Grunderwerbsteuergesetz
GüKG	Güterkraftverkehrsgesetz
GWB	Gesetz gegen Wettbewerbsbeschränkungen
GwG	Gesetz über das Aufspüren von Gewinnen aus schweren Straftaten
HGB	Handelsgesetzbuch
Hrsg.	Herausgeber
HRV	Handelsregisterverfügung
InsO	Insolvenzordnung
i. S. d.	im Sinne des/der
i. V. m.	in Verbindung mit
JArbSchG	Jugendarbeitsschutzgesetz
Kap.	Kapitel
KG	Kommanditgesellschaft
KGaA	Kommanditgesellschaft auf Aktien
KonTraG	Gesetz zur Kontrolle u. Transparenz im Unternehmensbereich
KöSt	Körperschaftsteuern
KrW/AbfG	Kreislaufwirtschafts- und Abfallgesetz
KStG	Körperschaftsteuergesetz
KWG	Kreditwesengesetz
LMBG	Lebensmittel- und Bedarfsgegenständegesetz
LuftVG	Luftverkehrsgesetz
MarkenG	Markengesetz
m. E.	meines Erachtens
Mio.	Million(en)
MitbestG	Mitbestimmungsgesetz
MuSchG	Mutterschutzgesetz
NJW	Neue Juristische Wochenschrift
Nr.	Nummer
NZG	Neue Zeitschrift für Gesellschaftsrecht
OHG	Offene Handelsgesellschaft
OLG	Oberlandesgericht

OWiG	Gesetz über Ordnungswidrigkeiten
PartGG	Partnerschaftsgesellschaftsgesetz
PatG	Patentgesetz
PBefG	Personenbeförderungsgesetz
PflSchG	Pflanzenschutzgesetz
PflVG	Pflichtversicherungsgesetz
ProdHG	Produkthaftungsgesetz
RabattG	Rabattgesetz
Rz.	Randziffer
S.	Seite; Satz
s.	siehe
SeemG	Seemannsgesetz
SeeStrSchO	Seeschifffahrtsstraßen-Ordnung
SGB	Sozialgesetzbuch
sog.	sogenannte
SortSchG	Sortenschutzgesetz
SpruchG	Spruchverfahrensgesetz
StBerG	Steuerberatungsgesetz
StGB	Strafgesetzbuch
StVG	Straßenverkehrsgesetz
StVO	Straßenverkehrsordnung
TDG	Teledienstegesetz
TierSchG	Tierschutzgesetz
Tz.	Textziffer
u. a.	unter anderem
UmwG	Umwandlungsgesetz vom 28.10.1994
UmwStG	Umwandlungssteuergesetz
UrhG	Urhebergesetz
UWG	Gesetz gegen den unlauteren Wettbewerb
VerpackVO	Verpackungsverordnung
vgl.	vergleiche
Vorb.	Vorbemerkung
wg.	wegen
WG	Wechselgesetz
WHG	Wasserhaushaltsgesetz
WM	Wertpapier-Mitteilungen
WpHG	Gesetz über den Wertpapierhandel
z. B.	zum Beispiel
ZIP	Zeitschrift für Wirtschaftsrecht
zit.	zitiert
z. T.	zum Teil
ZugabeVO	Zugabeverordnung

1 Einleitung

1.1 Entstehung des Buches

Warum dieses Buch? Es gibt viele gute Kommentare zum Aktiengesetz und viele gute Bücher über das Aktienrecht und es findet sich in Formularhandbüchern eine hinreichende Zahl von Vorschlägen für die Gestaltung von Vorstandsdienstverträgen.

Dies alles aber hilft demjenigen nicht, dem die Berufung zum Vorstandsmitglied angetragen wird und der sich in aller Kürze über die Konsequenzen seiner Zustimmung informieren will. Die ohne Frage vorhandene Faszination der Bezeichnung „Vorstand“ auf einer Visitenkarte, die nur noch von der Bezeichnung „Präsident“ übertroffen wird und die ähnlich wie das Zauberwort „Steuersparmodell“ zum Ende eines jeden Steuer- und Kalenderjahres geeignet ist, unreflektierte Entscheidungen zu verursachen. Sie birgt die Gefahr der späten Reue in sich.

Im Zweifel verfügt der Vorstand während seiner Tätigkeit für die Aktiengesellschaft über eine Vielzahl von Beratern, gegebenenfalls eine Rechtsabteilung oder eine beratende Anwaltssozietät, die ihm Spezialfragen des Dienstvertragsrechts und des Aktienrechts aufarbeiten und ihn in juristischen Fragen des Alltagsgeschäftes unterstützen wird. Zu Beginn seiner Tätigkeit verhandelt er allein mit der Aktiengesellschaft. Diese steht ihm als Einzelperson mit ihrer gesamten Organisation und ihrem Know-how gegenüber. Information tut daher Not und gut.

Dieses Buch soll das tatsächliche Ungleichgewicht abmildern und dem angehenden Vorstand aufzeigen, auf was er sich einlässt. Es ist aus der Perspektive des Ratsuchenden geschriebenen, der wissen möchte, auf was er zu achten hat. Da die Rechtsverhältnisse der Aktiengesellschaft im Aktiengesetz und anderen Gesetzen geregelt sind, ist dies natürlich auch ein juristisches Buch, welches sich auch für Juristen eignet, die nicht täglich mit diesem Gesetz arbeiten.

Deshalb werden Gesetze und Vorschriften, soweit dies sinnvoll erscheint, im Wortlaut zitiert; aber auch Passagen aus Originalurteilen und Fachaufsätzen, wenn der Text verständlich und so prägnant ist, dass bei einer anderen Form der Wiedergabe Inhalt oder Klarheit verloren geht.

1.2 Die Aktiengesellschaft

Jedes Unternehmen hat, wenn es sich nicht um eine Neugründung handelt, eine Unternehmensgeschichte, über die sich der angehende Vorstand informieren sollte. Daneben hat auch die Aktiengesellschaft eine Geschichte, die deshalb bedeutsam ist, weil sie letztlich der Standortbestimmung für die Position des Vorstandes dient. Die Position des Vorstandes wird durchaus verschieden gesehen: Die einen sehen ihn als Treuhänder der Aktionärsinteressen, also als Treuhänder der Kapitalgeber. Andere sehen ihn in Verantwortung für die Arbeitsplätze und die Arbeitnehmer, wiederum andere betonen die gesellschaftspolitische Verantwortung, jedenfalls bei Großunternehmen.

Was aber ist eine Aktiengesellschaft?
Das Aktiengesetz gibt hier bereits in den §§ 1 und 3 Auskunft:

§ 1 Wesen der Aktiengesellschaft

(1) *Die Aktiengesellschaft ist eine Gesellschaft mit eigener Rechtspersönlichkeit. Für die Verbindlichkeiten der Gesellschaft haftet den Gläubigern nur das Gesellschaftsvermögen.*
(2) *Die Aktiengesellschaft hat ein in Aktien zerlegtes Grundkapital.*

§ 3 Formkaufmann; Börsennotierung

(1) *Die Aktiengesellschaft gilt als Handelsgesellschaft, auch wenn der Gegenstand des Unternehmens nicht im Betrieb eines Handelsgewerbes besteht.*
(2) *Börsennotiert im Sinne dieses Gesetzes sind Gesellschaften, deren Aktien zu einem Markt zugelassen sind, die von staatlichen anerkannten Stellen geregelt und überwacht wird, re-*

gelmäßig stattfindet und für das Publikum mittelbar oder unmittelbar zugänglich ist.

Danach ist die Aktiengesellschaft von ihrem Mitgliederbestand unabhängig. Ihre Mitglieder heißen Aktionäre.

Seit dem Gesetz für kleine Aktiengesellschaften und zur Deregulierung des Aktienrechts vom 02.08.1994 (Bundesgesetzblatt I S. 1961) ist es üblich geworden, insbesondere bei Neugründungen, mit einer überschaubaren Zahl von Aktionären, von einer **kleinen Aktiengesellschaft** zu sprechen, im Gegensatz zur Aktiengesellschaft mit einer Vielzahl von Aktionären.

Was ist eine Aktie?

Als Aktien bezeichnet man Anteilsrechte an einer Aktiengesellschaft. Aktien können entweder als Nennbetragsaktien oder Stückaktien begründet werden. Nennbetragsaktien müssen mindestens auf 1,00 € lauten.

Stückaktien lauten auf keinen Nennbetrag. Die Stückaktien einer Gesellschaft sind am Grundkapital im gleichen Umfang beteiligt.

Der Anteil am Grundkapital bestimmt sich bei Nennbetragsaktien nach dem Verhältnis ihres Nennbetrages zum Grundkapital, bei Stückaktien nach der Zahl der Aktien. Entsprechend dem Aktienwert ist der Aktionär am Grundkapital, den Gewinnausschüttungen, Kapitalaufstockungen aus Gesellschaftsmitteln und am Liquidationserlös beteiligt. Die Aktie repräsentiert auch ein Mitgliedschaftsrecht, das im Stimmrecht in der Hauptversammlung zum Ausdruck kommt. Aktien können auf den Namen oder den Inhaber lauten.

Was aber ist das Besondere an einer derartigen Beteiligung an einem Gesellschaftsvermögen? Verfolgt man die Geschichte der Wirtschaft in Europa, so kann man feststellen, dass es immer ein Bedürfnis gab, Großprojekte durch mehrere Beteiligte zu finanzieren, da die Finanzkraft eines Einzelnen selten ausreichte. Die Beteiligung geschah und geschieht auch noch heute (vgl. GmbH) in der Weise, dass eine Person sich mit Kapital an einer Gesellschaft beteiligt, welches sie bei Ausscheiden aus der Gesellschaft – falls noch vorhanden – zurückerhält. Ein Element der Beteiligung war und ist, dass eine Weitergabe der Beteiligung entweder überhaupt nicht möglich oder dadurch erschwert ist, dass sie von der Zustimmung der übrigen Beteiligten abhängig gemacht wird. Das neue Element bei der Aktie und damit der Aktiengesellschaft bestand darin, dass diese Aktien gehandelt werden konnten, ohne dass die Gesellschaft den ausscheidenden Anteil auszahlen oder die übrigen Anteilseigner der Veräußerung zustimmen mussten.

Die Geschichte der Aktiengesellschaft

Als Vorläufer und Vorbild für die heute bestehende Aktiengesellschaft gilt die für die Finanzierung des Gewürzhandels 1602 gegründete „Vereinigte Ostindische Handelscompany" (V.O.C.), bei der sich nicht nur wohlhabende Einzelpersonen, sondern auch Städte und Provinzen in Form von Anteilen beteiligten.

Etwa zeitgleich entwickelte sich die East India Company, die erste Aktiengesellschaft in Großbritannien 1613. Als erste deutsche Aktiengesellschaft gilt die „Handels-Company auf den Küsten von Guinea", gegründet in Preußen durch Friedrich Wilhelm, den großen Kurfürsten, am 17. März 1682. Danach folgte die „Brandenburgisch-Afrikanische Compagnie", ebenfalls auf den Überseehandel ausgerichtet. Später entdeckten auch andere Branchen die Beteiligungsform Aktiengesellschaft und Aktie: 1765 die „Berliner Assekuranz", 1770 die „Private Breslauer Zuckerraffinerie" und 1793 die „Berliner Zuckersiederei".[1]

In Deutschland waren die Preußen die ersten, die das Börsenwesen und das Aktienrecht regelten. Aktiengesellschaften konnten alsdann, Banken ausgenommen, für alle Branchen gegründet werden. Entsprechend entwickelte sich die Zahl der Aktiengesellschaften. In Preußen gab es 1850 bereits 130, von 1851 bis 1870 wurden weitere 295 Aktiengesellschaften gegründet. Die Banken konnten als Aktiengesellschaft durch das neue Aktiengesetz des Norddeutschen Bundes vom 11. Juni 1870 an ebenfalls als Aktiengesellschaft gegründet werden. Seit dieser gesetzlichen Regelung ist das Bestehen eines Aufsichtsrates zusätzliche Pflicht.[2]

---

[1] Lesenswert zur Geschichte der Aktie mit Abbildungen der ersten Aktien: Eine Zusammenstellung des Mitteldeutschen Rundfunks in URL: http://www.mdr.de/Geldanlage/Aktien/1227.html.

[2] Wie vor.

Die Struktur der modernen Aktiengesellschaft

Heute regelt das Aktiengesetz in §§ 95 bis 116 den Aufsichtsrat. Das Gesetz schreibt die Zahl der Aufsichtsratsmitglieder, die Zusammensetzung des Aufsichtsrates, die persönlichen Voraussetzungen für Aufsichtsratsmitglieder, deren Amtszeit, Abberufung und die Unvereinbarkeit der Zugehörigkeit zum Vorstand und zum Aufsichtsrat ebenso vor, wie die innere Ordnung des Aufsichtsrates, seine Aufgaben und Rechte und seine Vergütung.

In gleicher Weise beschäftigt sich das Aktiengesetz mit der Rechtsstellung der Aktionäre in §§ 53 a – 75 AktG, mit der Ausübung der Aktionärsrechte in der Hauptversammlung in §§ 118 bis 147 AktG und mit dem Vorstand in §§ 76 bis 94 AktG.

Durch die Grundpfeiler, Vorstand, Aufsichtsrat, Hauptversammlung und Aktionär, ist die Struktur der heutigen Aktiengesellschaft definiert. Juristisch ist die Aktiengesellschaft auch dadurch definiert, dass sie im Unterschied zu Personengesellschaften, insbesondere zur OHG (§ 128 HGB), grundsätzlich nur mit dem Gesellschaftsvermögen haftet, das vom Gesetzgeber zum Schutz der Gläubiger dem Zugriff der Aktionäre entzogen wird.

So heißt es in § 57 AktG:

(1) *Den Aktionären dürfen die Einlagen nicht zurückgewährt werden. Als Rückgewähr von Einlagen gilt nicht die Zahlung des Erwerbspreises beim zulässigen Erwerb eigener Aktien.*
(2) *Den Aktionären dürfen Zinsen weder zugesagt noch ausgezahlt werden.*
(3) *Vor Auflösung der Gesellschaft darf unter die Aktionäre nur der Bilanzgewinn verteilt werden.*

Die Aktiengesellschaft kann als juristische Person Trägerin von Rechten und Pflichten sein. Sie kann Eigentum erwerben, Erwerberin von Rechten und Marken sein, sie ist grundbuchfähig und kann unter ihrer Firma klagen und verklagt werden. Schließlich ist die Aktiengesellschaft deliktsfähig und haftet für unerlaubte Handlung ihrer Organe. Sie ist aber nicht strafrechtlich verantwortlich. Bestraft werden können nur natürliche Personen für ihre Handlungen.

Das Aktiengesetz regelt im Übrigen die Gründung und Auflösung der Aktiengesellschaft, enthält Sonderregelungen für die Gewinnverwendung, die Kapitalbeschaffung, die Herauf- und Herabsetzung des Kapitals und die Beziehung der Aktiengesellschaft zu verbundenen Unternehmen, insbesondere Beherrschungsvertrag und Gewinnabführungsverträge.

Das Grundkapital einer Aktiengesellschaft muss infolge des Euroeinführungsgesetzes (Artikel 3 § 1 EuroEG vom 9. Juli 1998) und dem dadurch genannten § 7 AktG nunmehr mindestens 50.000,00 € betragen.

Mit all diesen Themen wird sich der Vorstand im Laufe seiner Tätigkeit beschäftigen müssen; zunächst geht es aber einmal um die eigenen Interessen des Vorstandes und seine Stellung in der Aktiengesellschaft.

1.3 Statistik

Im Jahre 1850 existierten in Preußen 130 Aktiengesellschaften, im Jahre 1900 im Gebiet des Deutschen Reiches 4.500 Aktiengesellschaften. Ihre Zahl stieg bis 1909 auf 5.222 an:[3] Nach Mitteilung des Deutschen Aktieninstituts betrug die Zahl der Aktiengesellschaften in Deutschland Ende April 2003 15.033 gegenüber einem Tiefstand im Jahre 1983 von nur 2.122 Aktiengesellschaften. Ergänzend ergibt sich aus den Daten des statistischen Bundesamtes, das eine Statistik über die Aktiengesellschaften insofern führt, als dass die Statistik Teil der Umsatzsteuerstatistik ist und Unternehmen erfasst, die monatlich bzw. vierteljährlich Umsatzsteuervoranmeldungen abgeben. Per August 2001 gab es derart 6.725 Aktiengesellschaften nach deutschem Recht, woraus zu schließen wäre, dass es viele kleine Aktiengesellschaften gibt, deren zu versteuernder Jahresumsatz unter 16.617,00 € liegt. Es könnte sich natürlich auch um nicht umsatzsteuerpflichtige Aktiengesellschaften handeln, die reine Vermögensverwaltung betreiben. Die erfassten 6.856 Aktiengesellschaften (einschließlich Kommanditgesellschaft auf aktien- und bergrechtlichen Gewerkschaften) unterteilen sich nach Größenklassen der Lieferung und Leistungen (s. Tabelle 1.1).

[3] Wie vor.

Tabelle 1.1. Unterteilung der erfassten deutschen Aktiengesellschaften[4]

von (in €)	bis (in €)	Anzahl der Aktiengesellschaften
16.617,00	50.000,00	567
50.000,00	100.000,00	474
100.000,00	250.000,00	819
250.000,00	500.000,00	745
500.000,00	1 Mill.	765
1 Mill.	2 Mill.	743
2 Mill.	5 Mill.	755
5 Mill.	10 Mill.	480
10 Mill.	25 Mill.	462
25 Mill.	50 Mill.	282
50 Mill.	100 Mill.	229
100 Mill.	250 Mill.	237
250 Mill. und mehr		298

Ob große oder kleine Aktiengesellschaft, die Ausgangssituation ist für jedes Vorstandsmitglied in etwa gleich.

1.4 Konfliktpotenziale

Jeder, der sich zum Vorstand ernennen lässt, sollte sich darüber im Klaren sein, dass er in eine Konfliktsituation gerät, die von widerstreitenden Interessen gekennzeichnet ist.

Da ist zunächst einmal das Interesse der Eigentümer, der Aktionäre, deren Interesse mit dem modernen Schlagwort Shareholder Value bezeichnet wird. Gleichzeitig sieht sich der Vorstand einer mehr oder minder organisierten Arbeitnehmerschaft gegenüber, deren Interesse nicht deckungsgleich ist mit dem Interesse der Eigentümer. Darüber

[4] Statistisches Bundesamt VI D 60/4-39, Umsatzsteuerstatistik 2001.

hinaus besteht ein wachsender Erwartungsdruck in der Politik und Gesellschaft, die gerade in jüngster Zeit nachhaltig die Ausbildung junger Menschen und die Schaffung neuer Arbeitsplätze von den Unternehmen einfordert.

Auch das Vorstandsmitglied selbst hat eigene Interessen, die es nicht nur bei der Vertragsverhandlung, sondern auch im täglichen Überlebenskampf im Vorstand und im Unternehmen durchsetzen muss. Schließlich wird ein Vorstandsmitglied spüren, dass ein allgemeines Misstrauen gegen Vorstände gerade großer Unternehmen besteht, das durch eine Reihe spektakulärer Firmenzusammenbrüche in der Nachkriegszeit genährt wird und das den Gesetzgeber veranlasst hat, unter den Schlagworten „Transparenz" und „Kontrolle" gerade in jüngster Zeit das Aktiengesetz zu überarbeiten.

Der bekannte Gesellschaftswissenschaftler Prof. Erwin Karl Scheuch schildert, in seinem 2001 unter dem Titel „Deutsche Pleiten – Manager im Größenwahn oder der Irrationale Faktor" erschienenen Werk, derartige Strukturen und untersucht das Verhalten des Managements in Deutschland.

Vom Kapitalismus der Eigentümer-Unternehmer des 19. Jahrhunderts schlägt er die Brücke zu dem Kapitalismus der Manager zu Beginn des 20. Jahrhunderts.

„Im 19. Jahrhundert wurden Entscheidungen durch Eigentümer-Unternehmer auf patriarchalische Art aus dem Bauch heraus getroffen. Persönliche Eitelkeiten und hemmungsloses Gewinnstreben überlagerten nüchtern das Kalkül."[5]

Nach der Feststellung, dass auch in den heutigen Marktwirtschaften, insbesondere in neuen Wirtschaftsbereichen, noch Eigentümer-Unternehmer anzutreffen und bedeutsam sind, stellt Scheuch fest, dass sie nicht mehr Struktur bestimmend für moderne Wirtschaften sind.[6]

Die Struktur der heutigen Unternehmen hat sich schon im Kapitalismus der frühen 20er Jahre manifestiert. Das Phänomen der Verselbständigung der Manager gegenüber den Eigentümern hatte bereits der amerikanische Soziologe und Publizist James Burnham

---

[5] Scheuch, S. 15.
[6] Scheuch, S. 33.

(1905–1987) festgestellt. Dies gilt insbesondere für Unternehmen mit Streubesitz an Aktien.[7] Scheuch stellt fest:

„Insbesondere sind heute die beiden entscheidenden Dimensionen des Eigentums – durch eigenes Profitstreben das Wohlergehen des Kollektivs zu mehren und zugleich beim Misserfolg des Unternehmens persönliche Verantwortung zu tragen – von einander getrennt. Die meisten Eigentümer ...managen nicht; die meisten Manager sind nicht Eigentümer.“[8]

Durch die Analyse der historischen Pleiten in Deutschland kommt Scheuch zu einem negativen Bild, das die Vorstände der betroffenen Aktiengesellschaften seiner Auffassung nach gezeigt haben. Er versucht Gemeinsamkeiten aller von ihm geschilderten Fälle aufzuzeigen:

„Verschlechterte sich die Situation, so wurden als Abschirmung vor Kontrollen in allen Fällen versucht, eine größtmögliche Undurchsichtigkeit herzustellen... Immer wieder brechen persönliche Kämpfe zwischen Managern aus, die schädlich für ein Unternehmen sind – mit ziemlicher Sicherheit nicht nur hier – werden dann Egotrips auslebbar, ohne dass von außen wirksam gegengesteuert wird.“[9]

In seinem Nachwort „Macht und Management“ glaubt Scheuch feststellen zu müssen:

„Auf dem Niveau materieller Saturiertheit, auf dem unsere Topmanager schon längst angekommen sind, geht es vielen nicht mehr um Handeln im Dienst einer Unternehmung und nicht einmal mehr vorrangig um den eigenen materiellen Vorteil – das auch –, sondern um Macht... In den Topetagen der Großunternehmen sind Erhöhung der Rendite oder Maximierung von Macht zwecks Aufstieg in die Adelsklasse „weltbeachteter Global Player“ oder auch Prestigemaximierung konkurrierende Ziele.“[10]

Die Darstellung endet mit einer versöhnlichen Feststellung:

---

[7] Scheuch, S. 34.
[8] Scheuch, S. 35.
[9] Scheuch, S. 189.
[10] Scheuch, S. 408.

„Anstelle von Shareholder Value wird vielfach wieder auf Stakeholder Value[11] als Kriterium für die Bewertung von Manager-Handeln gesetzt. Vom Verhalten eines Unternehmens sollen nicht nur die Aktienerwerber als durchreisende Spekulanten profitieren, sondern auch Mitarbeiter, Kunden und die Gesellschaft... Nach Umfragen hat zudem immer eine Mehrheit der deutschen Manager ein Wirtschaften abgelehnt, das alle nachteiligen Folgen als Begleiterscheinung der Profitmaximierung externalisiert...Ziel einer Wirtschaftsordnung ist die Maximierung des Nutzens für eine Gesellschaft bzw. vorrangig ihre Bevölkerung. Dass einzelne Machtmenschen der Wirtschaft sich hier nicht einfügen mögen, ist selbstverständlich in einer Gesellschaft, in der Individualismus ein hoher Wert ist. Eine Selbstverständlichkeit muss aber auch sein, dass der Spielraum für solche Machtmenschen begrenzt bleibt.[12]

Das Aktiengesetz und insbesondere der deutsche Corporate Governance Kodex setzen hier an und versuchen durch gesetzliche Vorschriften und „Best-practice“-Regeln für börsennotierte Gesellschaften den Vorstand in ein System einzubinden, das Machtmissbrauch und Verfolgungen unternehmensschädlicher Ziele verhindert und sanktioniert.

Viele der im Nachfolgenden beschriebenen Regelungen und Anregungen sind erst auf diesem, unter anderem von Scheuch, lesenswert dargestellten geschichtlichen Hintergrund verständlich. Für den zukünftigen Vorstand, insbesondere wenn es sich um seine erste Vorstandsposition handelt, ist wichtig, dass er die Anforderungen der verschiedenen Interessengruppen kennt und versucht, diese auszubalancieren. Wer glaubt, einem derartigen Druck nicht standhalten zu können und wer die persönliche Haftung allzu sehr fürchtet, sollte sich nicht zum Vorstand ernennen lassen und keinen Vorstandsdienstvertrag unterzeichnen.

Die Diskussion Shareholder Value oder Stakeholder Value wird in Deutschland noch einige Zeit anhalten, solange institutionelle Anleger eine Eigenkapitalrendite von 15% erwarten, auf einem Markt, der durch hohe Arbeitslosigkeit und einem drohenden Kollaps der sozialen Sicherungssysteme geprägt ist.[13]

---

[11] Hier: Berücksichtigung aller Interessengruppen, die in betrieblichen Prozessen involviert oder von diesen betroffen sind.

[12] Scheuch, S. 409, 410.

[13] Zimmermann, Shareholder Value, S. 1.

2 Die Gestaltung des Dienstvertrages

2.1 Der übliche Inhalt eines Vorstandsdienstvertrages in Form einer Checkliste

Es ist dringend zu empfehlen mit einer Checkliste zu arbeiten,

- bei der Beurteilung des Dienstvertragsentwurfes,
- für den Entwurf eines Dienstvertrages im Auftrag der Beteiligten,
- zur Vorbereitung von Verhandlungen über den Inhalt des zukünftigen Vertrages.

Nur so kann sichergestellt werden, dass die Vertragsschließenden über alle wesentlichen Fragen sprechen. „Vergessen" von Konfliktpunkten lässt häufig bei einer Seite falsche Vorstellungen entstehen und führt später zu tatsächlichen Konflikten.

Die nachfolgende Checkliste hat sich in der Praxis bewährt und spricht nach Meinung des Autors die derzeit häufigsten Problemstellungen an.

Das bedeutet nicht, dass nicht auch derartige Hilfsmittel, wie auch die Verträge selbst, periodischer Anpassung und Überarbeitung bedürfen.

Sie entbindet den Verwender auch nicht von der Überlegung, ob nicht in seinem Falle Besonderheiten vorliegen, die es noch zusätzlich zu beachten gilt.

Checkliste

Kopfleiste (siehe Kapitel 3.1)

- Name und Anschrift der Gesellschaft (siehe Kapitel 3.3)
- Name und Anschrift der Aufsichtsratsmitglieder

Bestellung (siehe Kapitel 3.5)

- Dauer
- Inhalt
  - Bestellung als ordentliches Mitglied des Vorstandes
  - Bestellung als stellvertretendes Mitglied des Vorstandes
  - Bestellung als Sprecher des Vorstandes
  - Bestellung als Vorsitzender des Vorstandes
- Aussage über bisherige Verträge

Verantwortung und Pflichten (siehe Kapitel 3.6; 3.7; 3.20; 3.21)

- Leitung der Gesellschaft unter eigener Verantwortung
  - Entwicklung und Abstimmung der strategischen Ausrichtung (siehe Kapitel 3.6.1)
  - Verpflichtung zu rechtmäßigem Handeln (siehe Kapitel 3.6.1)
  - Pflicht zur kollegialen Zusammenarbeit (siehe Kapitel 3.6.1)
  - Pflicht zur Errichtung eines Überwachungssystems (siehe Kapitel 3.6.1)
  - Pflicht zur Errichtung eines umfassenden Risikomanagementsystems (siehe Kapitel 3.6.1)
- Vertretungsbefugnis (siehe Kapitel 3.6.3)
- Geschäftsordnung (siehe Kapitel 2.2; 4.2)
- Sorgfaltspflicht eines ordentlichen und gewissenhaften Leiters (siehe Kapitel 3.6.1)
- Erklärung über die Einhaltung des Corporate Governance Kodex (siehe Kapitel 2.2.1)

Nebentätigkeit (siehe Kapitel 3.15)

- Im Interesse der Gesellschaft
- Im Interesse des Vorstandes
- Im ehrenamtlichen Bereich
- Anrechnung der Vergütung

Nutzungsrechte und Erfindungen (siehe Kapitel 3.14)

- Zuordnung der Rechte
- Regelung der Vergütung

Bezüge (siehe Kapitel 3.8)

- Festvergütung (siehe Kapitel 3.8.3)
- Beteiligung an sozialer Absicherung (siehe Kapitel 3.8.5; 3.8.7; 3.10)
- Teilnahme an unternehmensüblichen Gratifikations- und Sonderzahlungen (siehe Kapitel 3.8.1)
- Variable Vergütung (siehe Kapitel 3.8.4)
  - Tantieme
  - Stock Options
- Andere Formen
- Fortzahlung der Vergütung bei Krankheit und Tod (siehe Kapitel 3.8.7)
- Überprüfung der Gesamtvergütung (siehe Kapitel 3.8.1; 3.8.2)

Altersversorgung (siehe Kapitel 3.8.5)

- Leistungsart (Alters-, Invaliditäts-, Witwen-, Waisen-Rente)
- Pensionszusage
- Direktversicherung
- Insolvenzabsicherung

Nebenleistungen (siehe Kapitel 3.8.7)

- Auslagen und Spesen
- Dienstwagen
- Unfallversicherung
- Telefonkosten
- Vorsorgeuntersuchung
- Versicherung der Organe der Gesellschaft
- Trennungsentschädigung
- Umzugskosten

Urlaub (siehe Kapitel 3.9)

- Jahresurlaub
- Quotelung

- Urlaubsabstimmung
- Urlaubsanschrift
- Urlaubsabgeltung oder Verfall

Interessenkonflikte

- Wettbewerbsverbot (siehe Kapitel 3.11)
- Beteiligung des Vorstandes an anderen Unternehmen (siehe Kapitel 3.11; 3.12)
- Geheimhaltungspflichten während und nach Beendigung des Vertrages (siehe Kapitel 3.16)
- Verbot der Annahme oder Gewährung ungerechtfertigter Vorteile (siehe Kapitel 3.15)
- Veröffentlichungen und Vorträge (siehe Kapitel 3.15)
- Abwerbungsverbot (siehe Kapitel 3.15)
- Einstellungsuntersuchung(siehe Kapitel 3.15)
- Residenzpflicht (siehe Kapitel 3.15)
- Herausgabe von Unterlagen nach Beendigung des Vertrages (siehe Kapitel 3.15)
- Nachvertragliches Wettbewerbsverbot (siehe Kapitel 3.12)
- Abfindungsregelungen (siehe Kapitel 3.17.5; 3.17.9)

Vertragsdauer und Kündigung (siehe Kapitel 3.17.4)

- Abschluss für die Dauer der Bestellung (siehe Kapitel 3.17.4)
- Kündigung während der Dauer der Bestellung (siehe Kapitel 3.17.4)
- Verlängerung für den Fall der erneuten Bestellung (siehe Kapitel 4.17.7)
- Altersbefristung (siehe Kapitel 3.17.4)
- Verknüpfung Widerruf, Amtsniederlegung und Kündigung (siehe Kapitel 3.17.5)
- Freistellung (siehe Kapitel 3.17.6)
- Abfindung (siehe Kapitel 3.17.8)
- Change-of-control Klausel (siehe Kapitel 3.17.9)
- Zeugnis (siehe Kapitel 3.18)

Schlussbestimmungen (siehe Kapitel 3.19)

- Schriftformklausel

- Strenge Schriftform
- Eingeschränkte Schriftform

- Angstklausel
- Schiedsgerichtklausel
- Gerichtstandsklausel
- Rechtswahlklausel

In dem Kapitel 2.2 wird die Checkliste erläutert. Aus Gründen der Verständlichkeit folgt die systematische Darstellung nicht exakt dem Aufbau der Checkliste.

Zudem konnten in der Checkliste nicht alle Problemfälle und Konfliktpunkte angesprochen werden, die der Vorstand kennen sollte.

2.2 Vertragsgestaltung und Vertragsberatung

Das Aktiengesetz und der Deutsche Corporate Governance Kodex sollten das Handwerkszeug eines jeden Vorstandsmitgliedes sein, unabhängig davon, ob es sich um eine börsennotierte Gesellschaft handelt oder nicht.

2.2.1 Die Erneuerung des Aktiengesetzes und der Deutsche Corporate Governance Kodex

Das Aktiengesetz wurde im Jahr 1965 auf der Grundlage des Aktiengesetzes vom 30. Januar 1937 geschaffen. Es trat am 1. Januar 1966 in Kraft und wurde gerade in den letzten Jahren intensiv reformiert, insbesondere um das Vertrauen der internationalen und nationalen Anleger in die Leitung und Überwachung deutscher börsennotierter Aktiengesellschaft zu stärken. Von den Gesetzen der letzten 10 Jahre sind zu erwähnen:

- Das Gesetz für kleine Aktiengesellschaften vom 02.08.1994, das nach dem Willen des Gesetzgebers auch für mittelständische und Familienunternehmen einen Anreiz zur Wahl der Rechtsform der Aktiengesellschaft schaffen und diesen Gesellschaften den Zugang zur Börse erleichtern sollte.
- Das Gesetz zur Bereinigung des Umwandlungsrechtes vom 28.10.1994, dessen Artikel 1 ein neues Umwandlungsgesetz enthält, das für die Umwandlung bestehender Unternehmen die

Rechtsform der Aktiengesellschaft von erheblicher praktischer Bedeutung ist.

- Das Stückaktiengesetz vom 25.03.1998, das neben den bis dahin bereits existierenden Nennwertaktien betragslose Stückaktien zuließ, und das zusammen mit dem Gesetz zur Einführung des Euro vom 09.06.1998 und die Erschaffung einer europäischen Währungsunion (EWU) zum 1. Januar 1999 diente und die Einführung des Euros ermöglichte.
- Das Gesetz zur Kontrolle und Transparenz im Unternehmensbereich (Kontragesetz), das zu einer Steigerung der Wettbewerbsfähigkeit der deutschen Aktiengesellschaften auf den internationalen Kapitalmärkten dient und insbesondere für den Vorstand insofern von Bedeutung ist, als dass es Berichtspflichten des Vorstandes gegenüber dem Aufsichtsrat erweiterte [14] sowie den Vorstand verpflichtete, ein System zur Früherkennung und Überwachung der Gesellschaft einzurichten und die Errichtung eines Systems des Risikomanagement nahe legt. [15] Darüber hinaus ermöglicht es der Aktiengesellschaft Stock-Option zu gewähren (§ 192 Abs. 2 Nr. 3 AktG) sowie eigene Aktien von den Aktionären zurückzuerwerben oder nach § 71 Abs. 1 Nr. 8 AktG.
- Das Transparenz- und Publizitätsgesetz (TransPUG) welches am 06.07.2002 in Kraft trat, das die Überwachungspflichten des Aufsichtsrates präzisierte und durch eine Änderung des § 111 Abs. 4 Satz 2 vom Aufsichtsrat verlangt, einen Katalog von zustimmungsbedürftigen Geschäften aufzustellen.[16]
- Das Gesetz zur Regelung von öffentlichen Angeboten zum Erwerb von Wertpapieren und von Unternehmensübernahmen (WPÜG) vom 20.12.2001, welches anzuwenden ist auf Angebote zum Erwerb von Wertpapieren, die von einer Zielgesellschaft ausgegeben wurden und zum Handeln an einem organisierten Markt zugelassen sind. Es enthält den Versuch einer Regelung des Verhaltens des Vorstands der Zielgesellschaft bei einer feindlichen Übernahme (§ 33 WPÜG).[17]

---

[14] Vgl. Kapitel 3.6.2 Geschäftsführung – Berichtspflichten.

[15] Vgl. Kapitel 3.6.1 Aufsichtspflicht, Pflicht zur Errichtung eines Systems zur Früherkennung und Überwachung sowie das Risikomangement.

[16] Vgl. Kapitel II. 3.3 Aufsichtsrat und Vorstand – Überwachungskompetenz sowie Kapitel 3.6.2 Geschäftsführung und Berichtspflichten.

[17] Vgl. Kapitel 3.7 Verhalten bei Übernahmeangebot.

Das TransPU-Gesetz brachte einen neuen § 161 in das Aktiengesetz, der von Vorstand und Aufsichtsrat verlangt, eine Erklärung dazu abzugeben, ob und inwieweit dem Deutschen Corporate Governance Kodex entsprochen wurde und wird. In § 161 AktG heißt es:

*„**Erklärung zum Corporate Governance Kodex**. Vorstand und Aufsichtsrat der börsennotierten Gesellschaft erklären jährlich, dass den vom Bundesministerium der Justiz im amtlichen Teil des elektronischen Bundesanzeigers bekannt gemachten Empfehlungen der „Regierungskommission Deutscher Corporate Governance Kodex" entsprochen wurde und wird oder welche Empfehlungen nicht angewendet wurden oder werden. Die Erklärung ist den Aktionären dauerhaft zugänglich zu machen."* [18]

Am 06.09.2001 setzte die Bundesregierung eine Regierungskommission Deutscher Corporate Governance Kodex ein, die am 16.12.2001 einen ersten Bericht zu § 161 AktG vorlegte. Die Regierungskommission empfahl, als gesetzesergänzende Regelung einen Deutschen Corporate Governance Kodex zu gestalten, der einerseits den Charakter einer Empfehlung haben sollte, andererseits aber mit der Verpflichtung verknüpft sein sollte, dass börsennotierte Gesellschaften durch ihre Leitungsorgane und Überwachungsorgane eine Erklärung abgeben, ob sie diesen Empfehlungen folgen (Entsprechenserklärung; so genanntes „Comply or explain-concept"). Darüber hinaus empfahl die Regierungskommission der Bundesregierung mit der endgültigen Fassung dieses Corporate Governance Kodexes für die Unternehmensleitung und die Überwachung börsennotierter Gesellschaften eine Kommission aus erfahrenen Vorstands- und Aufsichtsratsmitgliedern sowie Unternehmensberatern und Wissenschaftlern zu berufen.

Der Kommissionsbericht ist im Verlag Dr. Otto Schmidt, Köln von dem Vorsitzenden der Kommission Prof. Dr. Dr. h.c. Theodor Baum veröffentlicht worden: Baums (Hrsg. Bericht der Regierungskommission Corporate Governance). Die Veröffentlichung erhält neben dem Bericht eine Zusammenfassung der Empfehlungen und eine Auflistung der Kommissionsmitglieder sowie den Bericht des Vorsitzenden. Die daraufhin einberufene Kommission, die nach ihrem Vorsitzenden Herrn Dr. Gerhard Cromme, Cromme-Kommission benannt ist, hat alsdann am 26.02.2002 einen Entwurf

[18] § 161 wieder eingefügt durch Artikel 1 TransPu-Gesetz vom 19.07.2002.

für einen Deutschen Corporate Governance Kodex vorgelegt, der mit geringfügigen Änderungen veröffentlicht wurde. [19] Grundlagen für den letztlich verabschiedeten Kodex waren neben dem Bericht der Regierungskommission der „German Code of Corporate Governance (GCCG) des Berliner Initiativkreises,[20] und die Corporate Governance Grundsätze der Frankfurter Grundsatzkommission Corporate Governance.[21]

Der Deutsche Corporate Governance Kodex definiert in der Präambel seine Zielsetzung wie folgt:

Präambel – Auszugsweise
Der vorliegende Deutsche Corporate Governance Kodex (der „Kodex") stellt wesentliche gesetzliche Vorschriften zur Leitung und Überwachung deutscher börsennotierter Gesellschaften (Unternehmensführung) dar und enthält international und national anerkannte Standards guter und verantwortungsvoller Unternehmensführung. Der Kodex soll das Deutsche Corporate Governance System transparent und nachvollziehbar machen. Er will das Vertrauen der internationalen und nationalen Anleger, der Kunden der Mitarbeiter und der Öffentlichkeit in die Leitung und Überwachung deutscher börsennotierter Aktiengesellschaften fördern.

Der Kodex verdeutlicht die Rechte der Aktionäre, die der Gesellschaft das erforderliche Eigenkapital zur Verfügung stellen und das unternehmerische Risiko tragen.

Deutschen Aktiengesellschaften ist ein duales Führungssystem gesetzlich vorgegeben:

Der Vorstand leitet das Unternehmen in eigener Verantwortung. Die Mitglieder des Vorstands tragen gemeinsam die Verantwortung für die Unternehmensleitung. Der Vorstandsvorsitzende koordiniert die Arbeit der Vorstandsmitglieder.

Der Aufsichtsrat bestellt, überwacht und berät den Vorstand und ist in Entscheidungen, die von grundlegender Bedeutung für das Unternehmen sind, unmittelbar eingebunden. Der Aufsichtsratsvorsitzende koordiniert die Arbeit im Aufsichtsrat.....

---

[19] Hinter Cromme Kommissionsmitglieder: Dr. Paul Achtleitner, Dr. Lof-E.Breuer, Dr. Hans Friedrich Gelhausen, Ulrich Hocker, Max Dietrich Kley, Prof. Dr. Dr. h.c. Marcus Lutter, Volker Pott-Hoff, Heinz Putzhammer, Peer Michael Schatz, Christian Strenger, Prof. Dr. Axel V. Werder und Dr. Wendelin Wiedeking.

[20] Peltzer / von Werder, AG 2001, S. 1 ff.

[21] Schneider / Strenger, AG 2000, S. 106 ff.

Das auch in anderen kontinentaleuropäischen Ländern etablierte duale Führungssystem und das international verbreitete System der Führung durch ein einheitliches Leitungsorgan (Verwaltungsrat) bewegen sich wegen des intensiven Zusammenwirkens von Vorstand und Aufsichtsrat in der Praxis aufeinander zu und sind gleichermaßen erfolgreich.

Die Rechnungslegung deutscher Unternehmen ist am True-and-fair-view-Prinzip orientiert und vermittelt ein den tatsächlichen Verhältnissen entsprechendes Bild der Vermögens-, Finanz- und Ertragslage des Unternehmens.

Empfehlungen des Kodex sind im Text durch die Verwendung des Wortes „soll" gekennzeichnet. Die Gesellschaften können hiervon abweichen, sind dann aber verpflichtet, dies jährlich offen zu legen. Dies ermöglicht den Gesellschaften die Berücksichtigung branchen- oder unternehmensspezifischer Bedürfnisse. So trägt der Kodex zur Flexibilisierung und Selbstregulierung der deutschen Unternehmensverfassung bei. Ferner enthält der Kodex Anregungen, von denen ohne Offenlegung abgewichen werden kann; hierfür verwendet der Kodex Begriffe wie „sollte" oder „kann". Die übrigen sprachlich nicht so gekennzeichneten Teile des Kodex betreffen Bestimmungen, die als geltendes Gesetzesrecht von den Unternehmen zu beachten sind...

Der Kodex richtet sich in erster Linie an börsennotierte Gesellschaften. Auch nicht börsennotierten Gesellschaften wird die Beachtung des Kodex empfohlen.

Der Kodex wird in der Regel einmal jährlich vor dem Hintergrund nationaler und internationaler Entwicklungen überprüft und bei Bedarf angepasst."

Der Deutsche Corporate Governance Kodex besteht aus drei Schichten:

1. Die Wiedergabe ohnehin geltenden Gesetzesrechtes (Aktiengesetz).
2. Empfehlungen, die von den Mitgliedern der Kommission als best practise bezeichnet worden sind, und Anregungen.
3. Die Erklärung des § 161 AktG bezieht sich daher im Kern auf die Empfehlungen die mit „Soll" gekennzeichnet sind und von denen die Aktiengesellschaft abweichen kann, dies aber jährlich offen legen muss, während die Aktiengesellschaft von den Anregungen abweichen kann, ohne dies offen zu legen.

In der Darstellung der Pflichten der Vorstandsmitglieder wird einerseits auf die Regelungen des Aktiengesetzes und anderer Gesetze Bezug genommen; daneben werden die Empfehlungen des Deutschen Corporate Governance Kodexes dargestellt.

Im Mai 2003 wurde der Deutsche Corporate Governance Kodex erstmalig angepasst. Kernpunkt der Fortentwicklung ist die in der Öffentlichkeit rege diskutierte Frage der Transparenz in der Vorstandsvergütung. Die Empfehlungen im Hinblick auf die Vergütung und die Zusammensetzung der Vergütung des Vorstandes wurden überarbeitet (die Regierungskommission Deutscher Corporate Governance Kodex hat inzwischen im Internet mitgeteilt, dass eine durch das Berlincenter auf Corporate Governance durchgeführte und im Februar 2003 abgeschlossene Erhebung ergeben habe, dass der Deutsche Corporate Kodex bereits im ersten Jahr seiner Anwendung weitgehend umgesetzt wurde).

Die Reform des Aktienrechtes ist nicht abgeschlossen. Sie geht voraussichtlich weiter mit dem Gesetz zur Unternehmensintegrität und Modernisierung des Anfechtungsrechtes (UMAG), welches um den 01.01.2005 in Kraft treten soll (vgl. Darstellung in Kapitel 5.7).

2.2.2 Vertragsberatung; Vorbereitung und Kosten

Wenn Vorstandsmitglieder anwaltliche Hilfe in Anspruch nehmen, geschieht dies am häufigsten im Zusammenhang mit einer nicht beabsichtigten, aber dennoch drohenden Beendigung ihrer Tätigkeit im Vorstand. Entweder ist der Betroffene bereits abberufen worden und/oder die Kündigung des Dienstvertrages ausgesprochen worden oder er wurde aufgefordert, einen Aufhebungsvertrag abzuschließen oder über den Abschluss eines solchen ernsthaft nachzudenken. Dann aber ist es vielleicht zu spät. Viele Rechtsstreitigkeiten beruhen auf fehlenden, fehlerhaften oder unklaren Verträgen. Dennoch ist präventive Rechtsberatung in Deutschland wenig beliebt. Vermutlich aus Angst vor den entstehenden Anwaltsgebühren scheut der Normalbürger den Anwaltsbesuch vor Vertragsunterzeichnung. Wer die nachfolgenden Kapitel, insbesondere über Leitung der Aktiengesellschaft, Geschäftsführung und Haftung des Vorstandes gelesen hat, wird erkennen, dass ein Anwaltsbesuch vor Unterzeichnung des Vorstandsdienstvertrages bzw. vor Zustimmung zur Bestellung durchaus sinnvoll und keineswegs teuer ist.

Was kann ein angehender Vorstand erwarten, wenn er sich präventiv beraten lässt?

Meist ist es so, dass dem Betroffenen von der Gesellschaft ein Vertragsentwurf überreicht worden ist. Die anwaltliche Prüfung eines entsprechenden Entwurfes erfolgt dann unter den Gesichtspunkten

- Was fällt auf?
- Was fehlt?
- Was ist unklar?
- Was weicht von den üblichen Vorstandsvertragsformulierungen ab?

Diese Beratung ist im Regelfall nicht sehr aufwendig und wird je nach Umfang des Vertrages und eventueller Nebenabreden entweder als Erstberatungspauschale nach § 20 Bundesrechtsanwaltsgebührenordnung mit einer Gebühr in Höhe von regelmäßig 180,00 € zuzüglich Mehrwertsteuer abgerechnet werden oder, wenn der Mandant alternativ Entwürfe oder ergänzende Formulierungen wünscht, nach Stundenhonorar.

Die Stundenhonorare einer derartigen Beratung dürften in Deutschland zwischen 200,00 € und 450,00 € variieren, jeweils zusätzlich der gesetzlichen Mehrwertsteuer. Die Hinweise in ein, zwei oder selten drei Stunden Prüfung und Besprechung und gegebenenfalls die Formulierung von Alternativen ist im Regelfall die Gebühren wert.

Da Vorstände über ein höheres Einkommen verfügen als Arbeitnehmer und sicherlich auch über ein größeres Problembewusstsein, wird diese Beratung auch von einem Teil der Betroffenen in Anspruch genommen.

Aufwendiger wird die anwaltliche Tätigkeit, wenn Verträge im Auftrag der Gesellschaft oder des Vorstandsmitgliedes entworfen werden müssen. Dann ist es erforderlich, dass der Anwalt zunächst alle relevanten Informationen erhält. Dies sind mindestens die Satzung und, wenn eine solche existiert auch die Geschäftsordnung der Gesellschaft.

Dass sich ein zukünftiges Vorstandsmitglied darüber hinaus über die wirtschaftliche Lage des Unternehmens informieren sollte, ist selbstverständlich. Bevor ein Kandidat die Zustimmung zu seiner Bestellung gibt, sollte er die Bilanz des Unternehmens analysiert haben, um zu vermeiden, dass er unwissend in einer Krise des Unternehmens antritt, in der sich die bisherigen Vorstandsmitglieder bereits aus dem Staub gemacht haben.

Bei kleinen Aktiengesellschaften, die im Mehrheitsbesitz einer oder mehrerer Familien sind, dürfte es ein deutliches Warnzeichen sein, wenn sich die Familie aus dem Vorstand zurückzieht, ohne dass dafür gesundheitliche oder Altersgründe ersichtlich sind und Außenstehende zu Vorständen bestellt. Zumindest sollte das zukünftige Vorstandsmitglied die Beweggründe erforschen.

Der Entwurf von Vorstandsdienstverträgen und Nebenvereinbarungen kann entweder im Stundenhonorar abgerechnet werden oder nach Abschätzung des ungefähren Aufwandes üblicherweise auch durch Vereinbarung eines Pauschalhonorars. Über die Frage der Gebühren sollten sich die Beteiligten zur Vermeidung von Streit und Enttäuschungen vor Erteilung des Mandats einig sein. Ein Vorstandsmitglied, welches ja auch für kaufmännische Tatbestände verantwortlich ist, selbst wenn es technische Aufgaben erfüllt und ein technische Ressort innehat, sollte kaufmännisch denken. Von einem guten Kaufmann erwartet auch ein Anwalt, dass er nach dem Preis fragt und nicht die Katze im Sack kauft. Wer erklärt, „Geld spiele keine Rolle", wird zumindest von erfahrenen Anwälten nicht ernst genommen; wer so etwas sagt, gerät in den Verdacht kein Geld zu haben.

Jedes Vorstandsmitglied sollte eine Bilanz lesen und verstehen können. Gehörte die Auseinandersetzung mit einer Bilanz bislang nicht zu seinem Tätigkeitsfeld, sollte er sich diese Kenntnis vor Antritt seiner Vorstandstätigkeit aneignen. Die meisten größeren Anwaltskanzleien mit wirtschaftsrechtlicher Beratung haben eigene Wirtschaftsprüfer, oder arbeiten zumindest mit Wirtschaftsprüfern eng zusammen, so dass auf Wunsch eine Beurteilung der letzten Jahresbilanzen des in Frage kommenden Unternehmens als Anwaltsdienstleistung zur Verfügung gestellt werden kann.

Fazit:
Wer also von seinem Anwalt in einer späteren außergerichtlichen oder gerichtlichen Auseinandersetzung nicht hören möchte, dass der konkrete Streit vorhersehbar war, weil der Streit und/oder die schlechte Rechtsposition des Vorstandsmitgliedes ihren Grund in den Vertragsklauseln hat, die zu seinen Lasten formuliert wurden, sollte in eine vernünftige Beratung investieren.

3 Hintergrundwissen zum Vertragsinhalt

3.1 Die Firma

In der Kopfleiste lernt der zukünftige Vorstand seinen Vertragspartner kennen; im Idealfalle ist dies eine gut geführte Aktiengesellschaft, die den gesetzlichen Vorschriften auch hinsichtlich der Firmierung des Auftretens im Rechtsverkehr genügt. Auch nach der Liberalisierung des Firmenrechts durch das Handelsrechtsreformgesetz (HRefG) vom 22.06.1998 gelten weiterhin für die Aktiengesellschaft, die auch bei mehren Handelsgeschäften nur eine einzige Firma führen darf, die Firmengrundsätze:

Firmenwahrheit, Firmenbeständigkeit, Firmeneinheit, Firmenunterscheidbarkeit und Firmenöffentlichkeit.

Der Vertagschließende kann daher bereits aus der Firma, also dem Namen der Aktiengesellschaft, Informationen über diese Gesellschaft erhalten. Weitere Informationen kann der künftige Vorstand den Geschäftsbriefen der Gesellschaft entnehmen, für die der § 80 AktG zum Zwecke der Publizität wesentlicher Gesellschaftsverhältnisse, zwingende Angaben vorsieht.

In § 80 Abs. 1 heißt es:

„Auf allen Geschäftsbriefen, die an einen bestimmten Empfänger gerichtet werden, müssen die Rechtsform und der Sitz der Gesellschaft, das Registergericht des Sitzes der Gesellschaft und die Nummer, unter der die Gesellschaft in das Handelsregister eingetragen ist, sowie alle Vorstandsmitglieder und der Vorsitzende des Aufsichtsrats mit dem Familiennamen und mindestens einem ausgeschriebenen Vornamen angegeben werden. Der Vorsitzende des Vorstandes ist als solcher zu bezeichnen. Werden Angaben über das Kapital der Gesellschaft gemacht, so müssen in jedem Fall das Grundkapital sowie, wenn auf die Aktien der Ausgabebetrag nicht vollständig eingezahlt ist, der Gesamtbetrag der ausstehenden Einlagen angegeben werden."

Angaben zum Gesellschaftskapital sind unüblich, weil auch gesetzlich nicht vorgeschrieben.

Der Sitz der Gesellschaft ist für den künftigen Vorstand in zweierlei Hinsicht von Bedeutung. Zum einen enthält der Dienstvertrag regelmäßig eine Gerichtsstandsvereinbarung, die auf den Sitz der Gesellschaft verweist. Zum anderen ist der Sitz der Gesellschaft in der Regel, aber nicht zwingend identisch mit dem Sitz, in dem sich die Geschäftsleitung befindet oder die Verwaltung geführt wird.[22]

Obwohl es die Absicht des Gesetzgebers war, durch die neue Fassung des § 80 AktG zu bewirken, dass Geschäftspartner der Aktiengesellschaft schon im Stadium der Vertragsanbahnung Aufschluss über die wesentlichen Gesellschaftsverhältnisse erhalten sollten und daher eine Weiterauslegung des Begriffes Geschäftsbriefe geboten sei, ist es bislang nicht üblich, Vorstandsdienstverträge auf Geschäftsbriefen abzufassen.

Der Berater wird dem Vorstand aber empfehlen, darauf zu achten, dass diese Informationen möglichst im Rubrum des abzuschließenden Dienstvertrages erscheinen. Zumindest sollte die vertragsschließende Gesellschaft und die korrekte Angabe der handelnden Personen, welche die Gesellschaft gegenüber dem zukünftigen Vorstand bei Vertragsschluss vertreten, klar ersichtlich sein.

Unabhängig davon wird jeder Berater dem Vorstand anraten, vor Zustimmung zur Bestellung oder Abschluss des Dienstvertrages umfangreiche Auskünfte über sein zukünftiges Tätigkeitsfeld einzuholen, insbesondere im Hinblick auf die Haftung des Vorstandes, sowohl im Geschäftsalltag als auch in der Krise. Dies gilt auch hinsichtlich der handelnden Personen, der Organe der Gesellschaft.

3.2 Der Vorstand

Die Leitung der Aktiengesellschaft obliegt nach dem Aktiengesetz eindeutig dem Vorstand.

In § 76 AktG heißt es:

(1) „Der Vorstand hat unter eigener Verantwortung die Gesellschaft zu leiten.

[22] Vgl. § 5 AktG.

(2) *Der Vorstand kann aus einer oder mehreren Personen bestehen. Bei Gesellschaften mit einem Grundkapital von mehr als 3 Mio. € hat er aus mindestens zwei Personen zu bestehen, es sei denn, die Satzung bestimmt, dass er aus einer Person besteht. Die Vorschriften über die Bestellung eines Arbeitsdirektors bleiben unberührt."*

Da die Satzung der Aktiengesellschaft zwingend durch notarielle Beurkundung festgestellt werden muss, ist dieser Urkunde auch die Zahl der Mitglieder des Vorstands oder die Regeln, nach denen diese Zahl festgelegt wird, zu entnehmen (Mindestzahl, Höchstzahl oder Festlegungsbefugnis des Aufsichtsrates).

Das künftige Mitglied des Vorstandes, das über seinen Dienstvertrag beraten werden möchte, oder das Unternehmen, welches einen Dienstvertrag in Auftrag gibt, sollte daher dem Berater eine Kopie der Satzung übermitteln. Der Dienstvertrag darf der Satzung nicht widersprechen. Auf die Bestellung des Arbeitsdirektors hat die Satzung keinen Einfluss.

Diese ist in § 33 Abs. 1 Satz 1 Mitbestimmungsgesetz geregelt:

„Als gleichberechtigtes Mitglied des zur gesetzlichen Vertretung des Unternehmens befugten Organs wird ein Arbeitsdirektor bestellt."

Entsprechend lautet auch § 13 Abs. 1 Satz 1 Montanmitbestimmungsgesetz.

Persönliche Eignung

Im 3. Absatz zeigt § 76 AktG persönliche Eignungsvoraussetzungen auf, die den Kreis der potentiellen Vorstandsmitglieder einschränken:

„Mitglied des Vorstandes kann nur eine natürliche, unbeschränkt geschäftsfähige Person sein. Ein Betreuter, der bei der Besorgung seiner Vermögensangelegenheiten ganz oder teilweise einem Einwilligungsvorbehalt (§ 1903 des Bürgerlichen Gesetzbuches) unterliegt, kann nicht Mitglied des Vorstandes sein. Wer wegen einer Straftat nach den §§ 283 bis 283 d Strafgesetzbuche verurteilt worden ist, kann auf die Dauer von fünf Jahren seit der Rechtskraft des Urteils nicht Mitglied des Vorstandes sein; in die Frist wird die Zeit nicht eingerechnet, in welche der Täter auf behördliche Anordnung in einer Anstalt verwahrt worden ist. Wem durch gerichtliches Urteil o-

der durch vollziehbare Entscheidung einer Verwaltungsbehörde die Ausübung eines Berufs, Berufszweiges, Gewerbes oder Gewerbezweiges untersagt worden ist, kann für die Zeit, für welche das Verbot wirksam ist, bei einer Gesellschaft, deren Unternehmensgegenstand ganz oder teilweise mit dem Gegenstand des Verbotes übereinstimmt, nicht Mitglied des Vorstands sein."

Es ist einsichtig, dass eine Person, die selbst unter Betreuung steht, nicht Vorstand einer Aktiengesellschaft sein kann. Nicht nachzuvollziehen ist, dass der Gesetzgeber rechtskräftig verurteilte Wirtschaftskriminelle nur insoweit von einer Tätigkeit als Vorstand einer Aktiengesellschaft ausschließt, wenn sie wegen einer Insolvenzstraftat rechtskräftig verurteilt worden sind.

Der Text bezieht sich ausschließlich auf die §§ 283 bis 283 d StGB. Rechtsgut dieser Insolvenzdelikte ist in erster Linie der Schutz der zu erwartenden Insolvenzmasse vor unwirtschaftlicher Verringerung, Verheimlichung und ungerechter Verteilung.[23]

- § 283 StGB stellt Bankrotthandlungen unter Strafe
- § 283 a StGB verschärft die Strafandrohung für besonders schwere Fälle
- § 283 b StGB droht Strafen an für die Verletzung der Buchführungspflicht
- § 283 c StGB für die Gläubigerbegünstigung
- § 283 d StGB für die Schuldnerbegünstigung

Alle vorgenannten Straftatbestände setzen Handlungen in der Krise eines Unternehmens voraus.

Aus der Sicht der Aktiengesellschaft, des Aufsichtsrates und der Aktionäre ist diese Beschränkung nicht einsichtig.

Nicht jede Aktiengesellschaft wird ein Interesse daran haben, dass Mitglieder ihres Vorstandes wegen Betruges oder Veruntreuung oder Steuerhinterziehung verurteilt worden sind.

Im Zusammenhang mit der Bestellung und dem Abschluss des Dienstvertrages stellen sich daher auch Fragen nach der Verpflichtung eines Bewerbers für den Vorstand, unaufgefordert auf derartige Straftaten hinzuweisen, auf ein Fragerecht des Aufsichtsrates, die Rechtsfolgen der unwahren Beantwortung einer gestellten Frage oder

---

[23] Tröndle / Fischer vor 283, Rdnr. 3.

eines unterlassenen Hinweises. Insbesondere bleibt zu fragen, ob der Aufsichtsrat den Dienstvertrag und die Bestellung anfechten kann. Dies regelt das Gesetz nicht.

Positiv kann dem Text des § 76 Abs. 3 AktG entnommen werden, dass es auf die Staatsangehörigkeit des Vorstandsmitgliedes, auf einen inländischen Wohnsitz und darauf, ob er Aktien an der Gesellschaft besitzt, nicht ankommt.

Hierarchie im Vorstand

Das Aktiengesetz spricht vom Vorstand, vom Vorstandsmitglied, vom Vorsitzenden des Vorstands und vom stellvertretenden Vorstandsmitglied.

Vorstand ist das Kollektivorgan, welches das Unternehmen leitet und die Geschäfte führt. Das einzelne Mitglied des Vorstands wird vom Aufsichtsrat bestellt.

In § 84 Abs. 2 AktG heißt es:

„Werden mehrere Personen zu Vorstandsmitgliedern bestellt, so kann der Aufsichtsrat ein Mitglied zum Vorsitzenden des Vorstands ernennen.“

Daneben führt § 94 AktG aus:

„Die Vorschriften für die Vorstandsmitglieder gelten auch für ihre Stellvertreter.“

Welche besondere Rechtsstellung der Vorstandsvorsitzende gegenüber den übrigen Mitgliedern des Vorstandes hat, ist im Aktienrecht bedauerlicherweise nicht geregelt. Lediglich in § 80 AktG, der sich mit den Angaben auf Geschäftsbriefen befasst und bestimmt, dass auf den Geschäftsbriefen der Vorsitzende des Vorstands als solcher zu bezeichnen ist, findet sich eine gesetzliche Anordnung.

Neben dem Begriff des Vorstandsvorsitzenden taucht in der Presse auch der Begriff des Vorstandssprechers auf. Er ist im Gegensatz zum Vorstandsvorsitzenden nicht vom Aufsichtsrat bestimmt, sondern von den Mitgliedern des Vorstandes gewählt. Für Vorstandsvorsitzende, Vorstandssprecherr und stellvertretende Vorstandsmitglieder gilt, dass ihr Verhältnis zueinander sowie ihre Kompetenzen mangels gesetzlicher Regelungen in einer Geschäftsordnung geregelt werden müssen. Dabei sind in der Regelungskompetenz sowohl des Aufsichtsrates als auch des Vorstandes Grenzen insoweit gesetzt, als dass zwingende Bestimmungen des Aktiengesetzes nicht verändert werden dürfen. So können weder die Leitungsverantwortung, noch die Vertretungsmacht, noch die Haftung, wohl aber die Geschäftsführungsbefugnis eines stellvertretenden Vorstandsmitgliedes durch Geschäftsordnung eingeschränkt werden [24] (vgl. Kapitel 3.6.1 und Kapitel 3.6.2, insbesondere Geschäftsführung: „Demokratie statt Führerprinzip").

3.3 Aufsichtsrat und Vorstand

Bereits bei der Darstellung der historischen Entwicklung der Aktiengesellschaft (siehe Kapitel 1.2) wird darauf hingewiesen, dass dem Aufsichtsrat eine erhebliche Bedeutung für die Struktur der Aktiengesellschaft zukommt. Auch die Präambel des in Kapitel 2.2.1 zitierten Deutschen Corporate Governance Kodex zeigt dies deutlich. Der Erfolg einer Aktiengesellschaft ist auch von der Qualität der Zusammenarbeit zwischen Vorstand und Aufsichtsrat abhängig. Der Aufsichtsrat ist ein wichtiger Ansprechpartner für den Vorstand.

Personalkompetenz

Die Personalkompetenz gegenüber den Mitgliedern des Vorstandes hat der Aufsichtsrat. Personalkompetenz bedeutet, dass der Aufsichtsrat das Mitglied des Vorstandes oder den Vorsitzenden des Vorstandes bestellt (§ 84 Abs. 1 und 2 AktG) und gegebenenfalls, wenn ein wichtiger Grund vorliegt, die Bestellung zum Vorstandsmitglied und die Ernennung zum Vorsitzenden des Vorstandes widerruft (§ 84 Abs. 3 AktG.)[25]

Dem Gesetzgeber war die Personalkompetenz des Aufsichtsrates so wichtig, dass er dem Aufsichtsrat untersagt, die Bestellung oder erneute Bestellung zum Vorstand, wie auch die Ernennung zum Vor-

[24] Hüffer, § 94, Rdnr. 3.

[25] Eine Besonderheit ergibt sich in der Montanmitbestimmung, auf die § 84 Abs. 4 Bezug nimmt. Der Arbeitsdirektor kann gegen die Stimmen der Mehrheit der Aufsichtsratsmitglieder der Arbeitnehmervertreter weder bestellt noch abberufen werden.

sitzenden des Vorstandes und deren Widerruf auf einen Ausschuss zu übertragen.[26]

Nach § 112 AktG vertritt der Aufsichtsrat die Aktiengesellschaft gegenüber den Vorstandsmitgliedern gerichtlich und außergerichtlich. Der Gesetzgeber hatte erhebliches Misstrauen, ob der Vorstand die Interessen der Gesellschaft im Konfliktfall gegen ein einzelnes Vorstandsmitglied nachhaltig vertritt und hat diese Aufgabe daher dem Aufsichtsrat übertragen. Inzwischen ist aufgrund zahlreicher höchstrichterlicher Urteile klargestellt, dass die Vertretungsbefugnis auch gegenüber ausgeschiedenen Vorstandsmitgliedern gilt und sowohl den Streit um die Abberufung als auch den Streit um Rechte aus dem Dienstvertrag umfasst, wie auch den Streit um Versorgungszusagen.[27]

Damit wird die Personalkompetenz in das Umfeld von Ernennung und Anstellung ausgedehnt und die Bedeutung der Personalhoheit des Aufsichtsrates nochmals unterstrichen.

Hierzu hat der Bundesgerichtshof bereits 1991 entschieden:[28]

„Auch ausgeschiedenen Vorstandsmitgliedern gegenüber vertritt der Aufsichtsrat die Gesellschaft gerichtlich, um die unbefangene Wahrung der Gesellschaftsbelange sicherzustellen; dabei kommt es nicht darauf an, ob diese Belange tatsächlich gefährdet sind, es reicht vielmehr aus, dass aufgrund typisierender Betrachtung die abstrakte Gefahr einer nicht unbefangenen Vertretung besteht."

Inzwischen hat der Gesetzgeber seine Misstrauen auch gegenüber dem Aufsichtsrat gesetzlich dokumentiert. Durch Artikel 1 Nr. 22 Kontragesetz (KonTraG) vom 27.04.1998 wurde § 147 AktG umgestaltet und für die Geltendmachung von Ersatzansprüchen der Aktiengesellschaft gegen die Mitglieder des Vorstandes und des Aufsichtsrates die Bestellung eines besonderen Vertreters erleichtert.

Auch der Deutsche Corporate Governance Kodex befasst sich mit der Personalkompetenz des Aufsichtsrats gegenüber dem Vorstand. Unter Ziffer 5.1.2. heißt es im Text:

---

[26] Vgl. § 107 Abs. 3 in Verbindung mit §§ 84 Abs. 1 Satz 1 und Satz 3, Abs. 2 und Abs. 3 AktG.

[27] Henze, Rdnr. 536 – 547 mit einer Darstellung der Entwicklung der Rechtsprechung des BGH.

[28] BGH-Urteil vom 22.04.1991, 2 ZR 151/90.

„Der Aufsichtsrat bestellt und entlässt die Mitglieder des Vorstandes. Er soll gemeinsam mit dem Vorstand für eine langfristige Nachfolgeplanung sorgen. Der Aufsichtsrat kann die Vorbereitung der Bestellung von Vorstandsmitgliedern einem Ausschuss übertragen, der auch die Bedingungen des Anstellungsvertrages einschließlich der Vergütung festlegt. Bei Erstbestellungen sollte die maximal mögliche Bestelldauer von fünf Jahren nicht die Regel sein. Eine Wiederbestellung vor Ablauf eines Jahres vor dem Ende der Bestelldauer bei gleichzeitiger Aufhebung der laufenden Bestellung soll nur bei Vorliegen besonderer Umstände erfolgen. Eine Altersgrenze für Vorstandsmitglieder soll festgelegt werden."

Über den Verweis auf den Gesetzestext enthält der Kodex also eine Anregung, bei Erstbestellung die maximal mögliche Dauer von fünf Jahren nicht auszunutzen, mit der Empfehlung, dass eine Wiederbestellung vor Ablauf eines Jahres vor dem Ende der Bestelldauer bei gleichzeitiger Aufhebung der laufenden Bestellung nur bei Vorliegen besonderer Umstände erfolgen soll. Damit verweist der Kodex auf einen beliebten Versuch der Gesetzesumgehung: das Vorstandsmitglied legt während seiner Amtszeit im Einverständnis mit dem Aufsichtsrat sein Amt nieder. Der Aufsichtsrat bestellt das Vorstandsmitglied alsdann nochmals für fünf Jahre, obwohl die Bestellung noch keine vier Jahre bestand.[29]

In der Praxis kann ein solches Verhalten festgestellt werden, insbesondere bei der Übernahme der Gesellschaft, kurz vor dem Übernahmetermin, um die bisherigen Vorstandsmitglieder zu Lasten der Gesellschaft abzusichern, da der Dienstvertrag regelmäßig *(„für die Dauer der Bestellung")* an die Laufzeit der Bestellung gekoppelt ist. Faktisch wird dem Vorstandsmitglied, das den Erwerber nicht weiterbeschäftigen möchte, eine höhere Abfindung zu Lasten der Aktiengesellschaft verschafft.

Der Berater wird den Vorstand darauf aufmerksam machen müssen, dass in der Literatur durchaus Bedenken gegen die Wirksamkeit der erneuten Berufung in einem solchen Fall bestehen. Entweder mit der Folge, dass die Bestellung ohnehin wegen Gesetzesumgehung nichtig ist, bestenfalls aber vorläufig wirksam, mit der Folge, dass

[29] Also früher als ein Jahr vor Ablauf der bisherigen Amtszeit.

der Aufsichtsrat jederzeit durch Widerruf oder der Vorstand durch Amtsniederlegung beenden.[30]

In Satz 2 erhält der Kodex 5.1.2. eine bemerkenswerte Empfehlung: Er empfiehlt dem Aufsichtsrat für eine langfristige Nachfolgeplanung zu sorgen.

Überwachungskompetenz

Die Überwachung der Geschäftsführung des Vorstandes ist eine solch wichtige Aufgabe des Aufsichtsrates, dass eine Delegation an einen Ausschuss oder einzelne Mitglieder nicht möglich ist.[31] Die Überwachungskompetenz ist im Gegensatz zur Beratungskompetenz vergangenheitsbezogen. Der Aufsichtsrat überprüft die vom Vorstand entfaltete Tätigkeit.

In § 111 Abs. 1 AktG heißt es lediglich:

„Der Aufsichtsrat hat die Geschäftsführung zu überwachen."

Während die Kommentierung zu dieser Bestimmung unter den Begriff der Überwachung auch die Teilnahme des Aufsichtsrats an Leitungsaufgaben des Vorstandes subsumiert, spricht der Deutsche Corporate Governance Kodex deutlicher aus:

„5.1.1. Aufgabe des Aufsichtsrates ist es, den Vorstand bei der Leitung des Unternehmens regelmäßig zu beraten und zu überwachen. Er ist in die Entscheidung von grundlegender Bedeutung für das Unternehmen einzubinden."

Im Ergebnis besteht Einigkeit, dass Überwachung präventiv angelegt sein muss und der Aufsichtsrat durch Beratung mit dem Vorstand auf die zukünftige Geschäftspolitik Einfluss nimmt und somit an der Leitungsaufgabe des Vorstandes teilnimmt.[32]

Das Instrumentarium, welches der Gesetzgeber dem Aufsichtsrat zu Bewältigung seiner Aufgabe an die Hand gibt, ist dreistufig.[33]

In der ersten Stufe geht es um die Beschaffung der Informationen, die Grundlage jeder Überwachung ist. So heißt es in § 111 Abs. 2 Satz 1:

---

[30] Götz, AG 2002, S. 305 ff.

[31] Hüffer, § 111, Rdnr. 9 m.w.N.

[32] Hüffer, § 111, Rdnr. 5.

[33] Henze, BB 2000, S. 209 (213 ff.).

„Der Aufsichtsrat kann die Bücher und Schriften der Gesellschaft sowie die Vermögensgegenstände, namentlich die Gesellschaftskasse und die Bestände an Wertpapieren und Waren, einsehen und prüfen.“

Ergänzt wird diese Bestimmung durch § 90 Abs. 3 AktG:

„Der Aufsichtsrat kann vom Vorstand jederzeit einen Bericht verlangen über Angelegenheiten der Gesellschaft, über ihre rechtlichen und geschäftlichen Beziehungen zu verbundenen Unternehmen sowie über geschäftliche Vorgänge bei diesen Unternehmen, die auf die Lage der Gesellschaft von erheblichem Einfluss sein können.“

Um die Informationsgrundlage des Aufsichtsrates zu verbreitern, hat der Gesetzgeber zugleich dem Vorstand umfangreiche Berichtspflichten auferlegt, die die ständige Information des Aufsichtsrates sicherstellen sollten (§ 90 Abs. 1 und Abs. 2 AktG.) Darüber hinaus hat der Vorstand unverzüglich nach ihrer Aufstellung den Jahresabschluss und den Lagebericht dem Aufsichtsrat vorzulegen, zusammen mit dem Vorschlag, den er auf der Hauptversammlung für die Verwendung des Bilanzgewinns machen will (§ 170 Abs. 1 und 2 AktG).

Der Deutsche Corporate Governance Kodex führt zur Information des Aufsichtsrats durch den Vorstand aus:

„Ziffer 3.4. Die ausreichende Informationsversorgung des Aufsichtsrats ist gemeinsame Aufgabe von Vorstand und Aufsichtsrat. Der Vorstand informiert den Aufsichtsrat regelmäßig, zeitnah und umfassend über alle für das Unternehmen relevanten Fragen der Planung, der Geschäftsentwicklung, der Risikolage und des Risikomanagements. Er geht auf Abweichungen des Geschäftsverlaufes von den aufgestellten Plänen und Zielen unter Angabe von Gründen ein.

Der Aufsichtsrat soll die Informations- und Berichtspflichten des Vorstandes näher festlegen. Berichte des Vorstandes an den Aufsichtsrat sind in der Regel in Textform zu erstatten. Entscheidungsnotwendige Unterlagen, insbesondere der Jahresabschluss, der Konzernabschluss und der Prüfungsbericht, werden den Mitgliedern des Aufsichtsrats möglichst rechtzeitig vor der Sitzung zugeleitet.“

In der zweiten Stufe verschafft der Gesetzgeber dem Aufsichtsrat Einfluss auf die Geschäftsleitung, indem er in § 111 Absatz 4, 2 ausführt:

„Maßnahmen der Geschäftsführung können dem Aufsichtsrat nicht übertragen werden. Die Satzung oder der Aufsichtsrat hat jedoch zu bestimmen, dass bestimmte Arten von Geschäften nur mit seiner Zustimmung vorgenommen werden dürfen. Verweigert der Aufsichtsrat seine Zustimmung, so kann der Vorstand verlangen, dass die Hauptversammlung über die Zustimmung beschließt. Der Beschluss, durch den die Hauptversammlung zustimmt, bedarf einer Mehrheit, die mindestens drei Viertel der abgegebenen Stimmen umfasst. Die Satzung kann weder eine andere Mehrheit noch weitere Erfordernisse bestimmen."

Der Deutsche Corporate Governance Kodex präzisiert den Begriff bestimmter Arten von Geschäften wie folgt:

„3.3. Für Geschäfte von grundlegender Bedeutung legen die Satzung oder der Aufsichtsrat Zustimmungsvorbehalte zu Gunsten des Aufsichtsrates fest. Hierzu gehören Entscheidungen oder Maßnahmen, die die Vermögens-, Finanz- oder Ertragslage des Unternehmens grundlegend verändern."

Darüber hinaus gestattet der Gesetzgeber dem Aufsichtsrat eine Hauptversammlung einzuberufen, wenn es das Wohl der Gesellschaft erfordert (nach § 111 Abs. 3 AktG) und bietet ihm ein Forum, auf der Jahreshauptversammlung über seine Prüfung des Jahresabschlusses, des Lageberichtes und des Vorschlages des Vorstandes für die Verwendung des Bilanzgewinnes zu berichten (§ 171 Abs. 2 AktG) .

Die dritte Stufe der Überwachung kommt einem Mitentscheidungsrecht gleich, nämlich hinsichtlich der bereits erwähnten Vorbehaltsgeschäfte, bei denen sich der Vorstand zwar gegenüber dem Aufsichtsrat durchsetzen kann, jedoch nur mit qualifizierter Mehrheit der Aktionäre in der Hauptversammlung. Neben dieser zentralen Möglichkeit Einfluss auf die Entwicklung des Unternehmens zu nehmen, werden unter dem Stichwort „Mitentscheidungsrecht" aufgeführt:

„Das Recht zur Mitentscheidung über die Einstellung von Teilen des Jahresüberschusses und andere Gewinnrücklagen (§ 58 Abs. 2 AktG). Das Recht zur Mitentscheidung über den Jahresabschluss (§172 Abs. 1 AktG). Das Recht zur Mitentscheidung über eine Abschlagszahlung auf den Bilanzgewinn (§ 59 Abs. 3 AktG) und das Recht zur Mitentscheidung über die Bedingungen der Aktienausgabe

und den Bezugsrechtsausschluss im Rahmen des genehmigten Kapitals (§§ 204 Abs. 1 Satz 2, 203 Abs. 2 AktG)[34]

Prüfungskriterien für die Handlungen des Vorstandes sind die Rechtmäßigkeit, die Ordnungsmäßigkeit, die Wirtschaftlichkeit und die Zweckmäßigkeit.[35]

Die dem Aufsichtsrat eingeräumte Überwachungskompetenz berechtigt diesen nicht nur, sondern verpflichtet ihn auch gleichzeitig und zwar dadurch, dass das Gesetz dem Aufsichtsrat auferlegt, selbst schriftlich vor der Hauptversammlung zu berichten. Eine empirische Untersuchung, veröffentlicht im April 1988,[36] kommt zu dem niederschmetternden Ergebnis:

„Die empirischen Ergebnisse der Aufsichtsratsberichterstattung über die Geschäftsführungsüberwachung im Rahmen des § 111 Abs. 1 AktG erlauben es m. E., insgesamt von einer „Untätigkeitsberichtserstattung" zu sprechen."[37]

An dieser Feststellung scheint sich bis heute nicht viel geändert zu haben. Heißt es doch auch noch heute in der Kommentierung, bezogen auf die Berichtspflicht des Aufsichtsrats nach § 171 Abs. 2:

„Der Bericht muss sich zweitens darüber aussprechen, wie und inwieweit der Aufsichtsrat die Geschäftsführung geprüft hat (§ 170 Abs. 2 Satz 2). Üblich sind insoweit allerdings nur formelhafte Wendungen. Nach herrschender Meinung genügt es, dass der Aufsichtsrat versichert, er habe die Geschäftsführung aufgrund der Vorstandsberichte und gemeinsamer Sitzungen mit dem Vorstand laufend überwacht."[38]

Der Deutsche Corporate Governance Kodex setzt hier auf offene Diskussion:

„3.5. Gute Unternehmensführung setzt eine offene Diskussion zwischen Vorstand und Aufsichtsrat sowie in Vorstand und Aufsichtsrat voraus. Die umfassende Wahrung der Vertraulichkeit ist dafür von entscheidender Bedeutung."

---

[34] Henze, BB 2000, S. 209, (213).
[35] Henze, BB 2000, S. 209 (214 f.).
[36] Theisen, BB 1988, S. 705 ff.
[37] Theisen, BB 1988, S. 705 (709).
[38] Hüffer, § 171 Rdnr. 13 ff.

Ob der Vorstand soviel Offenheit und Diskussionsfreude gegenüber dem Aufsichtsrat zeigen wird, bleibt allerdings zweifelhaft, nachdem durch höchstrichterliche Entscheidungen, bekannt unter dem Stichwort „ARAG/Garmenbeck“ entschieden wurde, dass der Aufsichtsrat verpflicht ist, ohne eigenen Ermessensspielraum Schadensersatzansprüche gegen Vorstandsmitglieder zu prüfen und gegebenenfalls zu verfolgen.[39] Dies wird in der Praxis möglicherweise allzu große Offenheit verhindern.

Mit der Feststellung in Ziffer 3.1:

„Vorstand und Aufsichtsrat arbeiten zum Wohle des Unternehmens eng zusammen.“

wird klargestellt, dass neben der Personalkompetenz und der Überwachungskompetenz ein weiteres prägendes Merkmal für die Zusammenarbeit zwischen Vorstand und Aufsichtsrat die Beratungskompetenz des Aufsichtsrates ist oder sein soll:

Beratungskompetenz

Das Aktiengesetz erwähnt sie nicht ausdrücklich; der Deutsche Corporate Governance Kodex stellt aber fest, dass es auch Aufgabe des Aufsichtsrates ist, den Vorstand über die Leitung des Unternehmens regelmäßig zu beraten. Die Beratungskompetenz und die damit verbundene Beratungspflicht war allerdings bereits vor Erstellung des Deutschen Corporate Governance Kodexes allseitig anerkannt.[40]

Streitig war und ist hingegen der Umfang der Beratung. Die Beratung dürfte da ihre Grenzen haben, wo sie als Mitgeschäftsführung angesehen werden kann, da die Geschäftsführung nach Aktienrecht alleine dem Vorstand obliegt. Anders als in den angelsächsischen Ländern, die ein einstufiges System haben mit nur einem Leitungsorgan, dem Board of Directors, wird eine deutsche Aktiengesellschaft vom Vorstand geführt und vom Aufsichtsrat kontrolliert. Allerdings unterliegt auch das einstufige angelsächsische System dem Grundprinzip der Trennung von Management und Überwachung. Die Ausweitung der Beratungsfunktion des Aufsichtsrates führt zu einer Annäherung des deutschen und des angelsächsischen Systems, indem die Executive Directors mit den Non-Executive Directors, also dem

[39] Siehe ARAG-Garmenbeck in Kapitel 5.2.1.

[40] Semler, Rdnr. D12 - D14. m.w.N.

Aufsichtsrat an einem Tisch sitzen. Es werden allerdings auch Bedenken gegen die laufende Beratung des Vorstands durch den Aufsichtsrat und ständige Diskussionen angeführt:

„Der Gedanke einer laufenden Diskussionspartnerschaft zwischen Aufsichtsrat und Vorstand bedarf allerdings in mehrfacher Hinsicht einer einschränkenden Präzisierung. Zum einen ist zu beachten, dass das Aufsichtsratsamt ein Nebenamt ist und nach seinem gesetzlichen Zuschnitt den Aufsichtsratsmitgliedern nur einen beschränkten Arbeitseinsatz abverlangt. Zum anderen stehen die im Aufsichtsrat vorhandenen professionellen Kapazitäten und das dem Aufsichtsrat auch bei pflichtgemäßer Berichterstattung des Vorstandes zugängliche Wissen gegenüber dem des Vorstandes so weit zurück, dass es vielfach auf eine Selbstüberschätzung des Aufsichtsrats hinauslaufen würde, wenn er sich zum ungebetenen Ratgeber des Vorstandes aufschwingen wollte."[41]

Die Trennung von Geschäftsführung und Überwachung muss gewahrt werden. Der Aufsichtsrat hat sich nicht in das Tagesgeschäft einzumischen.

„Keineswegs kann unter Berufung auf eine Beratungsfunktion dem Aufsichtsrat das Recht zuerkannt werden, sich gegen den Willen des Vorstandes in die Geschäftsführung einzumischen, solange es nicht um die konkrete Besorgnis geht, dass dieser pflichtwidrige Geschäftsführungsmaßnahmen vornehmen oder zulassen könnte."[42]

Ob und in welchem Umfang der Aufsichtsrat sinnvollerweise den Vorstand beraten kann, hängt ebenso wie die Frage, ob er wirklich Personalkompetenz besitzt und über genügend Kenntnisse verfügt, seine Überwachungspflicht auszuüben, natürlich von den jeweiligen Personen und ihrer Ausbildung und ihren Fähigkeiten ab. Wenn, wie in vielen kleineren Unternehmen mit der Rechtsform AG, die im Grunde Familienunternehmen sind und bleiben, die Ehefrauen, Verwandte und Freunde im Aufsichtsrat sitzen, so bestehen berechtigte Zweifel daran, ob der Dualismus Geschäftsführung und Überwachung funktionieren kann, wie der Gesetzgeber es sich vorgestellt hat.

---

[41] Kölner Kommentar - Mertens, § 111, Rdnr. 34.
[42] Kölner Kommentar - Mertens, § 111, Rdnr. 34.

§ 100 Abs. 1 AktG lässt als Aufsichtsrat jede natürliche unbeschränkt geschäftsfähige Person zu. Forderungen an die Sachkompetenz werden nicht gestellt. Sie könnten allerdings durch die Satzung der Aktiengesellschaft aufgestellt werden, jedenfalls für Aufsichtsratsmitglieder, die von der Hauptversammlung ohne Bindung an Wahlvorschläge gewählt oder aufgrund der Satzung an den Aufsichtsrat entsandt werden, also nicht für die Arbeitnehmervertreter im Aufsichtsrat. Von dieser Möglichkeit wird das Familienunternehmen in Form einer Aktiengesellschaft eher selten Gebrauch machen.

Der Berater wird auch solchen Gesellschaften allerdings empfehlen, die Grundsätze für die Besetzung des Aufsichtsrats zu berücksichtigen, die der Deutsche Corporate Governance Kodex für börsennotierte Aktiengesellschaften vorschlägt.

„5.4.1. Bei Vorschlägen zur Wahl von Aufsichtsratsmitgliedern soll darauf geachtet werden, dass dem Aufsichtsrat jederzeit Mitglieder angehören, die über die zur ordnungsgemäßen Wahrnehmung der Aufgaben erforderlichen Kenntnisse, Fähigkeiten und fachlichen Erfahrungen verfügen und hinreichend unabhängig sind. Ferner sollen die internationale Tätigkeit des Unternehmens, potentielle Interessenkonflikte und eine festzulegende Altersgrenze für Aufsichtsratsmitglieder berücksichtigt werden.

5.4.2. Eine unabhängige Beratung und Überwachung des Vorstandes durch den Aufsichtsrat wird auch dadurch ermöglicht, dass dem Aufsichtsrat nicht mehr als zwei ehemalige Mitglieder des Vorstands angehören sollen und dass Aufsichtsratsmitglieder keine Organfunktion oder Berateraufgaben bei wesentlichen Wettbewerbern des Unternehmens ausüben sollen.

5.4.3. Jedes Aufsichtsratsmitglied achtet darauf, dass ihm für die Wahrnehmung seines Mandates genügend Zeit zur Verfügung steht. Wer dem Vorstand einer börsennotierten Gesellschaft angehört, soll insgesamt nicht mehr als fünf Aufsichtsratsmandate in konzernexternen börsennotierten Gesellschaften wahrnehmen.“

Da gerade in der Beratung Interessenkonflikte auftreten können, empfiehlt der Deutsche Corporate Governance Kodex weiterhin:

„5.5.1. Jedes Mitglied des Aufsichtsrates ist dem Unternehmensinteresse verpflichtet. Es darf bei seiner Entscheidung weder per-

sönliche Interessen verfolgen, noch Geschäftschancen, die dem Unternehmen zustehen, für sich nutzen.

5.5.2. Jedes Aufsichtsratsmitglied soll Interessenkonflikte, insbesondere solche, die aufgrund einer Beratung oder Organfunktion bei Kunden, Lieferanten, Kreditgebern oder sonstigen Geschäftspartnern entstehen können, dem Aufsichtsrat gegenüber offen legen.

5.5.3. Der Aufsichtsrat soll in einem Bericht an die Hauptversammlung über aufgetretene Interessenkonflikte und deren Behandlung informieren. Wesentliche und nicht nur vorübergehende Interessenkonflikte in der Person eines Aufsichtsratsmitgliedes sollen zur Beendigung des Mandats führen.

5.5.4. Berater- und sonstige Dienstleistungs- und Werkverträge eines Aufsichtsratsmitglieds mit der Gesellschaft bedürfen der Zustimmung des Aufsichtsrats."

Die letzte Empfehlung des Deutschen Corporate Governance Kodex zeigt, dass nicht nur fehlende Fachkompetenz, sondern auch große Fachkompetenz des Aufsichtsrates für die Aktiengesellschaft problematisch sein kann, jedenfalls im Zusammenhang mit der entgeltlichen Beratung des Vorstands durch den Aufsichtsrat. Soweit die Beratung zu den Amtspflichten des Aufsichtsratsmitgliedes gehört, kann sie keinesfalls Gegenstand eines Beratervertrages sein; sie erfolgt in Vollziehung der Amtspflichten des Organmitgliedes.[43]

Außerhalb der Überwachungs- und Beratungskompetenz und Pflicht des Aufsichtsrates sind Beraterverträge zulässig.[44]

So kann eine Anwalts- oder Steuerberatersozietät, deren Sozius im Aufsichtsrat einer Gesellschaft tätig ist, durchaus einen Beratervertrag mit dieser Gesellschaft haben. Es ist jedoch zu empfehlen, dass zum Abschluss dieses Beratervertrages nicht nur die Zustimmung des Aufsichtsrates eingeholt wird, sondern dass darüber hinaus der Aufsichtsrat über Art und Umfang der erteilten Mandate an das Aufsichtsratsmitglied und die dadurch entstehenden und abgerechneten Honorare umfassend unterrichtet wird.

---

[43] Semler, Rdnr. A 175.

[44] Semler, Rdnr. A 176.

3.4 Aktionär und Vorstand

Eigentümer der Aktiengesellschaft sind die Aktionäre. Die Trennung von Eigentum und Management bewirkt, dass der einzelne Aktionär dem Vorstand gegenüber nur selten in Erscheinung tritt.

Ziffer 2.1.1. des Deutschen Corporate Governance Kodex bestimmt unter Übernahme der Bestimmungen der §§ 118 Abs. 1 und 134 Abs. 1 AktG:

„Die Aktionäre nehmen ihre Rechte in der Hauptversammlung wahr und üben dort ihr Stimmrecht aus."

Damit die Aktionäre den Vorstand dort auch antreffen, bestimmt § 118 Abs. 2:

„Die Mitglieder des Vorstandes und des Aufsichtsrates sollen an der Hauptversammlung teilnehmen."

Es besteht also eine Teilnahmepflicht des Vorstandes. Bleibt der Vorstand der Hauptversammlung fern, so kann dies von der Hauptversammlung als grobe Pflichtverletzung oder Unfähigkeit zur ordnungsgemäßen Geschäftsführung angesehen werden. Die Hauptversammlung kann dem Vorstand das Vertrauen entziehen und damit den Widerruf der Bestellung zum Vorstandsmitglied oder den Widerruf der Ernennung zum Vorsitzenden des Vorstandes durch den Aufsichtsrat vorbereiten. Außerdem drohen dem Vorstandsmitglied Schadensersatzansprüche.

Da die Hauptversammlung auch den Aufsichtsrat wählt,[45] könnte angenommen werden, dass die Hauptversammlung das mächtigste Organ in der Aktiengesellschaft ist, das, ähnlich der Gesellschafterversammlung im GmbH-Recht, alle Entscheidungen an sich ziehen und treffen kann. Dies hat der Gesetzgeber aber nicht gewollt. Das Aktiengesetz geht von einer Machtbalance zwischen Hauptversammlung, Aufsichtsrat und Vorstand aus.[46] Allgemein wird von der Hauptversammlung als Willensbildungsorgan der Aktiengesellschaft, vom Vorstand und Aufsichtsrat als den Handlungsorganen gesprochen, wobei dem Vorstand die Leitung der AG und dem Aufsichtsrat

[45] § 119 Abs. 1 Ziffer 1 AktG mit den Ausnahmen Sonderrechte, Mitbestimmungsgesetz und Montanmitbestimmungsergänzungsgesetz und Betriebsverfassungsgesetz 1952.

[46] Hüffer, § 118 Rdnr. 3.

die Überwachung des Vorstandes als Aufgabe vom Gesetzgeber übertragen worden ist.

Die wichtigsten Rechte des Aktionärs im Verhältnis zum Vorstand sind:

a) Das Auskunftsrecht des Aktionärs gem. § 131 Abs. 1 AktG

(1) „Jedem Aktionär ist auf Verlangen in der Hauptversammlung vom Vorstand Auskunft über Angelegenheiten der Gesellschaft zu geben, soweit sie zur sachgemäßen Beurteilung des Gegenstands der Tagesordnung erforderlich ist. Die Auskunftspflicht erstreckt sich auch auf die rechtlichen und geschäftlichen Beziehungen der Gesellschaft zu einem verbundenen Unternehmen...

(2) Die Auskunft hat den Grundsätzen einer gewissenhaften und getreuen Rechenschaft zu entsprechen."

Der Vorstand hat die Auskunft selbst zu erteilen. Dies bedeutet, dass kein anderer sie erteilen darf oder muss. Die Auskünfte können mündlichen oder schriftlich verlangt werden und müssen vorher nicht angekündigt werden. Vom Vorstand wird verlangt, dass er sich auf mögliche Fragen zu Gegenständen der Tagesordnung vorbereitet. Er wird nicht alle Auskünfte in der geforderten Form geben können. Zur Vorbereitung der Hauptversammlung gehört es daher auch, Personal und Hilfsmittel vorzuhalten, die den Vorstand in die Lage versetzen, sich kurzfristig sachkundig zu machen.[47]

b) Die Ausübung des Stimmrechtes gem. §§ 133 ff. AktG

In Ziffer 2.2.1. des deutschen Corporate Governance Kodex sind die wichtigsten Fälle der Ausübung des Stimmrechts nach dem Aktiengesetz und dem Umwandlungsgesetz zusammengefasst:

„2.2.1. Der Vorstand legt der Hauptversammlung den Jahresabschluss und den Konzernabschluss vor. Sie entscheidet über die Gewinnverwendung[48] *sowie die Entlastung von Vorstand und Auf-*

---

[47] Hüffer, § 131 Rdnr. 9 m.w.N.

[48] § 174 AktG.

sichtsrat[49]*, wählt die Anteilseigner im Aufsichtsrat*[50] *und in der Regel die Abschlussprüfer*[51]*. Darüber hinaus entscheidet die Hauptversammlung über die Satzung und den Gegenstand der Gesellschaft*[52]*, über Satzungsänderungen und über wesentliche unternehmerische Maßnahmen*[53] *wie insbesondere Unternehmensverträge*[54] *und Umwandlungen,*[55] *über die Ausgabe von neuen Aktien*[56] *und von Wandel und Optionsschuldverschreibungen*[57] *sowie über die Ermächtigung zum Erwerb eigener Aktien*[58]*."*

c) Die Bestellung von Sonderprüfung zur Prüfung von Vorgängen bei der Gründung oder Geschäftsführung (§ 142 Abs. 1 AktG) sowie Geltendmachung von Ersatzansprüchen insbesondere aus Gründung und Geschäftsführung (§ 147 Abs. 1 AktG).

d) Der Widerspruch gegen Verzicht oder Vergleich von Schadensersatzansprüchen gegen den Vorstand (§ 93 Abs. 4 Satz 3 AktG, bei verbundenen Unternehmen § 310 AktG)

e) Das Anfechtungsrecht des in der Hauptversammlung erschienenen Aktionärs gegen eine Entscheidung in der Hauptversammlung (§ 245 Ziff. 1 AktG)

Außerhalb der Hauptversammlung bestehen zu Gunsten des Aktionärs Informationsrechte, die § 125 AktG regelt und die im Zusammenhang mit der Einberufung der Hauptversammlung stehen. Die qualifizierte Minderheit der Aktionäre kann zudem vom Vorstand die Einberufung einer Hauptversammlung verlangen (§ 122 AktG), wobei ein Gericht Aktionäre im Verweigerungsfalle ermächtigen kann, eine Hauptversammlung einzuberufen und den Gegenstand bekannt zu machen (§ 122 Abs. 3 AktG).

---

49 § 119 Abs. 1 Ziff. 3 AktG.
50 § 119 AktG.
51 § 119 Abs. 1 Ziff. 4 AktG.
52 § 23 AktG.
53 § 179 AktG.
54 § 293 AktG.
55 § 13 Umwandlungsgesetz.
56 § 182 AktG.
57 § 221 AktG.
58 § 71 Abs. 1 Ziff. 6, 8 AktG.

Selbst wenn die Hauptversammlung die Bestellung eines besonderen Vertreters zur Geltendmachung von Schadensersatzansprüchen aus der Gründung oder aus der Geschäftsführung gegen die Mitglieder des Vorstandes ablehnt, kann eine qualifizierte Minderheit der Aktionäre außerhalb der Hauptversammlung einen besonderen Vertreter gerichtlich bestellen lassen.

Wichtig für das Verhältnis des Aktionärs zum Vorstand ist § 119 Abs. 2 AktG.

„Über Fragen der Geschäftsführung kann die Hauptversammlung nur entscheiden, wenn der Vorstand dies verlangt."

Die Aktionäre können also auf der Hauptversammlung Fragen der Geschäftsführung erörtern, aber nicht ihre Entscheidung anstelle der Entscheidung des Vorstandes setzen, es sei denn, der Vorstand verlangt es. Ein Interesse des Vorstandes an der Entscheidung der Hauptversammlung über Geschäftsführungsfragen kann dann bestehen, wenn die Maßnahme der Geschäftsführung zustimmungspflichtig war – aufgrund der Satzung oder aufgrund eines Aufsichtsratsbeschlusses – und der Aufsichtsrat seine Zustimmung verweigert hat.[59]

Über die gesetzlichen Bestimmungen hinaus, die das Verhältnis Vorstand / Aktionär regeln, empfiehlt der Deutsche Corporate Governance Kodex:

„2.3.3. Die Gesellschaft soll den Aktionären die persönliche Wahrnehmung ihrer Rechte erleichtern. Auch bei Stimmrechtsvertretung soll die Gesellschaft die Aktionäre unterstützen. Der Vorstand soll für die Bestellung eines Vertreters für die weisungsgebundene Ausübung des Stimmrechts der Aktionäre sorgen; dieser sollte auch während der Hauptversammlung erreichbar sein.

2.3.4. Die Gesellschaft sollte den Aktionären die Verfolgung der Hauptversammlung über moderne Kommunikationsmedien (z. B. Internet) ermöglichen." [60]

Da ein Aktionär in der Regel sein Geld gewinnbringend anlegen will, ist das wichtigste Recht des Aktionärs der Anspruch auf Ge-

---

[59] Vgl. § 111 Abs. 4 AktG.

[60] Inzwischen bestimmt § 118 Abs. 3 AktG: „Die Satzung oder die Geschäftsordnung gemäß § 129 Abs. 1 AktG kann bestimmen, dass die Hauptversammlung in Ton und Bild übertragen werden."

winnbeteiligung. Die Hauptversammlung beschließt nach § 174 AktG über die Verwendung des Bilanzgewinns. In dem Beschluss der Hauptversammlung sind anzugeben:

1. Der Bilanzgewinn
2. Der an die Aktionäre auszuschüttende Betrag
3. In die Gewinnrücklagen einzustellende Beträge
4. Ein Gewinnvortrag
5. Der zusätzliche Aufwand aufgrund des Beschlusses

Die Interessen des Vorstandes, den Gewinnüberschuss der Gesellschaft für weitere Aktivitäten zur Verfügung zu stellen und das Interesse des Aktionärs an einer hohen Gewinnausschüttung stehen sich hier diametral entgegen. Diese Konfliktsituation versucht § 58 AktG zu lösen, indem der Gesetzgeber die einander widerstreitenden Interessen wie folgt regelt:

„§ 58 Abs. 2 AktG: Stellen Vorstand und Aufsichtsrat den Jahresabschluss fest, so können sie einen Teil des Jahresüberschusses, höchstens jedoch die Hälfte, in andere Gewinnrücklagen einstellen. Die Satzung kann Vorstand und Aufsichtsrat zur Einstellung eins größeren oder kleineren Teils des Jahresüberschusses ermächtigen."

Bereits dieser kurze Überblick über das Verhältnis Aktionär zum Vorstand zeigt, dass der Vorstand gut beraten ist, die Aktionärsinteressen ernst zu nehmen und insbesondere die Hauptversammlung sorgfältig vorzubereiten. Auch wenn das Auftreten mancher Vorstandsmitglieder in der Öffentlichkeit nicht immer einen solchen Eindruck vermittelt, bleibt es doch dabei, dass der Vorstand letztlich Dienstnehmer der Aktionäre ist.

3.5 Bestellung und Dienstvertrag

Bestellung des Vorstandes

Es ist eine Besonderheit, wenn bei einem Mitglied des Vorstandes einer Aktiengesellschaft, wie auch bei einem GmbH-Geschäftsführer, zwischen der Organstellung und dem Anstellungsvertrag unterschieden wird. Diese Unterscheidung ist nicht nur rechtstheoretischer Natur sondern hat insbesondere bei Störungen in der Beziehung zwischen Vorstand, Aktiengesellschaft, Aufsichtsrat und Hauptversammlung durchaus Folgen. Die Trennung zwischen Organstellung und Dienstvertrag ist daher auch bei der Gestaltung des Dienstvertrages zu beachten.

Die Bestellung des Vorstandsmitgliedes ist in § 84 Abs. 1 AktG geregelt. Sie bedarf einer Beschlussfassung des Aufsichtsrats nach § 108 AktG. Obwohl die Bestellung als körperschaftlicher Akt oder Organisationsakt umschrieben wird, umfasst die Bestellung zum einen die Mitteilung der Bestellung an den Bestellten, wie auch dessen Einverständniserklärung, wobei das Einverständnis vorher (Einwilligung) oder nachher (Genehmigung) oder auch konkludent durch Aufnahme der Tätigkeit erklärt werden kann. Niemand kann also gegen seinen Willen zum Vorstandsmitglied bestellt werden.

Zuständig für die empfangs- und zustimmungsbedürftige Bestellungserklärung ist der Gesamtaufsichtsrat, der nach § 107 Abs. 3 Satz 2 die Bestellungskompetenz nicht auf Ausschüsse übertragen darf.

Dauer der Bestellung

§ 84 Abs. 1 AktG regelt auch die Höchstdauer der Bestellung.

„§ 84 Abs. 1 AktG Vorstandsmitglieder bestellt der Aufsichtsrat auf höchstens fünf Jahre. Eine wiederholte Bestellung oder Verlängerung der Amtszeit, jeweils für höchstens fünf Jahre, ist zulässig. Sie bedarf eines erneuten Aufsichtsratsbeschlusses, der frühestens ein Jahr vor Ablauf der bisherigen Amtszeit gefasst werden kann. Nur bei einer Bestellung auf weniger als fünf Jahre kann eine Verlängerung der Amtszeit ohne neuen Aufsichtsratsbeschluss vorgesehen werden, sofern dadurch die gesamte Amtszeit nicht mehr als fünf Jahre beträgt. Dies gilt sinngemäß für den Anstellungsvertrag; er kann jedoch vorsehen, dass er für den Fall einer Verlängerung der Amtszeit bis zu deren Ablauf weitergilt.“

Auch der Deutsche Corporate Governance Kodex befasst sich in Ziffer 5.1.2. mit der Bestellung und empfiehlt zumindest bei der Erstbestellung die volle 5-Jahres-Frist nicht auszunutzen.[61] Auch gibt es Fälle, in denen versucht wird, die 5-Jahres-Frist zu umgehen.[62] Davon ist den Vertragsschließenden aber ausdrücklich abzuraten.

---

[61] Vgl. Kapitel 3.3 - Aufsichtsrat und Vorstand - Personalkompetenz

[62] Wie vor.

Maßgeblich für die Berechnung der 5-Jahres-Frist ist der Beginn der Amtszeit und nicht etwa die nachfolgende Registereintragung oder die Bestellungserklärung des Aufsichtsrates oder deren Annahme durch den Vorstand. Nur für den ersten Vorstand einer neu gegründeten Aktiengesellschaft läuft die 5-Jahres-Frist bereits im Zeitpunkt der Bestellung durch den Aufsichtsrat an.[63]

Rechtsfolgen der Bestellung

Mit der Annahme der Bestellung wird der Bestellte Mitglied im Vorstand. Er wird zusammen mit eventuell anderen Ernannten oder vorhandenen Vorstandsmitgliedern berechtigt und verpflichtet, die Gesellschaft zu leiten, die Geschäfte zu führen, die Aktiengesellschaft organschaftlich zu vertreten und auch sonst alle Zuständigkeiten des Vorstands wahrzunehmen. Von der Ernennung an unterliegt er dem Wettbewerbsverbot des § 88 AktG und der Verschwiegenheitspflicht des § 93 Abs. 1 Satz 2 AktG.

Wie bei allen förmlichen Verfahren so kann es auch bei der Bestellung des Vorstandsmitgliedes Formfehler geben.

Ein Beispielfall:

Der Aufsichtsratsvorsitzende erklärt dem Bewerber, dass der Aufsichtsrat ihn zum Vorstandsmitglied mit Wirkung ab 1. Januar 2004 bestellt habe. Der Bewerber nimmt die Bestellung an und nimmt seine Tätigkeit am 01.01.2004 tatsächlich auf. Wenige Tage später erfährt der Vorstand, dass zwei Aufsichtsratsmitglieder mit seiner Bestellung nicht einverstanden seien und ihm gegenüber erklären, er sei nicht wirksam bestellt, da eine Aufsichtsratssitzung nicht stattgefunden habe. Der Aufsichtsratsvorsitzende sei vorgeprescht, da die geplante Aufsichtsratssitzung wegen Erkrankung der beiden Aufsichtsratsmitglieder ausgefallen sei, die Aufsichtsratssitzung mangels Beschlussfähigkeit nicht stattgefunden habe und es an einer ordentlichen Beschlussfassung fehle.

Das Vorstandsmitglied fragt an, wie die Rechtslage sei.

So wie es faktische Arbeitsverhältnisse gibt, so können auch vorläufig wirksame Organstellungen begründet werden, die nur durch Widerruf nach § 84 Abs. 3 AktG oder Amtsniederlegung enden. Das Vorstandsmitglied könnte daher einerseits das Amt niederlegen oder

---

63 Verspay, S. 35 mit Hinweis auf Hefermehl, § 84 AktG, Rdnr. 22.

andererseits abwarten, ob der Aufsichtsrat die Bestellung widerruft. Andererseits könnte er, wenn er den Eindruck gewinnt, dass er nicht das Vertrauen der beiden Aufsichtsratsmitglieder hat, die den Formfehler vortragen, entscheiden, das Amt niederzulegen. Im Einzelnen bedarf es, wie immer, einer genauen Analyse des Sachverhalts.

Ernennung des Vorstandsvorsitzenden

Der Vorstandsvorsitzende ist in § 84 Abs. 2 AktG ausdrücklich angesprochen, in dem es heißt:

„Werden mehrere Personen zu Vorstandsmitgliedern bestellt, so kann der Aufsichtsrat ein Mitglied zum Vorsitzenden des Vorstands ernennen."

Auch hier ist der Gesamtaufsichtsrat zuständig und kann diese Kompetenz nicht auf einen Ausschuss delegieren.

Der Vorstandsvorsitzende repräsentiert den Vorstand als Kollegialorgan, ist Sitzungsleiter und Koordinator der Vorstandsarbeit.[64] Ob der Vorstandsvorsitzende darüber hinaus das Recht zur Stichentscheidung oder Vetorecht besitzt, entscheiden Satzung oder Geschäftsordnung. Im Übrigen geltend die Ausführungen für die Bestellung des Vorstandsmitgliedes für die Ernennung des Vorstandsvorsitzenden entsprechend.

Anstellungsvertrag

Sinnvollerweise wird der von dem Vorstand auserkorene Kandidat seiner Ernennung nur dann zustimmen, wenn ihm ein entsprechender Dienstvertrag vorliegt, der seine Interessen berücksichtigt. Auch wenn das Aktiengesetz in § 87 Grundsätze für die Bezüge von Vorstandsmitgliedern aufstellt, regelt die Bestellung Art und Umfang der Bezüge des Vorstandsmitglieds nicht. Es bedarf einer gesonderten vertraglichen Vereinbarung. Zuweilen wird dem Vorstandskandidaten ein „Arbeitsvertrag" vorgelegt. Die Mitglieder des Vorstandes sind aber keine Arbeitnehmer ihrer Aktiengesellschaft, sondern deren Organe. Sie üben Arbeitgeberfunktion aus. Niemand kann gleichzeitig Arbeitgeber und Arbeitnehmer sein.

---

[64] Vgl. Ziffer 3.2. Hierarchie im Vorstand.

Der Anstellungsvertrag eines Vorstandsmitgliedes ist ein Dienstvertrag mit Geschäftsbesorgungscharakter, gerichtet auf den Austausch von Leistung und Gegenleistung.[65]

Auch der Anstellungsvertrag wird zwischen Aufsichtsrat und Vorstandsmitglied abgeschlossen; anders als bei der Bestellung kann der Aufsichtsrat die Entscheidung über den Anstellungsvertrag, insbesondere die Verhandlung über einzelne Details einem Ausschuss übertragen.[66] Dies gilt aber nicht uneingeschränkt. Um Abgrenzungsprobleme zu vermeiden, empfiehlt es sich, dass der Aufsichtsrat in Ausübung seiner Personalkompetenz und Überwachungskompetenz den Anstellungsvertrag selbst beschließt und als Arbeitsvertragspartner gegenüber dem Vorstandsmitglied auftritt. Dabei ist der Aufsichtsrat auch beim Dienstvertrag an die Höchstdauer des § 84 Abs. 1 AktG, also an die 5-Jahres-Frist gebunden. Zulässig und empfehlenswert ist die Klausel, wonach sich der Arbeitsvertrag jeweils bei einer Verlängerung der Amtszeit durch erneute Bestellung bis zu deren Ablauf gleichfalls verlängert und weiter gilt.

Aus Sicht des Vorstandsmitgliedes kann eine derartige Verlängerungsklausel allerdings nachteilig sein, wenn bei einer erstmaligen Bestellung oder Neugründung der Aktiengesellschaft zunächst vergleichsweise niedrige Vorstandsbezüge vereinbart werden, die dann perpetuiert würden. Die Interessenlage der Vertragsschließenden ist also auch hier zu bedenken und bei der Vertragsformulierung zu berücksichtigen.

Anwendung von Arbeitnehmerschutzrechten

Der Vorstand ist nicht Arbeitnehmer, daher kommt die direkte Anwendung arbeitsrechtlicher Vorschriften für ihn nicht in Betracht.

Dies schließt nicht aus, dass der Vorstand, wie allgemein angenommen, einen Anspruch auf Zeugniserteilung hat und dass z. B. bei der Vertragsauslegung eine Rechtsfigur aus dem Arbeitsrecht, die der „betrieblichen Übung", auch zu seinen Gunsten angewandt werden kann.

So hat der Bundesgerichtshof bei der Auslegung des Begriffs „Mindestjahreseinkommen als Bezugsgröße für die Ermittlung des Ruhegehalts eines Vorstandsmitgliedes" ausdrücklich auf eine ent-

[65] Fleck, WM 1994, S. 1957.

[66] Hüffer, Aktiengesetz, § 84 Rdnr. 12.

sprechende betriebliche Übung in der Arbeitnehmerschaft abgestellt, um zu einem Ergebnis zu kommen.[67]

Auch die Bezüge der Vorstandsmitglieder genießen Pfändungsschutz nach § 850 ff. ZPO.

Vorstand und Sozialversicherung

Nach § 1 Satz 4 SGB VI sind Mitglieder des Vorstandes einer Aktiengesellschaft nicht rentenversicherungspflichtig. Der Wortlaut des Gesetzes beschränkt diese Befreiung von der Rentenversicherungspflicht nicht auf das Einkommen des Vorstands in der Aktiengesellschaft. Daher kamen findige Unternehmensberatungen auf die Idee ihrer Kundschaft zu empfehlen, eine kleine Aktiengesellschaft zu gründen und damit das Gesamteinkommen, also auch Arbeitseinkommen aus an sich versicherungspflichtiger Tätigkeit in einem anderen Unternehmen von der Versicherungspflicht zu befreien. Die Reaktion des Gesetzgebers blieb nicht aus.

Im November 2003 beschloss der Bundestag unter dem Titel „Kurzfristige Maßnahmen zur Stabilisierung des Rentenbeitrages" unter anderem, dass Vorstandsmitglieder nur hinsichtlich ihrer Einkommen für Vorstandstätigkeit für die Aktiengesellschaft und in konzernzugehörigen Beschäftigungen in der Rentenversicherung nicht versicherungspflichtig sind. In allen Beschäftigungen außerhalb des Konzern, dem die Aktiengesellschaft angehört, sind vom Arbeitgeber Rentenversicherungsbeiträge zu zahlen. Die Gesetzesänderung gilt ab 01.01.2004 uneingeschränkt für alle nach dem 06.11.2003 bestellten AG-Vorstände. Bei einer Vorstandstätigkeit schon vor dem 06.11.2003 bleiben auch Beschäftigungen außerhalb des Konzerns weiterhin nicht versicherungspflichtig.

Die BfA veröffentlichte dazu eine Mitteilung, wonach dieser Vertrauensschutz nicht gelte für Missbrauchsfälle. Missbrauchsfälle definiert die BfA „mit der Gründung von finanzschwachen Aktiengesellschaften, bei denen die Vorstandsvergütung keine ausreichende und dauerhafte Absicherung der Vorstandsmitglieder gewährleiste". Ob sich die BfA mit dieser Auffassung durchsetzt, ist offen. Würde sie sich durchsetzen, so bedeutet dies, dass eine Existenzgründung in Form einer kleinen AG nicht unbeträchtlich erschwert wird, jedenfalls dann, wenn die Gründer und gleichzeitig Vorstände zur Siche-

---

[67] BGH-Urteil vom 19.12.1994, 2 ZR 244/93, AG 1995, S. 188 (189).

rung des Lebensunterhalts neben ihrer Vorstandstätigkeit in der Startphase noch einer anderen entgeltlichen Tätigkeit nachgehen.

Von der Arbeitslosenversicherung ist das Vorstandsmitglied gem. § 27 Abs. 1 Nr. 5 SGB III befreit. Versicherungsfrei sind Personen in einer Beschäftigung als Mitglieder des Vorstandes einer Aktiengesellschaft für das Unternehmen, dessen Vorstand sie angehören. Konzernunternehmen im Sinne des § 18 AktG gelten als ein Unternehmen. Soweit keine Versicherungspflicht besteht, hat das Vorstandsmitglied auch keinen Anspruch auf einen Arbeitgeberzuschuss zur sozialen Absicherung im Alter oder im Falle der Arbeitslosigkeit, jedenfalls dann nicht, wenn es nicht ausdrücklich vertraglich vereinbart ist. Wird ein solcher Zuschuss vereinbart – üblicherweise in Höhe des gesetzlichen an einen Arbeitnehmer zu zahlenden Zuschuss – so ist dieser wie normales Einkommen zu versteuern, also nicht steuerprivilegiert. Deswegen finden sich bei größeren Aktiengesellschaften derartige Zuschüsse selten; sie fließen allenfalls gedanklich in das höhere Jahreseinkommen ein. Bei Umwandlungen von GmbHs in kleine Aktiengesellschaften hängen die ehemaligen Geschäftsführer häufig an derartigen Zusagen, so dass sich dort vereinzelt vertragliche Zusagen von Zuschüssen zur Alterssicherung und zur Absicherung gegen Arbeitslosigkeit finden.

Hinsichtlich der Arbeitgeberzuschüsse zur Kranken- und Pflegeversicherung von Vorstandsmitgliedern einer Aktiengesellschaft hat das BMF am 22.02.1996 in einer veröffentlichten Stellungnahme ausgeführt:[68]

„Die Frage, ob Mitglieder des Vorstands einer Aktiengesellschaft in einem Beschäftigungsverhältnis im Sinne des § 7 Abs. 1 SGB IV stehen, ist nach den allgemeinen Grundsätzen zum Beschäftigungsbegriff zu entscheiden (vgl. Bundessozialgerichtsurteil vom 31.05.1989 – 4 RA 22/88). Maßgebend sind die tatsächlichen Verhältnisse im konkreten Einzelfall.

Liegt ein Beschäftgungsverhältnis vor, haben die Vorstandsmitglieder einer Aktiengesellschaft sowohl Anspruch auf einen Arbeitgeberzuschuß zu ihrem Krankenversicherungsbeitrag nach § 257 SGB V als auch Anspruch auf einen Arbeitgeberzuschuß zu ihrem Pflegeversicherungsbeitrag nach § 61 Abs. 1 und 2 SGB XI. Die auf-

---

[68] BB 1996, S. 885.

grund der gesetzlichen Verpflichtung geleisteten Arbeitgeberzuschüsse sind nach § 3 Nr. 62 Satz 1 EStG steuerfrei.

Abschließend wird darauf hingewiesen, dass Arbeitgeberzuschüsse zu Beiträgen der Vorstandsmitglieder für eine Lebensversicherung für die freiwillige Versicherung in der gesetzlichen Rentenversicherung oder für eine öffentlich-rechtliche Versicherungs- oder Versorgungseinrichtung der Berufsgruppe nach § 3 Nr. 62 Satz 2 EStG nicht steuerfrei sind, da Vorstandsmitglieder einer Aktiengesellschaft in der gesetzlichen Rentenversicherung versicherungsfrei sind."

Die Stellungnahme ist insofern nicht eindeutig, als dass sie auf den konkreten Einzelfall und die Frage, ob das Mitglied des Vorstandes in einem Beschäftigungsverhältnis im Sinne des § 7 Abs. 1 SGB IV steht, verweist.

Der Berater empfiehlt daher, den Zuschuss zur Kranken- und Pflegeversicherung vertraglich zu regeln, insbesondere auch die Höhe des Zuschusses festzulegen (50% der tatsächlichen Aufwendungen, maximal 50% des gesetzlichen Arbeitgeberanteils zu messen an einer zu bestimmenden Krankenkasse).

Aussage über bisherige Verträge

Neben der in der Präambel angegebenen Information, dass der Aufsichtsrat aufgrund eines konkreten Beschlusses mit Wirkung zu einem bestimmten Datum den Vertragschließenden zum Vorstand oder Vorstandsvorsitzenden berufen bzw. ernannt hat und der Information, dass aus diesem Anlass der nachfolgende Dienstvertrag geschlossen wird, enthalten Vertragsentwürfe zuweilen die Klausel:

„Unter Aufhebung aller bisherigen vertraglichen Vereinbarungen."

Dies hat zum einen die Funktion, dass Rechtssicherheit hergestellt wird, indem beiden Parteien verwehrt wird, sich im Laufe der Verhandlungen auf möglicherweise verabredete Details zu berufen, die gerade nicht Vertragsgegenstand geworden sind. Gleichzeitig werden aber auch bis dahin bestehende, möglicherweise ungekündigte Vertragsverhältnisse beendet. So könnte der zukünftige Vorstand bislang leitender Angestellter der Aktiengesellschaft gewesen sein und verliert mit Unterschrift unter den Vorstandsdienstvertrag alle Rechte aus dem bis dahin bestehenden Arbeitsvertrag und den „sozialen Besitzstand" (im wesentlichen Kündigungsschutz und Betriebszugehörigkeit).

Zu beachten ist bei der Formulierung, dass alle bisherigen vertraglichen Vereinbarungen wegfallen und nicht nur Dienstverträge sondern auch Mietverträge, Darlehensverträge usw. erfasst werden, was erhebliche Bedeutung haben kann. Z. B. wenn das Vorstandsmitglied einer kleinen Aktiengesellschaft dieser das Betriebsgrundstück, welches sich im Privatbesitz befindet, vermietet hat.

Während es beim GmbH-Geschäftsführer durchaus vorkommt, dass sich ein Geschäftsführer vertraglich ausbedingt, dass im Falle seiner Abberufung sein altes Arbeitsverhältnis wiederauflebt und dieses nur für die Zeit der Bestellung ruht, ist jedenfalls dem Verfasser dieses Buches eine derartige Gestaltung bei einer Aktiengesellschaft und einem Vorstandsanstellungsvertrag noch nicht vorgekommen. Vorstellbar sind hingegen Fälle, in denen das Vorstandsmitglied bislang Arbeitnehmer der Muttergesellschaft der Aktiengesellschaft war und ein Interesse daran haben könnten, dass für den Fall der Abberufung eines Vorstands sein altes Arbeitsverhältnis mit der Muttergesellschaft wieder auflebt (siehe auch Kapitel 3.2.0).

3.6 Aufgaben des Vorstandes im Unternehmensalltag

Die übliche Formulierung in Formularbüchern lautet in etwa so:

„Er vertritt die Gesellschaft zusammen mit den anderen Vorstandsmitgliedern und führt deren Geschäfte. Sein Aufgabenbereich ergibt sich aus dem jeweiligen Geschäftsverteilungsplan für den Vorstand."

Was es aber bedeutet, eine Aktiengesellschaft zu leiten und deren Geschäfte, also was eigentlich von ihm erwartet wird, kann der Betroffene dem Dienstvertrag nicht entnehmen. Dies erscheint im Hinblick auf die Diskussion um eine Verschärfung der Haftung für Vorstände und Aufsichtsratsmitglieder problematisch. Deshalb folgt im Anschluss eine Analyse der Begriffe „Unternehmensleitung" und „Geschäftsführung" und zwar sowohl im Unternehmensalltag, als auch gesondert (Kapitel 3.7) in der Krise des Unternehmens.

Entsprechend sind auch die Ausführungen im Mustervertrag in Kapitel 4.1 wesentlich ausführlicher als dies in marktüblichen Formularhandbüchern der Fall ist. Aus Sicht des Autors sind die Kapitel 3.6 und 3.7 Pflichtlektüre für Vorstandsmitglieder, auch wenn deren Interesse mehr den Ausführungen in Kapitel 3.8 (Vorstandsbezüge) gilt.

3.6.1 Prinzip der eigenverantwortlichen Leitung

Dem Prinzip der eigenverantwortlichen Leitung der Aktiengesellschaft durch den Vorstand kommt erhebliche Bedeutung zu. Immer wieder nimmt die Rechtsprechung zur Begründung ihrer Entscheidungen Bezug auf dieses Prinzip, insbesondere bei Lektüre des Kapitels 5 (Die Haftung des Vorstandes) wird dies deutlich werden. So ist die Darstellung der eigenverantwortlichen Leitung im Nachfolgenden umfangreicher als in anderen Handbüchern üblich.

Inhalt und Grenzen der Unternehmensleitung
Die entscheidende Vorschrift des Aktiengesetzes bestimmt in § 76 Abs. 1 kurz und prägnant:

„Der Vorstand hat unter eigener Verantwortung die Gesellschaft zu leiten.“

Einigkeit besteht insoweit, als dass die Vorschrift so verstanden wird, dass das Unternehmen geleitet wird.[69]

Was aber Leitung bedeutet, wo sie beginnt und wie sie sich von der Geschäftsführung abgrenzt, ist im Einzelnen nicht immer klar und bot Rechtsprechung und Literatur Anlass für eine Vielzahl von Stellungnahmen und Urteilen.

Zur Verdeutlichung ein Fallbeispiel, dessen Lösung schrittweise im Kapitel 3.6 zu erarbeiten ist.

Prokurist A der Spendabel AG hat den Vorstand dieser Gesellschaft dazu überredet, der politischen Partei, der er als Kreisvorsitzender angehört, eine nicht unbedeutende Geldspende zukommen zu lassen. In diesem Zusammenhang hat er dem Vorstand unter anderem angedeutet, dass eine solche Handlung „politischer Land-

---

[69] Henze, BB 2000, S. 209.

schaftspflege" dem Ruf des Unternehmens fördere und geeignet sei, bei der Vergabe öffentlicher Aufträge im Kreise positiv zu bewirken.

Der Aufsichtsratsvorsitzende erfährt hiervon und

a) kündigt das Arbeitsverhältnis des Prokuristen unter Einhaltung der Kündigungsfrist zum nächstmöglichen Termin

oder

b) bewirkt einen Aufsichtsratsbeschluss, der den Vorstand anweist, den Prokuristen unter Einhaltung der vertraglichen Kündigungsfrist zum nächstmöglichen Zeitpunkt zu kündigen.

Der Vorstand weigert sich geschlossen, der Weisung des Aufsichtsrats zu folgen.

Der Prokurist wehrt sich gegen die in Variante a) ausgesprochene Kündigung. Mit Erfolg?

Bei Variante b) will der Aufsichtsrat gegen den Vorstand vorgehen, weil dieser gespendet hat und weil er sich weigert, den Prokuristen zu entlassen. Mit Erfolg?

Zunächst stellt sich die Frage der Abgrenzung der Begriffe Leitung und Geschäftsführung.[70]

Da das Gesetz keine eigene Definition des Begriffs „Leitung" bietet, werden in der Literatur eine Vielzahl von Definitionen angeboten.[71] Zitiert wird die betriebswirtschaftliche Organisations- und Managementlehre, welche die Unternehmensplanung, die Unternehmenskoordination und die Unternehmenskontrolle als Leitung definiert. Zitiert werden Autoren, die die Planungs-, Steuerungs-, die Organisations-, die Finanz- und die Informationsverantwortung unter zentraler Leitungsfunktion verstehen.

Da nach dem Willen des Gesetzgebers die Leitung der Aktiengesellschaft dem Vorstand insgesamt übertragen wird, also dem Gesamtvorstand, auch wenn dieser aus mehreren Personen besteht und andererseits Aufgaben der Geschäftsführung nach § 77 AktG aufgrund einer Satzung oder einer Geschäftsordnung des Vorstandes auf einzelne Vorstandsmitglieder übertragen werden können, bietet sich

---

[70] Geschäftsführung ist in § 77 AktG geregelt. Einzelne Geschäftsführungsmaßnahmen in §§ 90, 91 und 92 AktG.

[71] Vgl. Zusammenstellung Hefermehl/Spindler, § 76 Rdnr. 16 und 17 m.w.N.

eine Abgrenzung nach der Bedeutung und der Erheblichkeit der zu treffenden Entscheidung an. Hat eine Maßnahme der Entscheidung erhebliche Bedeutung für die weitere Entwicklung des Unternehmens oder für die Finanzertrags- oder Beschäftigungslage, so wird sie im Zweifel im Bereich der Leitung der Gesellschaft zuzuweisen sein; anderenfalls ist sie Geschäftsführung.[72] Art und Größe des Unternehmens sind bei der Beurteilung im Einzelfall sicherlich mit in die Überlegung einzubeziehen.[73]

Ist die Gewichtung einmal getroffen und festgestellt, dass es sich um eine Leitungsaufgabe handelt, für die der Gesamtvorstand zuständig ist, so kann die Pflicht zur Unternehmensleitung dann noch differenziert werden in die Planungspflicht, die Organisationspflicht und die Aufsichtspflicht.

Bezogen auf das vorgenannte Fallbeispiel wird sich feststellen lassen, dass die Entlassung eines Prokuristen, unabhängig von der Größe des Unternehmens im Regelfall eine Aufgabe der Geschäftsführung und nicht der Leitung der Gesellschaft ist.

Eine nicht unbedeutende Spende an eine politische Partei kann aber durchaus als Ausübung der Leitungsverantwortung angesehen werden.

Nach dem Wortlaut des Gesetzes leitet der Vorstand das Unternehmen „unter eigener Verantwortung". Demgemäß könnte der Vorstand im geschilderten Fall unter Berufung auf den Gesetzeswortlaut die Kritik des Aufsichtsrates an der Parteispende zurückweisen.

Gleichzeitig bedeutet „Handeln unter eigener Verantwortung", dass der Vorstand selbständig nach eigenem Ermessen handelt und keinen Weisungen unterliegt. Andererseits kann ein Vorstandsmitglied für jedwede Verletzung der ihm obliegenden Pflichten, also auch aus Verletzung der Leitungspflicht haftbar gemacht werden. Um eine Pflichtverletzung festzustellen, muss zunächst geklärt werden, welche Interessen der Vorstand zu beachten hat. Ohne eine Gewichtung zu treffen könnten dies sein:

- Interessen der Aktionäre, also des Kapitals
- Interessen der Arbeitnehmer, also der Arbeit
- Die Interessen der Öffentlichkeit, also des Gemeinwohls

---

72 Henze, BB 2000, S. 209 (210 m.w.N.).

73 Henze, BB 2000, S. 209 (210).

Einigkeit besteht insoweit, als dass der Vorstand alle vorgenannten Interessen beachten und ausgleichen muss.[74] Die Unternehmensinteressen sind keinesfalls identisch mit dem Interesse einer Gruppe, also weder mit der des Kapitals, noch mit den Interessen der Arbeitnehmer, noch mit den Interessen des Gemeinwohls. Es wird vielmehr definiert durch die Summe dieser Interessen und ihren Ausgleich, ohne dass grundsätzlich geregelt wird, wie dieser Ausgleich stattzufinden hat. Zwangsläufig muss dem Vorstand daher ein erheblicher Beurteilungsspielraum bei der Auslegung des Unternehmensinteresses im Einzelfall gewährt werden.[75]

Der Bundesgerichtshof hat es bislang gleichfalls vermieden, den Begriff des Unternehmensinteresses zu definieren, tendiert aber bei einer Auslegung des Begriffes im Sinne der „Stakeholder-Theorie", also gleichfalls Beachtung der Interessen der beteiligten Gruppen Kapital, Arbeit und Gemeinwohl.

Was die Interessen der Aktionäre, also des Kapitals betrifft, so ist damit nicht das kurzfristige Interesse einzelner Aktionäre an einer Gewinnmaximierung gemeint, sondern die Sorge für den Fortbestand des Unternehmens und eine dauerhafte Rentabilität.[76]

Die Verpflichtung zur Beachtung des Gemeinwohls, die durch Änderung des Aktiengesetzes im Jahre 1937 seinerzeit aufgenommen worden ist und in der jetzigen Textfassung des Aktiengesetz nicht mehr existiert, gehört zu den Begriffen, die in allen Kommentierungen zum Aktiengesetz im Zusammenhang mit der Leitungsaufgabe des Vorstandes und der Beurteilung seines Handlungsspielraumes immer wieder genannt werden.

Anstatt sich am „Wohl des Betriebs und seine Gefolgschaft und an dem gemeinen Nutzen von Volk und Reich" zu orientieren, erscheint es in einer demokratischen und durch das Grundgesetz geprägten Gesellschaft allerdings angebracht, die Gemeinwohlkausel als Ausprägung der Sozialbindung des Eigentums zu verstehen und von Artikel 14 Abs. 2 GG und der dort festgelegten Sozialgebundenheit des Eigentums auszugehen.[77]

Das Aktiengesetz kennt den Begriff des Gemeinwohls gleichwohl in anderem Zusammenhang, in § 396 Abs. 1 Satz 1AktG:

---

[74] Hefermehl / Spindler, § 76, Rdnr. 57.
[75] Hefermehl / Spindler, § 76, Rdnr. 57.
[76] Hefermehl / Spindler, § 76 Rdnr. 60 ff. m.w.N.
[77] So jedenfalls Hefermehl / Spindler, § 76, Rdnr. 53 – 59.

„Gefährdet eine Aktiengesellschaft oder Kommanditgesellschaft auf Aktien durch gesetzwidriges Verhalten ihrer Verwaltungsträger das Gemeinwohl und sorgen der Aufsichtsrat und die Hauptversammlung nicht für eine Abberufung der Verwaltungsträger, so kann die Gesellschaft auf Antrag der zuständigen obersten Landesbehörde des Landes, in dem die Gesellschaft ihren Sitz hat, durch Urteil aufgelöst werden."

Der Begriff der Gemeinwohlgefährdung ist nicht unproblematisch.

„Wann das Gemeinwohl gefährdet wird, lässt sich nicht generell sagen. Jedenfalls müssen durch das zu erwartende Verhalten der Gesellschaft für rechtlich geschützte Interessen größerer Bevölkerungskreise oder die gesamte Öffentlichkeit nachhaltige Nachteile entstehen oder jedenfalls drohen, die durch spezialgesetzliche Handhabungen (z. B. Gewerbeaufsicht, Kartellrecht, Umweltschutz) nicht wirksam verhindert werden können."[78]

Die Gemeinwohlgefährdung muss aber durch gesetzeswidriges Verhalten des Vorstandes (und/oder Aufsichtsrates) eintreten.

Weitere Voraussetzung ist, und darauf muss ausdrücklich hingewiesen werden, dass Aufsichtsrat oder Hauptversammlung trotz Gemeinwohlgefährdung durch gesetzeswidriges Verhalten des Vorstandes diesen nicht aus dem Amt entfernt haben.

Die einzelnen vom Vorstand zu beachtenden Aspekte des Unternehmensinteresses rechtfertigen es, dass der Vorstand für gute Arbeitsbedingungen sorgt, für eine angemessene Vergütung und freiwillige soziale Leistungen, soweit es mit der Sorgfaltspflicht eines ordentlichen und gewissenhaften Geschäftsleiters vereinbar ist. Auch die Nichtbeachtung der sozialen Belange der Arbeitnehmer kann ein wichtiger Grund für die Abberufung von Vorstandsmitgliedern durch den Aufsichtsrat nach § 84 Abs. 3 AktG sein.[79]

Bei Aktionen im Zusammenhang mit der Sozialbindung des Eigentums und dem Gemeinwohl sollte der Vorstand in jedem Falle sehr sorgsam prüfen, ob die entsprechende Aktion geeignet ist, das Ansehen und den Erfolg der Gesellschaft in der Öffentlichkeit zu fördern. Das Gewinnerzielungsinteresse der Aktionäre und das Interesse der Arbeitnehmer an der Verbesserung ihrer Arbeits- und Le-

---

[78] Hefermehl / Eckert, § 369, Rdnr. 8.

[79] Hefermehl / Spindler, § 76, Rdnr. 70.

bensbedingungen ist also auch zu beachten, bei Spenden an eine Hilfsorganisation, oder für wissenschaftliche Zwecke oder im Zusammenhang mit der Errichtung von Stiftungen.

Dem Vorstand ist, damit er jeden Anschein vermeidet, auch dringend anzuraten, nicht an Organisationen zu spenden, in denen Vorstandsmitglieder führende Positionen einnehmen. In dem Text des Deutschen Corporate Governance Kodex heißt es hierzu unter Ziffer 4.3.3:

„Die Vorstandsmitglieder sind dem Unternehmensinteresse verpflichtet. Kein Mitglied des Vorstandes darf bei seinen Entscheidungen persönliche Interessen verfolgen und Geschäftschancen, die dem Unternehmen zustehen für sich nutzen."

Bei der Untersuchung der Frage, ob sich eine Deutsche Aktiengesellschaft an der Stiftungsinitiative der Deutschen Wirtschaft:

„Erinnerung, Verantwortung und Zukunft" zur Entschädigung von NS-Zwangsarbeitern beteiligen darf, kommt Mertens [80] zu folgenden Ergebnissen:

1. *„Eine Aktiengesellschaft kann sich unabhängig von der Formulierung ihres Unternehmensgegenstandes an der Stiftungsinitiative der deutschen Wirtschaft „Erinnerung, Verantwortung und Zukunft" beteiligen.*
2. *Uber die Beteiligung an der Stiftungsinitiative hat kraft seiner Leistungsmacht und Geschäftsführungsbefugnis § 76 Abs. 1 AktG allein der Vorstand zu entscheiden. Ihm steht insoweit gemäß § 78 Abs. 1 AktG i. V. m. § 82 Abs. 1 AktG auch die unbeschränkbare Vertretungsbefugnis zu.*
3. *Zur Einholung eines Zustimmungsbeschlusses der Hauptversammlung ist er in dieser Angelegenheit nicht verpflichtet."*

Diesem Ergebnis widerspricht Philipp[81] heftig:

1. *Die Problematik der Zwangsarbeiterentschädigungen ist für den Vorstand der Aktiengesellschaften von vornherein ambivalent: Er hat Gründe, das Bestehen von Rechtsansprüchen zu bestreiten, mit dem Ziel „nach außen" keine Zahlungen leisten zu müs-*

[80] Mertens, AG 2000, S. 157 (163).
[81] Philipp, AG 2000, S. 62 (68 f.).

sen. Nach „innen" müsste er aber gegenüber den Aktionären gerade das Bestehen von Rechtsansprüchen behaupten und dieses auch durch entsprechende Dokumentationen beweisen, um aktienrechtlich aus dem Vermögen der Gesellschaft überhaupt zahlen zu dürfen.

2. *Die gegenwärtigen Verhandlungen über freiwillige Leistungen sind rechtlich höchst fragwürdig. Nach innerstaatlichem Recht fehlt ihnen sowohl die gesellschaftsrechtliche als auch die steuerrechtliche Grundlage.*
3. *Sollte es zu Zahlungen kommen, riskieren Vorstände und Aufsichtsräte, ihrerseits von den Gesellschaften und den Aktionären persönlich haftbar gemacht zu werden.*
4. *Es würde neues Unrecht geschaffen, wenn der zufällig durch in- und ausländische Aktionäre zusammengesetzte Gesellschafterkreis der deutschen Aktiengesellschaften Vermögensschädigungen hinnehmen müsste, obwohl diese Gesellschaften rechtlich für die an sie herangetragenen Forderungen nicht haften."*

Umfassend mit den Fragen von Unternehmensspenden und dem Leitungsermessen des Vorstandes beschäftigt sich Fleischer.[82]

Anhand von zum Teil historischen Beispielfällen zur korporativen Philanthropie entwickelt Fleischer zunächst Fallvarianten, in denen Spenden des Vorstandes unproblematisch erscheinen. Er widerspricht dem Argument, dass der Gesellschaftszweck generell eine Vertretungsmacht des Vorstandes für Spenden ausschließt und klammert auch Fälle aus, in denen die Satzung eine Gemeinwohlklausel enthält. Zunächst gibt es sicherlich Fälle, in denen Gewinnstreben und Spende langfristig die gleiche Zielrichtung, nämlich die Absicherung einer langfristigen Rentabilität des Unternehmens haben. Dem gegenüberzustellen sind Fälle, in denen die Argumentation, die Spende sichere langfristig die Rentabilität, eher fragwürdig ist. In diesen Fällen kommt Fleischer nach Untersuchung in Frage kommender Rechtsgrundlagen zur Rechtfertigung der Spende zum Ergebnis, dass das „Leitungsermessen des Vorstandes" als in § 76 Abs. 1 AktG niedergelegtes Prinzip eine Rechtsgrundlage sein kann. Zur Erhärtung dieser These nimmt Fleischer einen rechtsvergleichenden Rundblick in die Nachbarländer Österreich und Schweiz sowie angelsächsische und romanische Rechtssysteme vor, in denen

[82] Fleischer, AG 2001, S. 171 ff.

das Leitungsorgan einer Aktiengesellschaft jeweils zur Spende berechtigt ist.

Bei einer Auseinandersetzung mit möglichen Gegenargumentationen stellt Fleischer Kriterien auf für die Beurteilung der Zulässigkeit einer Spende:

1. Angemessenheit
2. Verbot von Interessenskonflikten
3. Einzelaufschlüsselung im Jahresabschluss

Speziell mit der Frage der Spenden der Aktiengesellschaft an politische Parteien hat sich Kind beschäftigt.

Sie kommt dabei zu dem Ergebnis, dass Aktiengesellschaften auf die Teilnahme am Rechts- und Sozialleben und die damit verbundene soziale Anerkennung im Interesse des Unternehmens an seiner langfristigen Rentabilität angewiesen sind. Die Vergabe von Parteispenden sei als ein Teilbereich dieser Öffentlichkeitsarbeit mit Gemeinwohlbezug anzuerkennen.[83]

„Die Vergabe von Parteispenden durch den Vorstand einer AG ist im Rahmen der eigenverantwortlichen Unternehmensleitung nach § 76 Abs. 1 AktG zulässig. Um eine Schadensersatzpflicht nach § 93 Abs. 2 zu vermeiden, muss der Vorstand auf die Einhaltung quantitativer und qualitativer Grenzen mit der Spendenvergabe achten."[84]

Gleichzeitig stellt Kind eine Reihe von Postulaten auf, wie den Zustimmungsvorbehalt des Aufsichtsrats, das Auskunftsrecht der Aktionäre sowie Begrenzung auf einen Betrag von ca. 1 % des Bilanzgewinnes als Anregung für Gesetz und Satzungsgeber.

Bezogen auf das Fallbeispiel zu Beginn der Kapitels, kann hier als Zwischenergebnis festgehalten werden, dass die Spende des Vorstandes an die politische Partei des Prokuristen jedenfalls dann nicht zu beanstanden war und nicht zur Haftung führt, wenn sie sich im oben beschriebenen Rahmen hielt.

Da der Prokurist den Vorstand dann nicht zu unrechtmäßigem Verhalten verleitet hat, fehlt der Kündigung des Aufsichtsrates bereits die materiellrechtliche Grundlage.

[83] Kind, NZG 2000, S. 567 (573).
[84] Wie vor, S. 573.

Planungspflicht – Entwicklung der strategischen Ausrichtung
In dem Deutschen Corporate Governance Kodex heißt es in Ziffer 4.1.2:

„Der Vorstand entwickelt die strategische Ausrichtung des Unternehmens, stimmt sie mit dem Aufsichtsrat ab und sorgt für ihre Umsetzung."

Begriffe, wie „strategische Ausrichtung des Unternehmens" oder „Unternehmensstrategie" gehören heute zum allgemeinen Wortschatz. Ob diejenigen, die derartige Wortschöpfungen benutzen, deren Sinngehalt oder historischen Ursprung kennen, ist zweifelhaft.

Zunächst ist mit dem Begriff „Strategie" untrennbar der Name des preußischen Offiziers Carl von Clausewitz (1780 – 1831) verbunden; ein preußischer Militär, der ein grundlegendes Strategiekonzept entwickelte. Mit der interessanten Frage, ob sich dessen Werk auf die heutige Zeit und insbesondere auf Wirtschaft und Unternehmen übertragen lässt, befasst sich ein bemerkenswertes Werk, dessen Lektüre nachdrücklich empfohlen werden kann: „Clausewitz – Strategie denken." [85] Die Autoren dieses Werkes stellen zunächst klar, dass Wirtschaft kein Krieg ist, da wirtschaftliche Aktivitäten untrennbar mit der Schaffung von Werten zum Nutzen für die Gesellschaft und dem Wunsch des Einzelnen nach einem produktiven Engagement in der Gesellschaft verbunden sind. Darüber hinaus schildern die Autoren den Entwicklungsbegriff Strategie vom alten Athen und Inbegriff Strategos, zusammengesetzt aus den beiden Begriffen „stratos" (Armee) und „agein" (Führen) über Friedrich den Großen, der in seinem Werk „défense du système de guerre moderne" den Begriff der stratégique einführte zu Clausewitz, der als erstes das Wesen der Strategie beleuchtete. Mit der Feststellung der Buchautoren wurde der bis dahin im Zusammenhang mit militärischen Überlegungen verwandte Begriff erstmals von Harry Ingor Ansoffs in seinem Werk „Corporate Strategy" 1965 verwandt [86]. Der Begriff ist im Zusammenhang mit Wirtschaft also noch recht jung.

---

[85] Clausewitz.
[86] Ansoff, Managementstragie.

Die Boston Consulting Group kommt zu dem Schluss:[87]

„Wenn man die ungewisse Natur des unternehmerischen Umfeldes bedenkt, die sich in der nahen Zukunft entwickeln dürfte, muss man sich fragen, ob es uns überhaupt möglich sein wird, Strategien zu entwerfen oder ob wir im Wesentlichen gezwungen sein werden, uns mit taktischen Antworten auf flüchtige Gelegenheiten zufrieden zu geben, die sich ohne Ankündigung bieten...

Doch er, (Clausewitz) würde auch vehement dafür eintreten, dass man in der Taktik alle glücklichen Gelegenheiten ohne Rücksicht auf die eigenen Fertigkeiten, Vorbereitungen und Wünsche ergreifen sollte, dass wir in der Strategie jedoch unsere moralischen Stärken und geistigen Fähigkeiten kombinieren und so Kreativität und Überzeugungskraft entwickeln, um ganz neue Möglichkeiten zu unseren Gunsten zu schaffen und das Glück auf unsere Seite zu locken. Um den dialektischen Gegensatz deutlich zu machen:

Wenn wir uns auf ein taktisches Vorgehen beschränken, werden wir zum Zyniker, denn wir negieren die Macht des Individuums, Einfluss auf seine Umwelt zu nehmen. Wenn wir dagegen ausschließlich auf die Strategie vertrauen, missachten wir die Kräfte, die uns umgeben und sich uns widersetzen...

Strategie, wie Clausewitz sie begreift, besteht darin, die verschiedenen Elemente beider Möglichkeiten zu immer neuen Kombinationen zu verbinden, je nachdem, wie sich die Wirklichkeit entfaltet und wie er sie begrifflich wahrzunehmen gezwungen sind"

Fazit:

Wer von Unternehmensstrategie oder strategischer Ausrichtung des Unternehmens spricht, sollte den militärischen und philosophischen Hintergrund dieser Worte kennen, um nicht Gefahr zu laufen, sich zu blamieren.

In der Betriebswirtschaftslehre wird im Alltag eine weit weniger philosophische und damit auch verständlichere Definition für Strategie benutzt:

Festlegung der langfristigen Unternehmenspolitik durch die Geschäftsleitung als Grundlage der langfristigen Planung.

---

[87] Clausewitz S. 48

Unter Planung wird die Projektion zukünftigen betrieblichen Geschehens verstanden, die erforderlich ist, um Entscheidungen rational zu fundieren und vorzubereiten.

Planung hat damit zwei Elemente, nämlich ein zukunftsbezogenes Element und ein rationales Element.

Das Ergebnis der Planung ist der Plan, der folgenden Grundsätzen genügen muss:

a) Vollständigkeit, d.h., er muss alle Teilbereiche des Unternehmens und alle planungsrelevanten Tatbestände erfassen
b) Genauigkeit
c) Kontinuität – periodische Pläne müssen ineinander greifen
d) Flexibilität – es muss Alternativpläne bei Datenänderungen geben
e) Prinzip der Wirtschaftlichkeit

Für das Unternehmen ist ein Gesamtplan aufzustellen, der aus betrieblichen Teilplänen besteht. Diese Teilpläne lassen entweder nach dem Wertekreislauf in Absatzplan, Produktionsplan, Finanzplan, Beschaffung und Beschaffungsplan untergliedern, die alle jeweils zahlreiche Unterpläne erfordern, die aufeinander aufzubauen haben.

Alternativ kann nach zeitlichen Gesichtspunkten unterschieden werden zwischen einer Long-run-Betrachtung, also langfristigen Planung, die nur Grobplanung sein kann, z. B. Investitionsplanung, langfristiger Absatz – Produktions- und Finanzplanung, ferner die Planung der betrieblichen Forschung und Entwicklung

oder eine short-run Betrachtung, eine Feinplanung, die kurze Perioden nach Wochen, Monaten oder Quartalen beinhaltet.

Auch für die Art und Weise der Planung gibt es feste Vorstellungen. Eine Planung wird konkret durchgeführt, indem in der ersten Stufe das Planungsproblem definiert wird, in der zweiten Stufe die Informationen beschafft werden und in der dritten Stufe die Informationen ausgewertet werden.

Der Vorstand muss zukunftsbezogen und rationell denken. Er muss über Daten verfügen als Grundlage für eine langfristige Planung. Nur mit dieser sicheren Grundlage lassen sich Unternehmen langfristig führen. Gefragt ist in erster Linie nicht der Philosoph und der Visionär, sondern ein rationaler zukunftsbezogener Pragmatiker. Demgemäß sollte sich niemand von Begriffen wie „strategische Ausrichtung des Unternehmens“ blenden und irreführen lassen.

Ohne Planung ist eine dauerhafte Rentabilität nicht vorstellbar. Wichtiger Baustein der Planung ist auch die Personalplanung. Es gehört zu den Pflichten des Vorstandes, dass die Führungsstellen und Schlüsselstellen des Unternehmens mit geeigneten Mitarbeitern besetzt sind.

Organisationspflicht

Die beste Planung nutzt nichts, wenn dahinter keine Organisation steht, die sie umzusetzen vermag.

Welche Anforderungen unter dem Stichwort Organisationspflicht an den Vorstand gestellt werden, zeigt eine ältere betriebswirtschaftliche Definition.[88]

„Der Begriff „Organisation“ schließt sich an den des Organismus an. Es lassen sich damit Vorstellungen eines ordnenden Gestaltens und seiner Ergebnisse verbinden.“

Der Vorstand muss danach eine Struktur durchsetzen, die eine reibungslose Umsetzung des geplanten Unternehmensziels gewährleistet. Dazu ist zunächst einmal die Frage der Zuständigkeit zu klären im Sinne einer innerbetrieblichen Funktionsteilung einschließlich der Festlegung von Hierarchieebenen. Es sind aber auch alle Arbeitsabläufe und Bewegungen zu strukturieren. Schließlich muss der Zu- und Abfluss von Material strukturiert sein, aber auch der Zu- und Abfluss des Geldes.

Professor Dr. Erich Frese definiert daher[89] wie folgt:

„Mit dem Begriff Organisation bezeichnet man üblicherweise entweder den Prozess, die Tätigkeit des organisatorischen Gestaltens (die Methodik und Technik des Organisierens) oder das Ergebnis der Gestaltung (die Organisationsstruktur) ...
In der betriebswirtschaftlichen Organisationslehre hat sich die Unterscheidung zwischen Aufbauorganisation und Ablauforganisation durchgesetzt.

[88] Wirtschaftslexikon VIII, Auflage 1971, Betriebswirtschaftlicher Verlag Dr. Th. Gabler.

[89] Gablers Wirtschaftslexikon, 15. Auflage, Band L –O, S. 2330.

a) *Aufbauorganisatorische Regelungen beziehen sich auf das Stellensystem, d. h. auf die Bildung von Stellen und auf die Gestaltung vor Stellenbeziehungen...*
b) *Ablauforganisatiorische Regelungen erstrecken sich v. a. auf die Strukturierung raumzeitlicher Prozesse der Aufgabenerfüllung."*

Für die vielen einzelnen Bereiche, die insgesamt das Unternehmen ausmachen, gibt es eine Menge von Organisationsspezialisten, z. B. für Datenverarbeitung, Logistik und Vertrieb, die die einzelnen Bereiche strukturieren können, sei es als Mitarbeiter oder externe Berater.

Aufgabe des Vorstandes ist es, dies alles zu koordinieren und zu kontrollieren. Der Vorstand ist weder verpflichtet noch in der Lage alles in Person zu tun. Er ist weisungsbefugt und kann damit Einfluss auf das Verhalten der ihm unterstellen Führungskräfte sowie der übrigen Arbeitnehmer nehmen. Es wird daher von ihm verlangt, dass er sorgfältig vorab überlegt, ob die von ihm beauftragten Arbeitnehmer überhaupt in der Lage sind, den Auftrag ohne vorhersehbaren Schaden für das Unternehmen zu erledigen. Es wird auch verlangt, dass er kontrolliert, ob und wie sein Auftrag ausgeführt wird. Soweit er aber delegiert, treten an die Stelle der Verantwortung für eigenes Tun die Verantwortung und damit die Haftung für die Auswahl des Tätigen und dessen Kontrolle.

Vereinfacht ausgedrückt muss der Vorstand dafür sorgen, dass der richtige Mann am richtigen Platz sitzt und dort engagiert dem Unternehmenszweck dient. Da im günstigsten Fall der tatsächlich vorhandenen Organisation eine Organisationsplanung vorliegt, gilt es, diese zu optimieren und gegebenenfalls bei Bedarf anzupassen.

Aufsichtspflicht

Zur allgemeinen Aufsichtspflicht des Vorstandes gehört es, dass er jederzeit ein Bild von der Lage und der Entwicklung des Unternehmens hatte und alsdann prüft und vergleicht, ob Lage und Entwicklung mit den Plandaten übereinstimmen. Stimmen die Lage und die Entwicklung des Unternehmens nicht mit dem Unternehmensplan überein, muss der Vorstand tätig werden. Zur Aufsichtspflicht gehört auch die Dienstaufsicht über die nachgeordneten Führungskräfte. Darüber hinaus bestimmt der Deutsche Corporate Governance Kodex in 4.1.3:

„Der Vorstand hat für die Einhaltung der gesetzlichen Bestimmungen zu sorgen und wirkt auf deren Beachtung durch die Konzernunternehmungen hin."

Die weit gefasste Formulierung bedeutet dem Vorstand, zunächst auch in der eigenen Aktiengesellschaft für die Einhaltung der gesetzlichen Bestimmungen zu sorgen. Dies gilt von der Formulierung für die Mitarbeiter, für die einzelnen Vorstandsmitglieder aber auch für den Aufsichtsrat. Aufgrund der Unternehmenszusammenbrüche in der Bundesrepublik Deutschland in den letzten Jahren sah der Gesetzgeber eine Veranlassung tätig zu werden, indem er die allgemeine Aufsichtspflicht präzisierte und ein System zur Früherkennung und Überwachung des Unternehmens gesetzlich normierte.

Pflicht zur Errichtung eines Systems zur Früherkennung und Überwachung

Durch das Gesetz zur Kontrolle und Transparenz im Unternehmensbereich (KonTraG vom 27.04.1998) wurde § 91 Abs. 2 AktG eingefügt, der lautet:

„Der Vorstand hat geeignete Maßnahmen zu treffen, insbesondere ein Überwachungssystem einzurichten, damit den Fortbestand der Gesellschaft gefährdende Entwicklungen früh erkannt werden."

Nach der Begründung im Regierungsentwurf (Bundestagdrucksache 13/9712, Seite 15) soll durch diese neue Regelung im Aktiengesetz die Verpflichtung des Vorstand einer Aktiengesellschaft, für ein angemessenes Risikomanagement und für eine angemessene interne Revision zu sorgen, verdeutlicht werden.

Obwohl die Vorschrift entstehungsgeschichtlich in engen Zusammenhang mit § 317 Abs. 4 HGB steht[90], also einer Bestimmung, die die Prüfungspflichten bei einer börsennotierten Kapitalgesellschaft betrifft, gilt sie für alle Aktiengesellschaften. Historisch gesehen führt der § 91 Abs. 2 AktG zu keiner Erweiterung der Pflichten des Vorstandes einer Aktiengesellschaft, sondern nur zu einer Konkreti-

---

90 *„Bei einer börsennotierten Aktiengesellschaft ist außerdem im Rahmen der Prüfung zu beurteilen, ob der Vorstand die ihm nach § 91 Abs. 2 des Aktiengesetzes obliegenden Maßnahmen in einer geeigneten Form getroffen hat und ob das danach einzurichtende Überwachungssystem seine Aufgaben erfüllen kann."*

sierung seiner ohnehin bestehenden Leitungsaufgabe nach § 76, wo es in Absatz 1 heißt:

„Der Vorstand hat unter eigener Verantwortung die Gesellschaft zu leiten."

Das Landgericht Berlin[91] hat festgestellt, dass es schon immer zum Pflichtenkatalog des Vorstandes gehörte, eine interne Organisation aufzubauen, die ihm jederzeit die erforderliche Übersicht über die wirtschaftliche und finanzielle Situation der Gesellschaft ermögliche.

Da für Kredit- und Finanzdienstleistungsinstitute eine spezialgesetzliche Regelung der Verpflichtung zur Risikofrüherkennung in § 25 a Abs. 1 Gesetz über das Kreditwesen (AKWG) besteht, wird die Auffassung vertreten, dass diese gesetzliche Bestimmung, die etwas ausführlicher ist als § 91 Abs. 2 AktG, den Inhalt der aktienrechtlichen Bestimmung konkretisiert.

In § 25 a AKWG heißt es in Absatz 1:

„Ein Institut muss

1. *über geeignete Regelungen zur Steuerung, Überwachung und Kontrolle der Risiken sowie über angemessene Regelungen verfügen, anhand derer sich die finanzielle Lage des Instituts jederzeit mit hinreichender Genauigkeit bestimmen lässt;*
2. *über eine ordnungsgemäße Geschäftsorganisation, über ein angemessenes internes Kontrollverfahren sowie über angemessene Sicherheitsvorkehrungen für den Einsatz der elektronischen Datenverarbeitung verfügen;*
3. *dafür Sorge tragen, dass die Aufzeichnungen über die ausgeführten Geschäfte eine lückenlose Überwachung durch das Bundesaufsichtsamt für seinen Zuständigkeitsbereich gewährleisten;*
4. *die erforderlichen Aufzeichnungen sind sechs Jahre aufzubewahren; § 257 Abs. 3 und 5 des Handelsgesetzbuches gilt entsprechend."*

Das Landgericht Berlin kommt zu dem Schluss, dass mangelndes Risikomanagement ein wichtiger Grund zur sofortigen Beendigung des Anstellungsverhältnisses eines Vorstandes ist und lässt dabei den Einwand fehlender Zuständigkeit wegen der Gesamtverantwortung des Vorstandes nicht gelten.

---

[91] Landgericht Berlin, Urteil vom 03.07.2002, AG 2002, S. 682.

§ 91 Abs. 2 AktG konkretisiert die Anforderungen hinsichtlich der Organisation an den Vorstand in zwei Stufen:[92]

In der ersten Stufe hat der Vorstand geeignete Maßnahmen zur Früherkennung Bestandgefährdender Entwicklungen durch geeignete Maßnahmen zu gewährleisten, d. h. er muss frühzeitig erkennen könne, wenn besonders risikoreiche Geschäfte, wie z. B. Handel mit Derivaten oder Warentermingeschäfte aufgenommen werden, bis zu Verstößen gegen die Vorschriften der Rechnungslegung oder sonstige wichtige Vorschriften kommen.

Die Veränderungen, die der Vorstand erkennen muss, sind solche, die sich negativ auf Vermögens-, Ertrags- oder Finanzlage der Aktiengesellschaft wesentlich auswirken können. Der Vorstand kann Entwicklungen nur erkennen, wenn sie ihm bekannt sind. Dies bedeutet, dass die Organisation so ausgestattet sein muss, dass der Vorstand von derartigen Entwicklungen tatsächlich Kenntnis erlangt.

In der zweiten Stufe ist ein Überwachungssystem zu schaffen, was nicht gleichbedeutend ist mit einem Risk-Managementsystem. Es gilt nicht, die risikoträchtigen Entwicklungen zu überwachen, sondern die Einhaltung der geeigneten Maßnahmen zur Früherkennung derartiger Risiken. Letztlich gemeint ist hier der Führungsgrundsatz, dass es nicht reicht, Befehle oder Anordnungen zu geben, sondern dass der jeweilige Offizier oder Chef auch verpflichtet ist, zu überprüfen, ob seine Befehle und Anordnungen ausgeführt werden; hier konkret, ob Innenrevision und Controlling durch ihre Arbeit erworbene Kenntnisse auch tatsächlich dem Vorstand rechtzeitig zur Verfügung stehen.

Da § 91 Abs. 2 AktG nichts anderes ist als die Konkretisierung der Verpflichtung zur Unternehmensleitung durch den Vorstand einer Aktiengesellschaft, gilt das, was namhafte Autoren zur Überwachung einer Aktiengesellschaft bereits vor § 91 Abs. 2 AktG geschrieben haben.[93]

Da die Umsetzung der Begriffe geeignete Maßnahmen zur Früherkennung und Überwachungssysteme im nachfolgenden Text recht plastisch in die Praxis umgesetzt werden, hier ein längeres Zitat[94]

---

[92] Hüffer, § 91, Rdnr. 6 – 8.
[93] Götz, AG 1995, S. 337 ff.
[94] Götz, wie vor, (338 f.).

„Es gehört zur Gesamtverantwortung aller Vorstandsmitglieder, sicherzustellen, dass ein leistungsfähiges internes Überwachungssystem besteht, welches alle relevanten Vorgänge erfasst und im Rahmen des Notwendigen überprüft sowie die daraus resultierenden Informationen in aufbereiteter Form den zuständigen Verantwortungsträgern zeitnah zuleitet. Die Gesamtverantwortung des Vorstands umfasst ferner die Gewährleistung der sorgfältigen Auswahl und Beaufsichtigung derjenigen Personen, die Funktionen im internen Überwachungssystem wahrzunehmen haben. Diese Kernelemente der Kontrollverantwortung des Vorstandes sind nicht delegierbar. Dagegen lassen sich Teilaufgaben der Überwachung weitgehend auf Mitarbeiter übertragen, wobei je nach der Größe des Unternehmens eine hierarchische Überwachungsstruktur entstehen kann, in der jeder Dienstvorgesetzte die Kontrollverantwortung für die ihm unmittelbar unterstellten Mitarbeiter wahrnimmt.

Parallel hierzu sind bei größeren Unternehmen selbständige Stabsabteilungen für die Controlling-Funktion und die interne Revision erforderlich. Letzte ist für die primäre ordnungsorientierte Überwachung zuständig, zu der nicht über Einzelfall- sondern auch Systemprüfungen, wie z. B. das Risk-Managementinstrumentarium für Derivative Geschäfte gehören.

Da eine sachgerechte Überwachung ohne zuverlässige Informationsversorgung nicht möglich ist, kommt dem Controlling eine besondere Bedeutung zu. Diesem obliegt die Entwicklung von Planungs-, Kontroll- und Informationssystemen sowie deren Implementierung. Es hat neben der Koordination der Planung den zeitnahen und zuverlässigen Fluss von aufbereiteten Informationen über alle Geschäftsvorfälle mit Darstellung, ihre ergebnismäßigen und finanzwirtschaftlichen Auswirkungen zu den Entscheidungsträgern, insbesondere dem Vorstand, zu besorgen und ist eine wichtige Stütze der zielorientierten Überwachung der Geschäftstätigkeit des Unternehmens. Die vorstandsseitige Übertragung der internen Revision und das Controlling darf nicht einem operativen (linien-) Ressort zugeordnet werden, weil sonst auf diesen Bereich bezogen die notwendige Unabhängigkeit der beiden Abteilungen tangiert wäre. Eine Nichtbeachtung dieses Grundsatzes wäre als Organisationsmangel zu qualifizieren...

Eine wirksame Überwachung erfordert nicht nur eine zuverlässige Versorgung mit Informationen, sondern auch Maßstäbe für eine Bewertung derselben. Damit ist die Unternehmensplanung angespro-

chen, ohne die Soll /Ist-Vergleich und Abweichunsanalysen nicht möglich ist. Es gehört zu den wichtigsten Pflichten des Vorstandes, sowohl eine strategische – Mehrjahresplanung als auch eine – operative – Einjahresplanung zu erstellen, die auf der Basis realistischer Prämissen die Budgetziele vorgibt. Aus den Teilplänen für Beschaffung, Fertigung, Absatz, Investitionen, Forschung und Entwicklung, Personal, Finanzen und aus der Ergebnisplanung mit Planbilanzen sowie Plan-, Gewinn- und Verlustrechnung gewinnt der Vorstand die notwendige Zielorientierung für die Leitung der Gesellschaft.“

Demnach müssen die geeigneten Maßnahmen zur Früherkennung sowie das Überwachungssystem derartig ausgestaltet sein, dass dem Vorstand Informationen über Risiken schnell erreichen, damit er zeitnah reagieren kann. Dafür sind Daten regelmäßig und zeitnah zu erheben. Bestandsgefährdende Risiken sind vollständig zu ermitteln aber auch zu quantifizieren und nach der Eintrittswahrscheinlichkeit zu beurteilen.

Der Berater kann einem Vorstandsmitglied nur nachhaltig empfehlen, die Verpflichtung aus § 91 Abs. 2 AktG als einen wichtigen Teil seiner Leitungsaufgabe zu erkennen und danach zu handeln, schon um eigene Haftung zu vermeiden.

Im Rahmen der Gestaltung des Vorstandsdienstvertrages ist zu empfehlen, die Verpflichtung geeigneter Maßnahmen zur Früherkennung sowie ein Überwachungssystem einzuführen in Ergänzung der allgemeinen Klausel, wonach der Vorstand berechtigt und verpflichtet ist, die Gesellschaft zu leiten, ausdrücklich in den Dienstvertrag aufzunehmen, in der Hoffnung, dadurch ein Bewusstsein für die Gefahrenquelle zu schaffen.

Die Installation eines Früherkennungs- und Überwachungssystems setzt natürlich Kenntnis von den Risiken voraus. Damit stellt sich die Frage nach dem Risikomanagement im Unternehmen.

Pflicht zur Errichtung eines Systems des Riskomanagements

Der Vorstand hat nach § 76 Abs. 1 unter eigener Verantwortung die Aktiengesellschaft zu leiten. Die Vorstandsmitglieder haben nach § 93 Abs. 1 Satz 1 AktG bei ihrer Geschäftsführung die Sorgfalt eines ordentlichen und gewissenhaften Geschäftsleiters anzuwenden. Während § 91 Abs. 2 AktG den Vorstand verpflichtet, geeignete Maßnahmen zur Früherkennung von nachteiligen Veränderung und zur Schaffung eines Überwachungssystems gesetzlich vorschreibt, schweigt das Gesetz zu der Frage, ob der Vorstand ein umfassendes Risikomanagementsystem einführen muss. Auch der Deutsche Corporate Governance Kodex führt lediglich aus:

„4.4. Der Vorstand sorgt für ein angemessenes Risikomanagement und Risikocontrolling im Unternehmen."

Was aber ist ein angemessenes Risikomanagement? Dies bestimmt der Vorstand. Er bestimmt, ob er ein umfassendes „Riskmanagement" oder „Riskmapping" einführen will. Nachdem durch die zweite Eigenkapitalübereinkunft des Baseler Ausschusses für Bau- und Bankenaufsicht (Basel II) eine verschärfte Beurteilung der Kreditnehmer vorgeschrieben wird, spricht viel dafür, dass über die ausdrückliche gesetzliche Verpflichtung in § 91 Abs. 2 AktG hinaus ein Risikomanagementsystem zu schaffen.
Wie aber sieht ein solches System aus? Empfohlen wird bereits die erste Stufe des § 91 Abs. 2 AktG (die geeigneten Maßnahmen zur Früherkennung durch eine Risikoinventur), durch eine Risikoanalyse, die Dokumentation und Kommunikation von Risiken im Unternehmen, Maßnahmen zur Risikobewältigung auszugestalten.[95] Zur Risikoinventur, die in jeder Abteilung des Unternehmens durchzuführen ist, gehören Risikoerfassungsbögen, die auch die Funktion haben, das Risikobewusstsein der Belegschaft zu fördern.[96] Ein so genannter Risikoerfassungsbogen soll enthalten:

„Die Abteilung,
den Risikoinhaber,
die Risikoart,
eine Detailbeschreibung des Risikos,
das Datum der Risikoerhebung,
den Zeitraum des Eintritts und die Eintrittswahrscheinlich,
die voraussichtliche Schadenshöhe,
etwaige Absicherungsmaßnahmen und die bei Risikoeintritt
zu informierenden Stellen"[97]

Daneben wird empfohlen, auch die Daten historischer Schadensfälle zu sammeln und zu ordnen.[98]

---

[95] Preußner / Becker, NZG 2002, S. 846 ff.
[96] Preußner / Becker, NZG 2002, S. 848.
[97] Preußner / Becker, wie vor, S. 848.

Als zweiter Bestandteil der Früherkennung dient die Risikoanalyse, also die Bewertung der erfassten Risiken. Diese soll vorgenommen werden von demjenigen Entscheidungsträger, der im jeweiligen Verantwortungsbereich dem Risiko am nächsten steht.[99]

Empfohlen wird dabei auch die Quantifizierung möglicher Schäden durch Aufstellung eines Koordinatensystems, in dem Eintrittswahrscheinlichkeit und Schadenshöhe zueinander in Relation gesetzt werden, so dass sich ein Risikoportefeuille mit vier Risikoklassen ergibt.[100]

a) Risiken mit niedriger Eintrittswahrscheinlichkeit und niedrigem Schaden,
b) Risiken mit hoher Eintrittswahrscheinlichkeit und niedrigem Schaden,
c) Risiken mit niedriger Eintrittswahrscheinlichkeit und hohem Schaden
d) Risiken mit hoher Eintrittswahrscheinlichkeit und hohem Schaden.

Zum umfassenden Risikomanagement gehört insbesondere auch die Kommunikation und Dokumentation der Risiken. Der Vorstand soll nicht nur über Gewinn- und Verluste, sondern auch über die Risikosituation periodisch unterrichtet werden.[101] Dabei soll auch festgehalten werden, wer, wann, welche Informationen an wen weitergegeben hat.

Der Vorstand soll alsdann Maßnahmen zur Risikobewältigung treffen, die ein wesentliches Element eines funktionierenden Risiko managementsystems darstellt.[102] Zu unterscheiden sind dabei vier so genannte Risikostrategien.[103]

Bei der Risikovermeidung verzichtet der Vorstand auf Aktivitäten der Gesellschaft in einem bestimmten Bereich.

---

98 Preußner / Becker, wie vor.

99 Preußner / Becker, wie vor, S. 849 m.w.N.

100 Preußner / Becker, wie vor.

101 Preußner / Becker, wie vor, m.w.N.

102 Preußner / Becker, wie vor.

103 Preußner / Becker, wie vor, mit Hinweis auf Eggemann / Konrad, BB 2000, S. 503 (506).

Bei der Risikoverminderung trifft der Vorstand Maßnahmen, die die konkreten Risiken verringern, z. B. die Pflicht der Einführung des Vier-Augen-Prinzips.

Bei der Risikoüberwälzung werden Risiken auf Dritte, z. B. Versicherungsunternehmen, Geschäftspartner oder Subunternehmer abgewälzt.

Bei der Risikokompensation trifft der Vorstand Gegenmaßnahmen bei Übernahme des vollen Risikos, z. B. durch die Bildung finanzieller Rückstellungen für den Fall des Eintritts des Risikos.

Sinn des Risikomanagement ist es, in einer Krise des Unternehmens eine Grundlage für Gegenmaßnahmen zu haben. Der Vorstand kann im Rahmen seiner Leitung zusammen mit dem Risikomanagement bereits Vorsorge für ein Krisenmanagement treffen, sei es in der Form, dass ein „Task-Force" gegründet wird und das Krisenmanagement personell vorbereitet wird. Durch das Abarbeiten von Krisenszenarien und Krisennachsorge kann das Risikomangementsystem insgesamt komplementiert werden.[104]

Es wird von der Größe der Aktiengesellschaft und der Branche abhängigen, möglicherweise aber auch davon, inwieweit die Aktiengesellschaft auf Kredite angewiesen ist, inwieweit der Vorstand im Rahmen seiner allgemeinen Organisationspflicht nach §§ 91 Abs. 2 AktG ein Risikomanagementsystem einrichtet.

Ein Berater wird dem Vorstand wohl empfehlen müssen, im Zusammenhang mit den Verpflichtungen aus § 91 Abs. 2 AktG eine Risikoinventur vorzunehmen, d. h. im Unternehmen vorhandene Risiken zu erfassen, schon um das Risikobewußtsein der Belegschaft zu steigern und eine Früherkennung von Risiken überhaupt gemäß § 91 Abs. 2 zu ermöglichen.

Kapitalerhaltungspflicht

Das in den Aktien verkörperte Grundkapital der Gesellschaft soll als Ausgleich für die Beschränkung oder Haftung in § 1 Abs. 1 AktG

„Die Aktiengesellschaft ist eine Gesellschaft mit eigener Rechtspersönlichkeit. Für die Verbindlichkeiten der Gesellschaft haftet den Gläubigern nur das Gesellschaftsvermögen."

---

[104] Einzelheiten bei Preußner / Becker, wie vor.

im Notfall uneingeschränkt zur Verfügung steht. Dafür zu sorgen ist ebenfalls Aufgabe des Vorstandes. An ihn wenden sich die aktienrechtlichen Verbote der §§ 57 und 71 bis 71 e AktG. § 57 AktG lautet:

(1) Den Aktionären dürfen die Einlagen nicht zurückgewährt werden. Als Zurückgewähr von Einlagen gilt nicht die Zahlung des Erwerbspreises beim unzulässigen Erwerb eigener Aktien.
(2) Den Aktionären dürfen Zinsen weder zugesagt noch ausgezahlt werden.
(3) *Vor Auflösung der Gesellschaft darf unter die Aktionäre nur der Bilanzgewinn verteilt werden.*

In den §§ 71 bis 71 e AktG sind Regelung über den Erwerb eigener Aktien aufgestellt, die gleichfalls dem Schutz und der Erhaltung des Grundkapitals dienen.

In engem Zusammenhang mit der Verpflichtung zur Kapitalerhaltung ist auch § 92 Abs. 1 zu sehen, die den Vorstand verpflichtet, unverzüglich eine Hauptversammlung einzuberufen, wenn er erkennt, dass ein Verlust in Höhe der Hälfte des Grundkapitals besteht.[105]

3.6.2 Geschäftsführung

„Demokratie statt Führerprinzip"
Bei der Regelung der Geschäftsführung in § 77 AktG zeigt sich, dass die Idee der Demokratie auch im Gesellschaftsrecht angekommen ist.

In § 77 Abs. 1 AktG heißt es:

„Besteht der Vorstand aus mehreren Personen, so sind sämtliche Vorstandsmitglieder nur gemeinschaftlich zur Geschäftsführung befugt. Die Satzung oder die Geschäftsordnung des Vorstandes kann Abweichendes bestimmen; es kann jedoch nicht bestimmt werden, dass ein oder mehrere Vorstandsmitglieder Meinungsverschiedenheiten im Vorstand gegen die Mehrheit seiner Mitglieder entscheiden."

Das gesetzliche Modell der Geschäftsführung ist demgemäss das Einstimmigkeitsprinzip. Die gesetzliche Geschäftsführung ist eine

---

[105] Vgl. Der Vorstand in der Krise des Unternehmens – Verlustanzeigepflicht.

echte Gesamtgeschäftsführung. Dies bedeutet, dass jede rechtliche oder tatsächliche Handlung für die Aktiengesellschaft einschließlich der Beschlussfassung und der Ausführung der Einstimmigkeit bedarf. Dabei regelt die Geschäftsführung die Frage, was der Vorstand gegenüber der Gesellschaft im Innenverhältnis darf, während die Frage über die Wirksamkeit der Handlungen des Vorstandes im Außenverhältnis eine Frage der Vertretung ist.[106]

Da das Einstimmigkeitsprinzip, also die echte Gesamtgeschäftsführung in der tatsächlichen Durchführung hinderlich sein kann, gestattet der Gesetzgeber, dass in der Satzung oder der Geschäftsordnung von der Gesamtgeschäftsführung abweichende Regelungen getroffen werden können. Gleichzeitig wird diese Regelungskompetenz jedoch im zweiten Halbsatz des zweiten Satzes wieder eingeschränkt. Dabei wird im Gesetzestext das demokratische Mehrheitsprinzip angesprochen und für verbindlich erklärt. Anstelle der gesetzlichen echten Gesamtgeschäftsführung kann also durch Satzung oder Geschäftsordnung das Mehrheitsprinzip für die Geschäftsführung des Vorstandes eingeführt werden. Entsprechend demokratischen Gepflogenheiten sind die bei einer Abstimmung unterlegenen Vorstandsmitglieder an den Beschluss der Mehrheit gebunden. Bei Stimmengleichheit ist kein Beschluss zustande gekommen. Besteht der Vorstand aus mehr als zwei Mitgliedern, können Satzung oder Geschäftsordnung bestimmen, dass die Stimme des Vorsitzenden ausschlaggebend ist.

Dies ist weit weniger als die unter dem Begriff "Führerprinzip" bekannte und in § 70 Abs. 2 Satz 2 AktG 1937 enthaltene Regelung, wonach bei Streitigkeiten im Vorstand der Vorstandsvorsitzende gegen die Mehrheit alleine entscheiden konnte.

Mit demokratischem Verständnis in Übereinstimmung ist hingegen ein Vetorecht, das einer Minderheit ermöglicht, Geschäftsführungsmaßnahmen der Mehrheit zu blockieren.

Da im Geltungsbereich des Mitbestimmungsgesetz der Arbeitsdirektor einen Kernbereich von Zuständigkeiten in Personal- und Sozialfragen hat, ist ein Vetorecht in diesen Gesellschaften nur eingeschränkt vorstellbar.

Das Mehrheitsprinzip kann im Übrigen nicht uneingeschränkt gelten, wenn die Leitung der Aktiengesellschaft als besonderer Teil

---

[106] Siehe Kapitel 3.6.3.

der Geschäftsführung angesehen wird. Daher kann auch durch Satzung oder Geschäftsordnung dem Vorstand als solchen nicht die Verantwortung für die Leitung der Gesellschaft entzogen werden. Unabhängig davon, ob einzelne Geschäftsfelder auf einen (Einzelgeschäftsführungsbefugnis) oder mehrere Vorstandsmitglieder (unechte Gesamtgeschäftsführungsbefugnis) [107] übertragen werden oder ob eine Kombination von Gesamtgeschäftsführungsbefugnis und Einzelgeschäftsführungsbefugnis, mit oder ohne Vetorechte eingeführt wird, hat jedes Vorstandsmitglied das Recht, eine Angelegenheit vor den Gesamtvorstand zu bringen und dessen Entscheidung ist bindend. [108] Auch die Einzelgeschäftsführungsbefugnis eines Vorstandsmitglieds steht daher unter dem Vorbehalt der Entscheidung des Gesamtvorstandes. Dies kann in Anbetracht der Regelung des Aktiengesetzes 1937 als Durchsetzung demokratischen Gedankengutes angesehen werden.

Geschäftsverteilung und Geschäftsordnung

In § 77 Abs. 2 AktG heißt es:

„Der Vorstand kann sich eine Geschäftsordnung geben, wenn nicht die Satzung den Erlass der Geschäftsordnung dem Aufsichtsrat übertragen hat oder der Aufsichtsrat eine Geschäftsordnung für den Vorstand erlässt. Die Satzung kann Einzelfragen der Geschäftsordnung bindend regeln. Beschlüsse des Vorstandes über die Geschäftsordnung müssen einstimmig gefasst werden."

Nur in der kleinen AG mit wenigen Aktionären oder Aktionärsfamilien, die dann auch im Vorstand repräsentiert sind, insbesondere bei zwei Vorstandsmitgliedern kann es zunächst sinnvoll sein, die Geschäftsordnung bereits in der Satzung festzulegen. Dann jedoch darf nicht verkannt werden, dass eine Änderung der Geschäftsordnung für den Vorstand eine Satzungsänderung erforderlich macht. Dies bedeutet einen Aufwand, der regelmäßig vermieden wird. Wenn die Satzung die Kompetenzen über den Erlass einer Geschäftsord-

---

[107] Anders als bei der Vertretung kann bei der Geschäftsführung auch eine Geschäftsführungsbefugnis in Satzung oder Geschäftsordnung in der Form vorgeschrieben werden, dass ein Vorstandsmitglied zusammen mit einem Prokuristen für einen bestimmten Bereich geschäftsführungsbefugt ist.

[108] Hefermehl / Spindler, § 77, Rdnr. 23.

nung dem Aufsichtsrat überträgt, dieser jedoch untätig bleibt oder wenn die Satzung keine entsprechende Regelung enthält und sich der Vorstand selbst an die Geschäftsordnung gibt, stellt sich die Frage, ob der Aufsichtsrat hier eingreifen und eine abweichende Regelung durch Beschluss erlassen kann und zwar gegen den Vorstand. Allgemeine Auffassung ist, dass der Aufsichtsrat als das für die Bestellung der Vorstandsmitglieder zuständige Organ berechtigt ist die Geschäftsverteilung ohne die Zustimmung des Vorstandes zu regeln.[109] Bleibt der Aufsichtsrat untätig und regelt der Vorstand die Geschäftsverteilung in einer von ihm geschaffenen Geschäftsordnung, bedarf diese Regelung nach dem Gesetz der einstimmigen Beschlussfassung. Dies gilt auch sinngemäß für eine Änderung der vom Vorstand beschlossenen Geschäftsordnung.

Die Geschäftsverteilung in der Geschäftsordnung hat nicht nur Auswirkungen auf die Kompetenz des einzelnen Vorstandsmitgliedes, sondern auch auf dessen Haftung. Die Konsequenz ist jedoch nicht, dass ein Vorstandsmitglied durch die Übertragung eines bestimmten Bereiches auf ein anderes Vorstandsmitglied von der Haftung frei wird. Jedes Vorstandsmitglied bleibt für die gesamte Geschäftsführung verantwortlich.[110]

Es verbleibt trotz Zuweisung des Bereiches an ein anderes Vorstandsmitglied eine allgemeine Aufsichtspflicht.[111] Wie weit diese allgemeine Aufsichtspflicht geht, ist im Einzelnen schwer zu definieren. Die Anforderungen dürfen sicherlich nicht überspannt werden,[112] denn im Grundsatz hat sich jedes Vorstandsmitglied auf seinen Bereich zu konzentrieren und sich aus dem Bereich des anderen Vorstandsmitgliedes herauszuhalten. Anstelle des Begriffes der „allgemeinen Aufsichtspflicht“ wird auch der Begriff „Pflicht des Kollegialorgans zur Selbstkontrolle“ verwandt.[113]

Pflicht eines jeden Vorstandsmitgliedes ist allerdings, in den Sitzungen des Gesamtvorstandes auch die Aktivitäten und Berichte aus anderen Bereichen sorgfältig darauf zu überprüfen, ob nicht Missstände in diesen anderen Bereichen eine Handlung des Gesamtvorstandes und ggf. des Aufsichtsrates erforderlich machen.

---

[109] Hefermehl / Spindler, § 77 Rdnr. 25 m.w.N.

[110] Hefermehl / Spindler, § 77 Rdnr. 28.

[111] Wie vor.

[112] Hüffer, § 77 Rdnr. 15.

[113] Wie vor.

Die Geschäftsordnung findet ihre Grenzen dort, wo gesetzliche Bestimmungen bestehen. In § 33 Mitbestimmungsgesetz, wo es heißt:

(1) „Als gleichberechtigtes Mitglied des zur gesetzlichen Vertretung des Unternehmens Organs wird ein Arbeitsdirektor bestellt. Dies gilt nicht für Kommanditgesellschaften auf Aktien.
(2) Der Arbeitsdirektor hat wie die übrigen Mitglieder des zur gesetzlichen Vertretung des Unternehmens befugten Organs seine Aufgaben im engsten Einvernehmen mit dem Gesamtorgan auszuüben. Das Nähere bestimmt die Geschäftsordnung."

Bei der nachfolgend noch gesondert angesprochenen Buchführungspflicht des § 91 Abs. 1 AktG und bei der laufenden Berichterstattung an den Aufsichtsrat nach § 90 AktG sowie bei den Pflichten des Vorstandes in der Krise des Unternehmens[114] (Insolvenzantragspflicht, Verlustanzeigepflicht) wie auch bei der Vorbereitung und Ausführung von Hauptversammlungsbeschlüssen, der Vorlegung des Jahresabschlusses und des Geschäftsberichtes und bei dem Vorschlag über die Verwendung des Reingewinns ist der Vorstand insgesamt zuständig und verpflichtet. Daher kommt eine Zuweisung dieser Aufgaben an einzelne Vorstandsmitglieder nicht in Betracht, ausgenommen Vorbereitungsarbeiten. Auch die Anfechtung eines Hauptversammlungsbeschlusses ist Aufgabe des gesamten Vorstandes.

Durch Geschäftsordnung begründete Organisationsmodelle für die Vorstandsarbeit sind

a) funktionelle Organisationsformen und eine Aufteilung nach kaufmännischer Leitung, technischer Leitung und einem Arbeitsdirektor für Personal und damit verbundene Fragen oder eine noch detaillierte Aufgliederung nach einzelnen Ressorts für die einzelnen Unternehmensbereiche, wie Forschung, Vertrieb, Produktion usw.
b) die Geschäftsverteilung nach Sparten, z. B. Autobau, Flugzeugbau, Weltraumtechnik
c) eine Geschäftsverteilung nach Marken, z. B. diverse Automarken

---

[114] Vgl. die Ausführungen in Kapitel 3.7.

Streitig ist, ob das CEO-Modell (Chief Executive-Officer-Modell), also ein Modell, nach dem der CEO gegenüber anderen Vorstandsmitgliedern weisungsberechtigt ist, mit dem deutschen Aktiengesetz in Einklang zu bringen ist. Diese Auffassung wird zwar vertreten.[115] Es ist jedoch nicht nachzuvollziehen, wie eine prinzipielle Gleichberechtigung aller Vorstandsmitglieder bei Bestehen der Gesamtverantwortung sich mit Weisungsrecht eines Vorstandsmitgliedes in Einklang bringen lässt. Es ist auch nicht einleuchtend, wo der Unterschied zwischen dem Weisungsrecht eines CEO mit der Berechtigung nach § 70 AktG 1937 sein soll ohne Einigkeit gegen die Mehrheit der Vorstandskollegen zu entscheiden. Das Weisungsrecht geht vielleicht sogar über diese historische Befugnis des „Unternehmensführers hinaus.

Für die Geschäftsordnung gilt das Erfordernis der Textform (Unterschriften sind nicht erforderlich).[116]

Buchführungspflicht

Obwohl § 238 HGB, der die Buchführungspflicht für Kaufleute und Handelsgesellschaften regelt, ohnehin auch für die Aktiengesellschaft gilt, da sie nach § 3 AktG auch dann als Handelsgesellschaft gilt, auch wenn der Gegenstand des Unternehmens nicht in dem Betrieb eines Handelsgewerbes besteht, hielt es der Gesetzgeber für notwendig, in § 91 Abs. 1 AktG nochmals auszuführen:

„Der Vorstand hat dafür zu sorgen, dass die erforderlichen Handelsbücher geführt werden."

Der Gesetzgeber wollte damit[117] nochmals das besondere öffentliche Interesse an der Erfüllung dieser Pflicht zum Ausdruck bringen.

§ 238 HGB lautet:

(1) „Jeder Kaufmann ist verpflichtet, Bücher zu führen und in diesen seine Handelsgeschäfte und die Lage seines Vermögens nach den Grundsätzen ordnungsmäßiger Buchführung ersichtlich zu machen. Die Buchführung muss so beschaffen sein, dass sie einem sachverständigen Dritten innerhalb angemessener Zeit einen Überblick über die Geschäftsvorfälle und über die Lage des

[115] Hefermehl / Spindler, § 77 Rdnr. 36 m.w.N.
[116] Hüffer, § 77 Rdnr. 21.
[117] Hefermehl / Spindler, § 91 Rdnr. 4 sowie Hüffer, § 91 AktG Rdnr. 2.

Unternehmens vermitteln kann. Die Geschäftsvorfälle müssen sich in ihrer Entstehung und Abwicklung verfolgen lassen

(2) Der Kaufmann ist verpflichtet, eine mit der Urschrift übereinstimmende Wiedergabe der abgesandten Handelsbriefe (Kopie, Abdruck, Abschrift oder sonstige Wiedergabe des Wortlautes auf einem Schrift-, Bild- oder anderen Datenträger) zurückzubehalten."

Der Gesetzgeber hat den Begriff „Handelsbücher" nicht definiert; er arbeitet stattdessen mit dem Begriff „Grundsätze ordnungsgemäßer Buchführung" (GoB). Dabei handelt es sich um einen unbestimmten Rechtsbegriff, der durch die Rechtsprechung ausgefüllt wird. Im Übrigen ist streitig, ob es sich bei den Grundsätzen ordnungsgemäßer Buchführung um Gewohnheitsrecht, Handelsbräuche oder kaufmännisches Standesrecht handelt.

Grundsätze ordnungsgemäßer Buchführung werden nicht nur durch Gesetze und Rechtsprechung definiert, sondern auch durch Fachgutachten und Stellungnahmen des Instituts der Wirtschaftsprüfer in Deutschland e. V. und dem deutschen Rechnungslegungsstandard des Deutschen Rechnungslegung Standard Committees sowie die International Accounting Standards (IFRS), des International Accounting Standards Committee (IASB).

Das „Grundgesetz des Bilanzrechts" (Grundgesetz für Soll und Haben des Kaufmanns) [118] befindet sich nach dem Bilanzrichtliniengesetz von 19.12.1985 nunmehr im Dritten Buch des HGB (§ 238 ff.) und regelt wesentliche Teile des Rechts der Buchführung, Bilanzierung und Rechnungslegung, Prüfung und Offenlegung für alle Kaufleute und damit auch für die Aktiengesellschaft, für die allerdings, soweit es ein Versicherungsunternehmen oder Kreditinstitut ist, zusätzlich noch die Sondernormen des Gesetzes über das Kreditwesen (KWG) und des Gesetzes über die Beaufsichtigung der Versicherungsunternehmen (Versicherungsaufsichtsgesetz-VAG) gelten.

Das Aktiengesetz befasst sich im 5. Teil mit der Rechnungslegung und der Gewinnverwendung. Durch § 140 Abgabenordnung werden die in anderen Gesetzen aus Steuergesetzen begründeten Buchführungs- und Aufzeichnungspflichten zu einer steuerlichen Pflicht, deren Verletzung nach § 162 Abs. 2 Satz 2 AO eine Schätzung von Be-

[118] Baumbach / Hopt-Merkt, vor § 238 HGB, Rdnr. 2.

steuerungsgrundlagen möglich ist, nach § 328 Zwangsmittel (Zwangsgeld, Ersatzvornahme, unmittelbarer Zwang) gegen den Vorstand angewandt werden kann oder ein Bußgeld auslösen können nach § 379 Abs. 1 Ziff. 2 Abgabenordnung. Daneben ist die Verletzung der Buchführungspflicht strafbar nach § 283 b Abs. 1 Nr. 1 – 3 StGB als Insolvenzstraftat. Der Vorstand der Aktiengesellschaft macht sich zudem schadensersatzpflichtig nach § 93 Abs. 2 AktG. [119]

Für die Grundsätze ordnungsgemäßer Buchführung ist auch § 257 HGB maßgebend, der die Aufbewahrung von Unterlagen und die Aufbewahrungsfristen regelt:

(1) „Jeder Kaufmann ist verpflichtet, die folgenden Unterlagen geordnet aufzubewahren:

1. *Handelsbücher, Inventare, Eröffnungsbilanzen, Jahresabschlüsse, Lageberichte, Konzernabschlüsse, Konzernlageberichte sowie die zu ihrem Verständnis erforderlichen Arbeitsanweisungen und sonstigen Organisationsunterlagen,*
2. *die empfangenen Handelsbriefe,*
3. *Wiedergaben der abgesandten Handelsbriefe,*
4. *Belege für Buchungen in den von ihm nach § 238 Abs. 1 zu führenden Büchern (Buchungsbelege).*

(2) Handelsbriefe sind nur Schriftstücke, die ein Handelsgeschäft betreffen

(1) Mit Ausnahme der Eröffnungsbilanzen, Jahresabschlüsse und der Konzernabschlüsse können die in Absatz 1 aufgeführten Unterlagen auch als Wiedergabe auf einem Bildträger oder auf anderen Datenträgern aufbewahrt werden, wenn dies den Grundsätzen ordnungsgemäßer Buchführung entspricht und sichergestellt ist, dass die Wiedergabe oder die Daten

1. *mit den empfangenen Handelsbriefen und den Buchungsbelegen bildlich und mit den anderen Unterlagen inhaltlich übereinstimmen, wenn sie lesbar gemacht werden,*
2. *während der Dauer der Aufbewahrungsfrist verfügbar sind und jederzeit innerhalb angemessener Frist lesbar gemacht werden können. Sind Unterlagen aufgrund des § 239 Abs. 4 Satz 1 auf Datenträgern hergestellt worden, können statt des*

[119] Vgl. Kapitel 5.2.

Datenträgers die Daten auch ausgedruckt aufbewahrt werden; die ausgedruckten Unterlagen können auch nach Satz 1 aufbewahrt werden.

(2) Die in Absatz 1 Nr. 1 und 4 aufgeführten Unterlagen sind zehn Jahre, die sonstigen in Absatz 1 aufgeführten Unterlagen sechs Jahre aufzubewahren.

(3) Die Aufbewahrungsfrist beginnt mit dem Schluss des Kalenderjahres, in dem die letzte Eintragung in das Handelsbuch gemacht, das Inventar aufgestellt, die Eröffnungsbilanz oder der Jahresabschluss festgestellt, der Konzernabschluß aufgestellt, der Handelsbrief empfangen oder abgesandt worden oder der Buchungsbeleg entstanden ist."

Vom Vorstand zu beachtende Grundsätze ordnungsgemäßer Buchführung sind im HGB geregelt:

- Das Stichtagsprinzip (§ 242 Abs. 1 und 2 HGB)
- Das Prinzip persönlicher Zuordnung (§ 242 Abs. 1 HGB)
- Das Prinzip Klarheit und Übersichtlichkeit (§ 243 Abs. 2, § 247 Abs. 1 HGB)
- Das Prinzip der Vollständigkeit (§ 246 Abs. 1 HGB)
- Das Verrechnungsverbot (§ 246 Abs. 2 HGB)
- Das Prinzip der Kontinuität
- Das Prinzip der Bilanzidentität (§ 252 Abs. 1 Nr. 1 HGB)
- Das Prinzip der Bewertungsstetigkeit (§ 252 Abs. 1 Nr. 6 HGB)
- Das going-concern-Prinzip (§ 252 Abs. 1 Nr. 2 HGB)
- Das Prinzip der vorsichtigen Bewertung unter Berücksichtigung vorhersehbarer Risiken und Verluste (§ 252 Abs. 1 Nr. 4 HGB erster Halbsatz)
- Das Prinzip Gewinne nur zu berücksichtigen, wenn sie am Abschlussstichtag realisiert sind (§ 252 Abs. 1 Nr. 4 zweiter Halbsatz)
- Das Prinzip periodengerechter Zuordnung von Aufwendungen und Erträgen (§ 252 Abs. 1 Nr. 5 HGB)

Verantwortlich für die Erfüllung der Buchführungspflicht ist der gesamte Vorstand. Auch hier gelten die Grundsätze, die bei den Ausführungen zur Leitung und Geschäftsführung im Falle der Delegation bereits dargelegt wurden:

Jedes einzelne Vorstandsmitglied ist verpflichtet für eine ordnungsgemäße Buchführung zu sorgen und im Falle der Delegation auf einen oder mehrere Vorstandsmitglieder diese zu überwachen und darauf zu achten, dass sie ihre Aufgaben ordnungsgemäß wahrnehmen. Die Aufsichtspflicht gilt auch dann, wenn einzelne Buchführungsaufgaben auf geeignete Angestellte oder externe Dritte verlagert werden, soweit dies gesetzlich zulässig ist. Bedenken gegen eine Verlagerung auf Externe können sich aus dem KWG (Gesetz über das Kreditwesen) oder VAG (Gesetz über die Beaufsichtigung der Versicherungsunternehmen) oder dem Bundesdatenschutzgesetz ergeben.

Die Bedeutung der Buchführungspflicht besteht zum einen darin, dass sie eine Informationsquelle für den Vorstand ist und diesem erst ermöglicht, die Gesellschaft zu leiten und deren Geschäfte zu führen; zum anderen dient sie nach dem Willen des Gesetzgebers dem Anleger- und Gläubigerschutz, auch wenn § 91 Abs. 1 AktG kein Schutzgesetz im Sinne des § 823 Abs. 2 BGB ist, was bedeutet, dass ein Dritter nicht direkt gegen den Vorstand wegen Verletzung der Buchführungspflicht auf Schadensersatz klagen kann.

Berichtspflichten

Der Vorstand leitet die Aktiengesellschaft und führt deren Geschäfte. Der Aufsichtsrat überwacht die Geschäftsführung des Vorstandes. Dieses Zusammenspiel funktioniert nur wenn der Aufsichtsrat ausreichend informiert ist. Diese Thematik greift der Deutsche Corporate Governance Kodex auf und führt dazu aus:

„3.4 Die ausreichende Informationsversorgung des Aufsichtsrats ist gemeinsame Aufgabe von Vorstand und Aufsichtsrat. Der Vorstand informiert den Aufsichtsrat regelmäßig, zeitnah und umfassend über alle für das Unternehmen relevanten Fragen der Planung, der Geschäftsentwicklung, der Risikolage und des Risikomanagements. Er geht auf Abweichungen des Geschäftsverlaufs von den aufgestellten Plänen und Zielen unter Angabe von Gründen ein. Der Aufsichtsrat soll die Informations- und Berichtspflichten des Vorstandes näher festlegen. Berichte des Vorstand an den Aufsichtsrat sind in der Regel in Textform zu erstatten. Entscheidungsnotwendige Unterlagen, insbesondere der Jahresabschluss, der Konzernabschluss und der Prüfungsbericht, werden den Mitgliedern des Aufsichtsrats möglichst rechtzeitig vor der Sitzung zugeleitet."

Der Kodextext ist an den durch das TransPuG geänderten § 90 AktG angelehnt, geht jedoch darüber hinaus. Nach dem Kodextext kann der Aufsichtsrat die Information- und Berichtspflichten des Vorstandes näher festlegen.
In § 90 AktG hat der Gesetzgeber einen Mindeststandard festgelegt:

„§ 90 Berichte an den Aufsichtsrat

(1) Der Vorstand hat dem Aufsichtsrat zu berichten über

1. *die beabsichtigte Geschäftspolitik und andere grundsätzliche Fragen der Unternehmensplanung (insbesondere die Finanz-, Investitions- und Personalplanung);*
2. *die Rentabilität der Gesellschaft, insbesondere die Rentabilität des Eigenkapitals;*
3. *den Gang der Geschäfte, insbesondere den Umsatz, und die Lage der Gesellschaft;*
4. *Geschäfte, die für die Rentabilität oder Liquidität der Gesellschaft von erheblicher Bedeutung sein können.[3] Außerdem ist dem Vorsitzenden des Aufsichtsrats aus sonstigen wichtigen Anlässen zu berichten; als wichtiger Anlass ist auch ein dem Vorstand bekannt gewordener geschäftlicher Vorgang bei einem verbundenen Unternehmen anzusehen, der auf die Lage der Gesellschaft von erheblichem Einfluss sein kann.*

(2) Die Berichte nach Absatz 1 Satz 1 Nr. 1 bis 4 sind wie folgt zu erstatten:

1. *die Berichte nach Nummer 1 mindestens einmal jährlich, wenn nicht Änderungen der Lage oder neue Fragen eine unverzügliche Berichterstattung gebieten;*
2. *die Berichte nach Nummer 2 in der Sitzung des Aufsichtsrats, in der über den Jahresabschluss verhandelt wird;*
3. *die Berichte nach Nummer 3 regelmäßig, mindestens vierteljährlich;*
4. *die Berichte nach Nummer 4 möglichst so rechtzeitig, dass der Aufsichtsrat vor Vornahme der Geschäfte Gelegenheit hat, zu ihnen Stellung zu nehmen.*

(3) Der Aufsichtsrat kann vom Vorstand jederzeit einen Bericht verlangen über Angelegenheiten der Gesellschaft, über ihre rechtlichen und geschäftlichen Beziehung zu verbundenen Unternehmen sowie über geschäftliche Vorgänge bei diesen Unter-

nehmen, die auf die Lage der Gesellschaft von erheblichem Einfluss sein können. Auch ein einzelnes Mitglied kann einen Bericht, jedoch nur an den Aufsichtsrat, verlangen.

(4) Die Berichte haben den Grundsätzen einer gewissenhaften und getreuen Rechenschaft zu entsprechen.

(5) Jedes Aufsichtsratsmitglied hat das Recht, von den Berichten Kenntnis zu nehmen. Soweit die Berichte in Textform erstattet worden sind, sind sie auch jedem Aufsichtsratsmitglied auf Verlangen zu übermitteln, soweit der Aufsichtsrat nichts anderes beschlossen hat. Der Vorsitzende des Aufsichtsrats hat die Aufsichtsratsmitglieder über die Berichte nach Absatz 1 Satz 2 spätestens in der nächsten Aufsichtsratssitzung zu unterrichten."

§ 90 AktG ist nicht die einzige Vorschrift, die sich mit der Informationsversorgung des Aufsichtsrats durch den Vorstand beschäftigt. So hat der Vorstand im Zusammenhang mit der Vorlage des Jahresabschlusses und des Lageberichtes diesen nicht nur unverzüglich nach seiner Aufstellung vorzulegen, sondern darüber hinaus den Vorstand so zu informieren, dass dieser in die Lage versetzt wird, seiner Prüfungspflicht nach § 171 AktG nachzukommen und der Hauptversammlung darüber zu berichten.

In all denjenigen Geschäften in denen der Vorstand nicht ohne die Zustimmung des Aufsichtsrats agieren kann, ist es selbstverständlich, dass dieser den Aufsichtsrat so mit Information versorgt, dass dieser sich ein ausreichendes Bild von den Entscheidungsgrundlagen machen kann. Eine Manipulation, etwa durch unzutreffende Information oder Weglassen von Tatsachen kann für den Vorstand erhebliche Konsequenzen haben, zumal der Aufsichtsrat die Personalkompetenz besitzt. Da die Zusammenarbeit Vorstand und Aufsichtsrat nach der Vorstellung des Gesetzgebers und auch des Deutschen Corporate Governance Kodexes von gegenseitigem Vertrauen geprägt seine soll, ist ein derartiges Fehlverhalten leicht als wichtiger Grund zum Widerruf der Bestellung und zur außerordentlichen Kündigung des Dienstvertrages angesehen werden. Tritt ein Schaden aufgrund der fehlerhaften Informationen des Aufsichtsrats durch den Vorstand ein, so wird der Vorstand auch schadensersatzpflichtig sein. Schließlich enthält das Aktiengesetz in § 407 AktG eine eigene Sanktionsvorschrift, wonach Zwangsgelder gegen Vorstandsmitglieder, die ihrer

Informationspflicht aus § 90 AktG nicht nachkommen, vom Registergericht festgesetzt werden, maximal 5.000,00 €.

Einigkeit besteht auch insoweit, dass die Aktiengesellschaft vertreten durch den Aufsichtsrat gegen die Mitglieder des Vorstandes auf Erfüllung der Berichtspflicht klagen kann.[120]

Streitig ist, ob das Organ Aufsichtsrat selbst prozessbefugt ist.[121]

Während die periodischen Berichte nach § 90 Abs. 1 Satz 1 Ziff. 1 – 4 dem Aufsichtsrat zu erstatten sind, besteht nach § 90 Abs. 1 Satz 3 die Pflicht des Vorstandes „aus sonstigen wichtigen Anlässen dem Vorsitzenden des Aufsichtsrats zu berichten." Zu sonstigen wichtigen Anlässen können gehören: z. B. Betriebsstörungen, Arbeitskampf, empfindliche behördliche Auflagen, wesentliche Steuernachforderungen, Gefährdung größerer Außenstände, Liquiditätsprobleme infolge Kreditkündigung[122] aber auch besondere Ereignisse, wie Änderung der Wechselparität, der negative Ausgang eines Prozesses, soweit sie die Lage der Gesellschaft erheblich verändern können.[123]

Die Benennung des Vorsitzenden des Aufsichtsrats als Ansprechpartner anstatt des gesamten Aufsichtsrates bedeutet nicht, dass der Vorsitzende gehindert ist, den Aufsichtsrat zu informieren, sondern dient der Flexibilität, da „sonstige wichtige Ereignisse" nicht periodisch auftreten und der Aufsichtsrat nicht immer vollständig erreichbar sein wird. Nach der Änderung durch das TransPuG kann ein einzelnes Aufsichtsratsmitglied nunmehr ohne Unterstützung durch andere Aufsichtsratsmitglieder Berichte vom Vorstand an den Gesamtaufsichtsrat verlangen, nicht jedoch allein an sich. Dennoch wird gerade im Hinblick auf diese Bestimmung die Gefahr des Missbrauches diskutiert.[124]

Auch wenn der Deutsche Corporate Governance Kodex 5.4.2 empfiehlt, dass „Aufsichtsratsmitglieder keine Organfunktionen oder Beratungsaufgaben bei wesentlichen Wettbewerbern des Unternehmens ausüben sollen", können Interessenkonflikte zwischen Aufsichtsrat und Vorstand in der Praxis nicht ausgeschlossen werden. Daher hat der Gesetzgeber dem Aufsichtsrat als Gremium das Recht

---

[120] Hüffer, § 90, Rdnr. 15 sowie Hefermehl / Spindler, § 90 Rdnr. 57 ff.
[121] Wie vor.
[122] Hüffer, § 90, Rdnr. 8.
[123] Hefermehl / Spindler, § 90, Rdnr. 28.
[124] Hefermehl / Spindler, § 90, Rdnr. 37 ff. sowie Hüffer, § 90 Rdnr. 12 a.

eingeräumt zu beschließen, dass einzelnen Aufsichtsratsmitgliedern die Aushändigung eines Berichts verweigert wird.

Wenn § 90 Abs. 4 fordert, dass der Bericht den Grundsätzen einer gewissenhaften und getreuen Rechenschaft zu entsprechen habe, bedeutet dies die Verpflichtung zur Offenheit, Verständlichkeit und Transparenz der Berichte.[125]

Dies erfordert formell, dass ein Bericht klar gegliedert sein muss und auch sonst übersichtlich, vollständig und sachlich zutreffend ist. Dabei sind Tatsachen und Wertungen zu trennen und Meinungsverschiedenheiten dem Vorstand aufzulegen.[126]

Weil § 90 AktG nur einen Mindeststandard festlegt, können die Berichtspflichten des Vorstandes an den Aufsichtsrat sowohl durch Aufsichtsratsbeschlüsse als auch durch die Satzung und auch durch schuldrechtliche Verpflichtungen des Vorstandes im Dienstvertrag definiert und gegenüber dem Mindeststandard verschärft sein. Das Berichtsrecht des Aufsichtsrates muss aber auch Grenzen finden.

Die Berichtspflicht nach § 90 AktG und die Überwachung der Geschäftsführung nach § 111 Abs. 1 AktG durch den Aufsichtsrat findet dort ihre Grenzen, wo sie zur „Mitgeschäftsführung" wird. Überwachung bedeutet nämlich nicht die Überprüfung der gesamten Geschäftsführung bis in alle Details, sondern Beschränkung auf das, was zu einer wirksamen Kontrolle erforderlich ist.[127] Der Aufsichtsrat soll überwachen und sich nicht in einzelne Geschäfte einmischen. Es kann nicht sein, dass der Vorstand mit Berichten so beschäftigt wird, dass er zu seiner eigentlichenen Aufgabe nicht mehr kommt, die Tätigkeit des Vorstandes also ernsthaft durch ausufernde Berichtsverpflichtungen gestört wird.[128]

Der Aufsichtsrat ist nicht nur Gläubiger und der Vorstand Schuldner der Berichtspflicht, sondern hat unabhängig von den Berichtspflichten des Vorstandes nach § 111 Abs. 2 AktG das Recht, die Bücher und Schriften der Gesellschaft sowie die Vermögensgegenstände namentlich die Gesellschaftskasse und die Bestände an Wertpapieren und Waren, einzusehen und zu prüfen. Er kann damit auch

---

125 Hefermehl / Spindler, § 90, Rdnr. 46.

126 Hüffer, § 90, Rdnr. 13.

127 Elsing, BB 2002, S. 1705 (1707), Verweis auf Henn, Handbuch des Aktienrechts, 7. Auflage 2002, Rdnr. 612.

128 Elsing, wie vor, m.w.N., Kölner Kommentar – Mertens, § 90 AktG, Rdnr. 6.

einzelne Mitglieder oder für bestimmte Aufgaben besondere Sachverständige beauftragen und erteilt dem Abschlussprüfer den Prüfungsauftrag für den Jahres- bzw. den Konzernabschluss gem. § 290 HGB. Damit kann der Aufsichtsrat auch überprüfen, ob er durch den Vorstand hinreichend und vollständig informiert wird. Dem Vorstand ist also anzuraten, die Berichtspflicht und damit auch den Aufsichtsrat ernst zu nehmen und mit großer Offenheit umzusetzen. So es ist in dem Deutschen Corporate Governance Kodex unter Ziffer 3.5 in Satz 1:

„Gute Unternehmensführung setzt eine offene Diskussion zwischen Vorstand und Aufsichtsrat sowie in Vorstand und Aufsichtsrat voraus."

Anstelle des Begriffs „Berichtspflicht" könnte daher auch von „Verpflichtung zur Offenheit" gesprochen werden.

3.6.3 Vertretung

Der Vorstand ist gesetzlicher Vertreter der Aktiengesellschaft.

In § 78 AktG heißt es:

(1) „Der Vorstand vertritt die Gesellschaft gerichtlich und außergerichtlich."

Das Gesetzt gibt zugleich das Modell der Kollektivvertretung vor.

(2) „Besteht der Vorstand aus mehreren Personen, so sind, wenn die Satzung nichts anderes bestimmt, sämtliche Vorstandsmitglieder nur gemeinschaftlich zur Vertretung der Gesellschaft befugt. Ist eine Willenserklärung gegenüber der Gesellschaft abzugeben, so genügt die Abgabe gegenüber einem Vorstandsmitglied."

Während das Gesetz also davon ausgeht, dass die Aktivvertretung der Gesellschaft grundsätzlich durch alle Vorstandsmitglieder nur gemeinschaftlich ausgeübt werden kann, lässt es bei der passiven Vertretung ein Vorstandsmitglied ausreichen. Passive Vertretung bedeutet, dass es ausreicht, wenn einem Vorstandsmitglied gegenüber eine Willenserklärung abgegeben oder eine Rechtshandlung mit geschäftlichem Charakter, z. B. eine Mängelrüge vorgenommen wird. Die Zustellung einer Klage kann nach § 170 Abs. 3 ZPO an einen von mehren gesetzlichen Vertretern, also an ein Vorstandsmitglied bewirkt werden.

Da in der Praxis nicht nur die gemeinschaftliche Geschäftsführung, sondern auch die gemeinschaftliche Vertretung Schwierigkeiten bereitet, erlaubt der Gesetzgeber auch hier abweichende Regelungen durch eine Satzung oder durch den Aufsichtsrat, der in der Satzung hierzu ermächtigt ist.

Es kommen folgende Vertretungsformen in Betracht:

Tabelle 3. 1. Vertretungsformen

Vertretung durch	
alle Vorstandsmitglieder gemeinschaftlich	Kollektivvertretung
ein Vorstandsmitglied alleine	Einzelvertretung
mehrere aber nicht alle Vorstandsmitglieder	unechte Gesamtvertretung
ein Vorstand oder ein Prokurist	gemischte Gesamtvertretung
ein Vorstandsmitglied hat Alleinvertretungsrecht, das andere kann nur mit dem ersten gemeinschaftlich vertreten	halbseitige Gesamtvertretung

Nicht zulässig ist der gänzliche Ausschluss eines Vorstandsmitgliedes von der Vertretungsmacht. Nicht zulässig sind auch Regelungen, die bei einer gemischten Gesamtvertretung dazu führen, dass alle Vorstandsmitglieder an dem Zusammenwirken mit einem Prokuristen gebunden werden, da dann die Leitungsbefugnis des Vorstandes in Frage gestellt ist.

Einen weiteren Weg, mit den Nachteilen der Kollektivvertretung umzugehen, zeigt der Gesetzgeber in § 78 Abs. 4 AktG auf:

(4) „Zur Gesamtvertretung befugte Vorstandsmitglieder können einzelne von ihnen zur Vornahme bestimmter Geschäfte oder bestimmter Arten von Geschäften ermächtigen. Dies gilt sinngemäß, wenn ein einzelnes Vorstandsmitglied in Gemeinschaft mit einem Prokuristen zur Vertretung der Gesellschaft befugt ist."

Die Vorstandsmitglieder können, wenn Gesamtvertretung besteht also mit Vollmachten arbeiten. Sie dürfen aber durch wechselseitige Vollmachtserteilung die Grundentscheidung zur Kollektivvertretung nicht in Frage stellen.[129] Der Vorstand kann die ihm gesetzlich eingeräumte Vertretungsmacht nicht auf andere Organe oder Dritte übertragen. Nach dem Text des § 78 Abs. 4 AktG muss die Vollmacht beschränkt sein. Eine Beschränkung nur durch Festlegung eines Höchstbetrages reicht nicht aus. So ist es nach Ansicht von Höfer unzulässig, wenn die zur Gesamtvertretung befugten Vorstandsmitglieder einzelne von ihnen bevollmächtigen „Geschäfte bis zum Betrag von 10.00,00" zu tätigen. Zulässig dagegen: „Nur Einkaufsgeschäfte bis zu einem Betrag von 10.000,00 €."[130]

Der Vorstand kann auch einen besonderen Vertreter nach § 30 BGB bestellen und abberufen, wenn die Satzung dies zulässt, allerdings nur für einen definierten und im Einzelnen zugewiesenen Geschäftskreis.

Auch wenn es in § 82 Abs. 1 AktG heißt,

„Die Vertretungsbefugnis des Vorstandes kann nicht eingeschränkt werden."

enthält das Aktiengesetz selbst Ausnahmen von diesem Grundsatz. So in § 112 AktG, der bestimmt, dass im Verhältnis zum Vorstand die Aktiengesellschaft durch den Aufsichtsrat vertreten wird, oder § 147 Abs. 3 Satz 1 AktG, die Bestellung eines besonderen Vertreters durch das Gericht auf Antrag der von in der Hauptversammlung unterlegen Minderheitsaktionären,- die aber einen nennenswerten Anteil des Grundkapitals besitzen-, und Ersatzansprüche aus der Geschäftsführung gegen die Mitglieder des Vorstandes geltend machen wollen.

Weitere gesetzliche Regelungen im Aktiengesetz, die faktisch die Alleinvertretung der Gesellschaft durch den Vorstand einschränken, befinden sich in § 184 Abs. 1 AktG (*„Der Vorstand und der Vorsitzende des Aufsichtsrates haben..."),* für die Anmeldung des Beschlusses über die Erhöhung des Grundkapitals zur Eintragung in das Handelsregister, sowie in den nachfolgenden Bestimmungen, die gleichfalls ein Zusammenwirken von Vorstand und Aufsichtrat vorschreiben:

---

[129] Hüffer, § 78, Rdnr. 21.
[130] Hüffer, § 78, Rdnr. 21.

- § 188 Abs. 1 AktG für die Anmeldung der Durchführung der Erhöhung des Grundkapitals zur Eintragung in das Handelsregister,
- § 195 Abs. 1 AktG für die Anmeldung des Beschlusses über die bedingte Kapitalerhöhung zur Eintragung in das Handelsregister,
- § 207 Abs. 2 für die Anmeldung des Beschlusses der Kapitalerhöhung aus Gesellschaftsmitteln,
- § 223 AktG für die Anmeldung der Herabsetzung des Grundkapitals zur Eintragung in das Handelsregister,
- § 229 Abs. 3 AktG für die Anmeldung der vereinfachten Kapitalherabsetzung und
- § 237 Abs. 4 Satz 5 AktG für die Anmeldung der Kapitalherabsetzung durch Einziehung von Aktien.

Soll die Aktiengesellschaft verklagt werden und gibt es keinen gesetzlichen Vertreter, so hat der Vorsitzende des Prozessgerichtes, falls Gefahr in Verzug ist, auf Antrag bis zur Bestellung eines gesetzlichen Vertreters einen besonderen Vertreter für die Aktiengesellschaft zu bestimmen (§ 57 ZPO).

Der Publizität der Vertretungsverhältnisse in der Aktiengesellschaft dienen § 79 AktG

„Vorstandsmitglieder zeichnen für die Gesellschaft, indem sie der Firma der Gesellschaft oder der Benennung des Vorstandes ihre Namenunterschrift hinzufügen.“

und § 81 Abs. 1 AktG der lautet:

„Jede Änderung des Vorstandes oder der Vertretungsbefugnis eines Vorstandsmitgliedes hat der Vorstand zur Eintragung in das Handelsregister anzumelden.“

Auch die Bestimmung des § 80 Abs. 1 AktG, wonach auf allen Geschäftsbriefen alle Vorstandsmitglieder mit dem Familiennamen und mit mindestens einem ausgeschriebenen Vornamen anzugeben sind, dient diesem Zweck.

In Dienstverträgen von GmbH-Geschäftsführern befindet sich häufig unter dem Stichwort der Vertretung eine Regelung in der heißt es, dass der Betroffene von den Beschränkungen des § 181 BGB befreit wird.[131]

---

[131] Es ist zu prüfen, ob die Satzung dies zulässt.

§ 181 BGB lautet:

„Ein Vertreter kann, soweit nicht ein anderes ihm gestattete ist, im Namen des Vertretenen mit sich im eigenen Namen oder als Vertreter eines Dritten ein Rechtsgeschäft nicht vornehmen, es sei denn, dass das Rechtsgeschäft ausschließlich in der Erfüllung einer Verbindlichkeit besteht."

Dem sog. Selbstkontrahieren des Vorstandes einer Aktiengesellschaft steht zunächst § 112 AktG entgegen, der bestimmt, dass die Gesellschaft gegenüber ihren Vorstandsmitgliedern durch den Aufsichtsrat gerichtlich und außergerichtlich vertreten wird. Damit ist ausgeschlossen, dass ein Vorstandsmitglied mit sich selbst Geschäfte abschließt und daher in dieser Konstellation nur sich selbst nicht aber die Gesellschaft vertreten kann, die ja von dem Aufsichtsrat vertreten wird.[132]

§ 181 BGB greift aber dort, wo § 112 AktG keine Anwendung findet, d. h. dann, wenn die Gesellschaft vom Vorstand nicht Vorstandsmitgliedern gegenüber, sondern Dritten gegenüber vertreten wird, d. h. dort, wo ein Vorstandsmitglied im Namen der Gesellschaft mit sich selbst als Vertreter eines Dritten tätig wird. Dies ist ihm nicht gestattet.

In der Praxis kommt es vor, dass ehemalige GmbH-Geschäftsführer, die die Befreiung von § 181 BGB aus ihren Geschäftsführerdienstverträgen kennen und darin ein gewisses Statussymbol sehen, insbesondere Gesellschafter-Geschäftsführer, diese Befreiung auch in ihren Dienstvertrag mit der Aktiengesellschaft übernehmen wollen. In diesem Falle, wie auch in dem Fall, dass die ehemaligen Geschäftsführer zum Vorstand berufen werden und kein neuer Dienstvertrag abgeschlossen wird, sondern der Geschäftsführerdienstvertrag stillschweigend oder durch einen Verweis auf diesen weiter angewandt wird, stellt sich die Frage, ob die Befreiung von den Beschränkungen des § 181 BGB überhaupt wirksam vereinbart werden kann und wer dafür zuständig ist. Überwiegend wird hierzu die Auffassung vertreten, dass Abweichungen von gesetzlich vorgesehenen Vertretungsregelungen, die dem Schutz der Gesellschaft dienen, also auch die Befreiung des § 181 BGB als Abweichung von der Gesamtvertretung nur durch Satzung selbst oder nur im Falle der

---

[132] Hüffer, § 78, Rdnr. 6 sowie Hefermehl / Spindler, § 78 Rdnr. 103.

Satzungsermächtigung durch Aufsichtsratsbeschluss durchbrochen werden können.[133]

Im Regelfall wird eine Befreiung von den Beschränkungen des § 181 BGB in einer Aktiengesellschaft daher nicht in Betracht kommen. Soweit sie in einem Vertrag enthalten ist und nicht durch die Satzung oder durch einen Aufsichtsratsbeschluss auf der Basis der Satzung gedeckt ist, kann sich ein Vorstandsmitglied auf diese Bestimmung seines Dienstvertrages nicht berufen. Ein gegen § 181 BGB verstoßendes Rechtsgeschäft ist schwebend unwirksam. Es bedarf der Genehmigung durch den Aufsichtsrat.[134]

3.7 Der Vorstand in der Krise des Unternehmens

Von einer Krise des Unternehmens wird gesprochen, wenn jenes in seiner Existenz bedroht ist.

3.7.1 Insolvenzantragspflicht

Insolvenzrechtlich bedeutsam wird die Krise, wenn eine der nachfolgenden Tatbestände gegeben ist:

- Zahlungsunfähigkeit
- drohende Zahlungsunfähigkeit
- Überschuldung

Das Aktiengesetz nimmt dem Vorstand einer Aktiengesellschaft in die Pflicht, indem es in § 92 Abs. 2 AktG ausführt:

„Wird die Gesellschaft zahlungsunfähig, so hat der Vorstand ohne schuldhaftes Zögern, spätestens aber drei Wochen nach Eintritt der Zahlungsunfähigkeit, die Eröffnung des Insolvenzverfahrens zu beantragen. Dies gilt sinngemäß, wenn sich eine Überschuldung der Gesellschaft ergibt."

92 Abs. 2 AktG ist Schutzgesetz im Rahmen des § 823 Abs. 2 BGB mit der Folge, dass sich für den Vorstand bei Nichtbeachtung

---

[133] Hefermehl / Spindler, § 78, Rdnr. 109 mit ausführlichem Literaturhinweis

[134] Hefermehl / Spindler, § 78, Rdnr. 113.

der Vorschrift und Nichteinhaltung der Fristen eine zivilrechtliche Haftung ergeben kann.

Daneben droht § 401 Abs. 1 Ziff. 2 AktG dem Vorstand eine Freiheitsstrafe von bis zu drei Jahren oder eine Geldstrafe an, wenn er als Mitglied des Vorstandes es entgegen § 92 Abs. 2 AktG unterlässt, bei Zahlungsunfähigkeit oder Überschuldung die Eröffnung des Insolvenzverfahrens zu beantragen. Selbst bei Fahrlässigkeit droht dem Mitglied des Vorstandes gem. § 402 Abs. 2 AktG eine Freiheitsstrafe bis zu einem Jahr oder eine Geldstrafe.

Die Eröffnung eines Insolvenzverfahrens setzt nach § 17 InsO voraus, dass eine der drei vorgenannten Eröffnungsgründe gegeben ist. Die Insolvenzordnung selbst definiert die Tatbestände.

§ 17 Abs. 2 InsO beschreibt die Zahlungsunfähigkeit:

„Der Schuldner ist zahlungsunfähig, wenn er nicht in der Lage ist, die fälligen Zahlungspflichten zu erfüllen. Zahlungsunfähigkeit ist in der Regel anzunehmen, wenn der Schuldner seine Zahlungen eingestellt hat."

Neu im Verhältnis zu der vor in Kraft treten der Insolvenzordnung geltenden Konkursordnung ist der Inhalt des § 18 InsO:

(1) „Beantragt der Schuldner die Eröffnung des Insolvenzverfahrens, so ist auch die drohende Zahlungsunfähigkeit Eröffnungsgrund.

(2) *Der Schuldner droht Zahlungsunfähig zu werden, wenn er voraussichtlich nicht in der Lage sein wird, die bestehenden Zahlungspflichten im Zeitpunkt der Fälligkeit zu erfüllen."*

Schließlich definiert § 19 Abs. 2 InsO die Überschuldung:

„Überschuldung liegt vor, wenn das Vermögen des Schuldner die bestehenden Verbindlichkeiten nicht mehr deckt. Bei der Bewertung des Vermögens des Schuldners ist jedoch die Fortführung des Unternehmens zugrunde zu legen, wenn diese nach den Umständen überwiegend wahrscheinlich ist."

Der Vorstand kann dem Wortlaut der gesetzlichen Bestimmungen bereits entnehmen, dass er in zwei Fällen Insolvenz anmelden muss (bei Zahlungsunfähigkeit und Überschuldung) und im Falle der drohenden Zahlungsunfähigkeit Insolvenz anmelden kann. Die drohende

Zahlungsunfähigkeit gibt dem Vorstand, nicht jedoch Dritten (Gläubigern), einen Eröffnungsgrund.

Wie aber erkennt der Vorstand, dass sich das Unternehmen in einer insolvenzrechtlichen Krise befindet?

Ob Zahlungsunfähigkeit besteht, wird er nur durch einen Liquiditäts- oder Finanzstatus feststellen können. Im Finanzstatus werden die finanziellen Mittel des Unternehmens sowie die Verbindlichkeiten des Unternehmens aufgelistet. Entscheidend kommt es auf die aktuellen Fälligkeiten an und nicht auf zukünftig fällige Verbindlichkeiten und zukünftige Zahlungseingänge. Dadurch unterscheidet sich der im Rahmen der Beurteilung der Zahlungsfähigkeit aufzustellende Liquiditätsstatus vom Finanzplan, der künftig fällige Verbindlichkeiten und Zahlungseingänge berücksichtigt.

Aufgrund des auf den ersten Blick klaren Textes des § 17 Abs. 2 InsO müsste der Vorstand durch einen Liquiditätsstatus recht schnell feststellen können, ob die Gesellschaft zahlungsunfähig ist. Die gesetzliche Definition verzichtet auf die Merkmale der Dauer und der Wesentlichkeit, was bedeuten würde, dass jedwede Verzögerung bei der Zahlung, die durch eine frühere Fälligkeit der Verbindlichkeit und eine spätere Fälligkeit des Zahlungseingangs bedingt ist und unabhängig von der Höhe des fälligen und geschuldeten Betrages, bereits den Tatbestand der Zahlungsunfähigkeit erfüllt.

Tatsächlich aber wollte der Gesetzgeber auch in der neuen Insolvenzordnung die Zahlungsunfähigkeit als Zeitraum-Illiquidität sehen. Für den Vorstand bedeutet dies, dass er die Zahlungsunfähigkeit abgrenzen muss zur bloßen Zahlungsstockung (Dauer) und zur ganz geringfügigen Liquiditätslücke (Wesentlichkeit).

Inzwischen liegen zur Insolvenzordnung und zur Abgrenzung der Zahlungsstockung von der Zahlungsunfähigkeit diverse Urteile vor, die dem Vorstand helfen können.

Das Amtsgericht Köln vertritt die Auffassung, dass eine bloße Zahlungsstockung (als Gegenbegriff zur Zahlungsunfähigkeit) nur angenommen werden kann, wenn der Schuldner nicht in der Lage ist, weniger als 5% seiner fälligen Zahlungsverpflichtungen innerhalb einer Obergrenze von zwei Wochen zu erfüllen.[135]

---

[135] AG Köln, Beschluss vom 09.06.1999, NZI 2000, Nr. 89.

Zwei Jahre später urteilte das Oberlandesgericht Koblenz,[136] dass von Zahlungsstockung nicht mehr geredet werden könne, wenn die fällige Schuld nicht im wesentlichen binnen etwa einem Monat gezahlt werden könne. Der Bundesgerichtshof geht bei der Abgrenzung der Zahlungsstockung von der Zahlungsunfähigkeit hinsichtlich der Dauer auf einen Zeitraum bis zu einem Monat aus.[137]

Hinsichtlich des Merkmals der ganz geringfügigen Liquiditätslücke, die außer Betracht bleiben kann, muss der Vorstand einer Aktiengesellschaft gleichfalls verschiedene Auffassungen zur Kenntnis nehmen. So vertritt der Richter am Bundesgerichtshof Kirchhoff im Heidelberger Kommentar zur Insolvenzordnung die Auffassung, dass im Interesse der Gläubiger und der vom Gesetzgeber angestrebten frühen Verfahrenseröffnung allenfalls einen Eintritt von weniger als 10% als ganz geringfügige Liquiditätslücke angesehen werden kann.[138]

Zur Verdeutlichung der Insolvenzproblematik ein Fallbeispiel:

Die XYZ Aktiengesellschaft befindet sich Anfang Juni 2003 in der Krise, nachdem einige ihrer Kunden Insolvenz angemeldet haben. Der Vorstand gibt sich gegenüber der Belegschaft optimistisch und will von „Insolvenzgerede" nichts wissen. Ein Liquiditätsstatus wird nicht erstellt. Die fälligen Forderungen von Lieferanten wird nach einem geheimen internen Beschluss aller Mitglieder des Vorstandes dadurch entgegengetreten, dass zunächst Mängelrügen erhoben werden, Nachbesserung gefordert und die Fälligkeit bestritten wird. Die Gesellschaft will dadurch, dass sie sich zunächst verklagen lässt und auf die Langwierigkeit von Zivilprozessen hofft und damit Zeit gewinnt. Vor Antritt eines vierwöchigen Urlaubs erklärt ein Mitglied des Vorstandes in einem außergerichtlichen „vertraulichen Gespräch" gegenüber einem Schulfreund, der gleichfalls Gläubiger der XYZ AG ist, dass die von dem Schulfreund erbrachten Leistungen einwandfrei seien und die XYZ AG nur deshalb nicht zahle, weil sie derzeit nicht zahlen könne. Danach fährt er in Urlaub. Natürlich

[136] Urteil vom 14.03.2002, InsO 2000, S. 533.

[137] BGH, WM 2001, S. 2181.

[138] Zur eigenen Sicherheit sollte ein Vorstand bei einer Liquiditätslücke von 15 % – 20% der fälligen Verbindlichkeiten von Zahlungsunfähigkeit ausgehen.

bleibt auch dies nicht vertraulich. Die übrigen Vorstandsmitglieder sind für die Gläubiger nicht zu erreichen und lassen sich telefonisch verleugnen. Im August 2003 wird die Lage noch kritischer. Der Vorstand entschließt sich am 15. August 2003 Insolvenz anzumelden.

Rechtzeitig?

Der am Anfang des Kapitels zitierte § 17 Abs. 2 InsO enthält eine widerlegbare Vermutung für den Eintritt der Zahlungsunfähigkeit im Falle der Zahlungseinstellung. Nach ständiger Rechtsprechung liegt Zahlungseinstellung vor, wenn der Schuldner nicht in der Lage ist, seine fälligen Verbindlichkeiten zu erfüllen und wenn dieser Zustand nach außen hin in Erscheinung tritt und für die beteiligten Verkehrskreise erkennbar wird.[139]

Im vorgenannten Beispiel hat der Vorstand zwar versucht nach außen hin zu vermeiden, dass Unfähigkeit, fällige Verbindlichkeiten zu erfüllen, für die entsprechenden Verkehrskreise erkennbar wird. Ein geschwätziges Vorstandsmitglied hat in einem „vertraulichen Gespräch" aber erklärt, dass die Gesellschaft nicht zahlen könne und darüber hinaus war der gesamte Vorstand für Gläubiger nicht erreichbar.

Beides, die Erklärung gegenüber einem Gläubiger, wie auch die Unerreichbarkeit des Vorstandes, reichen aus, eine Zahlungseinstellung der Gesellschaft anzunehmen, die wiederum die Zahlungsunfähigkeit indiziert.

Fazit:

Als der Vorstand sich entschloss, am 15. August Insolvenzantrag zu stellen, dürfte es im Hinblick auf drohende zivil- und strafrechtliche Konsequenzen für die Mitglieder des Vorstandes zu spät gewesen sein.

Bei der Feststellung der Überschuldung eines im Weiteren die Insolvenzantragspflicht des Vorstands gegründeten Lebenssachverhaltes gibt § 19 Abs. 2 InsO bereits eine Hilfestellung, die allerdings offen lässt, wie der Vorstand die Überschuldung zu prüfen hat und wie er im Einzelnen dabei vorgeht.

Einig sind sich alle, dass die Feststellung der Überschuldung das wohl schwierigste und umstrittenste Problem der Insolvenz ist. Die Praxis bietet zwei Lösungsmodelle an, die zweistufige Überschul-

---

[139] ZIP 1995, S. 929 (930).

dungsprüfung und die modifizierte zweistufige Überschuldungsprüfung.

Die zweistufige Überschuldungsprüfung vollzieht sich in zwei Schritten, wobei die Reihenfolge vorgegeben ist. Sie beginnt mit der rechnerischen Überschuldungsprüfung zu Liquidiationswerten. Ergibt diese Überprüfung eine rechnerische Überschuldung, dann ist in einem zweiten Schritt die so genannte Fortbestehungsprognose oder Lebensfähigkeitsprognose anzustellen. Fällt auch diese negativ aus, so beginnt die 3-Wochen-Frist des § 92 Abs. 2 AktG für den Vorstand. Fällt die Fortbestehensprognose positiv aus, so darf der Vorstand bei der Bewertung von Liquidationswerten auf going- concern-Werte übergehen, d. h. er darf bei der Bewertung von der Fortführung der Unternehmenstätigkeit ausgehen. Die Bedeutung der Fortbestehensprognose liegt also darin, zu klären, wie die Aktiva des Unternehmens im Überschuldungsstatus zu bewerten sind, zu Liquidationswerten oder zu going-concern-Werten.

Die dem Vorstand gegebenenfalls vorliegende Handelsbilanz eignet sich nicht zur Feststellung der Überschuldung. Die Überschuldungsbilanz ist eine Sonderbilanz, die nicht aus der Jahresbilanz unter bloßer Bereinigung um Eigenkapitalpositionen ermittelt werden kann.[140]

Sowohl auf der Aktivseite als auch auf der Passivseite gibt es Besonderheiten. Auf der Aktivseite sind im Rahmen der going-concern-Bewertung im Unternehmen enthaltene stille Reserven aufzudecken und die wahren Werte zu ermitteln. Auf der Passivseite sind nur Verbindlichkeiten aufzuweisen, nicht Grundkapital, Rücklage, Gewinnvortrag oder Jahresüberschuss.

Aus der Kritik der Literatur an der zweistufigen Überschuldungsprüfung, die vorschreibt, dass die Überschuldungsbilanz von Liquidationswerten auszugehen habe und erst nach Feststellung der so genannten rechnerischen Überschuldung auf einer zweiten Stufe durch die Prognose und bei deren positivem Ergebnis die durch Fortführungswerte zu korrigieren ist, entstand die modifizierte zweistufige Überschuldungsprüfung, die von einer Gleichwertigkeit der Fortbestehensprognose und der rechnerischen Überschuldung ausgeht.

Unter Berufung auf den Text des § 19 Abs. 2 InsO und zur Vermeidung von Doppelprüfungen wollen die Vertreter der modifizier-

---

[140] Hüffer, § 92, Rdnr. 11 m.w.N.

ten zweistufigen Überschuldungsprüfung [141] zunächst eine Prognose anstellen über die Lebensfähigkeit des Unternehmens. Bei positivem Ergebnis der Prognose wird mit Fortführungswerten (going-concern-Werten) und im negativen Fall nur mit Liquidationswerten bilanziert.

In Anbetracht der persönlichen Haftung der Mitglieder des Vorstandes dürfte die Frage der Arbeitsersparnis für das einzelne Vorstandsmitglied von sekundärer Bedeutung sein. Interessanter erscheint hier die Frage, welcher Prognosezeitraum bei der Fortbestehensprognose für das Unternehmen anzusetzen ist. Insoweit schweigt der Gesetzgeber. Der Bundesgerichtshof vertritt die Auffassung, dass

„die Überlebens- und Fortführungsprognose dann negativ sei, wenn die Finanzkraft der Gesellschaft nach überwiegender Wahrscheinlichkeit kurz- oder mittelfristig nicht zur Fortführung des Unternehmens ausreicht."

Aussagen darüber wird man in der Mehrzahl der Unternehmen realistisch allenfalls für das laufende und das nachfolgende Geschäftsjahr treffen können. Insolvenzverwalter empfehlen, die Betrachtung der nächsten 18 Monate.

Nachdrücklich ist dem Vorstand zu empfehlen, die Verschuldensprognose schriftlich niederzulegen, da der Vorstand die Darlegungslast dafür trägt, dass keine Überschuldung vorgelegen hat oder dafür, dass eine Fortführungsprognose durchgeführt und positiv ausgefallen ist. [142] Darüber hinaus sollte jedes Vorstandsmitglied, um entsprechende Anweisung zu erteilen bzw. Fragen zu stellen, einige bei der Überschuldungsbilanz regelmäßig auftretende Fragestellungen kennen:

Umstritten ist die Aktivierbarkeit von Patronatserklärungen. Die überwiegende Auffassung vertritt, dass so genannte harte Patronatserklärungen einer Muttergesellschaft jedenfalls dann aktivierbar sind, die zu Gunsten aller Gläubiger abgegeben werden. [143]

---

[141] Insbesondere Karsten Schmidt und Peter Ulmer, vgl. Scholz- Schmidt, § 63 GmbHG, Rdnr. 10 ff. und Hachenburg / Ulmer, § 63 GmbHG, Rdnr. 31 ff.

[142] Vgl. BGHZ 143, S. 184 (185).

[143] BGH ZIP, 1992, 338; Lutter / Hommelhoff, § 64 GmbHG, Rdnr. 15.

Umstritten ist auch ob der Firmen- oder Geschäftswert im Rahmen der Überschuldungsbilanz aktiviert werden darf. Als maßgebliches Kriterium für die Aktivierbarkeit oder Nichtaktivierbarkeit wird die selbständige Verwertbarkeit angesehen.[144]

Die Frage der Passivierung kapitalersetzender Gesellschafterdarlehen dürfte durch die Entscheidung des Bundesgerichtshof vom 08.01.2001 weitgehend entschieden sein.[145] Gesellschafterdarlehen sind danach zu passivieren, wenn der Aktionär durch unzweideutige Erklärung zu erkennen gibt, dass seine Forderung erst nach Befriedigung sämtlicher Gläubiger und zur zugleich mit Einlagerückgewähransprüchen anderer Aktionäre geltend machen will. Offen geblieben ist allerdings die Frage, ob auch ein Rangrücktritt in den Rang des § 39 Abs. 1 Nr. 5 InsO oder in den Rang des § 39 Abs. 2 InsO ausreicht. Ein Verzicht auf die Forderung reicht immer.

Demgegenüber sind die Einlagen stiller Gesellschafter (§ 230 ff. HGB) nicht Eigenkapital der Gesellschaft. Ein stiller Gesellschafter ist wegen seiner Einlage, soweit sie den Betrag des auf ihn entfallenden Anteils am Verlust übersteigt, Insolvenzgläubiger. Insoweit ist die Einlage Insolvenzforderung gegen die Gesellschaft und der Überschuldungsbilanz in voller Höhe zu passivieren.

Keinesfalls müssen die durch das Insolvenzverfahren entstehenden Verbindlichkeiten in der Überschuldungsbilanz passiviert werden.[146]

Die Eröffnung eines Insolvenzverfahrens bedarf eines Insolvenzgrundes. Dem Gläubiger stehen zwei Insolvenzgründe zur Verfügung, die Zahlungsunfähigkeit und die Überschuldung. Die Insolvenzordnung gibt dem Schuldner, und zwar nur diesem, einen weiteren Insolvenzgrund in § 18 InsO, den der drohenden Zahlungsunfähigkeit. Dem Vorstand der Aktiengesellschaft wird damit die Möglichkeit verschafft, sich frühzeitig unter den Schutz eines gerichtlichen Insolvenzverfahrens zu stellen. Durch die Eröffnung des Insolvenzverfahrens wird verhindert, dass einzelne Gläubiger titulierte Ansprüche im Wege der Vollstreckung realisieren. Bereits dieser Umstand zeigt, dass ein entsprechender Antrag durchaus rechtsmissbräuchlich sein könnte. Rechtsmissbrauch soll es in den USA,

---

[144] Uhlenbruck, § 19 InsO, Rdnr. 40.
[145] BHGZ 146, S. 264 = NJW 2001, S. 1280.
[146] Gottwald, Insolvenzrechtshandbuch, § 6, Rdnr. 42.

woher die Idee des Insolvenzverfahrens bei drohender Zahlungsunfähigkeit stammt, durchaus gegeben haben.

Aus Sicht der Aktiengesellschaft bietet das Insolvenzverfahren einige Vorteile für eine geplante Sanierung.

Im Rahmen des Insolvenzverfahren gelten nach § 113 InsO kürzere Kündigungsfristen.

Sozialplanansprüche lassen sich nach § 123 InsO begrenzen. Die Kündigung von Verträgen durch den Insolvenzverwalter ist erleichtert in den §§ 103 ff. InsO, so dass die Aktiengesellschaft, jedenfalls theoretisch, davon profitieren könnte, dass der Insolvenzverwalter lästige Verträge kündigt.

Das Insolvenzgericht wird nach § 16 InsO sorgfältig zu prüfen haben, ob der behauptete Insolvenzgrund tatsächlich vorliegt. Im Unterschied zur bereits eingetretenen Zahlungsunfähigkeit bezieht sich die drohende Zahlungsunfähigkeit auf künftig fällig werdende Zahlungspflichten, durch die eine künftige Geldliquidität entsteht. Ohne Finanzplan wird man eine solche Feststellung nicht treffen können. Auch im Falle der drohenden Zahlungsunfähigkeit hat der Gesetzgeber einen Prognosezeitraum nicht festgelegt. Die insolvenzrechtliche Literatur vertritt die Auffassung, dass ein Zeitraum von zwei bis drei Jahren sinnvoll ist.[147]

Der Vorstand der Aktiengesellschaft wird einige Mühe aufwenden müssen, um schlüssig Tatsachen vorzutragen, die geeignet sind, die Eröffnung eines Insolvenzverfahren wegen drohender Zahlungsunfähigkeit zu rechtfertigen. Das Insolvenzgericht muss überzeugt werden, über schlüssige Darlegungen und entsprechende nachvollziehbare Belege und dies in sich zukünftiger Entwicklungen. Keinen Erfolg wird ein Antrag des Vorstandes haben, das Insolvenzverfahren wegen drohender Zahlungsunfähigkeit zu eröffnen, wenn bereits Zahlungsunfähigkeit oder Überschuldung vorliegt.

Besteht der Vorstand einer Aktiengesellschaft aus mehreren Mitgliedern, so ist bei der Antragstellung zu beachten:

Bei dem Insolvenzantrag einer Aktiengesellschaft mit mehrköpfiger Vertretung sind die übrigen Vorstände anzuhören, wenn der Antrag nicht von allen Mitgliedern des Vorstandes gestellt ist (§ 15 Abs. 2 Satz 2 InsO).

---

[147] Heidelberger Kommentar, § 18 InsO, Rdnr. 8.

Auch wenn die Eröffnung des Insolvenzverfahrens aufgrund drohender Zahlungsunfähigkeit aus Sicht der Gesellschaft einzelne Vorteile bringen könnte, so darf der Vorstand, der den Antrag stellt, nicht verkennen, dass sowohl das Insolvenzeröffnungsverfahren, als auch das Insolvenzverfahren eine erhebliche Belastung seiner täglichen Arbeit darstellen.[148]

3.7.2 Insolvenzantragsfrist

Auf den ersten Blick könnte man meinen, dass § 92 Abs. 2 AktG die Insolvenzantragspflicht zweifelsfrei bestimmt, dadurch dass es heißt, dass der Vorstand bei Zahlungsunfähigkeit und Überschuldung „ohne schuldhaftes Zögern, spätestens aber 3 Wochen nach Eintritt" die Eröffnung des Insolvenzverfahrens zu beantragen hat.

Während es sich bei der Zahlungsunfähigkeit um einen Tatbestand handelt, der aufgrund äußerer Umstände, wie Zahlungseinstellung oder Geschäftsschließung sowie durch einen Blick in die Konten leicht festzustellen ist, ist der Insolvenzeröffnungsgrund der Überschuldung nicht ohne weiteres für jedermann erkennbar. Daher beginnt die Frist jedenfalls bei Zahlungsunfähigkeit erst mit positiver Kenntnis des Vorstandes. Der positiven Kenntnis wird in Rechtsprechung und Literatur die böswillige Unkenntnis des Insolvenzgrundes gleichgestellt.[149]

Durch die Kenntnis von der Zahlungsunfähigkeit und Überschuldung entsteht Handlungsbedarf. Jeder Berater wird nachhaltig empfehlen, die 3-Wochen-Frist ernst zu nehmen. Es handelt sich um eine Höchstfrist, von der es in der Kommentierung heißt[150]

*„Die gesetzliche Frist zur Insolvenzantragstellung **(3-Wochen-Frist)** läuft bei Vorliegen des Insolvenzgrundes der Zahlungsunfähigkeit und/oder Überschuldung „gnadenlos", so dass bei einem schuldhaften Überschreitens, zivil- und strafrechtliche Sanktionen drohen."*

---

[148] Siehe nachfolgende Ausführungen zum Vorstand im Insolvenzeröffnungs- und im Insolvenzverfahren.

[149] Hüffer, § 92, Rdnr. 9 m.w.N.

[150] Schmidt / Uhlenbruck, Rdnr. 460.

Dem weit verbreiteten Irrglauben, das Führen von halbwegs erfolgversprechenden Vergleichsverhandlungen könne die Frist hinausschieben, wird entschieden entgegengetreten.[151]

„Auch noch so aussichtsreiche außergerichtliche Vergleichsverhandlungen berechtigen den Geschäftsführer nicht, den gebotenen Insolvenzantrag zu unterlassen."

Pessimistisch urteilt die insolvenzrechtliche Literatur, dass innerhalb der 3-Wochen-Frist für Sanierungsmaßnahmen meist keine Zeit verbleiben.[152] Hier wird der Berater aber sagen müssen, dass es auch zu den Verpflichtungen des Vorstandes gehört, vor Stellung des Insolvenzantrages zu prüfen, ob nicht andere, weniger einschneidende Maßnahmen besser als ein Insolvenzverfahren geeignet sind, Schaden von der Gesellschaft, ihren Gläubigern und der Allgemeinheit abzuwenden.[153] Der Vorstand muss also Sanierungsüberlegungen anstellen, aber in dem Bewusstsein, dass selbst erfolgversprechende Sanierungsbemühungen nicht zu einer Verlängerung der gesetzlichen Frist führen. Der Vorstand wird aufgrund der im Zusammenhang mit der drohenden Zahlungsunfähigkeit aufgezeigten Vorteile, die das Insolvenzverfahren für Sanierungsbemühungen bietet und die Insolvenzordnung die Sanierung des Unternehmens als Verfahrensziel nennt, abwägen müssen zwischen dem Interesse des Unternehmens an der Vermeidung der Insolvenz und möglichen Gläubigerinteressen. Es kann nämlich nicht ausgeschlossen werden, dass Gläubiger sich in Unkenntnis der Insolvenzreife und der laufenden 3-Wochen-Frist anders verhalten, als wenn sie Kenntnis von diesem Umstand hätten und dadurch einen Schaden erleiden.

Wenn ernste Zweifel an einer erfolgreichen Sanierung bestehen und die Ausschöpfung der 3-Wochen-Frist letztlich nur darauf hinaus liefe, die Antragstellung zu verzögern, so sollte der Vorstand bedenken, dass eine Verpflichtung zur Antragstellung ohne schuldhaftes Zögern zu erfüllen ist und dass es sich bei der 3-Wochen-Frist um eine Höchstfrist handelt. Er sollte also, um sich selbst vor dem Vorwurf der vorsätzlichen sittenwidrigen Schädigung von Gläubigern zu

---

151 Schmidt / Uhlenbruck, wie vor.

152 Schmidt / Uhlenbruck, wie vor, m.w.N.

153 Vgl. BGH 09.07.1979, Z 75, 96, 108 = NJW 1979, 1823, 1826; BGH 09.07.1979, NJW 1979, 1829.

schützen, unverzüglich, auch vor Ablauf der 3-Wochen-Frist, Insolvenzantrag stellen. Auch hier wird der Berater dem Vorstand anraten, seine Beweggründe und Argumente in Textform zu dokumentieren, da er sich auch bei verfrühter Antragstellung schadensersatzpflichtig machen kann. Vor Alleingängen unter Ausschaltung des Aufsichtsrates muss ohnehin nachhaltig gewarnt werden.

3.7.3 Verlustanzeigepflicht

Auch wenn die Gesellschaft weder zahlungsunfähig noch überschuldet ist, muss der Vorstand handeln, wenn die Hälfte des satzungsmäßigen Grundkapitals (Nennkapital) verloren ist. Dies ergibt sich aus § 92 Abs. 1 AktG:

„Ergibt sich bei der Aufstellung der Jahresbilanz oder einer Zwischenbilanz oder ist bei pflichtmäßigem Ermessen anzunehmen, dass ein Verlust in Höhe der Hälfte des Grundkapitals besteht, so hat der Vorstand unverzüglich die Hauptversammlung einzuberufen und ihr dies anzuzeigen."

Wie immer, wenn der Gesetzgeber keine Regelung trifft, so gibt es auch hier mehrere Meinungen über die Grundsätze, nach denen der Verlust der Hälfte des Grundkapitals zu berechnen ist. Wenn der Gesetzgeber von Jahresbilanz oder Zwischenbilanz spricht, besteht Einigkeit, dass es sich um einen Bilanzverlust handeln muss. Daraus leitet die herrschende Meinung ab, dass der dritte Titel des HGB – Bewertungsvorschriften (§§ 252 ff.) – auch hier maßgebliches Kriterium für die Feststellung des Verlustes ist. Die herrschende Meinung löst daher alle zur Deckung von Verlusten verfügbaren offenen und stillen Rücklagen auf und modifiziert so die Bewertungsgrundsätze der §§ 252 ff. HGB, um das Vorliegen eines Verlustes in Höhe der Hälfte des Grundkapitals festzustellen.[154]

§ 252 Abs. 1 Ziff. 2 HGB schreibt vor:

„Bei der Bewertung ist von der Fortführung der Unternehmenstätigkeit auszugehen, sofern dem nicht tatsächliche oder rechtliche Gegebenheiten entgegenstehen."

[154] Hefermehl / Spindler, § 92, Rdnr. 9 sowie Hüffer, § 92, Rdnr. 2 ff. mit Darstellung auch der Gegenmeinung.

Streitig ist in diesem Zusammenhang auch, ob das Prinzip der going-concern-Bewertung (Bewertung für den Fall des Fortbestehens) im Rahmen des § 92 Abs. 1 AktG, der ja unstreitig zur Information und Warnung der Aktionäre dient und Gegenmaßnahmen ermöglichen soll, angebracht ist. Auch hier gilt, was zur Überschuldung im vorangegangenen Kapitel ausgeführt wurde. Es ist eine Fortbestehensprognose abzugeben. Ist sie positiv, verbleibt es bei der Bewertung des § 252 Abs. 1 Nr. 1 HGB. Ist sie dagegen negativ, müssen Liquidationswerte an die Stelle der Buchwerte treten. Stille Reserven dürfen insoweit aufgelöst werden, als sie in einem Jahresabschluss aufgelöst werden dürften.[155] Für die Einberufung der Hauptversammlung gilt § 124 AktG. Es reicht demnach nicht, wenn der Vorstand die Verlustanzeige auf die Tagesordnung setzt. Es gilt insoweit auch § 124 Abs. 3 AktG:

„Zu jedem Gegenstand der Tagesordnung, über den die Hauptversammlung beschließen soll, haben der Vorstand und der Aufsichtsrat...in der Bekanntmachung der Tagesordnung Vorschläge zur Beschlussfassung zu machen."

Unterlässt der Vorstand die Verlustanzeige und / oder die Einberufung der Hauptversammlung, so ist zu prüfen, ob er sich nach § 93 Abs. 2 AktG schadensersatzpflichtig gemacht hat. Darüber hinaus enthält des Aktiengesetz eine Strafvorschrift in § 401 Abs. 1 Nr. 1:

(1) „Mit Freiheitsstrafe bis zu 3 Jahren oder mit Geldstrafe wird bestraft, wer es

1. als Mitglied des Vorstands entgegen § 92 Abs. 1 unterlässt, bei einem Verlust in Höhe der Hälfte des Grundkapitals die Hauptversammlung einzuberufen und ihr dies anzuzeigen

(2) Handelt der Täter fahrlässig, so ist die Strafe Freiheitsstrafe bis zu einem Jahr oder Geldstrafe."

Bei dieser Gelegenheit ist darauf hinzuweisen, dass der Vorstand nicht zuwarten kann, bis der Verlust in Höhe der Hälfte des Grundkapitals sich aus der Zwischenbilanz oder Jahresbilanz ergibt; er muss auch handeln, wenn bei pflichtgemäßem Ermessen anzunehmen ist, dass ein derartiger Verlust entstanden ist. Dies aber setzt voraus, dass der Vorstand seine Organisationspflicht, seiner Auf-

---

[155] Hüffer, § 92, Rdnr. 4.

sichtspflicht und seiner Buchführungspflicht nachgekommen ist und ein System zur Früherkennung und Überwachung und gegebenenfalls ein System zum Risikomanagement im Unternehmen existiert. Der Vorstand kann sich also nicht darauf berufen, er habe den Verlust nicht erkannt. Eine fehlerhafte Organisation und eine Vernachlässigung der Aufsichtspflicht, insbesondere der Buchführungspflicht ist mindestens fahrlässig, auf jeden Fall pflichtwidrig.

3.7.4 Der Vorstand im Insolvenzeröffnungsverfahren

Durch das Insolvenzeröffnungsverfahren auf einen zuvor gestellten Insolvenzantrag hin ändert sich an der Position des Vorstandes einer Aktiengesellschaft zunächst nichts. Der Vorstand bleibt Organ der Gesellschaft mit allen Rechten und Pflichten und führt die Geschäfte der Aktiengesellschaft und vertritt diese. Ein Dienstvertrag besteht unabhängig von der Eröffnung des Insolvenzverfahrens fort. Der Pflichtenkreis des Vorstandes wird jedoch nach der Insolvenzordnung erweitert. Der Vorstand wird auskunftspflichtig nach §§ 101 Abs. 1, 20 Abs. 1 InsO gegenüber dem Insolvenzgericht und wenn ein solcher bestellt ist, nach § 22 Abs. 3 Satz 3 InsO gegenüber dem vorläufigen Insolvenzverwalter. Dabei bedeutet Auskunft nicht lediglich, dass der Vorstand mündliche Auskünfte geben muss; vielmehr umfasst die Auskunftspflicht auch alle damit verbundenen Vorarbeiten, Recherchen, das Zusammenstellen von Unterlagen und die Gewährung der Einsicht in Bücher und Geschäftspapiere. Auskunftspflichtig ist jedes Mitglied des Vorstandes persönlich, welches nicht früher als zwei Jahre vor dem Insolvenzantrag aus dem Vorstand ausgeschieden ist. Dies bedeutet, dass die Auskunftspflicht nicht nur den aktuellen Vorstand, bezogen auf den Zeitpunkt des Antrages betrifft, sondern gegebenenfalls auch andere Vorstandsmitglieder, die in dem Zweijahreszeitraum vor Antragstellung als Vorstand der Aktiengesellschaft tätig waren. Dabei ist jedes Mitglied des Vorstandes verpflichtet, sich auf Anordnung des Insolvenzgerichtes jederzeit zur Verfügung zu stellen. Das Mitglied des Vorstandes kann seine Anwesenheit nicht etwa von der Erstattung von Reisekosten und Auslagen abhängig machen. Im Einzelfall kann dies ein ehemaliges Mitglied eines Vorstandes, der zwischenzeitlich an einem anderen weit entfernten Ort für eine andere Gesellschaft tätig ist, durchaus hart treffen, wenn das Insolvenzgericht die Auskunftspflicht nachhaltig einfordert.

Über die Auskunftspflicht hinaus begründet § 97 Abs. 2 InsO nach herrschender Meinung eine Mitwirkungspflicht des Vorstandes. Eine andere Auffassung sagt dazu, dass die Mitwirkungspflicht keine allgemeine Pflicht zur Mitarbeit darstelle, aber zur aktiven Unterstützung bei der Prüfung der Sanierungsfähigkeit verpflichte.

Zur Konkretisierung der Auskunfts- und Mitwirkungspflichten kann das Insolvenzgericht dem Vorstand die Auflage erteilen, geordnete schriftliche Aufzeichnungen über seine laufenden Geschäfte anzufertigen und sie dem vorläufigen Insolvenzverwalter in bestimmten Zeitabschnitten zur Verfügung zu stellen.[156] Darüber hinaus hat der Vorstand alles zu unterlassen, was dem Verfahrenszweck zuwider läuft (passive Mitwirkungspflicht). Die Mitwirkungspflicht, sowie die Bereitschaft und Anwesenheitspflicht bestehen, anders als die Auskunftspflicht, nicht für die Mitglieder des Vorstandes, die vor Antragstellung aus dem Amt ausgeschieden sind.

Kommt ein ausgeschiedenes Mitglied aber seiner Auskunftspflicht oder ein Mitglied des Vorstandes, welches noch im Amt ist oder nach Antragstellung aus dem Amt ausgeschieden ist, seiner Auskunfts- und Mitwirkungspflicht nicht nach, so kann das Gericht Zwangsmittel nach § 98 InsO verhängen, indem es dem Mitglied des Vorstands eine Versicherung an Eides statt abnimmt, dass die von ihm erteilten Auskünfte vollständig und richtig sind; das Insolvenzgericht kann jedes Vorstandsmitglied zwangsweise vorführen lassen und schließlich kann es auch Haft anordnen, wenn das Vorstandsmitglied seinen Pflichten schuldhaft nicht nachkommt. Die eidesstattliche Versicherung ist nach § 156 StGB strafbewehrt. Unrichtige Angaben über den Vermögensbestand können eine Strafbarkeit des Vorstandes nach § 283 Abs. 1 Nr. 1 StGB auslösen.

§ 99 InsO ermächtigt das Insolvenzgericht auf Antrag des Insolvenzverwalters oder von Amts wegen eine Postsperre zu verhängen. Dies ist für den Vorstand durchaus unangenehm, weil die gesamte Post, also auch die Privatpost zum Insolvenzverwalter umgeleitet wird, der sie auch lesen kann.

Dem Vorstand einer Aktiengesellschaft stehen im Insolvenzeröffnungsverfahren über das Vermögen der Aktiengesellschaft auch Verfahrensrechte zu, z. B. das Einlegen von Rechtsmittel in den Fällen,

---

[156] Landgericht Duisburg vom 02.05.2001, NZI 2001, S. 384.

in denen die Insolvenzordnung solche vorsieht. Bei einem Gläubigerantrag ist der Vorstand als Antragsgegner anzuhören.

Der Vorstand ist befugt, nach § 4 InsO in Verbindung mit § 299 Abs. 1 ZPO Akteneinsicht zu verlangen. Er hat aber keinen eigenen Auskunftsanspruch gegen den vorläufigen Insolvenzverwalter und muss sich gegebenenfalls an das Insolvenzgericht wenden und dieses um Einschreiten bitten.

Auch im eröffneten Insolvenzverfahren bleibt die Rechtstellung des Vorstandes zunächst unangetastet. Der Dienstvertrag des Vorstandes ist jedoch gefährdet, da der Insolvenzverwalter nach § 113 Abs. 1 InsO berechtigt ist, ohne Rücksicht auf die vereinbarte Dauer des Dienstvertrages oder einen etwaigen vertraglich vereinbarten Ausschluss eines ordentlichen Kündigungsrechts mit einer Frist von höchstens 3 Monaten zum Monatsende zu kündigen, sofern nicht eine kürzere vertragliche Frist eingreift. Da durch die Kündigung des Dienstvertrages die organschaftliche Stellung des Vorstandes nicht berührt wird, hat dies zur Folge, dass sämtliche Verfahrenspflichten, die der Vorstand im eröffneten Verfahren zu erfüllen hat, von ihm trotz Beendigung seines Anstellungsvertrages weiter zu erfüllen sind. Vergütungsansprüche, die dem Vorstand für die Zeit ab Verfahrenseröffnung zustehen, sind bis zum Wirksamwerden der Kündigung durch den Insolvenzverwalter gemäß § 55 Abs. 1 Nr. 2 InsO sonstige Masseverbindlichkeiten.[157]

Darüber hinaus steht dem Vorstand ein Schadensersatzanspruch nach § 103 Abs. 2 Satz 1 InsO zu wegen Nichterfüllung der Kündigung des Dienstvertrages durch den Insolvenzverwalter. Dieser stellt jedoch nur eine Insolvenzforderung im Sinne von § 38 InsO dar und ist im Regelfall kein Äquivalent für den Verlust der Bezüge.

3.7.5 Der Vorstand im Insolvenzverfahren

Im eröffneten Insolvenzverfahren ist die Auskunftspflicht des Vorstandes erheblich erweitert; er muss Auskunft nicht nur gegenüber dem Insolvenzgericht, dem Insolvenzverwalter, sondern auch gegenüber dem Gläubigerausschuss und auf Anordnung des Insolvenzgerichts der Gläubigerversammlung geben.

Unbeschränkte Auskunftspflicht bedeutet auch Pflicht zur Offenbarung eigener strafbarer Handlungen. Ein Aussageverweigerungs-

[157] Uhlenbruck, § 11 InsO, Rdnr. 127.

recht steht dem Vorstand nicht zu. Er hat auch die Tatsachen anzugeben, die ihn der Gefahr einer Strafverfolgung aussetzen. [158]

Der Gesetzgeber hat die Zwangssituation des Vorstandes erkannt und den Interessenkonflikt zwischen dem Interesse der Gläubiger an einer vollständigen und richtigen Auskunft und dem Interesse des Vorstandes, sich vor eigener Strafverfolgung zu schützen, dahingehend gelöst, dass derartige Tatsachen, die den Vorstand der Gefahr einer Strafverfolgung aussetzen gegen ihn in einem Verfahren nur mit seiner Zustimmung verwendet werden dürfen (§ 20 Abs. 1 Satz 2, § 97 Abs. 1 Satz 3 InsO). Der Gesetzgeber verpflichtet den Vorstand also wahrheitsgemäß und vollständig auszusagen und verhängt anschließend ein Verwendungsverbot.

Im Insolvenzverfahren besteht eine erweiterte Mitwirkungspflicht des Vorstandes, der unabhängig von der Kündigung oder der Beendigung seines Anstellungsvertrages den Insolvenzverwalter ohne Vergütung bei seiner Arbeit zu unterstützen hat. Nur wenn diese Mitarbeit ein solches Ausmaß erreicht, dass dem Vorstand jede anderweitige Vollzeittätigkeit unmöglich gemacht ist, muss der Insolvenzverwalter dem Vorstand eine angemessene Vergütung aus der Masse zahlen.

Neben der allgemeinen Mitwirkungspflicht enthält die Insolvenzordnung darüber hinaus weitere spezielle Mitwirkungspflichten, z. B. die Pflicht, an einem Insolvenzplanverfahren mitzuwirken oder die Pflicht, sich im Prüfungstermin zu den angemeldeten Forderungen zu äußern. Die Summe, der durch das Insolvenzeröffnungsverfahren und das Insolvenzverfahrens entstehenden weiteren Pflichten des Vorstandes, seien es Auskunftspflichten oder Mitwirkungspflichten einschließlich der Verpflichtung zur Offenbarung eigener strafbarer Handlungen, dürfte es für den Vorstand wenig attraktiv erscheinen lassen, das Unternehmen unter den Schutz der Insolvenzordnung zu stellen und Insolvenzantrag wegen drohender Zahlungsunfähigkeit zu stellen.

3.7.6 Verhalten bei Übernahmeangebot

Muss der Vorstand der Zielgesellschaft bei einem feindlichen Übernahmeangebot neutral bleiben oder Abwehrmaßnahmen ergreifen?

---

[158] Vgl. Bundesverfassungsgericht vom 13.01.1981 – 1 BvR 116/77 -, BVerfGE, 56, S. 37.

Vor Inkrafttreten des Wertpapiererwerbs und Übernahmegesetzes am 1. Januar 2002 (WpÜG) versuchte der Übernnahmekodex der Börsensachverständigenkommission die Frage durch Empfehlungen zu regeln. Unter anderem hieß es dort in Artikel 3:[159]

„Der Bieter und die Zielgesellschaft sind während der Angebotsfrist verpflichtet, alles zu unterlassen, was außergewöhnliche Kursbewegungen bei Wertpapieren der Zielgesellschaft oder bei Wertpapieren, die im Tausch für Wertpapiere der Zielgesellschaft angeboten werden, auslösen könnte. Insbesondere sind Erklärungen zu vermeiden, die die Inhaber der Wertpapiere des Bieters oder der Zielgesellschaft oder den Markt irreführen könnten."

Der Versuch, Verhaltensnormen im Wege der Freiwilligkeit und der Empfehlung durchzusetzen, scheiterte letztlich.[160] Auch der Versuch einer Regelung auf europäischer Ebene scheiterte mit der 13. EG-Richtlinie.[161] Das Aktiengesetz selbst enthält keine Spezialregelung. Anzuwenden ist § 76 Abs. 1 AktG, wonach die Leitung der Aktiengesellschaft dem Vorstand obliegt und zwar unter eigener Verantwortung. Streitig ist hier, ob daraus eine weitgehende Pflicht des Vorstands zu Neutralität bei Übernahmeangeboten abgeleitet werden kann oder der Vorstand ein weites Ermessen hat, wie er sich verhält.[162]

Die zentrale Vorschrift in WpÜG lautet:

„Handlungen des Vorstands der Zielgesellschaft

(1) Nach Veröffentlichung der Entscheidung zur Abgabe eines Angebots bis zu Veröffentlichung des Ergebnisses nach § 23 Abs. 1 Satz 1 Nr. 2 darf der Vorstand der Zielgesellschaft keine Handlungen vornehmen, durch die der Erfolg des Angebots verhindert werden könnte. Dies gilt nicht für Handlungen, die auch ein ordentlicher und gewissenhafter Geschäftsleiter einer Gesellschaft, die nicht von einem Übernahmeangebot betroffen ist, vorgenommen hätte, für die Suche nach einem kon-

---

159 Übernahmekodex mit Änderungen durch Bekanntgabe der Börsensachverständigenkommission vom 28.11.1979, AG 1998, 133 ff.

160 Vgl. Kirchner / Ehricke, AG 1998, S. 105, (115 ff.).

161 Geänderter Vorschlag für eine 13. Richtlinie des Parlaments und des Rates auf dem Gebiet des Gesellschaftsrechts über Übernahmeangebote.

162 Hüffer, § 78, Rdnr. 15 d mit Nachweis der verschiedenen Auffassungen.

kurrierenden Angebot sowie für Handlungen, denen der Aufsichtsrat der Zielgesellschaft zugestimmt hat.

(2) Ermächtigt die Hauptversammlung den Vorstand vor dem in Absatz 1 Satz 1 genannten Zeitraum zur Vornahme von Handlungen, die in die Zuständigkeit der Hauptversammlung fallen, um den Erfolg von Übernahmeangeboten zu verhindern, sind diese Handlungen in der Ermächtigung der Art nach zu bestimmen. Die Ermächtigung kann für höchstens 18 Monate erteilt werden. Der Beschluss der Hauptversammlung bedarf einer Mehrheit, die mindestens drei Viertel des bei der Beschlussfassung vertretenen Grundkapitals umfasst; die Satzung kann eine größere Kapitalmehrheit und weitere Erfordernisse bestimmen. Handlungen des Vorstands auf Grund einer Ermächtigung nach Satz 1 bedürfen der Zustimmung des Aufsichtsrats.

(3) Dem Bieter und mit ihm gemeinsam handelnden Personen ist es verboten, Vorstands- oder Aufsichtsratsmitgliedern der Zielgesellschaft im Zusammenhang mit dem Angebot ungerechtfertigte Geldleistungen oder andere ungerechtfertigte geldwerte Vorteile zu gewähren oder in Aussicht zu stellen."

Danach besteht eine grundsätzliche Neutralitätspflicht des Vorstandes (§ 33 Abs. 1 Satz 1 WpÜG). Der Vorstand darf keine Handlungen vornehmen, durch die der Erfolg des Angebots verhindert werden könnte. Von der grundsätzlichen Neutralität sind aber Ausnahmen zugelassen.

1. Handlungen, die auch ein ordentlicher und gewissenhafter Geschäftsleiter einer Gesellschaft, die nicht von einem Übernahmeangebot betroffen ist, vorgenommen hätte. Damit soll sichergestellt werden, dass auch während des Übernahmeverfahrens das Tagesgeschäft weitergeführt wird.[163]
2. Auch eingeschlagene Unternehmensstrategien dürfen weiterverfolgt werden, z. B. auch ein Unternehmenserwerb, wenn er im Rahmen einer seit langem verfolgten Unternehmensstrategie liegt und obwohl ein Unternehmenserwerb objektiv geeignet ist, die Übernahme zu erschweren.[164]

---

[163] Winter / Harbarth, ZIP 2002, S. 1 ff. (5).

[164] Wie vor, S. 6.

3. Zulässig ist auch die Einholung eines konkurrierenden Angebotes, die Suche nach einem „Weißen Ritter (white knight)“, wobei diese als unechte Ausnahme von der Neutralitätspflicht angesehen wird, da sie lediglich den Aktionären der Zielgesellschaft eine zusätzliche Handlungsoption eröffnet.[165]
4. Handlungen mit Zustimmung des Aufsichtsrates.[166]
5. Vorratsermächtigungen der Hauptversammlung.
   Die Hauptversammlung kann den Vorstand vor der Veröffentlichung der Entscheidung zur Abgabe eines Angebots zur Vornahme von in die Zuständigkeit der Hauptversammlung fallenden Handlungen ermächtigen um den Erfolg von Übernahmeangeboten zu verhindern (§ 33 Abs. 2 WpÜG)
6. Ad hoc Hauptversammlungsbeschlüsse.

Der Vorstand kann abweichend vom Aktiengesetz und unabhängig von der Regelung in der Satzung mit einer verkürzten Frist nach § 16 Abs. 4 WpÜG zur Hauptversammlung laden.

Bei Abwehrmaßnahmen des Vorstandes, die nicht von § 33 WpÜG gedeckt sind, haftet der Vorstand der Gesellschaft nach § 93 AktG und darüber hinaus wird dem Vorstand in § 60 Abs. 1 Ziff. 8 WpÜG ein Bußgeld angedroht (Ordnungswidrigkeit), wenn er entgegen § 33 Abs. 1 Satz 1 WpÜG eine Handlung vornimmt, durch die der Erfolg des Angebots verhindert werden könnte. Es droht nach § 60 Abs. 3 WpÜG cinc Gcldbußc bis zu cincr 1 Mio. EURO.

Der Gesetzgeber hat auch daran gedacht, dass der Bieter versuchen könnte, den Vorstand und die Aufsichtsratsmitglieder auf seine Seite zu bringen und hat in § 33 Abs. 3 WpÜG ein entsprechendes Verbot ausgesprochen, was zur Folge hat, dass Vorstände auch im Zusammenhang mit Übernahmeangeboten keine ungerechtfertigen Geldleistungen oder entsprechende geldwerte Vorteile annehmen darf. Winter / Harbarth weisen in ihren Ausführungen zu Verhaltenspflichten des Vorstandes der Zielgesellschaft bei feindlichen Übernahmen darauf hin, dass § 33 WpÜG in der Abwehrschlacht der Mannesmann AG gegen das Übernahmeangebot der Vodafon keine Rolle gespielt hat, da der Vorstand dem Übernahmeangebot nicht durch rechtliche Abwehrmaßnahmen, sondern durch extensive Werbemaßnahmen für das eigene Konzept begegnet ist und werfen die

---

[165] Wie vor, S. 4.
[166] Wie vor, S. 8 ff.

Frage an, ob eine solche extensiven Werbemaßnahme mit der Neutralitätspflicht des Vorstandes vereinbar ist.[167]

Jedem Vorstand ist anzuraten, sich im Falle einer feindlichen Übernahme zur Vermeidung eigener Haftung beraten zu lassen.

3.8 Vorstandsbezüge

3.8.1 Grundsätze für die Vorstandsvergütungen nach Aktiengesetz und dem Deutschen Corporate Governance Kodex

Im April 2003 schrieb der Bonner Universitätsprofessor Dr. Dres. h. c. Lutter [168]

„Die Fragen der Vergütung des Vorstandes sind jedenfalls heute ein zentraler Aspekt der Corporate Governance. Denn allenthalben hat sich die Meinung durchgesetzt, dass der Vorstand nicht nur nach dem kurzfristigen Erfolg (Tantieme), sondern auch nach dem von ihm begründeten langfristigen Erfolg zu vergüten ist. Das entspricht auch den Empfehlungen des Kodex."

Dabei attestiert der Autor den Aufsichtsräten der Firmen Mannesmann, Telekom, Daimler und Deutsche Bank in den vergangenen Jahren eklatant versagt zu haben und stellt fest:

„Angemessen ist eine Vergütung mit festen und variablen Bestandteilen und insbesondere mit Optionen nach § 87 AktG nur, wenn Sie ein so genanntes Cap enthält, also eine Obergrenze."

Der Gesetzgeber hat Grundsätze für die Bezüge der Vorstandsmitglieder in § 87 AktG aufgestellt.

Dort heißt es in Absatz 1:

„Der Aufsichtsrat hat bei der Festsetzung der Gesamtbezüge des einzelnen Vorstandsmitglieds (Gehalt, Gewinnbeteiligung, Aufwandsentschädigung, Versicherungsentgelte, Provisionen und Nebenleistungen jeder Art) dafür zu sorgen, dass die Gesamtbezüge in

[167] Winter / Harbarth, ZIP 2002, S. 1 ff. (16).

[168] Lutter, ZIP 2003, S. 737 (739).

einem angemessenen Verhältnis zu den Aufgaben des Vorstandsmitgliedes und zur Lage der Gesellschaft stehen. Dies gilt sinngemäß für Ruhegehalt, Hinterbliebenenbezüge und Leistungen verwandter Art."

Diese Bestimmung soll dem Schutz der Aktiengesellschaft, ihrer Gläubiger, Aktionäre und Arbeitnehmer vor übermäßigen Bezügen dienen. [169]

Gesamtbezüge

Die gesetzliche Vorschrift legt fest, dass die Gesamtbezüge zu betrachten sind und nicht einzelne Vergütungsbestandteile, also die in den nachfolgenden Kapitel 3.8.1 bis 3.8.6 im Einzelnen ausgeführten Vergütungsbestandteile in ihrer Gesamtheit. Für diese Gesamtbezüge stellt der Gesetzgeber ein Kriterium auf, das der Angemessenheit. Er misst zugleich die Angemessenheit an dem Verhältnis der Gesamtbezüge zu den Aufgaben des Vorstandsmitgliedes und zur Lage der Aktiengesellschaft.

Der Deutsche Corporate Governance Kodex in der ersten überarbeiteten Fassung vom 21. März 2003 enthält nicht zufällig eine Überarbeitung der Ziffer 4.2 Zusammensetzung und Vergütung des Vorstandes. Der Kodex präzisiert die Stichworte „Gesamtvergütung" und „Angemessenheit" in Ziffer 4.2.3 Deutscher Corporate Governance Kodex nunmehr [170] wie folgt:

„Die ***Gesamtvergütung*** *der Vorstandsmitglieder soll fixe und variable Bestandteile umfassen. Die variablen Vergütungs****teile*** *sollten einmalige sowie jährlich wiederkehrende, an den geschäftlichen Erfolg gebundene Komponenten und auch Komponenten mit langfristiger Anreizwirkung* ***und Risikocharakter*** *enthalten.* ***Sämtliche Vergütungsbestandteile müssen für sich und insgesamt angemessen sein."***

Damit stellt der Kodex die Forderung, dass nicht nur die Vergütung insgesamt, sondern auch die einzelnen Vergütungsbestandteile angemessen sein müssen.

Durch die Bezugnahme des Gesetzgebers auf „Nebenleistungen jeder Art" wird klargestellt, dass die Aufzählung der unter Ge-

[169] Hüffer, § 87, Rdnr. 1 m. w. N.
[170] Änderungen gegenüber der ersten Fassung 2002 fett.

samtvergütung fallenden einzelnen Zuwendungen nicht abschließend ist.[171] Unter Nebenleistungen jeglicher Art sind also neben den Festbezügen variable Vergütungsbestandteile, auch die Altersversorgung, eine Abfindung, Versicherungen und Leistungen wie Dienstwagen, Dienstwohnung, Zweitwohnung, Trennungsentschädigung, Umzugskosten, Vorsorgeuntersuchung, Fortzahlung der Bezüge bei Krankheit und Tod aber auch Personalrabatte zu verstehen.

Streitig ist, ob eine Versicherungsprämie für eine D&O Versicherung mit zu berücksichtigen sind. Die Gesellschaft wird regelmäßig ein Eigeninteresse an einem Abschluss der D&O Versicherung für den Vorstand haben, da sie ansonsten befürchten muss, dass sie zwar Schadensersatzansprüche gegen den Vorstand geltend machen kann, bei deren Realisierung aber mangels eines ausreichenden Vermögens des Vorstandsmitgliedes ausfällt.[172]

In der Regel setzt sich die Vorstandsvergütung aus drei Komponenten zusammen:

Grundgehalt
+ kurzfristig erfolgsbezogene Vergütung (Boni/Tantiemen)
+ langfristig erfolgsbezogene Vergütung (Optionsrechte)

Unter Gesamtvergütung wird die Summe aus Grundgehalt + Boni/Tantieme + Optionsrechte verstanden.

Die Summe aus Grundgehalt und Boni/Tantieme wird auch als Gesamtbarvergütung bezeichnet.

Die Bezugnahme des Gesetzgebers auf die Gesamtbezüge gestattet den Vertragschließenden ein hohes Maß an Flexibilität bei der Gestaltung. Möglich sind also eine niedrigere Vergütung während der aktiven Zeit und dafür eine bessere Altersversorgung oder umgekehrt. Möglich sind vielfältige Nebenleistungen, wie Dienstwohnung, Dienstwagen bei einem niedrigeren Festgehalt usw.

Ob das deutsche Aktienrecht so flexibel ist, dass der Aufsichtsrat mit den einzelnen Vorstandsmitgliedern eine so genannte „Cafeteria-Compensation“, also ein Cafeteriasystem vereinbaren kann, ist fraglich. Unter „Cafeteria-Prinzip“ wird eine in den USA praktiziertes System verstanden, in dem der Vorstand die Zusammensetzung seiner Vergütung sowohl hinsichtlich des materiellen, als auch des im-

---

[171] Vgl. ferner die Definition Gesamtbezüge in § 285 Ziff. 9 HGB.
[172] Hefermehl/Spindler, § 87, Rdnr. 8.

materiellen Teils selbst bestimmt.[173] Er könnte sich also dahingehend entscheiden, dass er nur eine hohe Altersversorgung als Entlohnung für seine Dienste wählt oder Altersversorgung, verbunden mit einer Versicherungsleistung und gewissen Nebenleistungen, aber keine Barauszahlung.[174] Ein solches System verstößt meiner Einschätzung nach gegen die Vorstellung des Gesetzgebers und die der Kommission Deutscher Corporate Governance Kodex.

Gesetzgeber und Kommission gehen davon aus, dass die Festsetzung der Vergütung, als auch ihre Zusammensetzung durch den Aufsichtsrat erfolgt; dies schließt m. E. ein Wahlrecht des Vorstandes aus.

Gesetzgeber und Kommission gehen davon aus, dass die Vergütung des Vorstandes dreistufig ist, also Festgehalt, kurzfristiger Leistungsanreiz und langfristiger Leistungsanreiz; damit ist nicht zu vereinbaren, dass ein Vorstandsmitglied sich nur eine dieser Formen als das für ihn maßgeblicher Vergütungsmodell aussucht.

Angemessenheit

Die Bezugnahme des Gesetzgebers auf die „Lage der Gesellschaft" bedeutet nicht, dass die Bezüge des einzelnen Vorstandsmitgliedes nunmehr besonders hoch ausfallen müssen und können, weil es der Gesellschaft besonders gut geht und diese daher auch überhöhte Vorstandsbezüge verkraften kann, da gleichzeitig und gleichwertig auch auf die Aufgaben des Vorstandsmitgliedes Bezug genommen wird. Gemeint ist die Art der Aufgaben, die einem Vorstandsmitglied bei seiner Bestellung anvertraut werden. Kriterien sind hier besondere Fähigkeiten, Kenntnisse, Erfahrungen, Leistungen, längere Vorstandstätigkeit und auch das Maß der Verantwortung. [175]

Entsprechend formuliert der Deutsche Corporate Governance Kodex im zweiten Absatz der Ziffer 4.2.2

*„Die Vergütung der Vorstandsmitglieder wird vom Aufsichtsrat unter Einbeziehung von etwaigen Konzernbezügen in angemessener Höhe auf der Grundlage einer Leistungsbeurteilung festgelegt. Kriterien für die Angemessenheit der Vergütung bilden insbesondere die Aufgaben des **jeweiligen** Vorstandsmitglieds, seine **persönliche***

[173] Schüller, Vorstandsvergütung, S. 69 ff.
[174] Wolf, BB 1993, S. 928 (929).
[175] Hefermehl/Spindler, § 87, Rdnr. 12.

*Leistung, **die Leistung des Vorstands** sowie die wirtschaftliche Lage, der Erfolg und die Zukunftsaussichten des Unternehmens unter Berücksichtigung seines Vergleichsumfelds."*

Die Bezugnahme auf die wirtschaftliche Lage der Gesellschaft bedeutet auch nicht, dass die Gesellschaft gehindert ist, bei schlechter wirtschaftlicher Lage einen bekannten Sanierer mit entsprechend hohem Vergütungsanspruch einzustellen. Die Zahlung einer hohen Vergütung an einen Sanierer bei schlechter wirtschaftlicher Lage kann also angemessen sein.[176]

Der Bundesgerichtshof hatte sich bereits zuvor mehrfach mit der Angemessenheit der Vergütung von Organen zu beschäftigen und dabei unter anderem für einen Gesellschafter-Geschäftsführer einer GmbH die Feststellung getroffen, die ohne weiteres auch für Vorstandsmitgliedern einer Aktiengesellschaft anzuwenden sind:

„Dabei sind alle Umstände zu berücksichtigen, die für eine angemessene Festsetzung der Bezüge von Bedeutung zu sein pflegen. Dazu gehören, wie der Senat in dem soeben erwähnten Urteil bereits ausgeführt hat, außer der Art und dem Umfang der Tätigkeit insbesondere Art, Größe und Leistungsfähigkeit des Betriebes sowie Alter, Ausbildung, Berufserfahrung und Fähigkeiten des Geschäftsführers." (BGH-Urteil vom 15.06.1992, 2 ZR 88/91 = ZIP 92, 1152 ff. mit Verweis auf BGHZ 111, 224, 228 = ZIP 1990, 784).

Bis zu seiner Abschaffung durch das Transparenz- und Publizitätsgesetz enthielt das Aktiengesetz eine weitere Vorschrift, § 86 AktG, die sich mit der Vergütung des Vorstandes befasst.[177] Die Vorschrift wurde aufgehoben, da sie nach Auffassung des Gesetzge-

---

[176] Hefermehl/Spindler, wie vor sowie Rdnr. 16.

[177] § 86 AktG alte Fassung, Gewinnbeteiligung der Vorstandsmitglieder

(1) Den Vorstandsmitgliedern kann für ihre Tätigkeit eine Beteiligung am Gewinn gewährt werden. Sie soll in der Regel in einem Anteil am Jahresgewinn der Gesellschaft bestehen.

(2) Wird den Vorstandsmitgliedern ein Anteil am Jahresgewinn der Gesellschaft gewährt, so berechnet sich der Anteil nach dem Jahresüberschuss, vermindert um einen Verlustvortrag aus dem Vorjahr und um die Beträge, die nach Gesetz oder Satzung aus dem Jahresüberschuss in Gewinnrücklagen einzustellen sind. Entgegenstehende Festsetzungen sind nichtig.

bers [178] überflüssig und überholt war. Der Gesetzgeber begründet dies mit drei Argumenten:

1. So sei der Begriff Jahresgewinn unklar und problematisch, weil dies vorsieht, dass die Tantieme im Ergebnis nach Steuer zu orientieren ist und daher Änderungen der Steuergesetzgebung auf die Höhe der Tantieme durchschlagen. Dies sei mit dem Zweck der Gewinnbeteiligung einen Leistungsanreiz zu schaffen, nicht zu vereinbaren.
2. Die Bestimmung führe dazu, dass dem Sanierer einer Gesellschaft mit Verlustvorträgen aus frühen Jahren keine Gewinnbeteiligung gezahlt werden dürfe.
3. Dem Aktionärsschutz besser dadurch gedient werden könne, dass die Aktionäre erführen, welche Anreize für Vorstände bestehen.

Anstelle der starren Vorschrift des § 86 AktG hat der Deutsche Corporate Governance Kodex sich in 4.2.3 umfangreich mit variablen Vergütungskomponenten beschäftigt (vgl. Ziffer 3.8.4)

Angemessenheitsprüfung
Neben der Branche, in der die Aktiengesellschaft tätig ist, sind bestimmende Faktoren für die Höhe der Gesamtvergütung:

- die Ertragslage des Unternehmens
- die Größe des Unternehmens nach Umsatz und Mitarbeitern
- die Größe und Struktur des Vorstandes (Anzahl der Vorstandsmitglieder, hierarchische Struktur mit Vorstandsvorsitzenden, Vorstandssprecher, stellvertretenden Vorstandsmitgliedern).

Durch die zunehmende Offenlegung der Vorstandsvergütung und ihrer Bestandteile im Internet werden die Möglichkeiten zum Vergleich und die Transparenz zukünftig wachsen.

Detaillierter Informationen bieten darauf spezialisierte Unternehmensberatungen, wie z.B. Kienbaum.

---

[178] BMJ-Regierungsentwurf TransPuG der Bundesregierung, Stand 6. Februar 2002, S. 27 und 28.

Cap – die Festlegung einer Obergrenze

Ausgehend von den auch in Deutschland festzustellenden astronomischen Steigerungen der Vorstandsvergütung in den Vorjahren forderte Prof. Dr. rer. pol. Adams in einem Aufsatz [179] eine Begrenzung der Vorstandsvergütung zur Bekämpfung dieses von ihm und anderen als „American Disease" bezeichneten Phänomens. Unter Hinweis darauf, dass in den USA ein Chief Executive Officer 1970 rund 30 mal mehr als ein durchschnittlicher Industriearbeiter, im Jahre 1996 aber schon 210 mal mehr verdient habe, fordert der Autor, nachdem er sich in seinen Ausführungen mit den Vergütungsstrukturen der namhaften deutschen Unternehmen, insbesondere der Aktienoptionsprogramme beschäftigt hat, Vergütungsobergrenzen für Vorstände in Deutschland auf das 150fache der durchschnittlichen Arbeitnehmerkosten zu beschränken. Diese betrugen im Jahr 2001 in Deutschland 31.900,00 €, so dass sich daraus ein höchstzulässiger Verdienst von 4,785 Mio. € im Jahr errechnet.[180]

Dabei rügt der Autor, dass es ein Fehler des Deutschen Corporate Governance Kodex sei, dass der Marktwert der Optionsprogramme nicht angegeben werden müsse. (Die erste überarbeitete Fassung des Kodex enthält die Empfehlung, auch Angaben zum Wert von Aktienoptionen zu machen, siehe unten, Transparenz und Publizität).

Als Mitglied der Group of German Experts on Corporate Law stellt Prof. Dr. Dres. h. c. Lutter[181] fest, dass eine Vergütung mit festen und variablen Bestandteilen und insbesondere mit Optionen nach § 87 AktG nur angemessen sei, wenn sie ein „Cap" enthält, also eine Obergrenze. Dabei lehnt er die Festlegung einer Obergrenze durch ein Gesetz selbst ab, begrüßt es aber, wenn der Gesetzgeber die Grundlagen für eine derartige Regelung in einer Satzung schaffe.

Die durch die europäische Kommission im Jahre 2001 eingesetzte High Level Group of Company Law Experts hatte zur Vergütung der Organmitglieder vorgeschlagen:[182]

*„**Empfehlung:** Die Politik für die Bezahlung der Direktoren im Allgemeinen sollte in den Unternehmensabschlüssen offen gelegt*

[179] Adams, ZIP 2002, S. 1325 ff.
[180] Adams, ZIP 2002, S. 1325 ff. (1343 f.).
[181] Lutter, ZIP 2003, S. 737 (739).,
[182] ZIP 2003, S. 863 (869).

werden und Gegenstand eines eigenen Tagesordnungspunktes der Jahreshauptversammlung sein.

Das Entgelt der einzelnen Direktoren des Unternehmens – der geschäftsführenden und nichtgeschäftsführenden Direktoren sowie der Aufsichtsräte – ist in den Unternehmensabschlüssen detailliert offen zu legen.

Systeme, in denen die Direktoren Aktien, Aktienoptionen und andere Formen eines an den Aktienkurs gebundenen Entgelts erhalten, sollten der vorherigen Genehmigung durch die Hauptversammlung bedürfen, wofür als Grundlage eine genaue Erläuterung der dafür geltenden Regeln und der voraussichtlichen Kosten durch den Entgeltausschuss notwendig ist.

Die Kosten aller Aktienprogramme sollten im Jahresabschluss genau widergespiegelt werden, und dieser Buchführungsgrundsatz sollte in einer europäischen Rahmenbestimmung verankert werden.

Die Kommission solle eine Empfehlung annehmen, in der ein geeignetes Regelungssystem für das Entgelt der Direktoren von börsennotierten Unternehmen definiert wird, das die vier oben beschriebenen Elemente umfassen sollte.“

Die deutsche Expertenarbeitsgruppe vermisst in ihrer Stellungnahme,[183] dass das europäische Gremium nicht auf die Empfehlung zur Festsetzung einer Obergrenze der Vergütung durch die Hauptversammlung eingegangen sei und wiederholt hier die Forderungen

„Die Aktionäre sollen das Recht haben, eine Obergrenze für die jährlichen Gesamtbezüge der Mitglieder des Vorstands festzulegen.“

Bei den Aktienoptionen wird ausdrücklich gerügt, dass die deutschen Gesellschaften, unterstützt von der Rechtsprechung, den Aktionären nicht den Wert eines Optionsprogramms bekannt geben. Auch die Neufassung des Deutschen Corporate Governance Kodex enthält nur eine diesbezügliche Empfehlung („sollen“). Die Angabe der Werte der Aktienoptionen ist auch noch nicht „best practise“.

Im Frühjahr 2004 muss festgestellt werden, dass es eine Obergrenze für die Gesamtvergütung praktisch nicht gibt; die Haftung des Aufsichtsrates nach §§ 116, 93 Abs. 2 AktG bei Festlegung unangemessener Vergütung ist bislang eine theoretische Größe geblieben.

---

[183] ZIP 2003, S. 870.

Transparenz und Publizität

Der Deutsche Corporate Governance Kodex hat in dem dritten und vierten Absatz der Ziffer 4.2.3 eine Empfehlung aufgenommen, die der Transparenz und Publizität der Vorstandsbezüge dient.[184]

> *„4.2.3* ***Die Grundzüge des Vergütungssystems sowie die konkrete Ausgestaltung eines Aktienoptionsplans oder vergleichbarer Gestaltungen für Komponenten mit langfristiger Anreizwirkung und Risikocharakter sollen auf der Internetseite der Gesellschaft in allgemein verständlicher Form bekannt gemacht und im Geschäftsbericht erläutert werden. Hierzu sollen auch Angaben zum Wert von Aktienoptionen gehören.***
>
> ***Der Vorsitzende des Aufsichtsrats soll die Hauptversammlung über die Grundzüge des Vergütungssystems und deren Veränderung informieren.***

> *„4.2.4 Die Vergütung der Vorstandsmitglieder soll im Anhang des Konzernabschlusses aufgeteilt nach Fixum, erfolgsbezogenen Komponenten und Komponenten mit langfristigerer Anreizwirkung ausgewiesen werden. Die Angaben* ***sollen*** *individualisiert erfolgen."*

Ein Blick ins Internet im Frühjahr 2004 unter Aufruf der Stichworte „Aktiengesellschaft, Vorstandvergütung" zeigt, dass zumindest die großen börsennotierten Aktiengesellschaften zum Teil mit dem Hinweis *„entspricht den Empfehlungen der Regierungskommission Deutscher Corporate Governance Kodex"* den Empfehlungen folgen oder gegebenenfalls die Abweichungen bekannt geben.

Wer sich eine Bild über die Angemessenheit der Gesamtvergütung machen möchte oder einzelner Vergütungsbestandteile kann hier wichtige Erkenntnisse gewinnen, insbesondere auch über die Unterschiede der Vergütung einzelner Vorstandsmitglieder im gleichen Vorstand, das Verhältnis von festen und variablen Bezüge über den Aktienbesitz und die Aktienoptionen. Die Empfehlung des Deutschen Corporate Governance Kodex geht dahin, die Angaben zu individualisieren. Dieser Empfehlung wird von den Unternehmen, die im Internet präsent sind, überwiegend entsprochen. Aber nur elf der dreißig Dax-notierten Unternehmen folgen der Empfehlung und nennen die Einkommen der einzelnen Vorstandsmitglieder.

---

[184] Fett und unterstrichen = Änderung gegenüber Erstfassung 2002.

Aufsichtsratsausschuss Vorstandsdienstverträge
Eines der Anliegen des Deutschen Corporate Governance Kodex ist die Verbesserung der Arbeit des Aufsichtsrates durch die Arbeitsdelegation auf Ausschüsse. Während es in der ersten Fassung 2002 neben dem ausdrücklich benannten Prüfungsausschuss (Audit Committee) in Ziffer 5.3.3 nur hieß

„Der Aufsichtsrat kann weitere Sachthemen zur Behandlung in einen oder mehrerer Ausschüsse verweisen. Hierzu gehören unter anderem die Strategie des Unternehmens, die Vergütung der Vorstandsmitglieder, Investitionen und Finanzierungen"

wird nunmehr in 4.2.2 im Zusammenhang mit der Vergütung des Vorstandes ausdrücklich ausgeführt

„Das Aufsichtsratsplenum soll auf Vorschlag des Gremiums, das die Vorstandsverträge behandelt, über die Struktur des Vergütungssystems für den Vorstand beraten und soll sie regelmäßig überprüfen."

Dies beinhaltet die Empfehlung, einen solchen Ausschuss für Vorstandsdienstverträge einzurichten. Damit folgt der Deutsche Corporate Governance Kodex der Empfehlung von Lutter,[185] der eine empfehlenswerte Möglichkeit zur Verbesserung des Prozedere bei der Gehaltsfestsetzung darin sah, dass jeder Aufsichtsrat mit mehr als 6 Mitgliedern einen Ausschluss für Vorstandsfragen und die Vorstandsvergütung einrichten.

„Dieser Ausschuss sollte dann allgemeine Grundsätze für die Vergütung der Vorstandsmitglieder in dieser Gesellschaft festlegen;

- *diese allgemeinen Gründsätze müssten sodann dem Gesamtaufsichtsrat vorgetragen und von ihm beschlossen werden;*
- *und im Geschäftsbericht und dort unter dem Bericht zur Corporate Governance in der Gesellschaft veröffentlicht werden;*
- *und schließlich sollte der Ausschuss verpflichtet sein, jährlich dem Gesamtaufsichtsrat zu berichten, in welcher Weise die allgemeinen Grundsätze in die konkreten Vergütungsvereinbarungen mit den Vorständen eingeflossen sind."*

---

[185] Lutter, ZIP 2003, S. 741.

Es ist hier darauf hinzuweisen, dass die Bildung eines Ausschusses durchaus im eigenen Interesse des Aufsichtsrates liegt. Die Vereinbarung überhöhter, also unangemessener Gesamtbezüge mit den Mitgliedern des Vorstandes führt nicht zur Unwirksamkeit der Vereinbarung, sondern zur Haftung des Aufsichtsrates nach §§ 116, 93 Abs. 2 AktG.[186] Sodann kann in schwerwiegenden Fällen der Straftatbestand der Untreue zu prüfen sein.[187]

3.8.2 Reduzierung der Bezüge in der Krise

Ein Vorstandsmitglied, das im Zusammenhang mit den Vertragsverhandlungen oder der Festsetzung seiner Bezüge § 87 Abs. 2 AktG liest, wird sich zunächst fragen, was die Vergütungszusage der Gesellschaft denn überhaupt wert ist, wenn der Aufsichtsrat nach dem Willen des Gesetzgebers berechtigt ist, diese herabzusetzen.

§ 87 Abs. 2 AktG lautet:

„Tritt nach der Festsetzung eine so wesentliche Verschlechterung in den Verhältnissen der Gesellschaft ein, dass die Weitergewährung der in Absatz 1 Satz 1 aufgeführten Bezüge eine schwere Unbilligkeit für die Gesellschaft sein würde, so ist der Aufsichtsrat, im Fall des § 85 Abs. 3 das Gericht auf Antrag des Aufsichtsrats, zu einer angemessenen Herabsetzung berechtigt. Durch eine Herabsetzung wird der Anstellungsvertrag im Übrigen nicht berührt. Das Vorstandsmitglied kann jedoch seinen Anstellungsvertrag für den Schluss des nächsten Kalendervierteljahrs mit einer Kündigungsfrist von sechs Wochen kündigen."

Der Berater des Vorstandsmitgliedes wird aber darauf hinweisen können, dass wirtschaftliche Schwierigkeiten alleine den Aufsichtsräten kein Recht zur Kürzung der vertraglich vereinbarter Bezüge geben.[188] Nur wenn eine so wesentliche Verschlechterung in den Verhältnissen der Gesellschaft eintritt, dass eine Weitergewährung der Bezüge eine schwere Unbilligkeit für die Gesellschaft sein würde, ist eine Kürzung denkbar.[189] Das wirtschaftliche Risiko der Aktiengesellschaft und ihrer Aktionäre kann nicht über § 87 Abs. 2 AktG

[186] Hefermehl / Spindler, § 87, Rdnr. 24 und 25.
[187] Hefermehl / Spindler, wie vor.
[188] Hefermehl / Spindler, § 87 AktG, Rdnr. 41.
[189] Hefermehl / Spindler, wie vor, m.w.N.

auf den Vorstand abgewälzt werden.[190] Da § 87 Abs. 2 Satz 1 AktG nur auf § 87 Abs. 1 Satz 1 AktG und nicht auf Satz 2 („*Dies gilt sinngemäß für Ruhegehalt, Hinterbliebenenbezüge und Leistungen verwandter Art*") Bezug nimmt, ist der Vorstand zudem dagegen geschützt, dass Ruhegeld, Hinterbliebenenbezüge und Leistungen verwandter Art herabgesetzt werden.[191] Im Übrigen muss die Herabsetzung angemessen sein; sie wirkt ohnehin nur für die Restlaufzeit der Bestellung. Schließlich ist das Vorstandsmitglied durch das Kündigungsrecht in Satz 3 berechtigt, seine Tätigkeit mit einer Frist von sechs Wochen zum Quartalsende zu beenden.

Eine weitere Bestimmung über die Kürzung der Bezüge in der Krise der Gesellschaft enthält der dritte Absatz des § 87 AktG:

> *„Wird über das Vermögen der Gesellschaft das Insolvenzverfahren eröffnet und kündigt der Insolvenzverwalter den Anstellungsvertrag eines Vorstandsmitglieds, so kann er Ersatz für den Schaden, der ihm durch die Aufhebung des Dienstverhältnisses entsteht, nur für zwei Jahre seit dem Ablauf des Dienstverhältnisses verlangen."*

Diese Vorschrift dient dem Interesse der Gläubiger und der Aktiengesellschaft, indem sie über die ohnehin vorhandene Begrenzung der Ansprüche auf fünf Jahre gemäß § 84 Abs. 1 AktG eine weitere Herabsetzung eventueller Schadensersatzansprüche auf einen Zweijahreszeitraum vorschreibt, um die Insolvenzmasse nicht zu stark zu belasten.

3.8.3 Festbezüge

Zu den Festbezügen gehören nicht nur das als Monats- oder Jahresvergütung fixierte Grundgehalt, sondern alle Sonderzahlungen, die nicht leistungsbezogen sind und regelmäßig anfallen und auf deren Höhe das Vorstandsmitglied keinen Einfluss hat, z. B. Urlaubs- und Weihnachtsgeld, 13. Gehalt. Üblicherweise wird ein Jahresfestgehalt ausgehandelt und festgesetzt. Die Zahlung von Urlaubs- und Weihnachtsgeldern an Vorstandsmitglieder ist eher unüblich.

---

[190] Hefermehl / Spindler, wie vor.

[191] Zu denken ist aber daran, dass unter den gleichen Voraussetzungen unter denen eine Kürzung der Versorgungsbezüge für Arbeitnehmer möglich ist, auch für Vorstandsmitglieder eine – vorübergehende – Kürzung in Betracht kommt.

Garantietantieme
Zu den Festbezügen gehört auch die Garantietantieme. Bei der Frage nach den Gründen, die die Vertragsparteien veranlassen können, eine Garantietantieme neben einer Jahresfestvergütung gesondert auszuweisen, stößt man auf den Umstand, dass das Jahresfestgehalt häufig Grundlage für die Bemessung der Altersversorgung ist. Durch die Trennung der Garantietantieme von dem Jahresfestbezug im Übrigen wird die Berechnungsgrundlage für die Altersversorgung herabgesetzt. Es kann sich somit durchaus um eine Maßnahme im Gesamtzusammenhang der Angemessenheit der Gesamtbezüge handeln. Insbesondere bei Neugründungen einer Aktiengesellschaft und / oder wenn zunächst nur eine Festvergütung vereinbart wird, liegt es im Interesse des Vorstandes, noch innerhalb des Zeitraums der Bestellung eine Steigerung der Vergütung von Jahr zu Jahr zu erreichen.

Hierzu gibt es einige Klauseln:

Überprüfungsklausel
Gebräuchlich ist die unverbindliche Überprüfungsklausel, die letztlich nur die Absichtserklärung enthält, der Aufsichtsrat werde die Bezüge des Vorstandsmitgliedes jährlich überprüfen. Die Verpflichtung zur Überprüfung beinhaltet allerdings nicht die Verpflichtung zur Anpassung oder gar Erhöhung. Da Ziffer 4.2.2 bereits die regelmäßige Überprüfung der Vergütung des Vorstandes empfiehlt, kommt dem entsprechenden Passus in Vorstandsdienstverträgen keine besondere Bedeutung zu. Die Klausel ist allenfalls ein Merkposten zur jährlichen Wiedervorlage.

Wertsicherungsklausel
Konkreter ist eine so genannte Wertsicherungsklausel. Unter dem Begriff „Wertsicherungsklausel" werden Klauseln verstanden, die die Sicherung der Vergütung gegen einen Währungsverfall bezwecken. Das Einkommen wird an die zukünftigen Preise oder Werte anderer Güter oder Leistungen gekoppelt. Hier ist aber das Preisangaben- und Preisklauselgesetz vom 03.12.1984 zu beachten, dessen § 2 den durch das Euroeinführungsgesetz aufgehobenen § 3 des Währungsgesetzes ersetzt hat.

Dort heißt es:

§ 2 Preisklauseln

(1) Der Betrag von Geldschulden darf nicht unmittelbar und selbsttätig durch den Preis oder Wert von anderen Gütern oder Leistungen bestimmt werden, die mit den vereinbarten Gütern oder Leistungen nicht vergleichbar sind. Das Bundesministerium für Wirtschaft kann auf Antrag Ausnahmen genehmigen, wenn Zahlungen langfristig zu erbringen sind oder besondere Gründe des Wettbewerbs eine Wertsicherung rechtfertigen und die Preisklausel nicht eine der Vertragsparteien unangemessen benachteiligt. Der Geld- und Kapitalverkehr, einschließlich der Finanzinstrumente im Sinne des § 1 Abs. 11 des Kreditwesengesetzes sowie die hierauf bezogenen Pensions- und Darlehensgeschäfte, bleibt vom Indexierungsverbot ausgenommen. Desgleichen beleiben Verträge von gebietsansässigen Kaufleuten mit Gebietsfremden vom Indexierungsverbot ausgenommen.

(2) Die Bundesregierung wird ermächtigt, durch Rechtsverordnung ohne Zustimmung des Bundesrates

1. *die Voraussetzungen näher zu bestimmen, unter denen Ausnahmen von Preisklauselverbot nach Absatz 1 Satz 2 einzeln oder allgemein genehmigt werden können, oder solche Ausnahmen festzulegen,*
2. *die Ausnahmen nach Absatz 1 Satz 3 und 4 für bestimmte Arten von Rechtsgeschäften aus Gründen des Verbraucherschutzes zu begrenzen und*
3. *statt des Bundesministeriums für Wirtschaft eine andere Bundesbehörde zu bestimmen, die für die Erteilung dieser Genehmigungen zuständig ist."*

Da das Bundesamt für Wirtschaft als Genehmigungsbehörde eine Klausel nur bei langfristigen Verträgen von mehr als 10 Jahren Geltungsdauer genehmigt und die Höchstdauer für die Bestellung zum Vorstandsmitglied 5 Jahre beträgt, sind Wertsicherungsklauseln im Zusammenhang mit Vorstandsdienstverträgen nicht genehmigungsfähig. Die Folge ist, dass sie schwebend unwirksam sind.[192]

---

[192] Palandt / Heinrichs, § 245, Rdnr. 24.

Spannungsklausel
Von den Wertsicherungsklauseln sind die Spannungsklauseln zu unterscheiden, die im Gegensatz zu den Erstgenannten eine Anpassung an die Entwicklung gleichartiger Leistungen, hier also an Gehälter und Vergütungen vergleichbar Beschäftigter vorsehen. Spannungsklauseln sind genehmigungsfrei und üblich, wenn auch nicht in Vorstandsdienstverträgen. Dabei ist eine Bezugnahme auf die Entwicklung der höchsten Stufe eines bestimmten Tarifvertrages die häufigste Form der Bezugnahme.

Aus Sicht des Beraters besteht keine Notwendigkeit derartige Klauseln in Vorstandsdienstverträge aufzunehmen, da diese ohnehin auf fünf Jahre befristet sind und die Höhe des Festgehaltanspruches dann gegebenenfalls neu verhandelt werden kann und muss. Beide Vertragspartner sollen hingegen die Steigerung der Vergütung über die variablen Vergütungsbestandsteile anstreben und es bei der Festlegung der Festbezüge bei einer Verständigung auf einen Jahresfestbezug, zahlbar ratierlich in zwölf Monatsraten, belassen.

3.8.4 Variable Vergütungsbestandteile

Nach dem Wegfall des § 86 AktG ist die Zahl der aktienrechtlich zulässigen und denkbaren Varianten einer erfolgsbezogenen Vergütung sowohl mit kurzfristigem Anreiz als auch mit langfristigem Anreiz noch gestiegen.

3.8.4.1 Zunächst die klassischen Formen des kurzfristigen Leistungsanreizes:

Tantiemen
Der aus dem Französischen stammende Begriff „Tantieme" bezeichnet einen Anteil am Jahresgewinn eines Unternehmens und ist damit eine Form der Gewinnbeteiligung.

Ermessenstantieme (Prämie)
Bei der Ermessentantieme (auch Prämie genannt) legt der Aufsichtsrat im Nachhinein die Höhe der Tantieme fest. Ein Anspruch des Vorstandsmitgliedes besteht nur auf die Festlegung, die, wie immer wenn ein einseitiges Leistungsbestimmungsrecht vereinbart wird, der Regelung des § 315 BGB unterliegt. Dies bedeutet, dass die Festlegung des Aufsichtsrats nach billigem Ermessen unter Abwägung der

Interessen des einzelnen Vorstandsmitgliedes an einer zusätzlichen Zahlung zu den Interessen der Gesellschaft in Bezug gesetzt wird. Da eine Tantieme eine Gewinnbeteiligung ist, setzt meiner Auffassung nach die Zahlung einer Ermessenstantieme an den Vorstand voraus, dass überhaupt ein Gewinn erwirtschaftet wurde.

Der Vorteil einer Ermessentantieme wird in ihrer Flexibilität gesehen; der Aufsichtsrat kann unter Würdigung aller Besonderheiten des vorangegangenen Geschäftsjahres eine Entscheidung treffen. Kein anderes System erlaubt eine so flexible nuancierte Leistungsbeurteilung wie die Ermessentantieme.[193] Als Nachteil wird gesehen, dass bei Fehlen einer festen Zielvorgabe bei vorausberechenbarer Einkommensmehrung die anreizende Wirkung fehle. Dieser Argumentation wird allerdings entgegengehalten, dass die Gewährung der Tantieme kein einmaliges Ereignis darstellt, sondern durch die Praxis des Aufsichtsrats in mehren aufeinander folgenden Jahren auch für den Vorstand die Handhabung transparent wird, so dass die Maßstäbe erkennbar werden.[194]

Gewinnabhängige Tantieme

Zunächst ist festzustellen, dass nach Wegfall der Sollvorschrift des § 86 Abs. 1 AktG eine Jahresgewinnanteil bezogene Tantieme nicht mehr so gestaltet werden muss, dass der Jahresgewinn nach den Berechnungsregeln des außer Kraft getretenen 86 Abs. 2 AktG zu bestimmen ist. Aber auch bis zum Wegfall des § 86 AktG war es denkbar, Tantiemeklauseln auf den cash flow, auf das Ergebnis vor Zinsen und Steuern, auf erreichte Renditen oder andere für den Gewinn maßgebliche Größen abzustellen.

Die Bemessungsgrundlage für eine Tantieme sollte für die Unternehmenszielsetzung relevant sein, in Beziehung zur Leistung des Vorstandsmitgliedes stehen, einfach zu berechnen und vom Vorstandsmitglied zu beeinflussen sein. Die Gewinntantieme des Vorstandes mindert nach herrschender Meinung den Jahresüberschuss nicht.

Es bleibt abzuwarten, wie die Praxis auf den Wegfall des § 86 Abs. 2 AktG reagiert und welche Formen der gewinnabhängigen Tantieme sich zukünftig durchsetzen.

---

[193] Hoffmann - Becking, NZG 1999, S. 797 (799).

[194] Hoffmann - Becking, wie vor.

Eine „traditionelle“ Vereinbarung einer gewinnabhängigen Tantieme ist in Kapitel 4.1 im Mustervorstandsvertrag abgedruckt. „Gewinnabhängige Tantieme“ bezieht sich auf den Gewinn des vom Begünstigten geleiteten Unternehmens. Wegen einer konzerngewinnabhängigen Tantieme siehe die Ausführungen in Kapitel 3.20.

Dividendenabhängige Tantieme

Aus Sicht jedes Aktionärs ist eine dividendenabhängige Tantieme der beste denkbare Anreiz für Vorstandsmitglieder, da hier das Interesse des Aktionärs an einer möglichst hohen Dividende parallel zu dem Interesse des Vorstandsmitglieds an einer hohen erfolgsabhängigen Vergütung läuft.[195]

Die Dividendentantieme kann bestehen in der Zusage eines bestimmten Betrages pro Prozent ausgeschütteter Tantiemen, in der Zusage der Zahlung eines bestimmten Prozentsatzes aller an die Aktionäre ausgeschütteten Dividenden (Summe) oder in der Zusage der Zahlung eines Betrages entsprechend der Ausschüttung auf einen bestimmten Nennbetrag der Aktie.

Zu Interessenkonflikten zwischen Vorstand und Aktionär kann es aber kommen bei steuerlich bedingten Sonderausschüttungen. Hier kann streitig werden, ob die gesamte ausgeschüttete Dividende als Grundlage zur Berechnung der Vorstandsvergütung herangezogen werden muss oder nur die ausgeschüttete Dividende ohne den Anteil der Sonderdividende.[196]

Börsenkursbezogene Tantieme

Auch bei der börsenkursbezogenen Tantieme laufen die Interessen von Vorstand und Aktionär auf den ersten Blick parallel. Problematisch ist, dass die Vergütung des Vorstandes aufgrund einer Leistungsbeurteilung zu erfolgen hat, da der Börsenkurs nicht die Leistung des gesamten Vorstandes und erst recht nicht die persönliche Leistung des jeweiligen Vorstandsmitglieds widerspiegelt. Fraglich ist aufgrund der Ereignisse am neuen Markt auch, ob der Börsenkurs die wirtschaftliche Lage, den Erfolg und die Zukunftsaussichten eines Unternehmens widerspiegelt.[197]

---

[195] Hoffmann - Becking, wie vor, S. 800.

[196] Hoffmann - Becking, wie vor.

[197] Hoffmann - Becking, wie vor, S. 801.

die wirtschaftliche Lage, den Erfolg und die Zukunftsaussichten eines Unternehmens widerspiegelt.[197]

Bei den beiden häufigsten Form der börsenkursbezogenen Tantieme, den Stock Appreciation Rights und den Phantom Stocks, handelt es sich aber auf jeden Fall um Tantiemen und nicht um Optionen; es bedarf hier keiner bedingten Kapitalerhöhung und auch keines Erwerbs eigener Aktien durch die Gesellschaft, so dass das Unternehmen (der Aufsichtsrat) eine derartige vertragliche Verpflichtung leichter eingehen kann als bei einer Aktienoption.

Stock Appreciation Rights
Bei solchen Vereinbarungen verpflichtet sich das Unternehmen zur Zahlung eines bestimmten Geldbetrages an das Vorstandsmitglied für eine bestimmte Steigerung der absoluten oder relativen Kursentwicklung der Gesellschaft (Zahlung statt Recht zum Aktienbezug).

Eine Variante ist:

Phantom Stock Plans
Auch hier verpflichtet sich die Gesellschaft zur Zahlung eines bestimmten Geldbetrages an das Vorstandsmitglied für eine bestimmte Steigerung der absoluten oder relativen Kursentwicklung der Aktie (Zahlung statt Recht zum Aktienbezug), aber mit einer zusätzlichen Bedingung, z. B. einer bestimmten Dividendenausschüttung.

Eine weitere Variante ist:

Phantom Stock Option Plans
In gleicher Weise verpflichtet sich die Gesellschaft gegenüber dem Vorstandsmitglied bei einem Phantom Stock Option Plan, wobei hier nicht auf die Steigerung der absoluten oder relativen Kursentwicklung der Aktie, sondern auch die größere Hebelwirkung einer Option gegenüber einer Aktie abgestellt wird, indem jedem Vorstandsmitglied eine bestimmte Anzahl hypothetischer Aktienoptionen zugeteilt wird, die er unter gewissen Konditionen ausüben kann.

Auch diese Variante dient dem kurzfristigen Leistungsanreiz.

---

[197] Hoffmann - Becking, wie vor, S. 801.

Klassische langfristige Anreize bieten hingegen:

3.8.4.2 Aktienoptionen (Stock Option Plans)

Die Aktienoptionen gehören in den Bereich der langfristigen Leistungsanreize, zu denen Ziffer 4.2.3 im Absatz 2 des Deutschen Corporate Governance Kodexes in der ersten überarbeiteten Fassung nunmehr aussagt:

„Als variable Vergütungskomponenten mit langfristiger Anreizwirkung ***und Risikocharakter*** *dienen insbesondere* ***Aktien der Gesellschaft mit mehrjähriger Veräußerungssperre.*** *Aktienoptionen oder vergleichbare Gestaltungen (z. B. Phantom Stocks).* ***Aktienoptionen und vergleichbare Gestaltungen*** *sollen auf* ***anspruchsvolle, relevante Vergleichsparameter bezogen sein.*** *Eine nachträgliche Änderung der Erfolgsziele* ***oder der Vergleichsparameter bezogen sein.*** *Eine nachträgliche Änderung der Erfolgsziele* ***oder der Vergleichsparameter*** *soll ausgeschlossen sein.* ***Für außerordentliche, nicht vorhergesehene Entwicklungen soll der Aufsichtsrat eine Begrenzungsmöglichkeit (Cap) vereinbaren.***

Die Personalkompetenz gegenüber dem Vorstand liegt, wie ausgeführt, beim Aufsichtsrat. In diesem Zusammenhang entscheidet der Aufsichtsrat auch, ob eine Aktienoption Teil der Vergütung des Vorstandes ist und welches Vorstandsmitglied eine entsprechende vertragliche Zusage erhält. Eine Aktienoption ist ein Bezugsrecht, das von der Aktiengesellschaft gegeben wird. Das begünstigte Vorstandsmitglied ist berechtigt, gegen Zahlung eines vorab festgelegten Optionspreises, auch Ausübungs- oder Basispreis genannt, innerhalb einer bestimmten Frist unter ebenfalls vorab festgelegten Bedingungen Aktien der Gesellschaft zu erwerben.

Bevor der Vorstand aber eine derartige Zusage gibt oder verhandelt, muss die Hauptversammlung die Grundlage für einen Aktienoptionsplan (Stock Option Plan) gelegt haben. Dies geschah bis zur Reform des Aktiengesetzes durch das Kontragesetz in der Weise, dass Bezugsrechte auf den Erwerb von Aktien nur über den Umweg einer wandelnden Schuldverschreibung nach § 221 AktG erteilt werden konnte. Nun haben nach § 221 Abs. 4 Aktionäre grundsätzlich einen Anspruch auf wandelnde Schuldverschreibungen und können bei der Ausgabe von Wandel- und Optionsanleihen nur bei sachlicher Rechtfertigung davon ausgeschlossen werden.[198]

Die Gerichte haben dann geprüft[199] ob ein dringendes Interesse der Gesellschaft an der Gewährung der Bezugsrechte für die Vorstandsmitglieder und Führungskräfte besteht, die Gewährung der Bezugsrechte geeignet und erforderlich ist, um das Ziel eines Leistungsanreizes zu erreichen und der Ausschluss des Bezugsrechts der Aktionäre keine unverhältnismäßige Rechtsbeeinträchtigung bedeutet.

Andererseits konnte die Aktiengesellschaft Aktienoptionspläne auch nicht mit eigenen Aktien bedienen, da der Erwerb eigener Aktien durch § 71 AktG eingeschränkt ist und nur zu den dort genannten Zwecken zulässig ist. Die Ausgabe von Aktien an Organmitglieder zählt nicht zu diesen Zwecken. Auch das Kontragesetz hat hier keine Änderung gebracht, obwohl dies zunächst vorgesehen war. So können nach wie vor eigene Aktien erworben werden, um sie an Personen, die im Arbeitsverhältnis zur Aktiengesellschaft oder einem mit ihr verbundenen Unternehmen stehen oder standen, zum Erwerb anzubieten, nicht jedoch den Organen der Gesellschaft.[200]

Der Gesetzgeber hat die Stock Option Plans (Aktienoptionspläne) aber auf andere Weise erleichtert, indem er die §§ 192 und 193 AktG änderte und die bedingte Kapitalerhöhung auch zuließ, um Bezugsrechte (Stock Options) den Mitgliedern der Geschäftsführung zu gewähren und zwar unter Ausschluss der Bezugsrechte der Aktionäre.

Mit der Neufassung des § 192 Abs. 2 Nr. 3 AktG ist gleichzeitig die Anerkennung des Gesetzgebers von Stock Option als Vergütungsform für Vorstandsmitglieder verbunden. Bis dahin kannte das Aktiengesetz keine reinen Optionsscheine.

§ 192 AktG lautet:

(1) Die Hauptversammlung kann eine Erhöhung des Grundkapitals beschließen, die nur so weit durchgeführt werden soll, wie von einem Umtausch- oder Bezugsrecht Gebrauch gemacht wird, dass die Gesellschaft auf die neuen Aktien (Bezugsaktien) einräumt (bedingte Kapitalerhöhung).

---

[198] Hüffer, § 221, Rdnr. 42.

[199] Vgl. Hoffmann - Becking, NZG 1999, S. 797 (801).

[200] Hüffer, § 71, Rdnr. 12.

(2) Die bedingte Kapitalerhöhung soll nur zu folgenden Zwecken beschlossen werden:...

3. Zur Gewährung von Bezugsrechten an Arbeitnehmer und Mitglieder der Geschäftsführung der Gesellschaft oder eines verbundenen Unternehmens im Wege des Zustimmungs- oder Ermächtigungsbeschlusses.

Die Hauptversammlung kann also den Vorstand ausführungspflichtig machen oder aber die Durchführung des Aktienoptionsprogramms im pflichtgemäßen Ermessen des Vorstands überantworten. Die Hauptversammlung kann nicht beschließen, ob und in welchem Umfang Aktienoptionspläne mit dem Vorstand vereinbart werden. Hier bleibt es bei der alleinigen Zuständigkeit des Aufsichtsrates.

§ 193 Abs. 2 AktG ergänzt:

„Im Beschluss müssen festgestellt werden

1. der Zweck der bedingten Kapitalerhöhung;
2. der Kreis der Bezugsberechtigten;
3. der Ausgabebetrag oder die Grundlagen, nach denen dieser Betrag errechnet wird; sowie
4. bei Beschlüssen nach § 192 Abs. 2 Nr. 3 auch die Aufteilung der Bezugsrechte auf Mitglieder der Geschäftsführungen und Arbeitnehmer, Erfolgsziele, Erwerbs- und Ausübungszeiträume und Wartezeit für erstmalige Ausübung (mindestens zwei Jahre)."

Das Volumen derartiger Programme ist beschränkt durch § 192 Abs. 3 AktG:

„Der Nennbetrag des bedingten Kapitals darf die Hälfte und der Nennbetrag des nach Absatz 2 Nr. 3 beschlossenen Kapitals den 10. Teil des Grundkapitals, das zur Zeit der Beschlussfassung über die bedingte Kapitalerhöhung vorhanden ist, nicht übersteigen..."

Das bedeutet also, dass bedingte Kapitalerhöhungen im Zusammenhang mit Aktienoptionsprogrammen eine zusätzliche Grenze von 10% des Grundkapitals zu beachten haben.

Sowohl für den Aufsichtsrat als haftendes Organ nach §§ 93 Abs. 2, 116 AktG, als auch für den Vorstand, ist und bleibt die Grenze des

§ 87 Abs. 1 AktG; auch Aktienoptionspläne müssen dem Erfordernis der Angemessenheit genügen.

In diesem Zusammenhang wird empfohlen, dass die Hauptversammlung im Rahmen des Beschlusses § 193 Abs. 2 Nr. 4 AktG bei der Definition der „Erfolgsziele" die Vorgaben außerhalb der Entwicklung des Börsenkurses vorgibt, da die absolute Kurssteigerung oder die kurssteigende Relation zu einem Index nichts über die Lage der Gesellschaft und ihre Zukunft aussagt. Empfohlen wird auf die Gesamtrendite der Aktie (Total Return), die Entwicklung der Eigenkapitalrendite, Gesamtkapitalrendite, eine Steigerung des Gewinns pro Aktie oder einen erreichten Unternehmenswert (Economic value added) abzustellen.[201]

Bei der Festsetzung der Laufzeiten von Aktienoptionsplänen ist die Hauptversammlung nicht daran gebunden, dass das Vorstandsmitglied höchstens für die Dauer von fünf Jahren berufen werden kann. Die begrenzte Laufzeit der Dienstverträge hindert Zusagen von Leistungen für die Zeit nach Beendigung des Dienstvertrages grundsätzlich nicht.[202]

Neben den Aktienoptionen gibt es weitere marktbezogene Anreizsysteme [203] mit langfristigen Leistungsanreizen.

Marktbezogene Anreizsysteme setzen voraus, dass eine Bewertung des Unternehmens am Markt stattfindet. Die nachfolgenden Varianten eines Anreizsystems für Vorstandsmitglieder eignen sich daher nur für börsennotierte Gesellschaften. Bezugspunkt ist wiederum die Aktie. Gemeinsam ist der nachfolgenden Varianten, dass sie versuchen, die Nachteile des Aktienoptionsplans zu vermeiden.

Restricted Stock Plans (Aktienpläne)

Während das Vorstandsmitglied bei Aktienoptionsplänen allenfalls das Optionsrecht verlieren kann, riskiert er bei den Restricted Stock Plans den Verlust eigenen Geldes. Restricted Stock Plans enthalten folgende Strukturmerkmale:

1. Bedingung, unter der ein Aktienerwerbsrecht besteht

---

[201] Hoffmann - Becking, NZG 1999, S. 797 (802).

[202] Dabei darf es natürlich nicht zu einer Umgehung der Fünf-Jahres-Frist in der Weise kommen, dass das Vorstandsmitglied faktisch für einen längeren Zeitraum als fünf Jahre die vollen Bezüge erhält.

[203] Schüller, Vorstandsvergütung, S. 63 – 65.

2. Förderung des Erwerbs der Aktien durch das Unternehmen und
3. die Verpflichtung dieser Aktien eine bestimmte Periode zu behalten, wobei die Periode entweder durch einen Zeitablauf oder das Erreichen eines bestimmten für das Unternehmen interessanten Wertes definiert ist.

Das Vorstandsmitglied hat also ein eigenes vitales Interesse an einer weiteren Steigerung des Aktienkurses, denn es trägt das Kursrisiko zusammen mit den anderen Aktionären.

Performance Share Plans
Hier wird der Aktienkurs mit der Erreichung eines Ziels verknüpft, wobei das Vorstandsmitglied entweder eine bestimmte Anzahl von Aktien des Unternehmens oder den Gegenwert dieser Aktien als Bonus erhält. Dies beeinflusst aber die Liquidität. Der Vorteil gegenüber Aktienoptionen ist, dass der Leistungsanreiz hier mehr im Vordergrund steht, da das Vorstandsmitglied auf die gesetzten operativen Zielgrößen mehr Einfluss hat, als auf den Börsenkurs.

3.8.4.3 Variable Vergütungsformen für nicht börsennotierte Gesellschaften

Nicht börsennotierte Aktiengesellschaft brauchen Anreizsysteme für ihre Vorstände. Ein historisches Anreizsystem ist, die

Umsatztantieme
Der Begriff selbst ist schon problematisch, da die Tantieme eine Gewinnbeteiligung ist. Eine Beteiligung, die sich auf den Umsatz bezieht, ist daher streng genommen keine Tantieme, da der Umsatz nur eine der Größen ist, auf denen der Gewinn beruht.

Vor zwei bis drei Jahrzehnten waren Umsatzbeteiligungen sowohl in der gewerblichen Wirtschaft, also auch bei Freiberuflern, insbesondere mit leitenden Angestellten weit verbreitet. Es stellte sich heraus, dass unabhängig von Missbrauchsfällen der Umsatz bzw. eine Umsatzsteigerung nichts über die Lage des Unternehmens und seine Zukunft aussagt. Umsätze können teuer erkauft sein. Auch hat es Missbrauchsfälle gegeben, in denen der an Umsatzsteigerungen finanziell aufgrund entsprechender Klauseln in seinem Vertrag stark interessierte Unternehmensleiter ein System erfunden hatte, das hohe Abgabepreise, die am Markt eigentlich nicht durchzusetzen gewesen wären, darstellte. Dabei verschwieg er dem Inhabern des Unternehmens aber, dass diese nicht marktgerechten Abgabepreise dadurch erkauft wurden, dass später umfangreiche und großzügige Gutschriften erteilte, die bei der Berechnung seiner Umsatztantieme dann aber keine Berücksichtigung fanden.

Provisionen

Provision ist eine Vergütung für geleistete Dienste, die regelmäßig in Prozenten des Wertes eines Gegenstandes berechnet wird. Meist ist sie bezogen auf den Umsatz, so dass die Bedenken gegen eine umsatzgestützte variable Vergütung auch hier durchgreifen.

Vorstellbar ist sie ohnehin nur im Vertrieb. Es wird aber eher Nachteile als Vorteile haben, für den Vertriebsvorstand andere Vergütungsgrundsätze zugrunde zu legen, als für die übrigen Vorstandsmitglieder. Deshalb werden Provisionsregelung für Vorstandsmitglieder mit Ausnahme von Vertriebsgesellschaften in Form kleiner Aktiengesellschaften, kaum vorkommen.

Bonussystem

Unter Bonus versteht man eine Sondervergütung, die die Zahlung mit dem Erreichen vorher definierter Ziele verknüpft. Typisch ist die Verknüpfung persönlicher Ziele für das einzelne Vorstandsmitglied mit Zielen, die das Unternehmen insgesamt in einem bestimmten Zeitraum erreichen soll.

Weitere Ansätze für Bonussysteme finden sich in Spezialliteratur unter den Stichworten Performance Unit Plans, Deferred Compensation Systems, Management Accounting Konzepte, Strategieorientierte langfristige Anreizsysteme, Shareholder Wealth Approach, duale Anreizsysteme, Proportionalansprüche, Balanced Scorecards, Economic value added, verbunden mit einer Darstellung, der in deutschen Unternehmen tatsächlich praktizierten Form kurzfristiger oder langfristiger Anreizsysteme.[204]

3.8.5 Altersversorgung

Die Altersversorgung ist ein klassischer Bestandteil der Gesamtvergütung eines Vorstandsmitgliedes. Die Versorgungszusage unterliegt wie alle anderen Vergütungsbestandteile der Angemessenheitsprü-

---

[204] Schüller, Vorstandsvergütung, S. 65 – 68 sowie 71 – 85.

fung. Dies bedeutet, dass die Versorgungszusage selbst angemessen sein muss und dass die Gesamtvergütung unter Einbeziehung der Versorgungszusage angemessen sein muss.

Gesetz zur Verbesserung der betrieblichen Altersversorgung
Wegen der Bedeutung der betrieblichen Altersversorgung für weite Bevölkerungskreise hatte der Gesetzgeber 1974 eine gesetzliche Regelung für betriebliche Altersversorgungssysteme geschaffen mit dem Gesetz zur Verbesserung der betrieblichen Altersversorgung vom 19. Dezember 1974.

Im Geltungsbereich der in diesem Gesetz enthaltenen Schutzvorschriften definiert der Gesetzgeber in § 17 Abs. 1 BetrAVG wie folgt:

„Arbeitnehmer im Sinne der §§ 1 – 16 sind Arbeiter und Angestellte einschließlich der zu ihrer Berufsausbildung Beschäftigten; ein Berufsausbildungsverhältnis steht einem Arbeitsverhältnis gleich. Die §§ 1 – 16 geltend entsprechend für Personen, die nicht Arbeitnehmer sind, wenn ihnen Leistungen der Alters-, Invaliditäts- oder Hinterbliebenenversorgung aus Anlass ihrer Tätigkeit für ein Unternehmen zugesagt worden sind."

Eine Anwendung dieser Vorschrift auf die Vorstandsmitglieder einer Aktiengesellschaft ergibt, dass diese zwar keine Arbeitnehmer sind, aber nach Satz 2 doch dem Gesetz unterfallen, da auch bei den Vorstandsmitgliedern Leistungen der Alters-, Invaliditäts- oder Hinterbliebenenversorgung aus Anlass ihrer Tätigkeit für ein Unternehmen zugesagt werden.

Versorgungsbezüge haben auch für Vorstandsmitglieder eine die Existenz sichernde Funktion, so dass insofern auch regelmäßig eine wirtschaftliche Abhängigkeit besteht.[205]

Damit sind wichtige Grundsätze, die das Gesetz aufstellt auch auf die Zusagen an Vorstandsmitglieder anwendbar.

Die wichtigsten Begriffe im Zusammenhang mit der betrieblichen Altersversorgung sind:

Unverfallbarkeit
So befasst sich das Gesetz unter dem Stichwort „Unverfallbarkeit" mit der Frage, was geschieht, wenn ein Arbeitnehmer das Vorstandsmitglied vor Eintritt des Versorgungsfalles aus dem Dienstver-

---

[205] Blomeyer / Otto, § 17, Rdnr. 96.

hältnis ausscheidet. Wäre die Tätigkeit für die Aktiengesellschaft bis zum Zeitpunkt des Übergangs von der Erwerbstätigkeit in die Altersruhe maßgeblich, so würden alle, die vorher ausgeschieden sind, alle bis dahin erarbeiteten Ansprüche verlieren. Dies ist unbillig.

Der Gesetzgeber regelt daher:

„§ 1 b BetrAVG Einem Arbeitnehmer, dem Leistungen aus der betrieblichen Altersvorsorgung zugesagt worden sind, bleibt die Anwartschaft erhalten, wenn das Arbeitsverhältnis vor Eintritt des Versorgungsfalles, jedoch nach Vollendung des 30. Lebensjahres endet und die Versorgungszusage zu diesem Zeitpunkt mindestens 5 Jahre bestanden hat (unverfallbare Anwartschaft).“ [206]...

Unverfallbare Anwartschaft bedeutet, dass dem Arbeitnehmer die bis zu seinem Ausscheiden bereits entstandenen Ansprüche erhalten bleiben. Ein Vorstandsmitglied kann maximal für die Dauer von fünf Jahren berufen werden. Dementsprechend ist auch die Geltung seines Dienstvertrages beschränkt. Darüber hinaus empfiehlt der Deutsche Corporate Governance Kodex bei der erstmaligen Berufung nicht gleich die gesamte 5-Jahres-Frist auszuschöpfen, sondern das Vorstandsmitglied erst einmal für einen kürzeren Zeitraum zu bestellen.

Dann könnte es im Rahmen der Erstbestellung eines Vorstandsmitgliedes keine unverfallbare Anwartschaft geben.

Im Zusammenhang mit der Angemessenheitsprüfung, insbesondere bei neu gegründeten kleinen Aktiengesellschaften könnte dies richtig sein.

Das Vorstandsmitglied selbst wird aber, wenn es im Unternehmen eine Altersversorgungsregelung für die bereits vorhandenen Vorstandsmitglieder gibt, bei den Verhandlungen über den Vertrag darauf hinwirken, dass ohne Wartezeit von Beginn an eine unverfallbare Versorgungszusage erteilt wird; jedenfalls dann, wenn der Betreffen-

---

[206] Nach der Übergangsvorschrift des § 30 f BetrAVG gilt bis 2005 daneben die alte Regelung mit der Doppelbedingung der 12-jährigen Betriebszugehörigkeit mit mindestens 3-jähriger Zusagedauer fort für Leistungen der betrieblichen Altersvorsorgung, die vor dem 1. Januar 2001 zugesagt worden sind. Das bedeutet, dass den Berechtigten, die die Voraussetzung dieser alten Variante erfüllen, übergangsweise auch noch eine unverfallbare Anwartschaft zusteht.

de als Geschäftsführer oder Arbeitnehmer bereits eine Zusage auf betriebliche Altersversorgung hatte.

Bei den Verhandlungen geht es dann darum, eine bessere als die gesetzliche Regelung zu erreichen.

pro rata temporis

Eine weitere Problematik bei einem vor Eintritt des Versorgungsfalles ausscheidenden Arbeitnehmer oder Vorstandsmitglied (der z. B. nicht mehr berufen wird) ergibt sich bei der Berechnung der Höhe des Anspruchs. Auch hier hat das Gesetz eine Regelung geschaffen unter dem Stichwort „pro rata temporis“, die wie folgt lautet:

§ 2 BetrAVG

(1) „Bei Eintritt des Versorgungsfalles wegen Erreichens der Altersgrenze, wegen Invalidität oder Tod haben ein vorher ausgeschiedener Arbeitnehmer, dessen Anwartschaft nach § 1 b fortbesteht, und seine Hinterbliebenen einen Anspruch mindestens in Höhe des Teiles der ohne das vorherige Ausscheiden zustehenden Leistung, der dem Verhältnis der Dauer der Betriebszugehörigkeit zu der Zeit vom Beginn der Betriebszugehörigkeit bis zur Vollendung des 65. Lebensjahres entspricht; an die Stelle des 65. Lebensjahres tritt ein früherer Zeitpunkt, wenn dieser in der Versorgungsregelung als feste Altersgrenze vorgesehen ist. Der Mindestanspruch auf Leistungen wegen Invalidität oder Tod vor Erreichen der Altersgrenze ich jedoch nicht höher als der Betrag, den der Arbeitnehmer oder seine Hinterbliebenen erhalten hätten, wenn im Zeitpunkt des Ausscheidens der Versorgungsfall eingetreten wäre und die sonstigen Leistungsvoraussetzungen erfüllt gewesen wären.“

Auszehrung und Anrechnung

Einen weiteren wichtigen Grundsatz enthält § 5 BetrAVG unter dem Stichwort „Auszehrung und Anrechnung“:

(1) Die bei Eintritt des Versorgungsfalles festgesetzten Leistungen der betrieblichen Altersversorgung dürfen nicht mehr dadurch gemindert oder entzogen werden, dass Beträge, um die sich andere Versorgungsbezüge nach diesem Zeitpunkt durch Anpassung an die wirtschaftliche Entwicklung erhöhen, angerechnet

oder bei der Begrenzung der Gesamtversorgung auf einen Höchstbetrag berücksichtigt werden.

(2) *Leistungen der betrieblichen Altersversorgung dürfen durch Anrechnung oder Berücksichtigung anderer Versorgungsbezüge, soweit sie auf eigenen Beiträgen des Versorgungsempfängers beruhen, nicht gekürzt werden. Dies gilt nicht für Renten aus den gesetzlichen Rentenversicherungen, soweit sie auf Pflichtbeiträgen beruhen, sowie für sonstige Versorgungsbezüge, die mindestens zur Hälfte auf Beiträgen oder Zuschüssen des Arbeitgebers beruhen."*

Von Bedeutung könnte auch § 6 BetrAVG mit der Kopplung an das vorzeitige Altersruhegeld sein:

„Einem Arbeitnehmer, der die Altersrente aus der gesetzlichen Rentenversicherung vor Vollendung des 65. Lebensjahres als Vollrente in Anspruch nimmt, sind auf sein Verlangen nach Erfüllung der Wartezeit und sonstiger Leistungsvoraussetzungen Leistungen der betrieblichen Altersversorgung zu gewähren. Fällt die Altersrente aus der gesetzlichen Rentenversicherung wieder weg oder wird sie auf einen Teilbetrag beschränkt, so können auch die Leistungen der betrieblichen Altersversorgung eingestellt werden. Der ausgeschiedene Arbeitnehmer ist verpflichtet, die Aufnahme oder Ausübung einer Beschäftigung oder Erwerbstätigkeit, die zu einem Wegfall oder zu einer Beschränkung der Altersrente aus der gesetzlichen Rentenversicherung führt, dem Arbeitgeber oder sonstigen Versorgungsträger unverzüglich anzuzeigen."

Anpassung
Eine wichtige Regelung enthält

§ 16 BetrAVG

(1) *Der Arbeitgeber hat alle drei Jahre eine Anpassung der laufenden Leistungen der betrieblichen Altersversorgung zu prüfen und hierüber nach billigem Ermessen zu entscheiden; dabei sind insbesondere die Belange des Versorgungsempfängers und die wirtschaftliche Lage des Arbeitgebers zu berücksichtigen.*

(2) *Die Verpflichtung nach Absatz 1 gilt als erfüllt, wenn die Anpassung nicht geringer ist als der Anstieg*

1. *des Verbraucherpreisindexes für Deutschland oder*

2. *der Nettolöhne vergleichbarer Arbeitnehmergruppen des Unternehmens im Prüfungszeitraum.*

Insolvenzsicherung

Die Insolvenzsicherung ist in § 7 BetrAVG geregelt. Im Kern sagt diese umfangreiche, in sechs Abschnitte und Unterabschnitte und weiterer Unterpunkte gegliederte Bestimmung, dass dann, wenn durch eine Insolvenz des Arbeitgebers die zugesagten Versorgungen nicht gezahlt werden können, der Träger der Insolvenzversicherung eintritt und mit dem Beginn des Kalendermonats, der auf den Eintritt des Sicherungsfalles folgt, anstelle des insolventen Unternehmens den Anspruch in Höhe der zugesagten Leistungen erfüllt. Auch die Berechtigten aus einer unverfallbaren Versorgungsanwartschaft erhalten einen Anspruch gegen den Träger der Insolvenzsicherung in den Fällen der Versorgungszusage nach dem BetrAVG (vgl. Kapitel 3852).

Nicht jede Ruhegeldzusage unterliegt notwendigerweise dem BetrAVG und damit der Insolvenzsicherung, sondern nur die, die dem Versorgungszweck des Gesetzes dient, der der Alters-, Invaliditäts- oder Hinterbliebenenversorgung. Es geht darum, den Lebensstandard des Begünstigten oder seiner Hinterbliebenen nach dem Ausscheiden aus dem Beruf und Erwerbsleben zumindest teilweise zu sichern.[207]

Vereinbarungen, wonach ein Ruhegeld gezahlt wird ohne Rücksicht auf den Zweck der Altersinvalidität oder Hinterbliebenenversorgung, wenn das Vorstandsmitglied nicht erneut berufen wird, sind als Abfindungen anzusehen und nicht als dem Schutz des BetrAVG unterliegende Versorgung.

Wichtig für den Vorstand zu wissen ist, dass kein Insolvenzschutz nach dem BetrAVG besteht, soweit die Zusage die Höchstgrenze (Renten sind begrenzt auf das Dreifache der im Zeitpunkt der ersten Fälligkeit geltenden Beitragsbemessungsgrenzen der Rentenversicherung der Arbeiter und Angestellten) übersteigt und / oder keine Unverfallbarkeit nach §1b BetrAVG (30 Jahre alt und 5 Jahre Versorgungszusage).[208]

In diesen Fällen muss eine Absicherung auf andere Weise erfolgen.

---

[207] Blomeyer / Otto, 3. Auflage, § 1, Rdnr. 12.

[208] Siehe oben, Fußnote zu § 1 BetrAVG.

Denkbar sind alle Sicherungsmaßnahmen, die im Insolvenzverfahren nach §§ 47 ff. InsO zu einer Aussonderung oder abgesonderten Befriedigung nach §§ 49 ff. InsO berechtigen.

Üblich ist – bei Direktversicherungen – die Verpfändung des Anspruches der Aktiengesellschaft gegen die Versicherung an das Vorstandsmitglied.

Die Versicherungsunternehmen stellen meist vorgefertigte Erklärungen zur Verfügung.

Jedem Vorstandsmitglied ist anzuraten, bei der Vertragsverhandlung darauf zu achten, dass die an ihn erteilte Zusage insolvenzgesichert ist.

Träger der Insolvenzsicherung ist der Pensions-Sicherungs-Verein a.G. in Köln (PSVaG), der vom Verband der Lebensversicherungsunternehmen, von BDR und BDI, gemeinsam getragen wird. Die PSVaG überträgt die Abwicklung der anfallenden Rentenleistungen einem Konsortium der Lebensversicherungswirtschaft.

Der Pensions-Sicherungs-Verein ist ein Versicherungsverein auf Gegenseitigkeit. Im Gegensatz zu anderen Versicherungsvereinen ist er ein „beliehenes Unternehmen", d. h. es ist ihm durch gesetzliche Zuständigkeit eingeräumt, bestimmte einzelne hoheitliche Kompetenzen im eigenen Namen wahrzunehmen.[209] Die hoheitlichen Befugnisse sind im BetrAVG abschließend genannt. Der Pensions-Sicherungs-Verein unterliegt der staatlichen Aufsicht durch das Bundesaufsichtsamt für Versicherungswesen.

Die Mittel für die Insolvenzversicherung werden von den Mitgliedern des PSVaG aufgebracht. Mitglieder sind Arbeitgeber mit gesetzlich unverfallbaren und bereits laufenden Versorgungsverpflichtungen, die der Insolvenzsicherung unterliegen.

Formen der Versorgungszusage

Gebräuchliche, zur Verbesserung der betrieblichen Altersversorgung im BetrAVG genannte Formen der Versorgungszusage sind:

Unmittelbare Versorgungszusage

Die unmittelbare Versorgungszusage enthält das Versprechen der Aktiengesellschaft, dem Vorstandsmitglied nach Eintritt des Versorgungsfalles die Versorgungsleistungen selber zu erbringen. Die Aktiengesellschaft übernimmt damit unmittelbar, d. h. ohne Zwischen-

[209] Blomeyer / Otto, § 14, Rdnr. 7.

schaltung Dritter, das Risiko des Eintritts des Versorgungsfalls und das Risiko des nicht vorhersehbaren Umfangs der anfallenden Versorgungsleistungen.[210]

Für die unmittelbare Versorgungszusage werden auch die Begriffe „Direktzusage“, „Pensionszusage“ oder „Pensionsverpflichtung“ benutzt. Diese Form der Zusage ist für die Aktiengesellschaft deshalb interessant, weil bereits vor der Auszahlung der Versorgungsleistungen gewinnmindernde und steuersenkende Rückstellungen gebildet werden können.[211]

Direktversicherung

Die Direktversicherung ist eine durch die Aktiengesellschaft auf das Leben des Vorstandsmitgliedes abgeschlossene Einzel- oder Gruppenlebensversicherung, aus der der Arbeitnehmer und seine Hinterbliebenen bezugsberechtigt sind. Versicherungsnehmer ist also die Aktiengesellschaft, Begünstigter das Vorstandsmitglied und seine Angehörigen.

Denkbar ist auch, dass neben diesen die Gesellschaft bezugsberechtigt ist. Auch gibt es Fallgestaltungen, in denen Direktversicherungen zu Gunsten des Unternehmens abgeschlossen werden, insbesondere bei Neugründungen und zum Schutz der Aktiengesellschaft vor den Konsequenzen eines Ablebens des einzigen Know-how-Trägers. Bei einer derartigen Versicherung handelt es sich natürlich nicht um eine Versorgungszusage; sie unterliegen daher nicht dem BetrAVG.

Keine Direktversicherung liegt vor, wenn der Arbeitnehmer selbst Versicherungsnehmer ist und der Arbeitgeber lediglich die Prämienzahlungen übernimmt.[212]

Keine Versorgungszusage ist auch die Gehaltsumwandlung in eine Direktversicherung, bei der das Vorstandsmitglied Geldbestandteile der Vergütung in Versicherungsschutz umwandelt, also den Versicherungsschutz alleine finanziert. Mischformen sind allerdings auch hier denkbar, da Arbeitgeber und Arbeitnehmer beide einen Teil der Versicherungsprämie tragen.

---

[210] Blomeyer / Otto, § 1, Rdnr. 188.

[211] Weitere Einzelheiten der wirtschaftlichen Bedeutung, Blomeyer / Otto, vor § 1 Rdnr. 192 bis 203.

[212] Blomeyer / Otto, § 1, Rdnr. 205.

Pensionskassen
Eine Pensionskasse oder ein Pensionsfond liegt nach der gesetzlichen Definition des § 1 b Abs. 3 Satz 1 BetrAVG vor, wenn die betriebliche Altersversorgung von einer rechtsfähigen Versorgungseinrichtung durchgeführt wird, die dem Arbeitnehmer oder seinen Hinterbliebenen auf ihre Leistungen einen Rechtsanspruch gewährt. Träger einer solchen Pensionskasse kann ein Unternehmen oder Verband sein oder mehrere Unternehmen oder Verbände (Einzelkasse oder Gruppenkasse oder Konzernkasse). Der Begünstigte wird Mitglied der Pensionskasse und Versicherungsnehmer. Bei dieser Gestaltung können die Beiträge alleine von der Aktiengesellschaft oder im Wege der Umwandlung von Entgelt in Versicherungsschutz durch den Begünstigten (Arbeitnehmer oder Vorstandsmitglied) mitgetragen werden.

Davon zu unterscheiden sind die

Unterstützungskassen
die in § 1 b Abs. 4 BetrAVG wie folgt definiert wird:

„Wird die betriebliche Altersversorgung von einer rechtsfähigen Versorgungseinrichtung durchgeführt, die auf ihre Leistungen keinen Rechtsanspruch gewährt (Unterstützungskasse), so sind die nach Erfüllung der in Abs. 1 Satz 1 und 2 genannten Voraussetzungen und vor Eintritt des Versorgungsfalls aus dem Unternehmen ausgeschiedenen Arbeitnehmer und ihre Hinterbliebenen dem bis zum Eintritt des Versorgungsfalls dem Unternehmen angehörenden Arbeitnehmern und deren Hinterbliebenen gleichgestellt...“

Da kein Rechtsanspruch besteht, kann auch keine Unverfallbarkeit im Sinne einer Anwartschaft eintreten. Der Gesetzgeber hat daher eine andere Konstruktion gewählt, um die Berechtigten abzusichern, indem er diejenigen, die vor Eintritt des Versorgungsfalles ausgeschieden sind mit denjenigen gleich stellt, die bis zum Ende des Versorgungsfalls dem Unternehmen angehören.

§ 1 b Abs. 4 BetrAVG

„Wird die betriebliche Altersversorgung von einer rechtsfähigen Versorgungseinrichtung durchgeführt, die auf ihre Leistungen keinen Rechtsanspruch gewährt (Unterstützungskasse), so sind die nach Erfüllung der in Absatz 1 Satz 1 und 2 genannten Voraussetzungen und vor Eintritt des Versorgungsfalles aus dem Unternehmen ausge-

schiedenen Arbeitnehmer und ihre Hinterbliebenen den bis zum Eintritt des Versorgungsfalles dem Unternehmen angehörenden Arbeitnehmern und deren Hinterbliebenen gleichgestellt. Die Versorgungszusage gilt in dem Zeitpunkt als erteilt im Sinne des Absatzes 1, von dem an der Arbeitnehmer zum Kreis der Begünstigten der Unterstützungskasse gehört."

Das Bundesarbeitsgericht hat die Rechte der Arbeitnehmer, denen der Arbeitgeber eine betriebliche Altersversorgung nach den Regelungen einer Unterstützungskasse zugesagt hat, in einem Urteil aus dem Jahre 1992 nachhaltig gestärkt.[213] Diese Rechtsprechung würde auch Vorstandsmitgliedern zugute kommen.

Eine Versorgung eines Vorstandsmitglieds über eine Unterstützungskasse ist aber, soweit ersichtlich, nicht üblich.

3.8.6 Nebenleistungen

Dienstwagen

Die Überlassung eines Dienstwagens zur dienstlichen und privaten Nutzung an Vorstandsmitglieder ist üblich. Selbst im Innendienst beschäftigte Arbeitnehmer kennen und schätzen den Dienstwagen als Statussymbol und zusätzliche Vergütung. Allenfalls in neu gegründeten kleineren Aktiengesellschaften wird es vorkommen, dass ein Vorstand keinen Dienstwagen erhält oder aber seinen Privatwagen der Aktiengesellschaft für Dienstfahrten zur Verfügung stellt.

In größeren Unternehmen existieren zumeist Dienstwagenregelungen, die auch festlegen, auf welcher Hierarchieebene welche Dienstwagen zur Verfügung gestellt werden und ob und unter welchen Bedingungen der Berechtigte gegebenenfalls berechtigt ist, den Dienstwagen mit Zusatzausstattung zu versehen oder die Berechtigung zum „Upgrade" erhält. Meist existieren in den Unternehmen Richtlinie für den Dienstwagengebrauch, so dass in den Arbeitsverträgen auf diese verwiesen werden kann. Vielfach werden auch Überlassungsverträge gesondert als Anlage und unabhängig vom Dienstvertrag abgeschlossen, die die Rechte und Pflichten beider Vertragsparteien in Bezug auf die Benutzung des Dienst-Kfz und seine private Nutzung im Einzelnen regeln.

---

[213] BAG-Urteil vom 17.11.1992 – 3 AZR 76/92 - = NZA 1993, S. 938 ff.

Die Frage, ob eine Gesellschaft die Benzinkosten für längere Auslandsaufenthalte oder etwa gar die Fährkosten Piräus – Kreta tragen muss, kann durchaus zu Missstimmungen führen, die für ein Vorstandsmitglied nicht ungefährlich sind. Besonders ungeschickt und gefährlich, aber in der Praxis schon vorgekommen, ist das Verhalten im nachfolgenden Beispiel:

Aufsichtsrat und Vorstandsmitglied einigen sich stillschweigend, dass in einer Zusatzvereinbarung zum Dienstvertrag niedergelegt ist, dass das Dienstfahrzeug ausschließlich zur dienstlichen Nutzung zur Verfügung gestellt wird um eine Besteuerung des geldwerten Vorteils zu vermeiden. Insgeheim, mündlich und unter vier Augen verabredet man, es sei selbstverständlich, dass das Vorstandsmitglied das Dienstfahrtzeug auch privat nutzen könne. Abgesehen von den strafrechtlichen Aspekten für beide Parteien begibt sich das Vorstandsmitglied hier in die Hand des Aufsichtsratsvorsitzenden, der nicht gehindert ist, jederzeit empört festzustellen, dass das Vorstandsmitglied entgegen der vertraglichen Vereinbarung treuwidrig das Dienstfahrzeug privat nutzt. Selbstbedienung aber ist stets ein Anlass darüber nachzudenken, ob ein Grund für eine außerordentliche Kündigung des Dienstverhältnisses und die Abberufung des Vorstandes besteht.

Dem Vorstandsmitglied ist daher anzuraten, eine schriftliche Vereinbarung zu treffen oder die analoge Anwendung bestehender Kfz-Richtlinien zu vereinbaren. Selbstverständlich sollte das Vorstandsmitglied diese lesen, bevor es der analogen Vereinbarung dieser Richtlinien zustimmt (es könnte ja in den Richtlinien stehen, dass jeder Berechtigte verpflichtet ist, mit dem Dienst-Kfz wöchentlich einmal durch die Waschanlage zu fahren und die Felgen eigenhändig zu polieren).

Empfehlenswert ist, den maximalen Anschaffungspreis für den Dienstwagen im Vertrag zu benennen.

Fortzahlung der Bezüge bei Arbeitsunfähigkeit und Tod

Da auch das Entgeltfortzahlungsgesetz bei Vorstandsmitgliedern keine Anwendung findet, weil dieses Gesetz auf die Arbeitnehmereigenschaft abstellt,[214] besteht eine Regelungslücke, die das bürgerli-

[214] Vgl. § 1 Entgeltfortzahlungsgesetz.

che Gesetzbuch nur unzureichend ausfüllt. Zwar heißt es in § 616 Satz 1 BGB, der auch für Vorstandsmitglieder gilt:

„Der zur Dienstleistung Verpflichtete wird des Anspruchs auf die Vergütung nicht dadurch verlustig, dass er für eine verhältnismäßig nicht erhebliche Zeit durch einen in seiner Person liegenden Grund ohne sein Verschulden an der Dienstleistung verhindert wird."

Unter „verhältnismäßig nicht erhebliche Zeit" werden aber nur wenige Tage verstanden, mit der Folge, dass auch bei längerer Dauer kein Anspruch, auch nicht für einen Teil oder wenige Tage, auf Vergütung besteht.[215]

Die Aufrechterhaltung des Vergütungsanspruchs des Vorstandsmitglieds bedarf daher einer vertraglichen Absicherung, jedenfalls für den Bereich der Krankheit, da deren Dauer nie absehbar ist.

Die Entgeltfortzahlungspflicht des Arbeitgebers gegenüber Arbeitnehmern ist auf 6 Wochen beschränkt.[216] Dies sollte auch die Minimalabsicherung des Vorstandsmitgliedes sein. Demgegenüber ist es allerdings üblich, zumindest die Festvergütung für 3, zuweilen auch 6 Monate fortzuzahlen oder durch eine Versicherungsleistung, deren Prämie von der Aktiengesellschaft getragen wird, abzusichern. Ob und ab wann variable Vergütungsbestandsteile bei längerer Arbeitsunfähigkeit gekürzt werden, bleibt der Gestaltung der Parteien überlassen.

Dem Vorstandsmitglied droht allerdings bei langer Krankheit der Widerruf der Bestellung nach § 84 Abs. 3 Satz 1 und 2 AktG, da die Rechtsprechung einen wichtigen Grund für die Abberufung in der Unfähigkeit zur ordnungsgemäßen Geschäftsführung sieht und darunter auch eine lang andauernde Krankheit versteht.[217]

Üblich ist es, für den Fall des Ablebens zu vereinbaren, dass an die Witwe oder unterhaltsberechtigte Kinder die Vergütung für den Sterbemonat sowie die zwei oder drei nachfolgenden Monate gezahlt wird. Gelegentlich legt das Vorstandsmitglied Wert darauf, dass nicht seine Ehefrau, von der er getrennt lebt, sondern seine derzeitige Lebensgefährtin das Geld erhält. Dann ist es aus Sicht der Gesellschaft wichtig, dass eine klare schriftliche Regelung getroffen wird, an wen zu zahlen ist. Üblich ist auch, dass Zahlungen an die Kinder

---

[215] Palandt / Putzo, § 616, Rdnr. 19.

[216] Vgl. § 3 Entgeltfortzahlungsgesetz.

[217] Hüffer, § 84 Rdnr. 28 m.w.N.

des Verstorbenen nur bis zur Erreichung eines bestimmten Lebensalters oder den Abschluss der Ausbildung befristet werden.

Krankentagegeldversicherung
Häufig erfolgt die Absicherung der Vorstandsmitglieder durch eine Kombination von vertraglich vereinbarter Entgeltfortzahlung im Krankheitsfall und einer sich darin anschließenden Versicherungslösung, die das Vorstandsmitglied über einen weiteren längeren Zeitraum in der Weise absichert, dass eine Versicherung das Nettoeinkommen eines Vorstandsmitgliedes absichert. Versicherungsleistung tritt hier also an die Stelle des Krankengelds, welches der arbeitsunfähige Arbeitnehmer nach Ablauf der 6-wöchigen Entgeltfortzahlungspflicht seines Arbeitgebers von seiner Krankenkasse bei länger anhaltender Krankheit erhält.

Zuzahlung zur Kranken- und Pflegeversicherung
In Kapitel 3.5 (Vorstand und Sozialversicherung) wurde bereits festgestellt, dass das Vorstandsmitglied im Regelfall nicht sozialversicherungspflichtig ist und daher auch keine steuerprivilegierten Arbeitgeberzuschüsse zur Kranken- und Pflegeversicherung erwarten kann, es sei denn, der Dienstvertrag enthält eine entsprechende Vereinbarung. Da die Angemessenheit der Bezüge insgesamt zu betrachten ist und da nur die aufgrund einer gesetzlichen Verpflichtung geleisteten Arbeitgeberzuschüsse zur Kranken- und Pflegeversicherung steuerprivilegiert sind, stellt sich die Frage nach dem Sinn der Vereinbarung einer Zuzahlung zur Kranken- und Pflegeversicherung. Sinnvoll erscheint die Vereinbarung dann, wenn die Festbezüge niedrig angesetzt werden, weil deren Höhe Bemessungsgrundlage für eine Altersversorgungszusage ist. Auch kann es manchmal opportun sein, das Festgehalt nicht zu hoch auszuweisen. Schließlich können auch in der Person des Vorstandsmitglieds liegende Gründe, z. B. eine vorherige Tätigkeit als sozialversicherungspflichtiger Fremdgeschäftsführer den Grund dafür liefern, dass nicht ein einheitliches Jahresfesteinkommen unter zumindest gedanklichem Einschluss auch dieser Zuzahlungen festgelegt wird, sondern eine Aufsplittung stattfindet. Zuschüsse werden sowohl zu einer freiwilligen Mitgliedschaft in einer gesetzlichen Krankenversicherung, wie auch als Zuschüsse einer privaten Krankenversicherung bezahlt.

Unfallversicherung
Der Arbeitnehmer ist über die jeweilige Berufsgenossenschaft gegen Unfall im Zusammenhang mit seiner Tätigkeit für den Arbeitgeber abgesichert. Ein Arbeitnehmer sollte sich darüber hinaus für Unfälle außerhalb des Arbeitsverhältnisses versichern.

Bei einem Vorstandsmitglied bedarf es einer besonderen vertraglichen Vereinbarung, um ihn gegen die Folgen eines Unfalls (Tod, Vollinvalidität) abzusichern. Meist haben die Unternehmen eine Gruppenunfallversicherung und tragen die Versicherungsprämie.

Dem Vorstand ist anzuraten zu prüfen, ob eine bestehende Gruppenunfallversicherung des Unternehmens auch Unfallrisiken im privaten Bereich abdecken; gegebenenfalls ist diese Versicherungslücke zu schließen.

Auslagenerstattung
Obwohl § 670 BGB als Rechtsgrundlage für Auslagenerstattungsansprüche des Vorstandsmitgliedes zur Verfügung steht, ist auch hier eine durchdachte vertragliche Regelung empfehlenswert. Aus Sicht des Vorstandsmitgliedes sollte die Regelung so klar sein, dass keine Situationen entstehen können, in denen der Vorwurf berechtigt ist, das Vorstandsmitglied habe sich zu Unrecht Auslagen erstatten lassen.

Zu den Auslagen zu zählen sind auch die Kosten dienstlich veranlasster Gespräche auf dem Privattelefon, auf privaten Handys oder privaten PCs. Dem frisch berufenen Vorstandsmitglied wird es wenig helfen, wenn er erfährt, dass seine Praxis der Bewirtung von Kunden oder Mitarbeitern im neuen Unternehmen als persönliche Bereicherung und/oder unrechtmäßige Entnahme gesehen wird. Dem Vorstandsmitglied ist in jedem Fall zu empfehlen – falls der Vertrag hier nicht aussagekräftig ist oder auf ihm nicht bekannte Üblichkeiten verweist – mit dem Aufsichtsrat zu besprechen, ob eine Erstattung der Auslagen durch das Unternehmen erfolgen kann und im Zweifelsfalle die Aufwendungen selbst zu tragen. Die finanzielle Belastung wird weit weniger wiegen als der Anschein fehlender persönlicher Integrität.

Ein Ratgeber kann nicht entschieden genug darauf hinweisen, dass viele hoch bezahlte Persönlichkeiten oft daran scheitern, dass sie in Kleinigkeiten mit den ihnen anvertrauten Geldern der Gesellschaft nicht korrekt umgehen.

Wer sich für eine Stange Zigaretten vom Tankwart eine Quittung für Ölwechsel geben lässt, riskiert nicht nur die außerordentliche Kündigung seines Vertrages, sondern seine gesamte berufliche Existenz. Also gilt, auf eine klare Regelung zu drängen und diese strikt einzuhalten.

Weitere Nebenleistungen

Neben den vorgenannten, häufig in Verträgen angesprochenen Regelungen, gibt es eine Vielzahl weiterer Nebenleistungen, wie **Erstattung von Umzugskosten, Zahlung einer Trennungsentschädigung, Stellung einer Dienstwohnung, Finanzierung einer Zweitwohnung, Übernahme der Kosten regelmäßiger Vorsorgeuntersuchungen**. Die Aufzählung ist nicht abschließend. Zu achten ist darauf, dass alle diese Nebenleistungen bei der Beurteilung der Angemessenheit der Gesamtvergütung mit ins Gewicht fallen und bewertet werden müssen.

Kredite

Besondere Aufmerksamkeit schenkte der Gesetzgeber der Kreditgewährung an Mitglieder des Vorstandes, Prokuristen und Handlungsbevollmächtigte sowie deren Ehegatten, Lebenspartner oder minderjährige Kindern. Derartige Kredite können nur aufgrund eines Beschlusses des Aufsichtsrats gewährt werden, ausgenommen Kleinkredite, d. h. Kredite, die ein Monatsgehalts, im Zweifel 1/12 des dem Vorstand brutto vor Steuern und Versicherungen zustehenden Jahresbezuges einschließlich fest vereinbarter Tantiemen und Sachleistungen nicht übersteigen.

Der Begriff „Kredit" ist nach dem Willen des Gesetzgebers weit auszulegen und umfasst nicht nur Darlehen sondern auch unübliche Stundungen, die Bereitstellung von Sicherheiten und die Gestattung von Entnahmen.[218]

Die Auszahlung der noch nicht fälligen Jahrestantieme ist, soweit diese 1/12 des Jahresbezuges des Vorstandsmitgliedes übersteigt, also nur aufgrund eines Beschlusses des Aufsichtsrates möglich. Andernfalls bestimmt § 89 Abs. 5 AktG:

---

[218] Hüffer, § 84, Rdnr. 2.

„Wird entgegen den Absätzen 1–4 Kredit gewährt, so ist der Kredit ohne Rücksicht auf entgegenstehende Vereinbarungen sofort zurückzuzahlen, wenn nicht der Aufsichtsrat nachträglich zustimmt.“

Der Aufsichtsrat hat im Übrigen gem. § 89 Abs. 1 Satz 3 AktG die Verzinsung und Rückzahlung des Kredites zu regeln. Er bestimmt darüber nach pflichtgemäßem Ermessen.[219]
Für Vorstände eines Kreditinstitutes oder Finanzdienstleistungsinstitut gelten die Vorschriften des Gesetzes über das Kreditwesen anstelle des § 89 Abs. 1–5 AktG.

Auch der Deutsche Corporate Governance Kodex befasst sich mit der Kreditvergabe:

„3.9 Die Gewährung von Krediten des Unternehmens an Mitglieder des Vorstandes und des Aufsichtsrats sowie ihre Angehörigen bedarf der Zustimmung des Aufsichtsrats.“

3.9 Urlaub

Dass fast jeder erwerbstätige Erwachsene, der älter als 30 Jahre ist, einen Urlaubsanspruch von 30 Werktagen im Kalenderjahr (Urlaubsjahr) hat, gilt heute als selbstverständlich. Der gesetzliche Mindesturlaubsanspruch liegt mit 24 Werktagen (alle Kalendertage, die nicht Sonntag oder gesetzlicher Feiertag sind) allerdings niedriger.
Derartige Urlaubsansprüche, ob nun 24 oder 30 Werktage, sind sicherlich Ausfluss des historisch einmaligen Wohlstandes, der in der Bundesrepublik Deutschland nach Ende des zweiten Weltkriegs erwirtschaftet wurde.
Ein Blick in die Geschichte des Urlaubsrechts in Deutschland[220] zeigt, dass das Recht auf Urlaub eine neuzeitliche Erscheinung ist. Gesetzliche Regelungen gab es zunächst nur für Beamte (im Reichsbeamtengesetz vom 31.1873 in Verbindung mit einer kaiserlichen Verordnung vom 02.11.1874). Erholungsurlaub wurde nur auf Antrag gewährt. Einen Rechtsanspruch gab es nicht. Allerdings wurde auch das Gehalt schon während des Urlaubs fortgezahlt; es gab also

---

[219] Hüffer, wie vor, Rdnr. 4.
[220] Nachfolgende Darstellung entnommen aus: Neumann/Fenski, Bundesurlaubsgesetz, 9. Auflage, Teil B I Entwicklung des Urlaubsrechts.

bezahlten Erholungsurlaub. Eine gesetzliche Regelung für Arbeiter und Angestellte im öffentlichen Dienst gab es nicht; ebenso wenig für die Arbeiter und Angestellten in der privaten Wirtschaft. Allerdings war es wohl üblich an Angestellte Urlaub zu gewähren. Urlaub von Arbeitern war ungewöhnlich. Von 851 Tarifen in der Metallindustrie enthielten nur 29 Tarifverträge Erholungsurlaub.

Die erste gesetzliche Regelung in Deutschland soll es in Bayern gegeben haben, wo seit 1918 alle Hausgehilfen nach einjähriger Tätigkeit einen Erholungsurlaub von mindestens 8 Tagen unter Fortzahlung der Bezüge erhielten. Ein Gesetzentwurf von 1923 sah gesetzliche Urlaubsansprüche von 3–9 Tagen vor. Der Erholungsurlaub setzte sich dann aber durch Tarifverträge durch, so dass 1929 94,7% der Arbeiter und 97,7% der Angestellten auf die Tarifverträge Anwendung fanden und Erholungsurlaub erhielten.

Die erste gesetzliche Regelung von Urlaub fand sich im Jugendschutzgesetz vom 30.04.1938, das Urlaubsansprüche für Jugendliche vorsah. Urlaubsansprüche bedurften seinerzeit tariflicher oder vertraglicher Grundlagen, da der Gesetzgeber eine Regelung nicht traf. Dies gilt auch heute noch für Vorstandsmitglieder, da das Bundesurlaubsgesetz für sie nicht gilt. Eine Vereinbarung von Erholungsurlaub im Arbeitsvertrag ist daher üblich, auch wenn Vorstandsmitglieder ihren Urlaub häufig nicht oder nicht vollständig nehmen. Da bei der Urlaubsgewährung der Gedanke der Wiederherstellung der Arbeitskraft zugrunde liegt, liegt es sicherlich auch im Interesse des Unternehmens, das Vorstandsmitglieder den ihnen vertraglich zugestandenen Urlaub nehmen.

Aus dem Zweck des Erholungsurlaubs, nämlich der Wiederherstellung der Arbeitskraft, folgt, dass dieser im Urlaubsjahr (= Kalenderjahr) genommen werden muss. Ansonsten verfällt er. Wenn er aus dringenden betrieblichen oder in der Person des Arbeitnehmers liegenden Gründen nicht genommen werden kann, so wird er üblicherweise (Gesetz) in das erste Quartal, gelegentlich sogar in das erste Halbjahr (Tarifvertrag Betriebsvereinbarung) des Folgejahres übertragen.

Dem vielfach geäußerten Wunsch von Arbeitnehmer, nicht genommenen Urlaub „ausbezahlt“ zu bekommen, kann nicht entsprochen werden. Eine Abgeltung in einem bestehenden Arbeitsverhältnis ist nicht zulässig. Eine Abgeltung des Urlaubsanspruches in Geld kommt daher nur nach Beendigung des Arbeitsverhältnisses in Frage.[221]

Da das Bundesurlaubsgesetz auf das Vorstandsmitglied keine Anwendung findet, steht es den Parteien frei mit dem Vorstandsmitglied, anders als mit Arbeitnehmern, eine Abgeltung des Urlaubes für den Fall, dass er nicht genommen worden ist, zu vereinbaren.

Anders als mit einem Arbeitnehmer kann mit einem Vorstandsmitglied auch vereinbart werden, dass der Urlaub, der wegen einer vom Vorstandsmitglied verschuldeten fristlosen Kündigung nicht genommen werden konnte, verfällt. Im Arbeitsverhältnis legt der Arbeitgeber den Urlaub des Arbeitnehmers verbindlich fest, unter Berücksichtigung der betrieblichen Belange, der Urlaubswünsche des Arbeitnehmers und der Urlaubswünsche der übrigen Arbeitnehmer.[222] Zwar hat der Aufsichtsrat die Personalkompetenz gegenüber dem Vorstand; da er jedoch nicht befugt ist, Einzelanweisungen hinsichtlich der Geschäftsführung zu erteilen, wäre es systemwidrig, den Urlaubsantritt eines Vorstandsmitgliedes von der Zustimmung des Aufsichtsrats abhängig zu machen. Erforderlich ist daher eine Abstimmung mit den übrigen Vorstandsmitgliedern, damit die Vertretung und Geschäftsführung der Gesellschaft gewährleistet bleibt.

3.10 Versicherungen

Betriebshaftpflichtversicherung

Eine Betriebshaftpflichtversicherung deckt Schadensersatzansprüche Dritter gegen das Unternehmen und seine Angestellten wegen Personen- und Sachschäden sowie daraus folgenden Schäden ab. Nicht versichert sind Vermögensschäden. Versichert sind auch die dem Unternehmen selbst und unmittelbar entstandenen Schäden.

Der Vorstand einer Aktiengesellschaft wird im Rahmen der Leitung und ordnungsgemäßen Geschäftsführung dafür Sorge zu tragen haben, dass eine Betriebshaftpflichtversicherung besteht. Dies gilt je nach Unternehmensgegenstand auch für andere Versicherungen, wie Vertrauensschadensversicherung, Produkthaftpflichtversicherung,

---

[221] Zum Abgeltungsverbot: Neumann / Fenski, Bundesurlaubsgesetz, § 7, Rdnr. 102 und 104.

[222] Vgl. § 7 Abs. 1 Bundesurlaubsgesetz.

Feuerversicherung, Umweltversicherung, Betriebsausfallversicherung usw... Diese werden aber die Risiken aus seiner Leitungs- und Geschäftsführungsfunktion nicht abdecken.

Versicherungsnehmer der Betriebshaftpflichtversicherung ist die Aktiengesellschaft.

Vertragsrechtsschutzversicherung

Wie jeder Arbeitnehmer kann sich auch der Vorstand einer Aktiengesellschaft privat rechtsschutzversichern für den Fall, dass er einen Rechtsstreit mit der Aktiengesellschaft führt, z. B. aus Anlass der Kündigung oder wegen sonstiger Streitigkeiten aus dem abgeschlossenen Dienstvertrag. Hat das Vorstandsmitglied bisher privat die übliche Familien- und Verkehrsrechtsschutzversicherung abgeschlossen, so sollte er aus Anlass der Berufung zum Vorstandsmitglied dringend mit seinem Versicherungsmakler sprechen und die Police gegebenenfalls umstellen, da er bei den üblichen Policen nur als Arbeitnehmer in einem Arbeitsrechtsstreit vor dem Arbeitsgericht versichert sein wird; ausgeschlossen sind Rechtsstreite von GmbH-Geschäftsführern und Organen der Aktiengesellschaft, für die eigene Versicherungen abgeschlossen werden müssen. Auch dann handelt es sich um eine rein private Versicherung, deren Kosten regelmäßig vom Vorstandsmitglied selbst und nur nach gesonderter Vereinbarung vom Unternehmen zu tragen ist.

Versicherungsnehmer ist das Vorstandsmitglied.

Firmenstrafrechtsschutzversicherung

Die Firmenstrafrechtsschutzversicherung, in Deutschland als Industriestrafrechtsschutzversicherung bekannt, tritt ein für die Kosten der Rechtsverteidigung im Zusammenhang mit einem Strafverfahren oder Ordnungswidrigkeitenverfahren. Ihr Umfang ist beschränkt auf die Gebühren der Strafverteidiger, Sachverständigen und die Gerichtskosten. Eine zu verhängende Strafe trägt der Verurteilte selbst und kann und wird nicht von der Versicherung übernommen.

Versicherungsnehmer ist die Aktiengesellschaft.

Managerrechtsschutzversicherung

Die Managerrechtsschutzversicherung übernimmt die Kosten der Rechtsverteidigung gegenüber der zivil- und strafrechtlichen Inanspruchnahme des Vorstandsmitglieds durch Dritte wie auch durch die eigene Gesellschaft, nicht jedoch den eventuell vom Vorstandsmitglied verursachten Vermögensschaden.

Sie ist somit eine Kombination der Dienstvertragsrechtsschutz und der Strafrechtsschutzversicherung. Sie gibt es in verschiedenen Varianten. Versicherungsnehmer kann sowohl das Vorstandsmitglied als auch die Aktiengesellschaft sein.

D&O-Versicherung (Directors and Officers Liability Insurance)

Inhalt

Diese Versicherung deckt, wie auch die Berufshaftpflichtversicherung für Rechtsanwälte und Steuerberater, das persönliche Haftungsrisiko des Vorstandsmitgliedes im Hinblick auf Vermögensschäden Dritter, aber auch der eigenen Gesellschaft ab. Die D&O-Police kombiniert die Abwehr unberechtigter Ansprüche mit der Befriedigung begründeter Schadensersatzansprüche.

Das Vorstandsmitglied einer Aktiengesellschaft sollte im eigenen Interesse schon bei Vertragsabschluss darauf hinwirken, dass eine D&O-Versicherung abgeschlossen wird.

Das setzt voraus, dass Grundkenntnisse von Art und Umfang dieses Versicherungstypus vorhanden sind, da der Markt keine einheitlichen Versicherungsbedingungen bietet.

Informieren kann sich der Geschäftsführer durch Lektüre der Musterbedingungen, die der Gesamtverband der Deutschen Versicherungswirtschaft e.V. für Vermögensschaden-Haftpflichtversicherungen von Aufsichtsräten, Vorständen und Geschäftsführern herausgegeben hat.

In Ziffer 6.1. der Musterbedingungen ist der Gegenstand derartiger Versicherungen erläutert:

"Der Versicherer gewährt Versicherungsschutz für den Fall,

dass ein gegenwärtiges oder ehemaliges Mitglied des Aufsichtsrates, des Vorstandes oder der Geschäftsführung der Versicherungsnehmerin (versicherte Personen) wegen einer bei Ausübung dieser Tätigkeit begangenen Pflichtverletzung aufgrund gesetzlicher Haftpflichtbestimmungen privatrechtlichen Inhalts für einen Vermögensschaden von Dritten oder der Versicherungsnehmerin auf Schadenersatz in Anspruch genommen wird.

Vermögensschäden sind solche Schäden, die weder Personenschäden (Tötung, Verletzung des Körpers oder Schädigung der Gesundheit von Menschen) noch Sachschäden (Beschädigung, Verderben, Vernichtung oder Abhandenkommen von Sachen) sind noch sich aus solchen Schäden herleiten. Als Sachen gelten auch Geld und geldwerte Zeichen."

Die Musterbedingungen definieren weiter, wann der Versicherungsfall eintritt, den zeitlichen und den sachlichen Umfang des Versicherungsumfanges, sowie Haftungsausschlüsse, Obliegenheits- und Anzeigepflichten, Rechtsverlust und Kündigung der Versicherung. Diesbezüglich muss auf den im Anhang unter Ziffer 6.1. des Buches abgedruckten Text verwiesen werden.

In Abgrenzung zu anderen Versicherungen definiert Ziffer 4.1. der Musterbedingungen:

> "Der Versicherungsschutz umfasst sowohl die gerichtliche und außergerichtliche Abwehr als auch die Befriedigung begründeter Schadenersatzansprüche."

Einerseits wird also der entstandene Schaden ausgeglichen, darüber hinaus aber auch wie bei einer Rechtsschutzversicherung die Rechtsanwalts-, Gerichts-, Sachverständigen- und Zeugen-Kosten.

Versicherungsnehmer ist immer die Gesellschaft; versichert sind aber deren Organe.

Zeichnungsvoraussetzungen der Versicherer

In der Praxis wird nicht jede Gesellschaft ein Versicherungsunternehmen finden, das bereit ist, eine D&O Versicherung abzuschließen. In den Hochglanzprospekten der verschiedenen Versicherungsgesellschaften finden sich unter dem Stichwort „Zeichnungsmodalitäten" meist die ersten Hinweise darauf, dass Versicherungsnehmer nur die Organe und juristischen Personen sein können und dass das Unternehmen mindestens drei Geschäftsjahre in der Branche tätig gewesen sein muss. Damit wird einem „start up Unternehmen" der Versicherungsschutz verweigert. Darüber hinaus verlangen die Versicherer, dass das Unternehmen über eine befriedigende Vermögens- und Ertragslage verfügt und seinen Sitz in der Bundesrepublik Deutschland hat. Neben den Geschäftsberichten der letzten Jahre wird dem Vorstand ein Fragebogen der jeweiligen Gesellschaft vorgelegt, in dem der Zustand der Gesellschaft abgefragt wird.

Als zeichnungsrelevante Kriterien sehen die Versicherer an[223]

1. das Unternehmen selbst, wie es sich darstellt in den Umsätzen, in der Bilanzsumme, im Alter sowie in seiner inneren Struktur (Gesellschaftsvertrag, Geschäftsordnung, Liste der Organmitglieder, Beherrschungs- und Gewinnabführungsverträge, Beteiligungen);
2. die finanzielle Situation und eventuelle Steuerschulden. Geprüft werden die Jahresabschlüsse der Aktiengesellschaft unter Vorlage der Bilanz-, Gewinn- und Verlustrechnung des Anhanges sowie Lagebericht der Geschäftsführung, Prüfungsbericht der Abschlussprüfer für die letzten drei abgeschlossenen Geschäftsjahre der Gesellschaft,
3. ein aktueller Geschäftsbericht,
4. gegebenenfalls Kreditunterlagen und Bankkonten sowie Steuerbescheide und Steuererklärungen,
5. Managementqualitäten,
6. schwebende oder drohende Rechtsstreitigkeiten,
7. das Bestehen anderer Versicherungen.

Das Bestehen anderer Versicherungen ist für den D&O Versicherer von Bedeutung, da die D&O Versicherung eine subsidiäre Versicherung ist, d. h. nachrangig nach anderen Versicherungen, z. B. einer Kreditversicherung eintrittspflichtig ist.

Es kommt durchaus vor, dass ein Versicherer den Abschluss ablehnt, ein anderer Versicherer jedoch bereit ist, eine D&O Versicherung für die Organe der Gesellschaft abzuschließen.

Alle Versicherer werden aber, bevor sie ins Risiko gehen, eine sorgfältige Analyse des Versicherungsnehmers vornehmen. Dabei werden gegebenenfalls Schwachstellen auffallen. So profitiert das Vorstandsmitglied, das sich vertraglich den Abschluss einer D&O Versicherung zu seinen Gunsten ausbedungen hat, selbst dann von dieser Vertragsklausel, wenn der Versicherer den Vertragsabschluß ablehnt.

Besonderheiten

„Die D&O Versicherung ist alles andere als ein „Rund-Um-Sorglos-Paket“ für Unternehmenmanager.“[224]

---

[223] Plück / Lattwein, Haftungsrisiken, S. 207 ff.

[224] Schmitz / Glöckner, AG 2003, R 156.

Eine erste Besonderheit der D&O Versicherung liegt darin, dass diese auch dann eintrittspflichtig ist, wenn die prämienzahlende Aktiengesellschaft aktiv oder passiv mit den versicherten Personen streitet. Das Versicherungsunternehmen ist - typisch für die Abwicklung von Haftpflichtschäden - gegenüber den versicherten Personen weisungsbefugt. Das bedeutet, dass es auch den Anwalt des Vorstandsmitgliedes bestimmt. Dieser sollte aber bei Abschluss der Versicherung darauf achten, dass er im Konfliktfall für den Anwalt seines Vertrauens vertreten wird und nicht von einem Anwalt, den die Versicherung bestimmt. Dazu muss eine entsprechender Zusatz oder Individualvereinbarung getroffen werden.

Die der D&O Versicherung zugrunde liegende Konstellation kann im Einzelfall kaufmännisch vernünftigen Regelungen entgegenstehen: Nimmt die Aktiengesellschaft ein ehemaliges Vorstandsmitglied in Anspruch und wollen sich die Parteien einigen, setzen sie sich dem Verdacht eines kollusiven Zusammenwirkens zu Lasten der Versicherungsgesellschaft aus.[225]

Eine weitere Besonderheit der D&O Versicherung ist der Umstand, dass Versicherungsschutz regelmäßig nur dann gewährt wird, wenn die zum Schadensersatz verpflichtende Handlung, wie auch die Anspruchserhebung durch das eigene Unternehmen oder Dritte während der Laufzeit des Versicherungsvertrags erfolgt ist (claims made). Empfohlen wird daher, insbesondere bei Wechsel des Versicherers eine Rückwärtsversicherung, die bei der Vermögenschaftpflichtversicherung als eigenständiger Vertrag abgeschlossen wird.[226]

Als weitere Bedingungen (Kapitel 6.1) sind die umfangreichen Haftungsausschlüsse anzusehen (vgl. Ziffer 5 der GDV). Ausgeschlossen vom Versicherungsschutz sind Haftpflichtansprüche z. B. wegen Rückzahlung und Rückgabe von Bezügen, Tantiemen oder sonstigen Vorteilen, welche das versicherte Vorstandsmitglied aus der versicherten Tätigkeit oder mit Rücksicht auf diese erhalten hatte (Ziff. 5.2) oder wegen Verstoßes gegen so genannte Insiderregelungen (Ziff. 5.6) oder wegen schädigender Spekulationsgeschäfte, soweit diese nicht innerhalb eines ordnungsgemäßen Geschäftsgangs erforderlich und üblich sind (Ziff. 5.13). Die Versicherungsbedin-

225 So auch Schmitz / Glöckner, wie vor, S. 158.
226 Plück / Lattwein, S. 179.

gungen einzelner Gesellschaften weichen von den Musterbedingungen und von Bedingungen anderer Versicherer stets erheblich ab. Ein genaues Studium der Versicherungsbedingungen ist daher in jedem Falle erforderlich.

Beim Abschluss einer D&O Versicherung für Organe der Gesellschaft ist zu beachten, dass die Übernahme der Versicherungsprämie für die D&O Versicherung zu Gunsten der Aufsichtsratsmitglieder als Vergütung an diese angesehen wird mit der Folge, dass die Aktiengesellschaft ohne eine Regelung in der Satzung oder eine Bewilligung der Prämienzahlung durch die Hauptversammlung eine solche Versicherung für ihre Aufsichtsratsmitglieder nicht abschließen kann.[227]

Als bedenklich wird auch Ziffer 1.3 der GDV-Bedingungen angesehen, die da heißt:

„Versicherungsschutz für Schadenersatzansprüche der Versicherungsnehmerin... bestehen nur unter der Voraussetzung, dass diese Ansprüche nicht auf Weisung, Veranlassung oder Empfehlung einer versicherten Person... oder deren Organmitglieder geltend gemacht werden. Eine Weisung, Veranlassung und Empfehlung liegt nicht vor bei Erfüllung gesetzlicher oder satzungsgemäßer Berichts- und Informationspflichten."

In der bekannten BGH-Entscheidung ARAG-Garmenbeck[228], hat der Bundesgerichtshof festgestellt, dass der Aufsichtsrat verpflichtet ist, eigenverantwortlich das Bestehen und die Durchsetzbarkeit von Schadensersatzansprüchen der Aktiengesellschaft gegen den Vorstand nach § 93 Abs. 2 Satz 1 AktG zu prüfen. Durch Ziffer 1.3 GDV käme der Aufsichtsrat in einen schweren Konflikt.

Erhebt der Aufsichtsrat sogleich gegen den Vorstand Klage, wird er also entgegen der Ziffer 1.3 der GDV-Bedingungen auf eigene Initiative tätig, so entfällt in diesem Fall der Versicherungsschutz.

Wartet er einen Beschluss der Hauptversammlung ab, so begeht er möglicherweise auch einen Fehler, weil die versicherte Pflichtverletzung des Vorstandes und Anspruchserhebung während der Ver-

---

[227] Kästner, AG 2000, S. 113 (118).

[228] BGH-Urteil vom 21.04.1997, 2 ZR 175/95 = BGHZ 135, 244 „ARAG-Garmenbeck"; siehe Kapitel 5.2.1.

tragslaufzeit stattgefunden haben müssen (claims made) mit der Folge, dass der Versicherungsschutz auch hier verloren geht.[229]

Steuerrechtliche Behandlung von D&O Versicherungsprämien
Der Abschluss einer D&O Versicherung ist keine steuerpflichtige Zuwendung an ein Vorstandsmitglied. Dies ergibt sich aus einem Schreiben des BMF vom 24.01.2002.[230]

Da nach Auffassung des BMF der Abschluss der D&O Versicherung überwiegend im Interesse der Gesellschaft liegt, wird diese als sonstige Betriebsausgabe, nicht aber als Vergütungszahlung an den Vorstand angesehen. Ein überwiegend betriebliches Interesse der Gesellschaft für die Zahlung der Versicherungsprämie, wird bei der typischen D&O Konstellation angenommen. Dabei wird unter anderem gefordert, dass das Management als Ganzes versichert ist und Versicherungsschutz nicht für einzelne Personen in Betracht kommt und dass die Prämie auf der Basis der Betriebsdaten des Unternehmens und nicht anhand individueller Merkmale der versicherten Organmitglieder gerechnet wird und deutlich höher ist als typischerweise ein Privatvermögen.

3.11 Wettbewerbsverbot

Während das GmbHG keine gesetzliche Regelung des Wettbewerbsverbotes des Geschäftsführers während der Dauer seines Amtes enthält und ein solches Wettbewerbsverbot für den Geschäftsführer allgemein aus den für Arbeitnehmer geltenden Vorschriften abgeleitet wird, hat das Aktiengesetz in § 88 eine Regelung für den Vorstand geschaffen. In § 88 Abs. 1 AktG heißt es:

„Die Vorstandsmitglieder dürfen ohne Einwilligung des Aufsichtsrates weder ein Handelsgewerbe betreiben, noch im Geschäftszweig der Gesellschaft für eigene oder fremde Rechnung Geschäfte machen. Sie dürfen ohne Einwilligung auch nicht Mitglied des Vorstandes oder Geschäftsführer oder persönlich haftender Gesellschafter einer anderen Handelsgesellschaft sein. Die Einwilligung des Auf-

[229] Vgl. auch Kästner, AG 2000, S. 113 (120).
[230] Streck / Mack / Schwedhelm, AG 2002, S. 287.

sichtsrats kann nur für bestimmte Handelsgewerbe oder Handelsgesellschaften oder für bestimmte Arten von Geschäften erteilt werden"

Die nachfolgenden Absätze 2 bis 3 des § 88 AktG regeln die Rechtsfolgen eines Verstoßes durch ein Vorstandsmitglied (Schadensersatz oder Herausgabe des erzielten Geschäftsgewinns) sowie die Verjährung dieser Ansprüche in Absatz 3. Das Gesetz verbietet alsdann nach seinem Wortlaut nicht nur Wettbewerbshandlungen. Gleichzeitig will das Gesetz der Aktiengesellschaft die Arbeitskraft ihrer Vorstandsmitglieder erhalten, indem es den Vorstandsmitgliedern verbietet, nicht Mitglied eines Vorstandes, Geschäftsführer oder geschäftsführender Gesellschafter einer anderen Gesellschaft zu sein, ohne Rücksicht auf die Branchennähe.

Der Gesetzgeber hat aber gesehen, dass es im Einzelfall Ausnahmen geben muss und ausgeführt, dass der Aufsichtsrat Ausnahmegenehmigungen erteilen kann. Der Berater wird dem Vorstand empfehlen, im Rahmen der Vertragsverhandlungen den Inhalt des § 88 Abs. 1 AktG anzusprechen und die gegebenenfalls erforderlichen Einwilligungen durch den Aufsichtsrat bereits im Vertragstext erteilen zu lassen.

Einen weiteren Anlass für eine umfassendere vertragliche Regelung bietet der Umstand, dass der Gesetzgeber dem Vorstandsmitglied den Betrieb eines Handelsgewerbes verbietet und in der juristischen Literatur streitig ist,[231] ob damit eine freiberufliche Tätigkeit oder eine sonstige gewerbliche Tätigkeit angesprochen bzw. verboten ist.

Es kann der Aktiengesellschaft nicht gleichgültig sein, wenn ihr Vorstandsmitglied seine Arbeitskraft im wesentlichen einer florierenden Steuerberater- oder Wirtschaftsprüfersozietät widmet; andererseits gibt es Fallgestaltungen in denen gerade bei der kleinen AG, insbesondere im Anfangsstadium die Vorstandstätigkeit den Betroffenen nicht voll ausfüllt und die dadurch erzielten Einkünfte ihn nicht ernähren können, so dass sich die Gründer einer kleinen AG durchaus einig sein können, dass alle Vorstandsmitglieder eine andere freiberufliche oder sonstige gewerbliche Tätigkeit ausüben dürfen.

Solche Fälle sind in der Praxis durchaus nicht selten. Da der Gesetzgeber der AG die volle Arbeitskraft sichern will, empfiehlt sich auch hier eine vertragliche Regelung, die die Interessen der Betei-

---

[231] Hüffer, § 88, Rdnr. 3 m.w.N.

ligten von vornherein berücksichtigt. Eine derartige Einwilligung kann auch zeitlich befristet erteilt werden.

Zu beachten ist allerdings, dass eine solche Einwilligung des Aufsichtsrats nicht blanko erfolgen kann, und dass aus dem Wort Einwilligung in § 88 Abs. 1 Satz 3 AktG für den Juristen folgt, dass die Zustimmung vor Aufnahme der Tätigkeit erteilt sein muss und eine Genehmigung (nachträgliche Zustimmung) nicht erfolgen kann.

Der Gesetzgeber wendet sich an die Vorstandsmitglieder. Vorstandsmitglied wird eine Person für eine definierte Zeit durch Berufung. Das Wettbewerbsverbot endet demnach mit der Abberufung und mit der Amtsniederlegung. Abgrenzungsfragen können aber entstehen, wenn ein Vorstand abberufen ist und der Dienstvertrag ungekündigt weiter besteht oder der Vorstand grundlos das Amt niedergelegt hat, um eine Konkurrenztätigkeit aufzunehmen. Hier wird die Beratung des Vorstandsmitgliedes dahingehend erfolgen müssen, dass er im Zweifel Wettbewerbshandlungen unterlässt und eine Klärung durch Aufhebungs- oder Abwicklungsvertrag sucht.

Sind Organschaft und Dienstvertrag rechtswirksam beendet, so ist das Vorstandsmitglied frei und kann unter Beachtung des Geheimnisschutzes auch eine Konkurrenztätigkeit aufnehmen, es sei denn es ist durch ein vertraglich vereinbartes nachvertagliches Wettbewerbsverbot gebunden.

3.12 Nachvertragliche Wettbewerbsverbote

Obwohl der Gesetzgeber in den § 74 ff. HGB gesetzliche Regeln für die Zulässigkeit und den Inhalt von nachvertraglichen Wettbewerbsverboten mit Arbeitnehmern umfangreich gesetzlich geregelt hatte, mussten sich juristische Literatur und die Rechtsprechung einer unübersehbaren Zahl von Publikationen und Entscheidungen mit Detailfragen befassen. Da die Vorstandsmitglieder keine Arbeitnehmer sind, kommt eine Anwendung der §§ 74 ff. HGB nicht in Betracht. Obwohl auch Vorstände sozial- und wirtschaftlich abhängig sein können, hatte der Bundesgerichtshof in einer Grundsatzentscheidung vom 26.03.1984, (BGHZ 91, 1, 5 = Betriebsberater 1984, 1381 ff.) klargestellt, dass §§ 74 ff. HGB nicht für Organe gelten. Später im Jahr 1992 hatte der BGH in einem Urteil vom 17.02.1992 darüber hinaus erklärt, dass die Vorschriften der §§ 74 ff. HGB auf Organmitglieder, soweit sie deren Schutz dienten, nicht anwendbar seien, soweit sie aber dem Schutz des Unternehmens dienten, entsprechend auf Wettbewerbsverbot von Organmitglieder angewendet werden können.[232]

Der Bundesgerichtshof sieht eine Schutzbedürftigkeit für ausgeschiedene Organmitglieder und prüft nachvertragliche Wettbewerbsverbote auf Sittenwidrigkeit nach § 138 BGB in Verbindung mit Artikeln 2 und 12 Grundgesetz und bezieht im Rahmen der Sittenwidrigkeitsprüfung nach § 138 BGB die Schutzvorschriften zu Gunsten des Handlungsgehilfen der §§ 74 ff. HGB durchaus mit in die Überlegungen ein.

Wenn denn die Parteien über den Zeitraum der Berufung des Vorstandes hinaus eine Bindung desselben an das Unternehmen wünschen, so ist es ihnen unbenommen, durch Verweis oder Wiedergabe der wesentlichen gesetzlichen Bestimmungen die Geltung der §§ 74 ff. HGB vertraglich zu vereinbaren. Ansonsten sollten sich die Vertragschließenden zumindest mit den nachfolgend geschilderten Problemstellungen befassen, insbesondere sollte der angehende Vorstand diese kennen, damit er den ihm vorgelegte Vertragsentwurf beurteilen kann.[233]

Ein im Vertrag vereinbartes Wettbewerbsverbot für die Zeit nach Ausscheiden mit einem Vorstand einer Aktiengesellschaft wird nur dann zulässig sein, wenn es „dem Schutz eines berechtigten Interesses des Unternehmens dient und nach Ort, Zeit und Gegenstand die Berufsausübung und die wirtschaftliche Betätigung des Organmitglieds nicht unbillig erschwert.[234] Wettbewerbsverbote mit Vorstandsmitgliedern sind nach BGH-Rechtsprechung auf zwei verschiedenen Stufen zu prüfen.[235] In der ersten Stufe wird geprüft, ob das nachvertragliche Wettbewerbsverbot dem Schutz eines berechtigten Interesses der Aktiengesellschaft dient. Dient das nachvertragliche Wettbewerbsverbot nicht einem berechtigten Interesse der Ak-

---

[232] BGH-Urteil vom 17.02.1992, BB 1992, S. 723.

[233] Empfehlenswert ist die umfassende Darstellung in Bauer / Diller, Wettbewerbsverbote, rechtliche und taktische Hinweise für Arbeitgeber, Arbeitnehmer und vertretungsberechtigte Organmitglieder, 2. Auflage oder die Kurzfassung der gleichen Autoren, Karenzentschädigung und bedingte Wettbewerbsverbote bei Organmitgliedern, BB 1995, S. 1134 ff.

[234] BGH Urteil vom 26.03.1984, BGHZ 91, 5.

[235] Bauer / Diller, BB 1995, S. 1134 (1136).

tiengesellschaft, so ist es sittenwidrig nach § 138 BGB und demzufolge nichtig. Nur wenn ein berechtigtes Interesse der Aktiengesellschaft besteht, ist in der zweiten Stufe zu prüfen, ob das Verbot nach Ort, Zeit und Gegenstand die Berufsausübung des ehemaligen Vorstandes und seine wirtschaftliche Betätigung unbillig erschwert. In diesem Zusammenhang kommt es darauf an, ob und in welcher Höhe das nachvertragliche Wettbewerbsverbot eine Karenzentschädigung vorsieht.

Die Beurteilung, was konkret der Schutz eines berechtigten Interesses der Aktiengesellschaft erfordert, wie auch die Wertung bei der Feststellung der unbilligen Erschwerung der Berufsausübung des ausgeschiedenen Organmitgliedes, sind im Einzelfall schwierig. Es bedarf individueller Betrachtung und individueller Vereinbarungen. Die Übernahme altbekannter Klauseln aus Mustertexten hilft hier wenig. Geboten ist vielmehr eine vernünftige sachliche Auseinandersetzung mit dem Unternehmen und der Aufgabe des Vorstandes, denn nur wer die Verhältnisse der Aktiengesellschaft und ihr wirtschaftliches Umfeld kennt, kann zu einer sicheren Beurteilung und damit zu einer wirksamen Klausel kommen. So ist der Wirtschaftsraum, in welchem das Unternehmen tätig ist, festzustellen, denn ein Unternehmen, das lediglich im Rheinland regional tätig wird, hat kein berechtigtes Interesse daran, einem Vorstand nach dessen Ausscheiden eine Tätigkeit in einem nur regional tätigen gleichartigen Unternehmen in Schleswig-Holstein zu verbieten. Was die Zeit des Verbotes betrifft, so kann als gesichert angesehen werden, dass nachvertragliche Wettbewerbsverbote über den auch für Arbeitnehmer geltenden Höchstzeitraum von zwei Jahren nach Ausscheiden selten wirksam sein dürften. Es empfiehlt sich im Übrigen genau zu prüfen, welchen Aufgabenbereich das Vorstandsmitglied wahrnimmt, das nachvertragliche Wettbewerbsverbot auf eine gleichartige Tätigkeit zu beschränken. Unter dem Stichwort geltungserhaltende Reduktion haben sich die Juristen mit der Frage befasst, ob ein zu weit umfasstes nachvertragliches Wettbewerbsverbot jedenfalls insofern weitergeht und verbindlich ist, als dass es im Kern dem Schutz berechtigter Interessen dient. Der Bundesgerichtshof hat diese geltungserhaltende Reduktion abgelehnt, es sei denn, es geht lediglich um die Frage der Bindungsdauer.[236]

---

[236] BGH NJW 1997, S. 2089 (2090) m.w.N.

Da die Höhe der Karenzentschädigung und die Abwägung des Umfanges der Erschwerung der wirtschaftlichen Betätigung nach Ausscheiden als Vorstand mit einfließt, ist die Frage der Höhe der zugesicherten Karenzentschädigung einer gesonderten Betrachtung zu unterziehen. So könnte auch eine zu hohe Karenzentschädigung bedenklich sein, jedenfalls dann, wenn sie als Umgehung des § 84 AktG angesehen werden muss. Wie bereits dargelegt, kann sowohl die erstmalige als auch eine wiederholte Bestellung jeweils nur für höchstens fünf Jahre erfolgen. Die erneute Bestellung bedarf eines erneuten Aufsichtsratsbeschlusses, der frühestens ein Jahr vor Ablauf der bisherigen Amtszeit gefasst werden kann. Wird von vornherein für die Zeit nach Ablauf der 5-Jahres-Frist ein nachvertragliches Wettbewerbsverbot abgeschlossen, das eine Karenzentschädigung in Höhe von 100% der Vorstandsbezüge vorsieht, so erfolgt eine Bindung der Gesellschaft für sieben Jahre. Dies kann als Umgehung des § 84 AktG angesehen werden.

Praktisch wird durch eine derartige Karenzentschädigung der Dienstvertrag verlängert. Hefermehl schreibt hierzu im Großkommentar Aktiengesetz [237]

„Die gesetzliche Begrenzung der Vertragsdauer auf höchstens 5 Jahre schließt Vereinbarungen nicht aus, nach denen einem Vorstandsmitglied geldliche oder nichtgeldliche Leistungen für die Zeit nach Beendigung seiner aktiven Amtszeit gewährt werden. So kann vereinbart werden, dass ein Vorstandsmitglied auch nach seinem Ausscheiden noch für eine bestimmte Zeit eine Gewinnbeteiligung erhält. Ferner kann einem Vorstandsmitglied für den Fall, dass er nicht wieder bestellt wird, zur Alterssicherung ein Ruhegehalt oder zur Überbrückung ein Überbrückungsgeld zugesagt werden. Solche Abreden sind durch den Zweck gerechtfertigt dem sie dienen und finden darin zugleich ihre sachliche Begrenzung. Keinesfalls darf auf diesem Weg die Bestimmung über die Höchstdauer der Vorstandsverträge umgangen werden. Das träfe aber z. B. zu, wenn für die Zeit nach dem Ausscheiden aus dem Amt ein Ruhegehalt vorgesehen ist, das dem vollen und nahezu vollen Gehalt entspricht."

Hefermehl weist im weiteren Text darauf hin, dass sich besondere Fragen bei der Vereinbarung einer Karenzzeit ergeben. Grundsätzlich sieht auch Hefermehl es als zulässig an, mit einem Vorstands-

[237] Hefermehl, § 84, Rdnr. 59.

mitglied für die Dauer einer etwaigen Karenzzeit die Fortzahlung der bisherigen Bezüge oder jedenfalls eines festen Gehaltes zu vereinbaren.

Fazit:
Zu empfehlen ist daher eine Karenzentschädigung zuzusagen, die deutlich unter 100% der letzten Vorstandsbezüge liegt.

Regelmäßig aber wird eine zu niedrige Karenzentschädigung das Problem sein. Einigkeit besteht insofern, als dass die Höhe der Karenzentschädigung bei Vorstandsmitgliedern nicht den strengen Regeln des Handelsgesetzbuches folgen muss (50% der letzten Bezüge).[238]

Wie häufig werden auch bei der Beurteilung der Wirksamkeit des nachvertraglichen Wettbewerbsverbotes für ein Vorstandsmitglied die Gerichte auf eine Einzelfallbeurteilung abstellen. Als Faustregel kann beratend nur darauf hingewiesen werden, dass je weiter die Karenzentschädigung von der Formel 50% der letzten Vergütung nach unten abweicht, desto höher ist das Risiko der Unwirksamkeit des nachvertraglichen Wettbewerbsverbotes unter dem Gesichtspunkt der unbilligen Erschwernis der Berufsausübung und der wirtschaftlichen Betätigung des Vorstandsmitglieds. Andererseits muss der finanzielle Ausgleich nicht in Form einer Karenzentschädigung erfolgen. Es genügt vielmehr, wenn unmittelbar beim Ausscheiden Betriebsrentenansprüche in angemessener Höhe bestehen, wenn Übergangsgelder gezahlt werden oder wenn eine erhebliche Abfindung gezahlt wird.[239]

Ein weiteres, häufig auftretendes Problem bei der Diskussion um nachvertragliche Wettbewerbsverbote und Karenzentschädigungszahlungen an Organmitgliedern ist die Anrechnung anderweitigen Erwerbes. Hierzu wird die Auffassung vertreten, dass selbst dann, wenn nicht auf die §§ 74 ff. HGB verwiesen wird, der Vorstand sich auf eine vereinbarte Entschädigung in entsprechender Anwendung von § 74 c HGB anderweitigen Erwerb anrechnen lassen muss.[240] Die Einzelheiten der Anrechnung sind streitig. Der Berater des Vorstandes sollte also darauf hinarbeiten, dass eine klare Regelung der

---

238 Bauer / Diller, BB 1995, S. 1134 (1136) m.w.N. und Hinweis auf gegenteilige Auffassung des OLG Düsseldorf.

239 Bauer / Diller, BB 1995, S. 1134 (1137) m.w.N.

240 Bauer / Diller, BB 1995, 1134 (1137) m.w.N.

Anrechnung im Vertrag enthalten ist und sei es in der Form, dass bei einer niedrigen Karenzentschädigung (unter 50% der letzten Bezüge) im Gegenzug auf eine Anrechnung der Karenzentschädigung verzichtet wird.

Einen weiteren Problemkreis stellen auch bei den Vorstandsmitgliedern einer Aktiengesellschaft bedingte Wettbewerbsverbote dar. Darunter versteht man Vereinbarungen, bei denen sich die Aktiengesellschaft bis zum Ende des Dienstvertrages des Vorstandes entschädigungsfrei die Entscheidung vorbehält, ob sie das nachvertragliche Wettbewerbsverbot in Anspruch nehmen will oder nicht.[241]

Bedingte nachvertragliche Wettbewerbsverbote sind dann problematisch, wenn sie eine Umgehung der Entschädigungspflicht gleich kommen. Ohne Bedenken ist hingegen, auch für Vorstände, die Vorschrift des § 75 a HGB anzuwenden, wonach die Aktiengesellschaft während des Bestehens des Dienstvertrages gegenüber dem Vorstand jederzeit ohne Grund auf das Wettbewerbsverbot verzichten kann, mit der Folge, dass der Vorstand vom nachvertraglichen Wettbewerbsverbot mit Ausscheiden frei wird, die Aktiengesellschaft jedoch erst 12 Monate nach Zugang der Erklärung. Für Organmitglieder wird die Verkürzung dieser 12-Monats-Frist diskutiert.[242] Aus Gründen der Rechtssicherheit ist von einer Verkürzung dieser Frist bei der Vertragsgestaltung jedoch abzuraten.

Bei der kleinen Aktiengesellschaft und weitgehender Identität zwischen den Personen der Aktionäre und den Vorstandsmitgliedern, kann sinnvoll sein, wenn die Bereitschaft zum Abschluss eines späteren Wettbewerbsverbotes bereits in den ersten Dienstvertrag aufgenommen wird.[243]

Zum einen hat dies den Vorteil, eine vielleicht noch finanzschwache kleine AG zu Beginn der Unternehmensgeschichte nicht mit finanziellen Ansprüche zu belasten; zum anderen kann es bei einem Verkauf der Gesellschaft erforderlich sein, dass ein potentieller Käufer auf eine derartige Klausel besteht. Im Übrigen wird die Formulierung einer wirksamen Klausel bereits zu Beginn der Tätigkeit der Aktiengesellschaft und des ersten Vorstandes kaum möglich sein, da der Unternehmenserfolg und damit das berechtigte Interesse der jun-

---

[241] Eine Darstellung der verschiedenen Formen mit Beispielen bei Bauer / Diller, BB 1995, S. 1134, (1139 f.).

[242] Bauer / Diller, BB 1995, S. 1134 (1139 f.)

[243] Bauer / Diller halten dies für bedenklich, wie vor.

gen Gesellschaft an dieser oder jener Regelung nicht einzuschätzen ist, bei einem späteren Verkauf aber einschätzbar sein wird.

Um den Vorwurf, man wolle mit einer solchen bedingten Klausel die Verpflichtung zur Karenzentschädigung umgehen, empfiehlt es sich zu vereinbaren, dass der Vorstand im Falle eines Verkaufes zum Abschluss eines nachvertraglichen Wettbewerbsverbotes mit einer angemessen Entschädigungsleistung für die Unterlassung des Wettbewerbsverbotes bereit ist.

Zusammenfassend muss festgestellt werden, dass die Ausarbeitung eines wirksamen nachvertraglichen Wettbewerbsverbotes äußerst schwierig, arbeitsaufwendig und aus Sicht der Berater haftungsträchtig ist. Die Beteiligten sollten bei einem nachvertraglichen Wettbewerbsverbot für Organmitglieder, wenn sie nicht die §§ 74 ff. HGB und die hierzu ergangene Rechtsprechung für Arbeitnehmer vollständig übernehmen, sehr behutsam und vorsichtig vorgehen.

3.13 Kundenschutzklausel

Die Kundenschutzklausel, bei Freiberuflern auch Mandantenschutzklausel genannt, ist der kleinere Bruder des nachvertraglichen Wettbewerbsverbotes. Sie unterscheidet sich vom nachvertraglichen Wettbewerbsverbot dadurch, dass nicht die Tätigkeit in einer Branche oder einem bestimmten Bereich untersagt wird, sondern das Herantreten an die Kunden oder Mandanten des Unternehmens, für das der Vorstand zuvor tätig war.

Für derartige Kundenschutzklauseln gelten grundsätzlich alle Erwägungen, die im Zusammenhang mit dem nachvertraglichen Wettbewerbsverbot dargestellt sind. Darüber hinaus hat der Bundesgerichtshof in einem Grundsatzurteil vom 26.03.1984 [244] festgestellt, dass eine Mandantenschutzklausel die Berufsausübung und die wirtschaftliche Betätigung eines Organmitgliedes nicht schon deshalb unbillig beeinträchtige, weil keine Karenzentschädigung vorgesehen sei. Auch diese Entscheidung ist nicht unumstritten.[245] Demzufolge wird der Berater empfehlen müssen, aus Gründen der Rechtssicher-

---

[244] BGHZ 91, 1 = BB 1998, S. 1381.

[245] Bauer / Diller, BB 1995, S. 1134 (1136) m.w.N. und der Aufstellung der Gegenmeinung.

heit auch eine Mandantenschutzklausel mit einer, wenn auch geringeren Karenzentschädigungsleistung zu kombinieren.

3.14 Geistiges Eigentum

Der Vorstand hat das Unternehmen zu leiten und dessen Geschäfte zu führen. Er wird im Regelfall nicht dafür bezahlt, geistiges Eigentum zu schaffen und dem Unternehmen zur Verfügung zu stellen. Dennoch ist es nicht ausgeschlossen, dass insbesondere in Unternehmen innovativer Ausrichtung ein Vorstandsmitglied geistiges Eigentum schafft. Ist von der Unternehmensausrichtung her erkennbar, dass dies möglich ist, so sollte bei den Vertragsverhandlungen auch dieser Punkt angesprochen und geregelt sein. Zu denken ist zunächst an technische Schutzrechte, als erstes an patentfähige Erfindungen.

Technische Schutzrechte
Gemäß § 1 Patentgesetz werden Patente für Erfindungen erteilt, die neu sind, auf einer erfinderischen Tätigkeit beruhen und gewerblich anwendbar sind. Eine Erfindung gilt als neu, wenn sie nicht zum Stand der Technik gehört. Dabei umfasst der Stand der Technik alle Erkenntnisse die der Öffentlichkeit zugänglich gemacht worden sind. Eine erfinderische Tätigkeit liegt vor, wenn sich die Erfindung für den Fachmann nicht in nahe liegender Weise aus dem Stand der Technik ergibt. Eine Erfindung gilt als gewerblich, wenn ihr Gegenstand auf irgendeinem gewerblichen Gebiet einschließlich der Landwirtschaft hergestellt oder benutzt wird. Das Patentgesetz weist das Recht auf das Patent dem Erfinder zu, ein so genanntes allgemeines Erfinderrecht. Es besteht aus dem Recht auf das Patent und dem Erfinderpersönlichkeitsrecht.

Auch die Wirkung eines Patents ist in dem § 9 ff. Patentgesetz geregelt.

Im Kern der gesetzlichen Vorschrift steht die Feststellung:

„§ 9 Nr. 1 Patentgesetz: Das Patent hat die Wirkung, dass allein der Patentinhaber befugt ist, die patentierte Erfindung zu benutzen. Jedem Dritten ist verboten, ohne seine Zustimmung ein Erzeugnis, das Gegenstand des Patents ist, herzustellen, anzubieten, in Verkehr

zu bringen oder zu gebrauchen oder zu den genannten Zwecken entweder einzuführen oder zu besitzen."

Das Recht entsteht mit dem Erfindungsakt.

Gebrauchsmuster

Auch das Gebrauchsmuster setzt eine Erfindung voraus, bei der jedoch an die Erfindungshöhe geringere Anforderungen gestellt werden. Das Gebrauchsmuster wird auch als „kleines Patent" bezeichnet. Deshalb ist auch die Neuheit der Erfindung erforderlich. Es muss die Raumform, in der die Erfindungsidee in Erscheinung tritt, neu sein. Sie muss also im Vergleich zu den vorhandenen Formen anders und unbekannt sein. Das Gebrauchsmuster muss gewerblich anwendbar sein. Der Inhaber des Gebrauchsmusters ist alleine berechtigt zur Herstellung, zum Anbieten, zum Inverkehrbringen und zum Gebrauch des geschützten Gegenstandes (11 Abs. 1 Gebrauchsmustergesetz)

Sowohl das Patentgesetz als auch das Gebrauchsmustergesetz gehen von der Vorstellung eines freien Erfinders aus. Was geschieht, wenn die patent- oder gebrauchsmusterfähige Erfindung im Zusammenhang mit einem Dienstverhältnis steht, regelt das nachfolgend dargestellte Gesetz:

Gesetz über Arbeitnehmererfindungen [246]

Bei Arbeitnehmern regelt das Gesetz über Arbeitnehmererfindungen die Rechtsfolgen und Verfahrensweise, wenn diese eine patent- oder geschmacksmusterfähige Erfindung machen. Im Arbeitsverhältnis stehen grundsätzlich alle Arbeitsergebnisse des Arbeitnehmers entschädigungslos dem Arbeitgeber zu. Ein Ausgleich der sich widersprechenden Interessen versucht das Gesetz über Arbeitnehmer–erfindungen, indem es zwar dem Arbeitgeber ein umfassendes Aneignungs- und Verwertungsrecht an der Erfindung zugesteht, gleichzeitig aber dem Arbeitnehmer als Ausgleich für seine besondere Leistung und zugleich als Anreiz für weitere Kreativität einen Anspruch auf angemessene Vergütung sichert.

Der Vorstand einer Aktiengesellschaft wird vom Gesetz über Arbeitnehmererfindungen nicht erfasst.

---

[246] Gesetz über Arbeitnehmererfindungen vom 25. Juli 1957, zuletzt geändert am 18.01.2002.

„§ 1 ArbnErfG Diesem Gesetz unterliegen die Erfindungen und technischen Verbesserungsvorschläge von Arbeitnehmern im privaten und im öffentlichen Dienst, von Beamten und Soldanten."

Eine Anwendung des Gesetzes über Arbeitnehmererfindungen kommt weder dem Wortlaut nach noch analog in Betracht.[247]

Zur Frage der Vergütung eines Organmitgliedes, der eine Erfindung im Unternehmen zur Verfügung stellt, hat der BGH mit Urteil vom 24.10.1989 – 10 ZR 58/88 entschieden:

1. *„Der von einer KG angestellte Geschäftsführer ihrer Komplementär-GmbH kann für seine von der KG übernommene Erfindung jedenfalls dann die übliche Vergütung nach § 612 II BGB verlangen, wenn er aufgrund seines Dienstvertrages Arbeitgeberfunktionen ausübt. Die Vergütungsrichtlinien des Gesetzes über Arbeitnehmererfindungen (ArbnErfG) finden weder unmittelbar noch entsprechend Anwendung*
2. *Bei der Bemessung der üblichen Vergütung nach § 612 II BGB ist auf die jeweiligen konkreten Umstände des Einzelfalles abzustellen. Dabei können in die Billigkeitserwägungen nicht nur Gesichtspunkte einfließen, die für die Bemessung einer angemessenen Lizenzgebühr eines freien Erfinders von Bedeutung sind, sondern in gleicher Weise auch solche, auf die der Gesetzgeber im Rahmen des Arbeitnehmererfindungsgesetzes beim billigen Ausgleich zwischen den Interessen des Arbeitgebers und des Arbeitnehmererfinders abgehoben hat, weil die Erfindung im Rahmen des Betriebes mit Hilfe von betrieblichen Mitteln entstanden ist."*

Das bedeutet, dass das Vorstandsmitglied, wenn es sich entscheidet, der Gesellschaft eine Erfindung oder einen Verbesserungsvorschlag zur Verfügung zu stellen, sich jedenfalls keine Sorgen um die Vergütung machen muss. Es bleibt die Frage, ob es dazu verpflichtet ist oder wie ein freier Erfinder verfahren kann. Schwer vorstellbar ist, dass ein Vorstandsmitglied sich dazu entscheidet, einen Verbesserungsvorschlag oder seine Erfindung einem Konkurrenzunternehmen gegen Entgelt zur Verfügung zu stellen; dies ist mit der Stellung eines Treuhänders und der Aktionärsinteressen jedenfalls nicht vereinbar. Daher kann der Rat für Vorstandsdienstverträge auch aus

---

[247] Bartenbach, § 1 Rdnr. 68.

Sicht des Beraters des Vorstandsmitgliedes nur lauten, eine Regelung zu treffen. Hier bietet es sich an, die Geltung des Gesetzes über Arbeitnehmererfindungen vertraglich zu vereinbaren, da dieses Gesetz darauf angelegt ist, einen vernünftigen Ausgleich zwischen der Gesellschaft und dem Unternehmen zu schaffen, damit das Vorstandsmitglied die Bedeutung dieser Vereinbarung übersehen kann. Nachfolgend die wesentlichen Regelungen des Arbeitnehmer–erfindungsgesetzes:

Die Begriffe Erfindung und technische Verbesserungsvorschläge werden gesetzlich definiert in §§ 2 und 3 des Gesctz über Arbeitnehmererfindungen (ArbnErfG).

„§ 2 Erfindungen, im Sinne dieses Gesetzes sind nur Erfindungen, die patent- oder gebrauchsmusterfähig sind."

„§ 3 Technische Verbesserungsvorschläge im Sinne dieses Gesetzes sind Vorschläge für sonstige technische Neuerungen, die nicht patent- oder gebrauchsmusterfähig sind."

Nicht dem Arbeitnehmererfindungsgesetz unterliegen daher Geschmacksmuster und Urheberrechte. Dabei ist es denkbar, dass am gleichen Gegenstand technisches Recht und Geschmacksmusterrechte bestehen.

Das Gesetz unterscheidet zwischen Diensterfindungen und freien Erfindungen.

Diensterfindungen sind solche, die während der Dauer des Arbeitsverhältnisses im Zusammenhang mit der Tätigkeit des Arbeitnehmers im Betrieb entstanden sind (Auftrags- oder Aufgabenerfindung) oder auf maßgeblichen Erfahrungen über Arbeiten des Betriebes beruhen (Erfahrungserfindung). Diese Diensterfindungen unterwirft § 5 ArbNErfG der Meldepflicht.

„Der Arbeitnehmer, der eine Diensterfindung gemacht hat, ist verpflichtet, sie unverzüglich dem Arbeitgeber gesondert schriftlich zu melden und hierbei kenntlich zu machen, dass es sich um die Meldung einer Erfindung handelt..."

Die Erfindung muss während des Arbeitsverhältnisses fertig gestellt worden sein, d. h. soweit entwickelt, dass ein Durchschnittsfachmann nach den Angaben des Erfinders mit ihr erfolgreich arbeiten kann.

Dem Arbeitgeber wird das Wahlrecht gegeben, ob er die Diensterfindung unbeschränkt oder beschränkt in Anspruch nimmt. Das ArbnErfG regelt jeweils die wechselseitigen Erklärungsfristen und die Rechtsfolgen unterbliebener Erklärungen. Auch eine Diensterfindung kann frei werden, wenn der Arbeitgeber sie frei gibt, sie nur beschränkt in Anspruch nimmt oder wenn er sie nicht nach der entsprechenden Meldung oder Aufforderung des Arbeitnehmers in Anspruch nimmt.

Die freien Erfindungen unterliegen der Mitteilungspflicht und der Anbietungspflicht nach dem ArbnErfG. Im Übrigen enthält das ArbnErfG Regelungen für die Vergütung bei unbeschränkter und beschränkter Inanspruchnahme, regelt die Festsetzung der Vergütung, die Schutzrechtsanmeldung im In- und Ausland sowie das Verfahren bei Streitigkeiten (Schiedsverfahren und gerichtliches Verfahren).

Für technische Verbesserungsvorschläge bestimmt das Gesetz die analoge Anwendung der Vorschriften über die beschränkte oder unbeschränkte Inanspruchnahme von Arbeitnehmererfindungen, verweist im Übrigen aber auf Regelungen in Tarifvertrags oder Betriebsvereinbarung.

Da selbst leitende Angestellte nicht einer Betriebsvereinbarung unterliegen und diese erst Recht nicht für Vorstandsmitglieder gilt, sollte bei der Vertragsgestaltung mindestens darüber nachgedacht werden, ob die analoge Anwendung dieser Betriebsvereinbarung durch Absprache im Vorstandsdienstvertrag geboten ist.

Die Vereinbarung der Geltung des Arbeitnehmererfindungsgesetzes ist geboten in den Fällen, in denen nach der Unternehmenszielsetzung oder dem Geschäftsbereich des betroffenen Vorstandsmitgliedes oder seinen Berufserfahrungen und Fähigkeiten nicht auszuschließen ist, dass er eine patent- oder gebrauchsmusterfähige Erfindung macht.

Sonstige Schutzrechte

Urheberrechte

Wie jeder andere Mitarbeiter des Unternehmens kann auch ein Vorstandsmitglied Schöpfer eines urheberrechtlich geschützten Werkes sein. Geschützt sind alle Werke, die eine persönliche geistige Schöpfung darstellen. Es kann sich dabei um Bauwerke handeln, um Kunstwerke, Filme, Choreographien, Werke der Literatur, Vorträge, aber auch Programme für die Datenverarbeitung.

Zweifelsohne können derartige Werke aber auch im Zusammenhang mit dem Dienstverhältnis des Vorstandes stehen, so dass bei Abschluss des Dienstvertrages zu prüfen ist, ob eine Regelung für den Fall widerstreitender Interessen erforderlich ist. Anders als bei den patentfähigen oder gebrauchsmusterfähigen technischen Erfindungen fehlt es für den Bereich urheberrechtlich geschützter Werke an einer dem Arbeitnehmererfindungsgesetz vergleichbaren Regelung. Die Zuordnung eines Werkes zur Sphäre des Arbeitgebers oder zur Privatsphäre des Arbeitnehmers erfolgte durch die Rechtsprechung.

Das Urhebergesetz unterscheidet zunächst zwischen immateriellen Rechten und materiellen Nutzungsrechten. Das nicht übertragbare und nur vererbliche Recht zur Veröffentlichung der Urheberschaft und zur Benennung wird Urheberpersönlichkeitsrecht genannt und ist von den ganz oder teilweise übertragbaren materiellen Nutzungsrechten zu unterscheiden. Materielle Nutzungsrechte sind das Recht zur Vervielfältigung, Ausstellung, Verbreitung und Vermietung. Nutzungsrechte können insgesamt oder für einzelne Nutzungsarbeiten übertragen werden. Die Rechtsübertragung kann als einfaches oder ausschließliches Recht erfolgen. Auch im Arbeitsverhältnis verbleibt das Urheberpersönlichkeitsrecht, wenn auch mit Einschränkungen beim Arbeitnehmer. Bezüglich der Nutzungsrechte wird unterschieden, ob es sich um ein Auftragswerk oder ein Gelegenhcitswerk handelt, d. h. ob der Arbeitnehmer das Werk im Rahmen seiner ihm Kraft Arbeitsvertrag obliegenden Aufgaben geschaffen hat oder ob die Schaffung des Werkes nicht zu seinen unmittelbaren Arbeitsaufgaben gehörte. Nach der sogenannten Zweckübertragungstheorie bestimmt sich der Umfang der übertragenen Rechte nach dem Zweck des zugrunde liegenden Vertrages.

Hat der Arbeitnehmer das Werk im Rahmen seiner arbeitsvertraglichen Verpflichtungen erstellt, so stehen dem Arbeitgeber umfassende materielle Nutzungsrechte zu, auch über die Beendigung des Arbeitsverhältnisses hinaus. Bei einem Gelegenheitswerk entscheiden die Umstände des Einzelfalles, ob das Werk mit oder ohne Inanspruchnahme betrieblicher Mittel und/oder innerhalb und außerhalb der Arbeitszeit geschaffen und ob es in den Betriebsablauf eingebracht wurde.

Handelt es sich um ein Auftragswerk, so ist die Übertragung der materiellen Nutzungsrechte auf den Arbeitgeber durch die vereinbarte Vergütung bereits abgegolten. Bei einem Gelegenheitswerk ist zu prüfen, ob der Arbeitnehmer eine besondere Leistung erbracht hat, die über die vertraglich geschuldete hinaus geht und es geboten erscheinen lässt, eine gesonderte Vergütung aus Anlass des dem Arbeitgeber zugeflossenen besonderen Vorteils anzunehmen.

Entsprechend dieses aus dem Arbeitsverhältnis entnommenen Leitgedankens wird es in den Fällen, in denen aufgrund des Unternehmensgegenstandes, der Zuständigkeit und den Vorkenntnissen und Fähigkeiten des Vorstandsmitgliedes mit Erschaffung schutzfähiger Werke zu rechnen ist, sinnvoll sein, im Dienstvertrag eine Regelung zu vereinbaren.

Geschmacksmuster

Das Geschmacksmustergesetz (Gesetz betreffend das Urheberrecht an Mustern und Modellen) dient dem Schutz der ästhetischen Gestaltung und dem Schutz des Designs.

§ 1 Abs. 1 Geschmacksmustergesetz weist dem Urheber eines gewerblichen Musters oder Modells das ausschließliche Recht zu, eben dieses Muster oder Modell ganz oder teilweise nachzubilden. Schutzgegenstand sind zweidimensionale Muster und dreidimensionale Modelle.

Der Bundesgerichtshof verwendet folgende Definition:

„Schutzgegenstand des Geschmacksmusterrechts sind Farb- und Formgestaltungen, die bestimmt und geeignet sind, das geschmackliche Empfinden des Betrachters, insbesondere seinen Formensinn anzusprechen, die deshalb dem Geschmacksmusterschutz zugänglich sind, wenn sich in ihnen eine eigenpersönliche Leistung verkörpert, die über das Landläufige, Alltägliche, dem Durchschnittskönnen eines Mustergestalters entsprechende hinausgeht und nicht den Rang eines Kunstwerks zu erreichen braucht" (BGH GRUR, 1962, 144)

Voraussetzung für den materiellen Schutz nach dem Wortlaut des Gesetzes ist die Neuheit und die Eigentümlichkeit der Muster und Modelle.

Der Bundesgerichtshof hat die Neuheit wie folgt definiert:

„Bei der Beurteilung der Frage, ob ein Muster als „neu" im Sinne des „ 1 Abs. 2 Geschmacksmustergesetz anzusehen ist, ist von einem objektiven Begriff der Neuheit auszugehen. Danach ist ein Muster

neu, wenn die seine Eigentümlichkeit begründenden Gestaltungselemente im Anmeldungszeitpunkt den inländischen Fachkreisen weder bekannt sind, noch bei zumutbarer Beachtung der auf den einschlägigen oder benachbarten Gewerbegebieten vorhandenen Gestaltungen bekannt sein konnten." (BGH, GRUR 1969, 90)

Neuheit alleine reicht nicht aus, es muss immer auch die Eigentümlichkeit hinzutreten. Laut BGH ist

„ein Muster oder Modell eigentümlich im Sinne des § 1 Abs. 2 Geschmacksmustergesetz, wenn es in den für die ästhetische Wirkung maßgebende Merkmalen als das Ergebnis einer eigenen persönlichen form- oder farbenschöpferischen Tätigkeit erscheint, die über das Durchschnittskönnen eines mit der Kenntnis des betreffenden Fachgebiets ausgerüsteten Mustergestalters hinaus geht" (BGH, GRUR 1969, 90/95).

Ein absolutes Geschmacksmusterrecht entsteht, wenn die Voraussetzungen erfüllt sind und der Urheber das Modell oder Muster beim Deutschen Patentamt angemeldet hat.

Zwar können Urheberrechte und Geschmacksmusterrechte nebeneinander stehen; wegen der Existenz des Geschmacksmustergesetzes werden die Gerichte bei der Beurteilung der urheberrechtlichen Gestaltungshöhe einer neuen Form die Meßlatte der künstlerischen Gestaltungshöhe im Zweifel hoch auflegen.

Es empfiehlt sich in den Fällen, in denen der Unternehmensgegenstand sowie die Person des Vorstandsmitgliedes, die Erstellung urheberrechtlich geschützter Werke nahe legen, auch den Bereich des Geschmacksmusters einzubeziehen.

3.15 Nebenpflichten

Die nachfolgenden Klauseln dienen dazu, das Vorstandsmitglied zu einem bestimmten Verhalten zu bewegen bzw. davon abzuhalten, ein bestimmtes Verhalten zu zeigen. Sie sind daher generell nicht im Interesse eines Vorstandsmitgliedes, kommen gleichwohl in Vertragstexten vor. Sie können aus Sicht der Aktiengesellschaft durchaus berechtigt sein.

Abwerbungsverbot
Um nicht mit einem Vorstandsmitglied zeitgleich einen wichtigen Know-how-Träger oder Führungspersonal zu verlieren, könnte die Aktiengesellschaft formulieren:

„Das Vorstandsmitglied verpflichtet sich, in keinem Fall Mitarbeiter der Gesellschaft in irgendeiner Form auf einen Arbeitsplatzwechsel anzusprechen."

Damit ist der Rechtsprechung Rechnung getragen, die nicht jede Ansprache eines Untergebenen als Abwerbung ansieht:

„Zum Wesen der Abwerbung gehört, dass auf Arbeit- oder Dienstnehmer mit einer gewissen Ernst- und Beharrlichkeit eingewirkt wird, ihr Dauerrechtsverhältnis mit dem Unternehmen aufzugeben und sich dem Abwerbenden oder für einen Anderen zur Erreichung wirtschaftlicher Ziele oder Zwecke zur Verfügung zu stellen. Die gelegentliche Frage eines leitenden Angestellten an einen Untergebenen, ob er mit ihm ginge, wenn er sich selbständig machen würde, wird daher in der Regel den Tatbestand der Abwerbung noch nicht erfüllen." [248]

Abbildungen
Niemand muss es hinnehmen, wenn ein Unternehmen, zu dem der Betroffene in keinem Verhältnis (mehr) steht, insbesondere ein Konkurrenzunternehmen, mit seinem Abbildnis wirbt. Wird ein Vorstandsmitglied abberufen oder nicht erneut berufen und endet seine Tätigkeit für die Aktiengesellschaft, kann es dennoch vorkommen, dass er in Prospekten und Werbematerial des Unternehmens an hervorragender Stelle abgebildet ist. Er könnte versuchen unter Berufung auf § 22 Kunsturhebergesetz die Verwendung seines Bildnisses in Werbematerial verbieten zu lassen. Hinsichtlich der Gesellschaft empfiehlt sich eine Absicherung wie folgt:

„Das Vorstandsmitglied verzichtet während des Bestandes und auch für die Zeit nach Beendigung des Dienstverhältnisses auf alle Rechte und Ansprüche gegen die Gesellschaft, die sich daraus herleiten, dass beabsichtigte oder unbeabsichtigte Abbildungen des Vorstandsmitgliedes in Druckerzeugnissen (insbesondere Prospekte und

---

[248] Landesarbeitsgericht Baden-Württemberg/Stuttgart, Urteil vom 30.09.1970 – 4 Sa 21/70.

Werbefotos) der Gesellschaft oder eines von ihr beauftragten Dritten verwendet werden. Die Gesellschaft nimmt die Verzichtserklärung an."

Einstellungsuntersuchung
Einstellungsuntersuchungen sollen gewährleisten, dass die individuellen gesundheitlichen Voraussetzungen, also die Leistungsfähigkeit, mit den Bedingungen des zukünftigen Arbeitsplatzes, der Leistungsanforderung vereinbar sind.[249]

Niemand ist gezwungen, sich einer Einstellungsuntersuchung zu unterziehen; wer sich aber der Forderung nach einer Einstellungsuntersuchung widersetzt, scheidet regelmäßig aus der engeren Wahl der Bewerber aus. Wer sich aber einer medizinischen Einstellungsuntersuchung unterzieht, sollte § 8 Abs. 1 des Gesetzes über Betriebsärzte, Sicherheitsingenieure und andere Fachkräfte über Arbeitssicherheit kennen.

Dort heißt es:

„Betriebsärzte und Fachärzte für Arbeitssicherheit sind bei der Anwendung ihrer arbeitsmedizinischen und sicherheitstechnischen Fachkunde weisungsfrei. Sie dürfen wegen der Erfüllung der ihnen übertragenen Aufgabe nicht benachteiligt werden. Betriebsärzte sind nur ihrem ärztlichen Gewissen unterworfen und haben die Regeln der ärztlichen Schweigepflicht zu beachten."

Dies bedeutet, dass der Bewerber, der sich stillschweigend oder ausdrücklich mit einer medizinischen Untersuchung einverstanden erklärt, darauf vertrauen darf, dass der untersuchende Arzt lediglich das Untersuchungsergebnis und nicht die einzelnen Befunddaten an seinen Auftraggeber, hier die Aktiengesellschaft bzw. den Aufsichtsrat, weitergibt.[250]

Herausgabe von Unterlagen
Üblicherweise wird ein Vorstandsmitglied für den Fall des Ausscheidens verpflichtet, die im Eigentum des Unternehmens stehenden

---

[249] Zeller, BB 1987, S. 2439.
[250] Zeller, BB 1987, S. 2439 (2411).
Vgl. auch Heilmann, AuR 1995, S. 157 ff. sowie Keller, NZA 1988, S. 561 ff.

Unterlagen an dieses unaufgefordert herauszugeben. Aus Sicht des Beraters ist eine derartige Klausel, die im Einzelnen ein Zurückbehaltungsrecht ausschließt, genau zu prüfen. Die Klausel wird problematisch, wenn das Vorstandsmitglied mit Schadensersatzansprüchen der Gesellschaft oder Dritte zu rechnen hat und zu seiner Verteidigung Unterlagen benötigt. Hier wird man dem Vorstandsmitglied zugestehen müssen, sich von diesen für die Rechtsverteidigung erforderlichen Dokumenten zumindest Kopien zu behalten. Es wird empfohlen, eine solche Berechtigung ausdrücklich vertraglich zu vereinbaren, auch wenn in der Literatur [251] die Auffassung vertreten wird, dass die Aktiengesellschaft die Herausgabe sämtlicher Kopien nicht verlangen könne, es sei denn, es handele sich um geheimhaltungsbedürftige Unterlagen oder es bestehe Grund zu der Annahme, dass die Unterlagen in unbefugte Hände gelangen können. Dabei ist zu beachten, dass einhellige Meinung ist, dass ein Zurückbehaltungsrecht an den Original-Unterlagen nicht besteht.[252]

Residenzpflicht

Gelegentlich enthalten Vorstandsdienstverträge die Verpflichtung des Betroffenen, sich sofort oder innerhalb eines bestimmten Zeitraums nach Dienstantritt einen Wohnsitz am Hauptsitz der Gesellschaft oder in dessen unmittelbarer Nähe zu nehmen. Eine solche vertragliche Gestaltung stellt einen schwerwiegenden Eingriff in die Privatsphäre des Vorstandsmitglieds dar und muss sich am Verfassungsgrundsatz der Freizügigkeit (Artikel 11 Grundgesetz) messen lassen.

Obwohl der Bundesgerichtshof Wohnsitzverboten kritisch gegenüber steht,[253] wird in der Literatur die Auffassung vertreten, dass eine Wohnsitzvereinbarung im Regelfall wirksam sei.[254]

Nebentätigkeit, Veröffentlichungen, Vorträge

Auch bei der Beurteilung von Klauseln, die Nebentätigkeiten sowie deren Unterfälle Veröffentlichungen und Vorträge einschränken oder ausschließen, ist zu beachten, dass in eine durch das Grundgesetz

---

[251] Hefermehl / Spindler, § 84, Rdnr. 79 m.w.N.

[252] Hefermehl / Spindler, wie vor.

[253] BGH-Urteil vom 26.04.1972, 4 ZR 18/71.

[254] Meier / Maly, AuR 1998, S. 1 (9).

(Artikel 12 GG) geschützte Rechtsposition des Vorstandsmitglieds eingegriffen wird. In diesem Punkt kann auf die Rechtsprechung des Bundesarbeitsgerichts zu entsprechenden Klauseln in Verträgen von Arbeitnehmern zurückgegriffen werden.

„Eine Vertragsklausel, die dem Arbeitnehmer jede vom Arbeitgeber nicht genehmigte Nebentätigkeit verbietet, ist dahin auszulegen, dass nur solche Nebentätigkeiten verboten sind, an deren Unterlassung der Arbeitgeber ein berechtigtes Interesse hat. Deshalb kann die Ausübung einer Nebentätigkeit eine Kündigung nur dann rechtfertigen, wenn die vertraglich geschuldeten Leistungen durch die Nebentätigkeiten beeinträchtigt werden.“ [255]

Ein Vorstandsmitglied wird eher in der Öffentlichkeit stehen als ein einfacher Arbeitnehmer. Daher wird von ihm besondere Sorgfalt zu erwarten sein, was die Auswahl und den Inhalt von Vorträgen und Veröffentlichungen betrifft. Andererseits obliegt dem Vorstand als Gremium die eigenständige Leitung und Geschäftsführung der Aktiengesellschaft. Es besteht aber die Gefahr, dass Äußerungen einzelner Vorstandsmitglieder als Äußerungen des Vorstandes oder der Gesellschaft angesehen werden. Daher ist bei einer Regelung sicherlich zu differenzieren zwischen Themen, die im Zusammenhang oder solchen, die in keinem Zusammenhang zur unternehmerischen Tätigkeit der Aktiengesellschaft stehen.

Aus Sicht des Beraters sollte durchaus eine entsprechende Klausel mit dem Versuch die divergierenden Interessen zum Ausgleich zu bringen in den Vertrag aufgenommen werden und sei es nur als Merkposten oder Warnhinweis für das Vorstandsmitglied, sich einer gewissen Zurückhaltung zu befleißigen.

Ein Sonderfall stellt die Übernahme von Ehrenämtern dar. Bei zahlreichen öffentlichen Ehrenämtern besteht eine Verpflichtung der Berufung ins Ehrenamt zu folgen, z. B. die Berufung in das Amt eines ehrenamtlichen Richters beim Arbeitsgericht nach § 24 Arbeitsgerichtsgesetz. Ob ein Vorstandsmitglied berechtigt ist, das Amt abzulehnen oder niederzulegen, entscheidet nach § 20 Arbeitsgerichtsgesetz die von der zuständigen obersten Landesbehörde oder von der Landesregierung beauftragte Stelle, nicht jedoch der Aufsichtsrat einer Aktiengesellschaft.

---

[255] BAG-Urteil vom 26.08.1976, 2 AZR 377/95.

Der Deutsche Corporate Governance Kodex bindet dennoch die Nebentätigkeit eines Vorstandsmitglieds an die ausdrückliche Zustimmung des Aufsichtsrats:

„4.3.5 Vorstandsmitglieder sollen Nebentätigkeiten, insbesondere Aufsichtsratsmandate außerhalb des Unternehmens, nur mit Zustimmung des Aufsichtsrats übernehmen."

Annahme von Vergünstigungen

Die Bestechlichkeit und die Bestechung im geschäftlichen Verkehr sind in § 299 ff. StGB unter Strafe gestellt.[256]

§ 299 Abs. 1 StGB lautet:

„Wer als Angestellter oder Beauftragter eines geschäftlichen Betriebes im geschäftlichen Verkehr einen Vorteil für sich oder einem Dritten als Gegenleistung dafür fordert, sich versprechen lässt oder annimmt, dass er einen anderen bei dem Bezug von Waren oder gewerblichen Leistungen im Wettbewerb in unlauterer Weise bevorzuge, wird mit Freiheitsstrafe bis zu drei Jahren oder mit Geldstrafe bestraft."

Der Vorstand einer Aktiengesellschaft ist Beauftragter eines geschäftlichen Betriebes im Sinne des § 299 StGB.[257]

Das für die Arbeit des Vorstandes, insbesondere die Zusammenarbeit mit dem Aufsichtsrat erforderliche Vertrauen kann aber schon dann zerstört sein, wenn das Vorstandsmitglied Geschenke oder Vergünstigungen annimmt, ohne dass ein Zusammenhang mit einer Gegenleistung besteht.

Den Vertragschließenden ist daher zu empfehlen, im Vorstandsdienstvertrag eine klare Regelung niederzulegen, die die Pflichten des Vorstandsmitgliedes präzisiert.

Auch der Deutsche Corporate Governance Kodex formuliert unabhängig von Zuwendungen und sonstigen Vorteilen:

„4.3.2 Vorstandsmitglieder und Mitarbeiter dürfen im Zusammenhang mit ihrer Tätigkeit weder für sich noch für andere Personen

---

[256] Bis zum Inkrafttreten des Gesetzes zur Bekämpfung der Korruption vom 13.08.1997 galt anstelle des § 299 StGB der diesem inhaltlich entsprechende § 12 UWG der mit Inkrafttreten des § 299 StGB außer Kraft getreten ist.

[257] Tröndle / Fischer, § 299 Rdnr. 10.

von Dritten Zuwendungen oder sonstige Vorteile fordern oder annehmen oder Dritten ungerechtfertigte Vorteile gewähren."

Verbot der Verfolgung persönlicher Interessen
Die dem Vorstandsmitglied gegenüber der Gesellschaft obliegende Treuepflicht gebietet bei der Wahrnehmung der ihm übertragenen Aufgaben das Wohl des Unternehmens und nicht seinen eigenen wirtschaftlichen Nutzen zu verfolgen.[258]

Der Deutsche Corporate Governance Kodex verdeutlicht dies nochmals

„4.3.3 Die Vorstandsmitglieder sind dem Unternehmensinteresse verpflichtet. Kein Mitglied des Vorstandes darf bei seinen Entscheidungen persönliche Interessen verfolgen und Geschäftschancen, die dem Unternehmen zustehen, für sich nutzen."

Pflicht zur Offenlegung von Interessenskonflikten
Die Pflicht zur Offenheit wurde bereits im Zusammenhang mit den Berichtspflichten des Vorstandes an den Aufsichtsrat erwähnt. Im Zusammenhang mit der Darstellung des Verhältnisses Vorstand / Aufsichtsrat wurde bereits darauf hingewiesen, dass gegenseitiges Vertrauen als wesentlicher Bestandteil der Zusammenarbeit angesehen wird. Vorstand und Aufsichtsrat sollen zu dem Wohl des Unternehmens eng zusammenarbeiten. Gute Unternehmensführung heißt offene Diskussion zwischen Vorstand und Aufsichtsrat.

Diese Grundsätze sollen auch insbesondere dann gelten, wenn das Vorstandsmitglied sich in einem Interessenkonflikt befindet. Auch darüber soll offen mit dem Aufsichtsrat gesprochen werden. So heißt es in 4.3.4 Deutscher Corporate Governance Kodex:

„Jedes Vorstandsmitglied soll Interessenskonflikte dem Aufsichtsrat gegenüber unverzüglich offen legen und die anderen Vorstandsmitglieder hierüber informieren. Alle Geschäfte zwischen dem Unternehmen einerseits und den Vorstandsmitgliedern sowie ihnen nahe stehende Personen oder ihnen persönlich nahe stehenden Unternehmungen andererseits haben branchenüblichen Standards zu entsprechen. Wesentliche Geschäfte sollen der Zustimmung des Aufsichtsrats bedürfen."

---

[258] Hefermehl / Spindler, § 84, Rdnr. 77 m.w.N.

Fehlende Offenheit kann ein Grund zur Abberufung sein (siehe Kapitel 3.17.1).

3.16 Geheimnisschutz

Geheimhaltungspflichten nach Aktiengesetz
Die Pflicht zur Verschwiegenheit folgt für ein Vorstandsmitglied bereits aus der organschaftlichen Treuepflicht. Dennoch hat der Gesetzgeber in § 93 Abs. 1 Satz 2 AktG nochmals ausgeführt:

„Über vertrauliche Angaben und Geheimnisse der Gesellschaft, namentlich Betriebs- oder Geschäftsgeheimnisse, die ihnen durch ihre Tätigkeit im Vorstand bekannt geworden sind, haben sie Stillschweigen zu bewahren."

Gleichzeitig sanktioniert der Gesetzgeber eine Verletzung dieser Pflicht durch die Verpflichtung zum Schadensersatz gemäß § 93 Abs. 2 Satz 1 AktG

„Vorstandsmitglieder, die ihre Pflichten verletzen, sind der Gesellschaft zum Ersatz des daraus entstandenen Schadens als Gesamtschuldner verpflichtet."

sowie durch Strafbestimmung des § 404 AktG

„Abs. 1 Mit Freiheitsstrafe bis zu einem Jahr, bei börsennotierten Gesellschaften bis zu zwei Jahren, oder mit Geldstrafe wird bestraft, wer ein Geheimnis der Gesellschaft, namentlich ein Betriebs- oder Geschäftsgeheimnis, das ihm in seiner Eigenschaft als

1. *Mitglied des Vorstandes oder des Aufsichtsrats oder Abwickler,*
2. *...bekannt geworden ist, unbefugt offenbart; ..."*

Handelt der Vorstand gegen Entgelt oder in der Absicht, sich oder einen anderen zu bereichern oder einen anderen zu schädigen, so droht eine Freiheitsstrafe von bis zu zwei Jahren oder Geldstrafe. Ebenso wird bestraft, wer ein Betriebs- oder Geschäftsgeheimnis, das ihm als Vorstand bekannt geworden ist, unbefugt verwertet. Daneben kommt eine Strafbarkeit nach § 204 StGB bei Verwertung fremder Geheimnisse und bei Forschungsvorhaben nach § 203 Abs. 2 Ziffer 6 StGB in Betracht.

Diese Vorschrift ist für den Vorstand nicht nur im Hinblick auf eigene Strafbarkeit zu beachten, sondern darüber hinaus auch, wenn ein Aufsichtsratsmitglied ein Geheimnis der Gesellschaft rechtswidrig offenbart, denn dann obliegt es dem Vorstand, einen Strafantrag zu stellen (§ 404 Abs. 3). Die Strafvorschrift beschränkt sich auf Geheimnisse der Gesellschaft, während die Verpflichtung, Stillschweigen zu bewahren, nach § 93 Abs. 1 Satz 2 AktG auch vertrauliche Angaben der Gesellschaft betrifft.

Als Geheimnisse der Gesellschaft werden Betriebs- oder Geschäftsgeheimnisse bezeichnet, also Tatsachen, die nur einem eng begrenzten Personenkreis bekannt und daher nicht offenkundig sind und wenn sie nach dem bekundeten oder mutmaßlichen Willen der Gesellschaft Geheim gehalten werden sollen und wenn an der Geheimhaltung ein berechtigtes wirtschaftliches Interesse besteht.[259]

Demgegenüber sind vertrauliche Angelegenheiten, Angelegenheiten deren Mitteilung sich für die Gesellschaft nachteilig auswirken kann, auch wenn sie allgemein bekannt sind und daher kein Geheimnis mehr sind.[260]

Die Verpflichtung zur Verschwiegenheit kann im Einzelfall durchaus mit der Verpflichtung zur vertrauensvollen Zusammenarbeit und Berichtspflichten kollidieren. Im Kollisionsfall gilt, dass ein Vorstandsmitglied sämtliche Angelegenheiten, die für die Gesellschaft von Bedeutung sind, den übrigen Organmitgliedern mitteilen muss, auch wenn es sich um Geheimnisse handelt.[261]

Die Verpflichtung zur Verschwiegenheit tritt auch dort zurück, wo gesetzliche Informationspflichten bestehen und z. B. kursbeeinflussende Tatsachen unverzüglich bekannt gegeben werden müssen (Kapitalmarktrechtliche Vorschriften über die ad hoc-Publizität).

Der Berater muss das Vorstandsmitglied darauf hinweisen, dass die gesetzliche Schweigepflicht nicht auf die Amtszeit beschränkt ist und im Interesse der Gesellschaft und aus Gründen der Rechtssicherheit auch über die Beendigung des Amtes fortbesteht.[262]

Dies gilt auch, wenn im Dienstvertrag eine solche Fortdauer der Schweigepflicht nicht ausdrücklich angesprochen wird. Gerade dies macht es aus Sicht des Beraters aber erforderlich im Vertrag im Inte-

---

[259] Hefermehl / Spindler, § 93, Rdnr. 46, m.w.N.

[260] Hefermehl / Spindler, § 93, Rdnr. 49.

[261] Hefermehl / Spindler, § 93, Rdnr. 57 m.w.N.

[262] Hefermehl / Spindler, § 93, Rdnr. 61 m.w.N.

resse des Vorstandsmitgliedes einen Hinweis auf die fortbestehende Schweigepflicht aufzunehmen. Dies gilt auch deshalb, weil die gegenüber § 404 AktG bekannte und für einen größeren Kreis von potentiellen Tätern geltenden Vorschriften der §§ 17 und 18 UWG, die auch für Vorstandsmitglieder einer Aktiengesellschaft gelten,[263], die unbefugte Weitergabe eines Geschäfts- oder Betriebsgeheimnisses während der Geltungsdauer des Dienstvertrages unter Strafe stellen. Das bedeutet, dass ein ausgeschiedenes Vorstandsmitglied seine redlich erworbenen Kenntnisse nach Beendigung des Dienstverhältnisses in einem eigenen neu gegründeten Betrieb oder im Betrieb eines anderen beliebig verwerten könnte, auch wenn es sich um ein Geschäfts- oder Betriebsgeheimnis seiner früheren Gesellschaft handelt. Dies wäre nicht strafbar, es sei denn, dass er sich dieses Geschäftsgeheimnis unbefugt verschafft oder durch eigene oder fremde Ausspähhandlung erlangt hat.[264] Daher macht es Sinn, zivilrechtlich zu vereinbaren, bestimmte Geschäfts- oder Betriebsgeheimnisse auch nach Beendigung eines Dienstverhältnisses vertraulich zu behandeln und nicht mitzuteilen bzw. auf die fortbestehende Verpflichtung des Vorstandsmitglieds nach § 93 Abs. 1 Satz 2 AktG hinzuweisen.

Geheimhaltungspflicht nach UWG

§ 17 Abs. 1 UWG lautet wie folgt:

„Mit Freiheitsstrafe bis zu drei Jahren oder mit Geldstrafe wird bestraft, wer als Angestellter, Arbeiter oder Lehrling eines Geschäftsbetriebes ein Geschäfts- oder Betriebsgeheimnis, das ihm vermöge des Dienstverhältnisses anvertraut oder zugänglich geworden ist, während der Geltungsdauer des Dienstverhältnisses unbefugt an jemand zu Zwecken des Wettbewerbs, aus Eigennutz zu Gunsten eines Dritten oder in der Absicht, dem Inhaber des Geschäfts Schaden zuzufügen, mitteilt."

Die Aufzählung als Angestellter, Arbeiter oder Lehrling eines Geschäftsbetriebes ist nicht abschließend. Es ist für Vorstandsmitglieder unstreitig, dass diese Täter der Strafrechtsvorschrift sein können.[265]

Ergänzt wird diese Vorschrift durch § 18 UWG

---

[263] Baumbach / Hefermehl, Wettbewerbsrecht, § 17, Rdnr. 10 m.w.N.
[264] Baumbach / Hefermehl, Wettbewerbsrecht, § 17, Rdnr. 54.
[265] Baumbach / Hefermehl, Wettbewerbsrecht, § 17, Rdnr. 10.

Ergänzt wird diese Vorschrift durch § 18 UWG

„Mit Freiheitsstrafe bis zu zwei Jahren oder mit Geldstrafe wird bestraft, wer die ihm im geschäftlichen Verkehr anvertrauten Vorlagen oder Vorschriften technischer Art, insbesondere Zeichnungen, Modelle, Schablonen, Schnitte, Rezepte, zu Zwecken des Wettbewerbs oder aus Eigennutz unbefugt verwertet oder an jemanden mitteilt."

Insidergeschäfte

Als Insidergeschäfte werden der Erwerb und die Veräußerung von Kapitalmarktpapieren bezeichnet, die eine Person mit privilegiertem Zugang zu Informationen über das Unternehmen und seine Aktien unter Ausnutzung des Informationsvorsprunges abschließt. Unsere Rechtsordnung missbilligt Insidergeschäfte und stellt sie unter Strafe.

§ 38 WpHG Abs. 1:

(1) *„Mit Freiheitsstrafe bis zu 5 Jahren oder mit Geldstrafe wird bestraft, wer*

1. *entgegen einem Verbot nach § 14 Abs.1 Nr. 1 oder Absatz 2 ein Insiderpapier erwirbt oder veräußert,*
2. *entgegen einem Verbot nach § 14 Abs. 1 Nr. 2 eine Insidertatsache mitteilt oder zugänglich macht,*
3. *entgegen einem Verbot nach § 14 Abs. 1 Nr. 3 den Erwerb oder die Veräußerung eines Insiderpapiers empfiehlt oder*

(2) Einem Verbot im Sinne des Abs. 1 Nr. 1 bis 3 oder des Absatzes 1 Nr. 4 in Verbindung mit § 39 Abs. 1 Nr. 1 oder 2 steht ein entsprechendes ausländisches Verbot gleich."

Das Insiderrecht sieht die Mitglieder des Vorstands einer Aktiengesellschaft gemäß § 13 Absatz 1 Nr. 1 WpHG als so genannte Primärinsider an, wenn sie Kenntnis von einer Insidertatsache haben, also einer nicht öffentlich bekannten Tatsache, die sich auf einen oder mehrere Emittenten von Insiderpapieren oder auf Insiderpapiere bezieht und geeignet ist, im Falle ihres öffentlichen Bekanntwerdens den Kurs der Insiderpapiere erheblich zu beeinflussen.[266] Als Insiderpapiere gelten alle an den Börsen gehandelten Wertpapiere, aber auch die an den deutschen Terminbörsen gehandelten Derivate.

---

[266] Bankrechtshandbuch, § 107, Rdnr. 20.

Nun kann jeder Analyst den Kurs wesentlich beeinflussen, auch ohne sich auf Insiderinformationen zu stützten. Analysen, die ausschließlich aufgrund öffentlich bekannter Tatsachen erstellt werden, fallen aber nicht unter das Verbot von Insidergeschäften.

§14 WpHG, auf den die Strafvorschrift verweist, enthält drei Verbote:

- den Primärinsidern ist der Erwerb und die Veräußerung von Insiderpapieren und die Ausnutzung von Insiderinformationen verboten;
- den Primärinsidern ist verboten, interne Informationen unbefugt mitzuteilen oder zugänglich zu machen;
- den Primärinsidern ist verboten, ihre Informationen in der Weise zu verwerten, dass sie einem anderen den Erwerb und die Veräußerung von Insiderpapieren empfehlen.

Darüber hinaus verbietet § 14 im zweiten Absatz den Sekundärinsidern, also diejenigen, die durch eine Verletzungshandlung des Primärinsiders Insiderinformationen erhalten haben, Insiderpapiere für eigene oder fremde Rechnung oder für einen anderen zu erwerben oder zu veräußern.

Schließlich hat der Gesetzgeber, um den Informationsvorsprung einiger weniger einzuschränken, neben die Regelpublizität in Jahresabschluss und Zwischenberichten in § 15 WpHG die ad hoc-Publizität zur Förderung der Transparenz und des Kapitalmarktes eingeführt. § 15 Abs. 1 WpHG entspricht inhaltlich Ziff. 6.1 des Deutschen Corporate Governance Kodex, der lautet:

„Der Vorstand wird neue Tatsachen, die im Tätigkeitsbereich des Unternehmens eingetreten und nicht öffentlich bekannt sind, unverzüglich veröffentlichen, wenn sie wegen der Auswirkungen auf die Vermögens- und Finanzlage oder auf den allgemeinen Geschäftsverlauf geeignet sind, den Börsenpreis der zugelassenen Wertpapiere der Gesellschaft erheblich zu beeinflussen.“

Der Transparenz und dem Abbau von Informationsvorsprung einzelner am Kapitalmarkt Beteiligter dient auch Ziffer 6.3, 6.4, 6.5 und 6.8 des Deutschen Corporate Governance Kodexes.

„6.3 Die Gesellschaft wird die Aktionäre bei Informationen gleich behandeln. Sie soll ihnen unverzüglich sämtliche neuen Tatsachen,

die Finanzanalysten und vergleichen Adressaten mitgeteilt worden sind, zur Verfügung stellen.

6.4 Zur zeitnahen und gleichmäßigen Information der Aktionäre und Anleger soll die Gesellschaft geeignete Kommunikationsmedien, wie etwa das Internet, nutzen.

6.5 Informationen, die die Gesellschaft im Ausland aufgrund der jeweiligen kapitalmarktrechtlichen Vorschriften veröffentlichen, sollen noch im Inland unverzüglich bekannt gegeben werden.

.

6.8 Von der Gesellschaft veröffentlichte Informationen über das Unternehmen sollen auch über die Internetseite der Gesellschaft zugänglich sein. Die Internetseite soll übersichtlich gegliedert sein. Veröffentlichungen sollen auch in englischer Sprache erfolgen."

Jedem Vorstandsmitglied ist dringend anzuraten, mit jeder Information, die den Börsenkurs beeinflussen könnte und nicht öffentlich bekannt ist, sorgsam umzugehen; insbesondere bei Interviews, Gesprächen mit Fachleuten, aber auch in der Hauptversammlung. Dem Vorstandsmitglied ist die Weitergabe von Insiderinformationen an Wirtschaftsjournalisten, Finanzanalysten und Aktionäre in der Hauptversammlung erst erlaubt, wenn er die Verpflichtung zur ad hoc-Publizität erfüllt hat.[267]

Es muss dem Vorstand aber erlaubt sein, Insiderwissen weiterzugeben, ohne sich strafbar zu machen, z. B. an die kreditgebende Bank oder Unternehmensberater, aber auch an eigene Mitarbeiter, die zur Verschwiegenheit verpflichtet sind. Im Zusammenhang mit der Unternehmensführung hatte der Deutsche Corporate Governance Kodex in Ziffer 3.5 gefordert:

„Die umfassende Wahrung der Vertraulichkeit ist dafür von entscheidender Bedeutung. Alle Organmitglieder stellen sicher, dass die von ihnen eingeschalteten Mitarbeiter die Verschwiegenheitspflicht in gleicher Weise einhalten."

Gegebenenfalls kann es geboten sein, mit den Empfängern der Informationen zu vereinbaren, keine eigenen Wertpapiergeschäfte mit Aktien der Gesellschaft zu machen.[268]

---

[267] Bankrechtshandbuch, § 107, Rdnr. 39.
[268] Bankrechtshandbuch, § 107, Rdnr. 40.

Verboten ist nur (§ 14 Abs. 1 Ziff. 2) die „unbefugte" Mitteilung oder das „unbefugte" Zugänglichmachen.

Der Vorstand einer Aktiengesellschaft selbst unterliegt im Geltungsbereich des Deutschen Corporate Governance Kodex in Bezug auf den Erwerb oder die Veräußerung von Aktien einer strengen Kontrolle. In Ziffer 6.6 heißt es:

„Erwerb oder Veräußerung von Aktien der Gesellschaft oder von darauf bezogenen Erwerbs- oder Veräußerungsrechten (z. B. Optionen) sowie von Rechten, die unmittelbar vom Börsenkurs der Gesellschaft abhängen, durch Vorstands- und Aufsichtsratsmitglieder der Gesellschaft oder ihres Mutterunternehmens sowie durch bestimmte ihnen nahe stehenden Personen werden von diesen unverzüglich der Gesellschaft mitgeteilt. Von der Mitteilungspflicht sind der Erwerb auf arbeitsvertraglicher Grundlage, als Vergütungsbestandteil sowie unwesentliche Erwerbs- und Veräußerungsgeschäfte (25.000,00 € in 30 Tagen) ausgenommen. Die Gesellschaft veröffentlicht die Mitteilung unverzüglich.

Im Anhang zum Konzernabschluss sollen entsprechende Angaben gemacht werden. Der Aktienbesitz einschließlich der Optionen sowie der sonstigen Derivate des einzelnen Vorstands- und Aufsichtsratsmitgliedes sollen dann angegeben werden, wenn er direkt oder indirekt größer als 1% der von der Gesellschaft ausgegebenen Aktien ist. Übersteigt der Gesamtbesitz aller Vorstands- und Aufsichtsratsmitglieder 1% der von der Gesellschaft ausgegebenen Aktien soll der Gesamtbesitz getrennt nach Vorstand und Aufsichtsrat angegeben werden."

Über Geschäfte in Insiderpapieren wacht das Bundesaufsichtsamt für den Wertpapierhandel, das verpflichtet ist, Tatsachen, die den Verdacht einer Straftat nach § 38 WpHG begründen, der zuständigen Staatsanwaltschaft anzuzeigen.

Auch ohne die §§ 13 ff. WpHG wäre ein Insidergeschäft in Aktien der eigenen Gesellschaft eine Pflichtwidrigkeit des Vorstandsmitgliedes, die aus §§ 76, 93 AktG abgeleitet wird.

Die Abgrenzung vom Insider gleicht Tatsachenwissen einerseits und Spekulation andererseits und kann im Einzelfall schwierig sein. So sind Absichten und Pläne keine Tatsachen, dennoch kann ein Plan mit hoher Eintrittswahrscheinlichkeit als Insidertatsache betrachtet werden.[269]

Das Problem der unbefugten Weitergabe von Insiderinformationen stellt sich auch regelmäßig bei Beteiligungserwerb und Unternehmenskäufen.[270]

Hinzuweisen sind die Vorstandsmitglieder darauf, dass auch bei der Durchführung eines Aktienoptionsprogramms das Insiderrecht greifen kann, wenn ein Vorstandsmitglied die bezogenen Aktien in Kenntnis einer negativen Tatsache verkaufen will. Er darf sie nicht verkaufen, sondern muss den bevorstehenden Verlust hinnehmen.[271]

Auch wenn der Vorstand die Aktien des Unternehmens im Rahmen eines Management Buy-Outs an der Börse durchführen will, müsste er ihm positiv bekannte Insidertatsachen unter Inkaufnahme aller denkbaren Nachteile vor den Transaktionen veröffentlichen.[272]

3.17 Vertragsdauer

Der Aufsichtsrat bestellt nicht nur das Vorstandsmitglied und ernennt den Vorstandsvorsitzenden, sondern ist auch für dessen Abberufung als Gremium zuständig. Er kann die Kompetenz zur Abberufung nicht auf einen Ausschuss übertragen.[273]

Ebenso wie die Berufung regelt das Aktiengesetz auch die Abberufung der Mitglieder des Vorstands.

So heißt es in § 84 Abs. 3 Satz 1 Aktiengesetz:

„Der Aufsichtsrat kann die Bestellung zum Vorstandsmitglied und die Ernennung zum Vorsitzenden des Vorstandes widerrufen, wenn ein wichtiger Grund vorliegt."

Ein solcher Grund ist namentlich eine grobe Pflichtverletzung, Unfähigkeit zur ordnungsgemäßen Geschäftsführung oder Vertrauensentzug durch die Hauptversammlung, es sei denn, dass das Vertrauen aus offenbar unsachlichen Gründen entzogen worden ist. Dies

---

[269] Assmann, AG 1997, S. 50 (51).
[270] Näheres vgl. Assmann, AG 1997, Seite 50 (55 f.).
[271] Fürhoff, AG 1998, S. 83 (86).
[272] Fürhoff, AG 1998, S. 83 (88).
[273] Hüffer, § 84, Rdnr. 25.

gilt auch für den vom ersten Aufsichtsrat bestellten Vorstand. Der Widerruf ist wirksam, bis seine Unwirksamkeit rechtskräftig festgestellt ist. Für die Ansprüche aus dem Anstellungsvertrag gelten die allgemeinen Vorschriften.[274] Damit hat der Gesetzgeber wichtige Grundsätze für die Abberufung eines Vorstandsmitgliedes gesetzlich festgelegt.

Der Aufsichtsrat kann faktisch ein missliebiges Vorstandsmitglied jederzeit und ohne dass ein Grund vorliegen muss aus dem Amt entfernen, denn der Widerruf ist zunächst einmal wirksam, auch wenn ein wichtiger Grund im Sinne des Gesetzes nicht vorgelegen hat. Die rechtskräftige Feststellung der Unwirksamkeit der Abberufung durch ein Gericht wirkt nur ex nunc, das bedeutet, dass das Vorstandsmitglied, auch wenn es klagt, zunächst einmal nicht mehr Organ der Gesellschaft ist. Der Betroffene ist auch auf ein aufwendiges Klageverfahren in der Hauptsache angewiesen, da die herrschende Meinung Entscheidungen im Wege der einstweiligen Verfügung ablehnt.[275] Im Regelfall wird ein Aufsichtsrat einen Vorstand aber nur abberufen, wenn er von dem Vorliegen eines wichtigen Grundes im Sinne des Gesetzes ausgehen muss.

3.17.1 Widerruf der Bestellung aus wichtigem Grund

Da der Gesetzgeber dem Vorstand die Leitung der Aktiengesellschaft zugewiesen hat, muss er folgerichtig auch dafür sorgen, dass der Vorstand die erforderliche Unabhängigkeit auch vom Kontrollorgan Aufsichtsrat hat. Daher können weder die Satzung noch die Hauptversammlung dem Aufsichtsrat das Recht einräumen, ein Vorstandsmitglied jederzeit, also auch ohne wichtigem Grund, abzuberufen.[276] Auch in einem Anstellungsvertrag kann ein solches Widerrufsrecht nicht wirksam vereinbart werden.[277] Ob ein wichtiger Grund vorgelegen hat, unterliegt in vollem Umfange der gerichtlichen Überprüfung.[278]

---

[274] Die besonderen Vorschriften über die Mitbestimmung der Arbeitnehmer in den Vorständen der Unternehmen des Bergbaus und der Eisen- und Stahlerzeugenden Industrie – Montanmitbestimmungsgesetz mit dem Widerruf der Bestellung des Arbeitsdirektors bleiben unberührt.

[275] Hüffer, § 84, Rdnr. 32.

[276] Hefermehl / Spindler, § 84, Rdnr. 92.

[277] Hefermehl / Spindler, § 84, Rdnr. 93.

[278] Hefermehl / Spindler, § 84, Rdnr. 94.

Der Begriff des wichtigen Grundes im Sinne des § 84 Abs. 3 AktG ist nicht identisch mit dem Begriff des wichtigen Grundes im Zusammenhang mit der Kündigung eines Dienstvertrages (§ 626 BGB) oder dem wichtigen Grunde für den Widerruf einer Versorgungszusage. Ein Verschulden des Vorstandsmitgliedes braucht nicht vorzuliegen.[279] Der wichtige Grund braucht nicht einmal in der Person des Vorstandsmitgliedes zu liegen.[280]

Was einen wichtigen Grund für die Abberufung eines Vorstandsmitgliedes darstellt, hat weder der Gesetzgeber noch die Rechtsprechung abschließend entschieden. Es wird immer wieder auf die Besonderheiten des Einzelfalls verwiesen. Als Beispiel für grobe Pflichtverletzungen werden unter Bezugnahme auf veröffentlichte Urteile in der Kommentierung[281] genannt.

- Schädigung des Ansehens der Aktiengesellschaft durch anrüchige Spekulationsgeschäfte
- Strafbare Handlungen, auch im privaten Bereich
- Mangelnde Offenheit gegenüber dem Aufsichtsrat
- Veruntreuung von Gesellschaftsvermögen
- Unangemessen hohe Verschuldung
- Persönliche Insolvenz oder Offenbarungseid
- Fälschung von Belegen usw.[282]
- Vornahme verbotener Insidergeschäfte oder die Weigerung sich Regeln zu unterwerfen, die auf freiwilliger Grundlage eine weithin akzeptierte Rechtsüberzeugung über die Sorgfalt eines ordentlichen und gewissenhaften Geschäftsleiters kodifizieren
- Verletzung fundamentaler Pflichten, z. B. Fehlen eines Risikoerkennungssystems nach § 91 Abs. 2
- Bestechlichkeit
- Schädigung des Ansehens der Gesellschaft durch außerdienstliches Verhalten
- Ausnutzung der Stellung für persönliche Vorteile oder ein privates Geschäft, selbst wenn dadurch die Gesellschaft nicht beeinträchtigt wurde

---

[279] Hefermehl / Spindler, § 84, Rdnr. 96 m. w. N.
[280] Hefermehl / Spindler, § 84, Rdnr. 96 m. w. N.
[281] Hüffer, § 84, Rdnr. 28.
[282] Hefermehl / Spindler, § 84, Rdnr. 98.

- Annahme einer von dem Vorstand privat erlangten, auch für die Gesellschaft vorteilhaften Geschäftschance
- Unberechtigter Urlaub
- Manipulation in der Bilanz oder im Warenlager
- Vorsätzliche Täuschung der Vorstandskollegen über erhebliche Tatsachen
- Wiederholte Übergriffe in den Kompetenzbereich anderer Vorstandsmitglieder
- Alleinige Aufstellung des Jahresabschlusses und Einreichung des Jahresabschlusses zum Handelsregister ohne Feststellung durch den Aufsichtsrat
- Missachtung des Zustimmungsvorbehalts nach § 111 Abs. 4 (die Satzung oder der Aufsichtsrat können bestimmen, dass bestimmte Arten von Geschäften nur mit seiner Zustimmung vorgenommen werden dürfen)

Den vom Gesetzgeber verwendeten Begriff der Unfähigkeit präzisiert die Kommentierung unter Verweis auf entsprechende Urteile wie folgt: [283]

- Fehlen notwendiger Kenntnisse
- Unverträglichkeit, die die kollegiale Zusammenarbeit gefährdet oder gar ausschließt
- Langandauernde Krankheit
- Fehlen von Fähigkeiten zur Bewältigung von Sonderlagen, etwa in Sanierungsfällen [284]

Auch die Zugehörigkeit zu einer kriminellen oder terroristischen Vereinigung oder einer verbotenen Partei können wichtige Gründe für die Abberufung sein.[285] Selbst eine politische Tätigkeit, durch die die Arbeitskraft des Vorstandsmitglieds in erheblicher Weise beeinträchtigt wird, kann ein Grund für eine Abberufung sein, nicht jedoch die Übernahme eines Bundestagsmandates (wegen Artikel 48 Abs. 2 Grundgesetz).[286]

---

[283] Hüffer, § 84, Rdnr. 28.
[284] Vgl. Hefermehl / Spindler, § 84, Rdnr. 99.
[285] Hefermehl / Spindler, § 84, Rdnr. 101.
[286] Hefermehl / Spindler, § 84, Rdnr. 100.

Als weiteren Grund für die Abberufung nennt das Gesetz den Entzug des Vertrauens durch die Hauptversammlung, sofern dieser nicht aus offensichtlich unsachlichen Gründen erfolgt ist. Der Aufsichtsrat ist allerdings nicht verpflichtet, das Vorstandsmitglied abzuberufen, wenn die Hauptversammlung den Entzug des Vertrauens beschlossen hat.[287]

3.17.2 Ende der Organstellung aus Anlass einer Umstrukturierung

Erlöschen der Gesellschaft

Erlischt die Aktiengesellschaft, z. B. bei einer Verschmelzung nach § 20 Abs. 1 Ziff. 2 UmwG (Umwandlungsgesetz)[288]

(1) „Die Eintragung der Verschmelzung in das Register des Sitzes des übernehmenden Rechtsträgers hat folgende Wirkungen:

2. Die übertragenden Rechtsträger erlöschen. Einer besonderen Löschung bedarf es nicht...“

oder bei Aufspaltung der übertragenden Rechtsträger nach § 131 Abs. 1 Nr. 2 Umwandlungsgesetz [289]

„Bei der Aufspaltung erlischt der übertragende Rechtsträger. Einer besonderen Löschung bedarf es nicht“.

so entfallen auch die Organe. Der Bestand der Organe hängt untrennbar mit dem Bestand der Gesellschaft zusammen.[290]

Formwechsel

Wenn die Aktiengesellschaft durch Formwechsel eine andere Rechtsform erhält, bleibt hingegen ihre wirtschaftliche und rechtliche Identität erhalten. Deshalb hat der Gesetzgeber in § 203 Umwandlungsgesetz bestimmt:

„Wird bei einem Formwechsel bei dem Rechtsträger neuer Rechtsform in gleicher Weise wie bei dem formwechselnden Rechtsträger ein Aufsichtsrat gebildet und zusammengesetzt, so bleiben die Mitglieder des Aufsichtsrats für den Rest ihrer Wahlzeit als

---

[287] Hefermehl / Spindler, § 84, Rdnr. 106.
[288] Buchner / Schlobach, GmbH-Rundschau 2004, S. 1 ff. (2).
[289] Wie vor.
[290] Buchner / Schlobach, GmbH-Rundschau 2004, S. 1 ff. (3).

Miglieder des Aufsichtsrats des Rechtsträgers neuer Rechtsform im Amt ....“

Bedauerlicherweise fehlt es an einer entsprechenden gesetzlichen Regelung für den Vorstand. Die herrschende Meinung geht davon aus, dass keine Amtskontinuität der vertretungsberechtigten Organe der Aktiengesellschaft und der GmbH besteht. Durch die Umwandlung einer Aktiengesellschaft in eine GmbH endet also die Organstellung der Vorstandsmitglieder. Dabei nimmt es die herrschende Meinung in Kauf, dass gegebenenfalls eine Notgeschäftsführung gerichtlich nach § 85 AktG bestellt werden muss.[291]

Rechtslage bei Fortbestehen des übertragenden Rechtsträgers
Bleibt der übertragende Rechtsträger ohne Änderung seiner Rechtsform bestehen, so bleiben auch seine Organmitglieder im Amt (z. B. im Falle der Abspaltung, § 123 Abs. 2 Umwandlungsgesetz und die Ausgliederung nach § 123 Abs. 3 Umwandlungsgesetz).

Da sich durch Abspaltung und Ausgliederung regelmäßig die Größe der Gesellschaft ändert, stellt sich die Frage, ob diese Änderung ein wichtiger Grund für die Abberufung eines oder mehrerer Vorstandsmitglieder darstellt. Diese Frage wird nur anhand des konkreten Einzelfalles zu beantworten sein, da es um die Frage der Zumutbarkeit der Fortsetzung des Organverhältnisses für die Aktiengesellschaft bis zum regulären Ende der Amtszeit geht. Auch kann es entscheidungserheblich sein, ob der Funktionsbereich des abzuberufenden Vorstandsmitgliedes entfallen ist oder nicht. Die herrschende Meinung sieht dann jedenfalls einen wichtigen Grund für die Abberufung als gegeben an.[292]

3.17.3 Amtsniederlegung

Die gesetzliche Vorschrift des § 84 AktG wendet sich an den Aufsichtsrat, nicht an das Vorstandsmitglied. Da das Aktiengesetz auch keine andere Bestimmung enthält, kann ein Vorstandsmitglied sein Amt jederzeit niederlegen und zwar unabhängig davon, ob er gleichzeitig auch seinen Vorstandsdienstvertrag kündigt oder nicht.

Bedenken dagegen, im Wege der vertraglichen Vereinbarung im Vorstandsdienstvertrag auch das Vorstandsmitglied dahingehend

---

[291] Buchner / Schlobach, wie vor, S. 3 und 4.
[292] Buchner / Schlobach, GmbH-Rundschau 2004, 1 ff. (2).

einzuschränken, dass das Vorstandsmitglied sein Amt nur aus wichtigem Grunde niederlegen kann, sind nicht ersichtlich. Bei einer kleinen Aktiengesellschaft mit nur einem Einpersonenvorstand wird dies in jedem Fall anzuraten sein. Das Vorstandsmitglied, das sein Amt ohne Grund niederlegt riskiert allerdings, dass der Aufsichtsrat seinen Dienstvertrag aus wichtigem Grunde kündigt. Geschieht die Amtsniederlegung zur Unzeit und z. B. die Aktiengesellschaft in einer schwierigen Situation nicht handlungsfähig ist, drohen dem Vorstandsmitglied darüber hinaus auch Schadensersatzansprüche. Legt das Vorstandsmitglied hingegen sein Amt aus wichtigem Grunde nieder, kann im Einzelfall die Aktiengesellschaft durchaus am Vorstandsdienstvertrag festhalten und dadurch seine Existenz sichern.[293]

Unberechtigte Amtsniederlegung ist stets ein wichtiger Grund im Sinne gröblicher Pflichtverletzung.[294]

3.17.4 Kündigung

Für den Vorstandsdienstvertrag gelten nach § 84 Abs. 3 Satz 5 AktG die allgemeinen Vorschriften. Die Vorschriften des Bürgerlichen Gesetzbuchs über den Dienstvertrag (§ 611 ff. BGB) und die Beendigung des Vorstandsdienstvertrages sind bedeutsam:

- § 620 Abs. 1 BGB, wonach ein Dienstvertrag mit dem Ablauf der Zeit endigt, für die er abgeschlossen worden ist.
- Die §§ 621 und 622 BGB, die die ordentliche Kündigung eines Dienstverhältnis bzw. eines Arbeitsverhältnis regeln sowie
- § 626 BGB, der die außerordentliche Kündigung eines Dienstvertrages regelt.

Keine Anwendung finden diese Bestimmung auf ein bloß „ faktische Anstellungsverhältnis“ eines Vorstandsmitgliedes.

Aufgrund der von dem Bundesgerichtshof in ständiger Rechtsprechung vertretenen Trennungstheorie, wonach bei der Aktiengesellschaft streng zwischen der körperschaftsrechtlichen Bestellung zum Vorstand und der schuldrechtlichen Anstellung zu unterscheiden ist, und da der Aufsichtsrat als Gremium sowohl für die Bestellung als

---

[293] Hefermehl / Spindler, § 84, Rdnr. 124 m.w.N.
[294] Hefermehl / Spindler, 84, Rdnr. 40.

auch für Abschluss des Anstellungsvertrages ist[295], kann es leicht zu Formfehlern kommen. Das kann die Folge haben, dass das Vorstandsmitglied seine Arbeit zwar aufgenommen hat, auch Vergütung erhält, es aber an einem wirksamen Anstellungsvertrag fehlt. In einem solchen Fall hat das Oberlandesgericht Schleswig mit Urteil vom 16.11.2000 – 5 U 66/99 – entschieden:

1. Die von der Bestellung zu trennende Anstellung eines Vorstandsmitgliedes ist nur wirksam, wenn sie vom Aufsichtsrat als Organ beschlossen und der Vertrag vom Aufsichtsrat abgeschlossen wird.
2. Stillschweigende Beschlüsse des Aufsichtsrats gibt es nicht.
3. Ein faktischer Anstellungsvertrag kann jederzeit beendet werden (Leitsätze der Redaktion [296]).

Altersbefristung

Altersbefristungen in Vorstandsdienstverträgen sind selten und eher unüblich. Da ein Dienstvertrag sinnvoller Weise für die Zeit der Bestellung abgeschlossen wird, also maximal 5 Jahre, steht es dem Aufsichtsrat frei, das betreffende Vorstandsmitglied, wenn Altersgründe eine Rolle spielen, nur noch für einen kürzeren Zeitraum zu berufen oder von einer Berufung abzusehen.

Daher besteht für eine derartige, in Arbeitsverträgen durchaus übliche Klausel, bei Vorstandsdienstverträgen kein Bedarf.

Nunmehr heißt es aber in Ziffer 5.1.2 des Deutschen Corporate Governance Kodex im letzten Satz:

„Eine Altersgrenze für Vorstandsmitglieder soll festgelegt werden.“

Darauf bezogen stellt Peltzer in seinem Leitfaden[297] fest, dass die Altergrenze von 65 immer seltener ausgeschöpft wird und Pensionierungen mit 60 oder 62 Jahren für Vorstände üblich seien und zu begrüßen: „ Im übrigen lassen erfahrungsgemäß im Alter die geistigen Kräfte und die Urteilsfähigkeit nach, mit der Folge, dass die Fehlergefahr zunimmt.“

---

[295] Die Beschlussfassung über den Anstellungsvertrag kann der Aufsichtsrat gem. § 107 Abs. 3 Satz 1 AktG einem Ausschuss übertragen.

[296] AG 2001, Seite 651 ff.

[297] Deutsche Corporate Governance Rz 60.

Dies trifft so sicherlich nicht zu; wünschenswert ist eher die Schaffung einer vernünftigen Alterstruktur im Vorstand, die eine gewisse Kontinuität sichert und der Gesellschaft einen abrupten Generations- und Richtungswechsel erspart.

Ordentliche Kündigung

Ist der Vorstandsdienstvertrag für einen befristeten Zeitraum abgeschlossen, so endet er mit Zeitablauf, ohne dass es einer Kündigung bedarf. Eine ordentliche Kündigung eines befristet abgeschlossenen Vertrages ist gesetzlich nur dann möglich, wenn eine solche Kündigungsmöglichkeit ausdrücklich vereinbart worden war.

In § 620 BGB heißt es:

(1) „Das Dienstverhältnis endigt mit dem Ablaufe der Zeit, für die es eingegangen ist.

(2) Ist die Dauer des Dienstverhältnisses weder bestimmt noch aus der Beschaffenheit oder dem Zweck der Dienste zu entnehmen, so kann jeder Teil das Dienstverhältnis nach Maßgabe der §§ 621 bis 623 kündigen.

(3) *Für Arbeitsverträge, die auf bestimmte Zeit abgeschlossen werden, gilt das Teilzeit- und Befristungsgesetz."*

Aufgrund des § 84 Abs. 1 Satz 4 AktG endet auch der auf unbestimmte Zeit abgeschlossene Dienstvertrag mit Ablauf der 5-Jahresfrist.

Aufgrund dieser gesetzlichen Befristung kann der Vorstandsdienstvertrag m. E. daher nicht durch ordentliche Kündigung beendet werden.

Um alle Zweifel zu beseitigen, ob derartige Verträge ordentlich kündbar sind (da dem Wortlaut nach auf unbestimmte Zeit und nicht befristet abgeschlossen), aber auch zum eigenen Schutz, ist dem Vorstandsmitglied zu empfehlen, bei Vertragsabschluß zu vereinbaren, dass der Vorstandsdienstvertrag nicht ordentlich kündbar ist, die Kündigung des Vertrages also nur aus wichtigem Grunde erfolgen kann. Auch die Aktiengesellschaft kann im Einzelfall daran Interesse haben, Amtsniederlegung und Kündigung des Vorstandes zu erschweren, indem auch für diesen das Vorliegen eines wichtigen Grundes für die vorzeitige Beendigung seiner Tätigkeit für die Aktiengesellschaft erforderlich ist. Dies gilt insbesondere, wenn für den

Vorstand wichtige Know-how-Träger oder Spezialisten geworben werden.

Wünschen beide Parteien gegen alle Gepflogenheiten, dass die Möglichkeit einer ordentlichen Kündigung beiderseits offen steht, so sollten sie die einzuhaltenden Kündigungsfristen im Vertrag selbst festlegen, um Streitigkeiten, ob die Vorschriften des BGB für freie Dienstnehmer (§ 621 BGB) oder die für Arbeitnehmer (§ 622 BGB) analog anzuwenden sind, zu vermeiden. Beide Varianten bieten einem erstmals bestellten und angestellten Vorstandsmitglied ohnehin keine große Absicherung. Aus Sicht eines Vorstandsmitglieds sollte die Kündigungsfrist drei Monate zum Monatsende nicht unterschreiten. Die Kündigungsfrist sollte, wenn man sie dann überhaupt vereinbart, auch den Zeitraum von 12 Monaten nicht überschreiten.

Erfahrungsgemäß verstärken längere ordentliche Kündigungsfristen den Wunsch desjenigen der sich trennen möchte, die Kündigungsfrist nicht einhalten zu müssen und insbesondere Kosten zu vermeiden. Er wird verstärkt nach Gründen für eine außerordentliche Kündigung suchen. Vielfach wird auch ohne Vorliegen eines wichtigen Grundes und aus taktischen Gründen ohne Einhaltung der Kündigungsfrist gekündigt.

Außerordentliche Kündigung

Abstrakt hat die Rechtsprechung abschließend definiert, wann ein wichtiger Grund zum Ausspruch einer außerordentlichen Kündigung vorliegt. Z. B. der Bundesgerichtshof mit Urteil vom 11. Juni 1968 – UZR 108/67, Leitsatz 1.

„Ein wichtiger Grund zur fristlosen Kündigung eines Dienstverhältnisses durch den Dienstherrn liegt nur dann vor, wenn nach dem Gesamtverhalten des Dienstverpflichteten bei Abwägung aller Umstände, insbesondere auch der beiderseitigen Interessen und des eigenen Verhalten des Dienstherrn, diesem die Fortsetzung des Dienstverhältnisses bis zu seinem ordentlichen Ablauf nicht mehr zugemutet werden kann. Steht das Ende des Dienstverhältnisses aufgrund vertraglicher Befristung oder einer ordentlichen Kündigung ohnehin unmittelbar bevor, so sind an die Zulässigkeit einer außer-

ordentlichen Kündigung besonders strenge Anforderungen zu stellen.“ [298]

In einer Reihe weiterer Entscheidungen hat der Bundesgerichtshof die Voraussetzungen für eine außerordentliche Kündigung eines Organs (meist für GmbH-Geschäftsführer) präzisiert. Wie bei der Abberufung, so ist auch bei der außerordentlichen Kündigung immer eine Einzelfallentscheidung zu treffen unter Abwägung aller besonderen Umstände des Einzelfalls. Wichtig ist, dass nicht nur der Kündigungsgrund geprüft wird, sondern auch eine Interessenabwägung durchzuführen ist. (s. Tabelle 3.2).

Tabelle 3.2. Interessenabwägung bei der außerordentlichen Kündigung

Schützenswerte Interessen der Gesellschaft	Soziale Belange des Vorstandsmitgliedes
Schwere der Pflichtverletzung	Dauer der Tätigkeit für die AG
Schwere der Pflichtverletzung	Verdienste in der AG
Wiederholungsgefahr	Soziale Folgen einer außerordentlichen Kündigung
Grad der Störung des Vertrauensverhältnisses	Dauer der Restlaufzeit des Vertrages

Wie im Arbeitsrecht gilt auch hier das Ultima-Ratio-Prinzip, d. h. dass die außerordentliche Kündigung nur dann ausgesprochen werden darf, wenn keine milderen Mittel zur Verfügung stehen.

Im Hinblick auf die Leitungstätigkeit des Vorstandes erscheint es allerdings problematisch, ob das arbeitsrechtliche Instrumentarium von Abmahnung, Umsetzung und Änderungskündigung geeignet ist, eine außerordentliche Kündigung zu verhindern.[299]

Einer besonders strengen Prüfung bedarf es bei einer Verdachtskündigung, also einer Kündigung, die nicht wegen eines erwiesenen Tatbestandes, sondern wegen des Verdachts einer schweren Pflichtverletzung ausgesprochen wird. In diesem Fall ist, anders als vor

[298] Diese Regelung entspricht in Satz 1 dem § 314 Abs. 1 BGB, der die Kündigung von Dauerschuldverhältnissen aus wichtigem Grund regelt und der Spezialvorschrift für Dienstverträge in § 626 Abs. 1 BGB.

[299] Es fällt auf, dass der für Dienstverträge geltende § 626 BGB anders als § 314 Abs. 2 BGB nicht das Erfordernis einer Abmahnung vor Kündigung enthält.

sonstigen Kündigungen, dem Betroffenen ausreichend Gelegenheit zur Stellungnahme zu geben.

Die Interessenabwägung kann im Einzelfall auch dazu führen, dass zwar eine außerordentliche Kündigung ausgesprochen wird, die aber nicht mit Zugang wirkt, sondern nach Ablauf einer Auslauffrist (z. B. der fiktiven ordentlichen Kündigungsfrist).

Einen besonderen Problemkreis stellt die Frist des § 626 Abs. 2 BGB bei einer außerordentlichen Kündigung von Vorstandsmitgliedern einer Aktiengesellschaft dar. § 626 Abs. 2 BGB lautet:

„Die Kündigung kann nur innerhalb von zwei Wochen erfolgen. Die Frist beginnt mit dem Zeitpunkt, in dem der Kündigungsberechtigte von den für die Kündigung maßgebenden Tatsachen Kenntnis erlangt. Der Kündigende muss dem anderen Teil auf Verlangen den Kündigungsgrund unverzüglich schriftlich mitteilen.“

Die Einhaltung der zweiwöchigen Kündigungserklärungsfrist des § 626 Abs. 2 BGB ist einer der Hauptstreitpunkte bei gerichtlichen Auseinandersetzungen im Zusammenhang mit außerordentlichen Kündigungen von AG-Vorstandsmitgliedern.[300]

Die Probleme resultieren letztlich daraus, dass kündigungsberechtigt der Aufsichtsrat als Kollegialorgan ist. Auf die Kenntnis des Kündigungsberechtigten vom Vorliegen der Tatsachen, die für die Kündigung maßgeblich sind, kommt es an. Zur Bestimmung des Fristbeginns ist es daher von entscheidender Bedeutung, ob die Kenntnis aller Mitglieder des Aufsichtsrates erforderlich ist oder die Kenntnis eines Mitgliedes oder jedenfalls des Aufsichtsratsvorsitzenden ausreicht.[301]

Eine Entscheidung des Bundesgerichtshofes zur Aktiengesellschaft liegt, soweit ersichtlich, noch nicht vor. Zur GmbH vertritt der BGH [302] die Auffassung, dass die Ausschlussfrist erst beginnt, wenn der Sachverhalt einer Gesellschafterversammlung unterbreitet wird, deren Einberufung nicht unangemessen verzögert worden ist. Die Rechtsprechung wird von der Kommentierung auf die AG übertragen. Es besteht aber noch keine Rechtssicherheit. So bleibt die Frage

---

[300] So auch Schumacher / Mohr, ZIP 2002, S. 2245 ff.

[301] (Dies ist streitig) Vergleiche Hüffer, § 84, Rdnr. 42 mit Darstellung der divergierenden Meinungen.

[302] BGH-Urteil vom 15.06.1998, 2 ZR 318/96 = ZIP 1998, 1269, S. 1270 = NJW 1998, S. 3274.

streitig, ob und wann die Frist des § 626 Abs. 2 BGB anläuft, wenn z. B. ein Aufsichtsratsmitglieder oder gar der Vorsitzende des Aufsichtsrats von Tatbeständen Kenntnis hat, die eine außerordentliche Kündigung begründen könnten, jedoch nichts unternimmt. Nach einer in der Literatur[303] in Anlehnung an § 110 AktG entwickelten Auffassung, sind jedenfalls die Höchstfristen klar zu bestimmen.

§ 110 AktG lautet in Absatz 1 und 2:

(1) *„Jedes Aufsichtsratsmitglied oder der Vorstand kann unter Angabe des Zwecks und der Gründe verlangen, dass der Vorsitzende des Aufsichtsrats unverzüglich den Aufsichtsrat einberuft. Die Sitzung muss binnen zwei Wochen nach der Einberufung stattfinden.*

(2) *Wird einem Verlangen nicht entsprochen, so kann das Aufsichtsratsmitglied oder der Vorstand unter Mitteilung des Sachverhalts und der Angabe einer Tagesordnung selbst den Aufsichtsrat einberufen."*

Diesem Einberufungsrecht soll im Zusammenhang mit der außerordentlichen Kündigung eines Vorstandsmitgliedes die Einberufungspflicht eines jeden Aufsichtsratsmitgliedes entsprechen, das umgehend nach Kenntniserlangung von kündigungsrelevanten Sachverhalten die Einberufung des Aufsichtsrats vom Aufsichtsratsvorsitzenden verlangen muss. Dabei errechnen sich folgende Höchstfristen:

Wenn der Aufsichtsrat dem Verlangen nachkommt und spätestens innerhalb von zwei Wochen die Aufsichtsratssitzung einberuft, die dann binnen zwei weiterer Wochen stattzufinden hat, eine Vorfrist von höchstens vier Wochen, anderenfalls kommt die Möglichkeit der Selbsteinberufung der Aufsichtsratssitzung in Betracht, für die eine weitere maximale Frist der Ausübung des Selbsthilferechts von zwei Wochen zugebilligt wird, so dass die Vorfrist hier sechs Wochen beträgt.[304]

Zu beachten ist allerdings, dass die Überlegungsfrist für die Einberufung der Aufsichtsratssitzung von zwei Wochen bereits eine Höchstfrist ist (nicht „sofort", sondern „unverzüglich", was bedeutet:

303 Schumacher - Mohr, ZIP 2002, S. 2245 (2247 f.).

304 Schumacher - Mohr, wie vor.

Überlegungsfrist von zwei Wochen),[305] so dass wenn die Aufsichtsratssitzung früher hätte einberufen und früher hätte stattfinden können, auch die Frist des § 626 Abs. 2 BGB früher zu laufen begann.[306] Ist die 2-Wochen-Frist verstrichen, so besteht nach der höchstrichterlichen Rechtsprechung die unwiderlegbare Vermutung, dass die Gesellschaft ungeachtet aller bisher bekannt gewordenen Gründe und ihrer Schwere die Fortsetzung des Dienstverhältnisses zugemutet werden kann.[307]

In einem Prozess mit dem Vorstandsmitglied obliegt die Darlegung der Einhaltung der 2-Wochen-Frist dem Aufsichtsrat.[308] Da es für das Vorstandsmitglied einfacher und angenehmer ist, die außerordentliche Kündigung über die Formalie der Frist zu kippen, als in eine inhaltliche Diskussion einzutreten, wird auch bei zukünftigen Auseinandersetzung die Einhaltung der 2-Wochen-Frist immer wieder im Mittelpunkt der Betrachtung stehen. Dies auch deshalb, weil immer wieder streitig ist, wann denn ein Sachverhalt so aufklärt ist, dass er zur Grundlage einer Entscheidung über eine außerordentliche taugt. So wird im Detail immer wieder streitig sein, ob ein Sachverhalt ausreicht oder weiter aufgeklärt werden musste und ob diese Aufklärung zügig betrieben wurde oder nicht.

Vorstandsdienstvertrag und Umstrukturierung der Aktiengesellschaft

Da nach der Trennungstheorie das Erlöschen der Organstellung oder aber die Abberufung keinen Einfluss auf den Dienstvertrag hat, es sei denn eine Kopplung wurde vereinbart, stellt sich die Frage, was mit dem Dienstvertrag im Rahmen einer Umstrukturierung geschieht.

Fortbestand des übertragenden Rechtsträgers

Besteht der Rechtsträger ohne Änderung der Rechtsform, z. B. bei Abspaltung und Ausgliederung fort, haben sich aber die Verhältnisse durch die Umstrukturierung derart geändert, dass die Verkleinerung des Vorstandes geboten ist, so stellt sich die Frage nach der Beendigung des Vertrages mit den einzelnen Vorstandsmitgliedern. Da bei

---

305 Schumacher - Mohr, wie vor, S. 2247.

306 Schumacher - Mohr, S. 2248.

307 BGH-Urteil vom 24.11.1975, 2 ZR 104/93 = WM 1976, S. 77, 78 und BGH-Urteil vom 29.01.1976, 2 ZR 3/74 = WM 1976, S. 379, 380.

308 BGH-Urteil vom 02.07.1984, 2 ZR 16/84 = ZIP 84, S. 1113, 1114.

einem befristeten Arbeitsverhältnis nur eine außerordentliche Kündigung in Betracht kommt und der unbefristete Dienstvertrag ebenfalls mit Ablauf der für die Bestellung vorgesehenen 5-Jahres-Frist endet (§ 84 Abs. 1 Satz 5 in Verbindung mit Satz 2 AktG), also gesetzlich befristet ist, kommt nur eine außerordentliche Kündigung aus wichtigem Grund in Betracht.

In der Praxis werden derartige Probleme durch Aufhebungsverträge und Abfindungen geregelt; wohl auch deshalb, weil zahlreiche Rechtsfragen noch nicht abschließend geklärt sind. Dies gilt insbesondere für die Fragen, ob eine außerordentliche Änderungskündigung möglich ist, ob der Vorstand verpflichtet ist, eine Tätigkeit unterhalb der Vorstandsebene aufzunehmen, ob das Vorstandsmitglied einen Anspruch auf tatsächliche Beschäftigung hat und ob die Aufnahme einer anderen Tätigkeit unterhalb der Vorstandsebene aus dem abgeschlossenen Dienstvertrag einen Arbeitsvertrag werden lässt.

Erlöschen des übertragenden Rechtsträgers

Erlischt der übertragene Rechtsträger bei dem der Partner des Dienstvertrages ist, z. B. im Rahmen eines Verschmelzungsvertrages oder einer Spaltung mit Übernahmevertrag, so gehören die Dienstverträge der Vorstandsmitglieder zum Vermögen des erlöschenden Rechtsträgers im Sinne der §§ 20 Abs. 1 Nr. 1, 131 Abs. 1 Nr. 1 Umwandlungsgesetz. Sie gehen, soweit sie nicht beendet werden, auf den übernehmenden Rechtsträger über.[309] Auch hier gibt es zahlreiche Problemstellungen, was die tatsächliche Beschäftigung und Bezahlung der Vorstandsmitglieder betrifft, so dass die Praxis auch in diesem Falle eine Regelung durch Aufhebungsvertrag und Abfindung sucht.

3.17.5 Verknüpfung, Widerruf, Amtsniederlegung und Kündigung

Die bisherigen Ausführungen zur Trennungstheorie, d. h. zu dem unterschiedlichen Schicksal, das die Organstellung und der Dienstvertrag eines Vorstandsmitglieds haben können, legen es bereits nahe darüber nachzudenken, ob es nicht sinnvoll ist, dies im Wege der vertraglichen Vereinbarung zu verknüpfen.

---

[309] Buchner/Schlobach, GmbH-Rundschau 2004, S. 1 (15).

Der Berater eines Vorstandes wird den Vorstand hiervon generell abraten, da zumindest die Gefahr besteht, dass solche Verknüpfungen den sozialen Besitzstand, d. h. den sozialen Schutz und die materiellen Ansprüche des Vorstandsmitglieds beeinträchtigen. Dies ergibt sich bereits daraus, dass die Abberufung eines Vorstandsmitglieds aus wichtigem Grunde von der Rechtsprechung leichter zugelassen wird als die außerordentliche Kündigung des Dienstverhältnisses aus wichtigem Grund, für die strengere Maßstäbe gelten.

Die Verknüpfung von Organstellung und Dienstvertrag kann auf mehreren Wegen erreicht werden. Denkbar ist der Abschluss des Dienstvertrages unter der auflösenden Bedingung des Widerrufs der Bestellung. Es könnte auch von vornherein ein Aufhebungsvertrag mit der aufschiebenden Bedingung des Widerrufs des Dienstvertrages abgeschlossen werden. Schließlich könnte vertraglich vereinbart werden, dass der Widerruf sogleich das Dienstverhältnis beendet, z. B. wie folgt:

„Sollte die Bestellung als Vorstandsmitglied oder Vorsitzenden des Vorstandes aus wichtigem Grund widerrufen werden, so endet damit auch dieser Dienstvertrag."

Diese Fallgestaltung hatte der zweite Zivilsenat des Bundesgerichtshofs zu beurteilen. Er kam dabei zu folgender Entscheidung:

1. *„Die Beendigung des Dienstvertrages, den ein Vorstandsmitglied mit einer Aktiengesellschaft abschließt, kann durch Vereinbarung der Parteien an den Widerruf der Organstellung im Sinne des § 84 Abs. 3 AktG gekoppelt werden.*
2. *Ruht der Widerruf auf dem Vertrauensentzug durch die Hauptversammlung, der nicht aus offenbar unsachlichen Gründen erfolgt ist, tritt die Beendigung des Dienstvertrages erst mit Ablauf der Frist des § 622 Abs. 1 Satz 2 BGB ein."*

Der BGH führt in den Gründen dazu aus:

„III. 1. ... Die Kündigung des Dienstvertrages aus einem Grund, der lediglich Kraft Vereinbarung zur vorzeitigen Auflösung des Vertrages führt, ist aber nur unter Wahrung der Mindestfrist des § 622 Abs. 1 Satz 2 BGB möglich."

Diese Regelung enthält zwingendes Recht, dass die in § 622 Abs. 1 BGB vorgesehene Kündigungsmöglichkeit allein im Rahmen der für den vorliegenden Fall maßgebenden Vorschrift des § 622 Abs. 1 BGB abbedungen werden kann. Sie gilt für Vorstandsmitglieder einer Aktiengesellschaft entsprechend.

Dieser vom Bundesgerichtshof festgelegte Mindestschutz für das Vorstandsmitglied wird in den seltensten Fällen aber ausreichen. Ein Blick in die zitierte Vorschrift des Bürgerlichen Gesetzbuches zeigt, dass das Arbeitsverhältnis danach mit einer Frist von vier Wochen zum 15. oder zum Ende eines Kalendermonats gekündigt werden kann. Das gilt auch, wenn sich diese Frist für eine Kündigung des Dienstgebers nach zwei Jahren auf einen Monat zum Ende eines Kalendermonats verlängert und in einer weiteren Stufe erst nach fünf Jahren zwei Monate zum Ende eines Kalendermonats beträgt. Dass ein Vorstandsmitglied innerhalb eines Monates eine attraktive gleichwertige neue Tätigkeit findet, ist äußerst unwahrscheinlich. Einem Vorstandsmitglied ist von einer Unterschrift und einer derartigen Kopplungsklausel daher dringend abzuraten.

Dies gilt auch für die Variante der auflösenden Bedingung des Widerrufs der Bestellung.

Die parallele Vereinbarung einer Auflösungsvereinbarung mit Abfindung unter aufschiebender Bedingung für den Fall des Widerrufs könnte eine angemessene Regelung darstellen, ist in der Praxis jedoch schwer vorstellbar. Das Vorstandsmitglied müsste vor Vertragsschluss nicht nur über die Gestaltung des Dienstvertrages, sondern auch gleich über die Gestaltung des Aufhebungsvertrages verhandeln mit den Einschränkungen, die für vertraglich vereinbarte Abfindungsregelung gelten (siehe unten). Zumindest zu Beginn einer Zusammenarbeit sollten beide Parteien aber davon ausgehen, dass es eine lange und fruchtbare Zusammenarbeit wird. Es bleibt allenfalls der Einwand, dass schriftliche Verträge ja ohnehin nur für den Konfliktfall geschlossen werden und im Alltag niemand ohne Anlass in seinen Vertrag schaut.

Dass nach wie vor Bedenken gegen die Kopplung von Abberufung und Kündigung bei Vorstandsmitgliedern bestehen, zeigt ein Aufsatz aus dem Jahr 1998 mit der Überschrift „Zulässige Gestaltung oder sittenwidrige Falle?“[310]

---

[310] Bauer / Diller, GmbH-Rundschau 1998, S. 809 ff.

Bauer und Diller weisen darauf hin, dass Kopplungsklauseln in den meisten Fällen hochgradig irreführend sind und zudem gegen § 622 Abs. 6 BGB verstoßen, der bestimmt, dass die Kündigungsfrist eines Arbeitnehmers nicht länger sein darf als die des Arbeitgebers.[311]

Im Ergebnis zutreffend kommen die Autoren bei ihrer Untersuchung zu der Schlussfolgerung, dass Kopplungsklauseln, nach denen das Anstellungsverhältnis eines Organmitglieds im Falle seiner organschaftlichen Abberufung automatisch erlischt oder ordentlich oder außerordentlich mit der gesetzlichen Kündigungsfrist gekündigt werden kann, grundsätzlich zulässig seien.

*„**Unzulässig sind sie allerdings, wenn das Anstellungsverhältnis auf eine längere Dauer befristet oder eine lange Kündigungsfrist vorgesehen ist, weil dadurch eine einseitige Bindung des Organmitglieds bewirkt würde, während das Unternehmen jederzeit aus dem Vertrag aussteigen könnte.** Die in einer solchen Vertragsgestaltung liegende Benachteiligung des Organmitgliedes wäre mit § 622 Abs. 6 BGB und Artikel 12 Grundgesetz nicht vereinbar. Darüber hinaus verstoßen Kopplungsklauseln in langfristig angelegten Anstellungsverträgen häufig gegen das Verbot überraschender Klauseln, das in § 3 AGB-Gesetz [312] (nach Reform § 305 c BGB) seinen Niederschlag gefunden hat.“* [313]

3.17.6 Freistellung / Suspendierung

Unter dem Stichwort Suspendierung / Freistellung wird eine Maßnahme des Aufsichtsrates diskutiert, die das Vorstandsmitglied an seiner Tätigkeit hindert, ohne dass der Aufsichtsrat die Bestellung widerruft. Ob eine solche Suspendierung überhaupt rechtens ist, ist streitig. Der Begriff ist nicht klar. In diesem Zusammenhang wird von „ zeitlich begrenztem Widerruf“ oder „kurzfristiger vorläufiger Amtsenthebung“ gesprochen, wobei das Verfahren nach § 84 AktG für den Widerruf einzuhalten sei. Bei anderen genügt bereits der schwerwiegende Verdacht eines Verhaltens, das einen Widerruf der Organstellung rechtfertigen würde.[314]

---

[311] Bauer / Diller, wie vor, S. 813.
[312] Heute § 305 c BGB.
[313] Bauer / Diller, wie vor, S. 813.
[314] Hüffer, § 84, Rdnr. 35.

Bauer weist in einem Aufsatz darauf hin, dass die Figur der Suspendierung nur dann Sinn ergebe, wenn gerade noch nicht feststeht, ob ein wichtiger Grund vorliege.[315]

Festzuhalten ist, dass es an einer Rechtsgrundlage für eine Suspendierung im Aktienrecht fehlt. Da Vorstandsmitglieder nicht nur für ihr Tun, sondern gegebenenfalls auch für ihr Unterlassen straf- und zivilrechtlich verantwortlich sind, stellt die Suspendierung einen nicht hinnehmbaren schwerwiegenden Eingriff dar:

Das Vorstandsmitglied haftet weiter als Organ und als Dienstnehmer, wird aber vom Aufsichtsrat daran gehindert Tätigkeit zu entfalten, um gegebenenfalls Haftung zu vermeiden. Vielfach enthalten selbst Vorstandsdienstverträge noch Klauseln, wonach der Aufsichtsrat berechtigt ist, ein Vorstandsmitglied unter Fortzahlung der Bezüge von der Diensttätigkeit freizustellen. Eine solche Klausel kann und darf ein Vorstandsmitglied nicht unterschreiben.

Das Vorstandsmitglied sollte sich gegen jede Freistellung wehren, nicht nur wegen der Haftungsproblematik, sondern auch, um seine Verhandlungsposition und die Verhandlung über eine einvernehmliche Auflösung des Dienstvertrages nicht zu verschlechtern. Vom Aufsichtsrat wird auch zu verlangen sein, dass er sich entscheidet, ob er die Bestellung widerruft oder nicht. Allenfalls eine einvernehmliche Freistellung, die jedoch den üblichen Urlaubszeitraum von zwei bis drei Wochen übersteigen sollte, kann im Einzelfall angedacht werden.

3.17.7 Verlängerungsklausel

Die aus Arbeitsverträgen und GmbH-Geschäftsführerverträgen bekannte Klausel, wonach sich ein für fünf Jahre geschlossenes Arbeits- oder Dienstverhältnis automatisch verlängert, wenn es nicht zuvor mit einer vereinbarten Frist gekündigt wird, hat in Vorstandsdienstverträgen nichts zu suchen. Für die Bestellung und den Dienstvertrag bildet die 5-Jahres-Frist des § 84 AktG die Grenze. Über eine Verlängerung muss durch Beschluss entschieden werden, der frühestens ein Jahr vor Ablauf der bisherigen Amtszeit gefasst werden kann.

Um dem verständlichen Wunsch eines Vorstandsmitgliedes nach Sicherheit in der Lebens- und Versorgungsplanung auch über den 5-

[315] Bauer, DB 1992, S. 1413 (1416).

Jahreszeitraum hinaus nachzugehen, könnte in den Dienstvertrag eine Klausel aufgenommen werden, in der sich der Aufsichtsrat verpflichtet, recht früh innerhalb der Jahresfrist vor Ablauf der Amtszeit zu entscheiden. Dies kann kombiniert werden mit der Vereinbarung, dass für den Fall der Wiederbestellung die im Dienstvertrag niedergelegten Bedingungen weiter gelten sollen. Rechtlich handelt es sich dabei um Absichtserklärungen; die Personalkompetenz des Aufsichtsrates wird dadurch nicht in Frage gestellt oder eingeschränkt.[316]

Um ein Vorstandsmitglied abzusichern, insbesondere bei bevorstehendem Personalwechsel im Aufsichtsrat oder in der Person des Mehrheitsaktionärs, wurde versucht, die starre 5-Jahres-Regelung zu umgehen, indem das Vorstandsmitglied sein Amt vorzeitig niederlegt oder abberufen wird und alsdann neu für nochmals den vollen Zeitraum von fünf Jahren bestellt wird.

Die überwiegende Meinung hält ein solches Vorgehen für unzulässig, wenn es früher als ein Jahr vor Ablauf der Amtszeit erfolgt.[317]

Der Deutsche Corporate Governance Kodex führt in Ziffer 5.1.2 aus:

„Bei Erstbestellung sollte die maximal mögliche Bestelldauer von fünf Jahren nicht die Regel sein. Eine Widerbestellung vor Ablauf eines Jahres vor dem Ende der Bestelldauer bei gleichzeitiger Aufhebung der laufenden Bestellung soll nur bei Vorliegen besonderer Umstände erfolgen."

Auch wenn nicht klar ist, was im Vorliegenden besondere Umstände bedeutet, gehen die Autoren des Kodex von der Wirksamkeit einer derartigen Praxis aus.[318]

Der Berater des Vorstands hat darauf hinzuweisen, dass, falls die Gerichte die Kombination von Amtsniederlegung und erneuter Bestellung von fünf Jahren außerhalb des Jahreszeitraum für unwirksam ansehen, zwar von einer vorläufig wirksamen Organstellung auszugehen ist. Diese kann jedoch durch Widerruf seitens des Aufsichtsrats oder Amtsniederlegung seitens des Vorstands jederzeit beendet werden.[319] Auf den Dienstvertrag findet das Recht des faktischen An-

[316] Weber / Dahlbender, DB 1996, S. 2373 (2374).

[317] Götz, AG 2002, S. 305 ff. mit Darlegung des Meinungsbilds in der Literatur und der eigenen Ansicht, S. 306.

[318] Anders Götz AG 2002, S. 305 (306).

[319] Götz, wie vor.

stellungsvertrags Anwendung mit der Folge, dass auch dieser jederzeit durch einseitige Erklärung beendet werden kann.[320] Dann aber sind Fälle vorstellbar, in denen die vermeintliche Verlängerung zu einer tatsächlichen Verkürzung von Bestellungszeitraum und Dienstvertrag führt.

Entsprechend sieht auch die Kommentierung des Deutschen Corporate Governance Kodex diese Regelung kritisch.[321] Bis zu einer höchstrichterlichen Entscheidung muss ein Berater auf die Risiken einer solchen Verfahrensweise hinweisen.

Ein weiterer Versuch von Vorstandsmitgliedern sich für die Zukunft abzusichern, ist die Vereinbarung von Abfindungen für den Fall, dass sie nicht wiederbestellt werden.

3.17.8 Abfindungsvereinbarung

Soweit die Vergütungszusage im Dienstvertrag insgesamt einschließlich der Abfindungszusage noch im Rahmen des § 87 AktG als angemessen angesehen werden kann, die Abfindung selbst ebenfalls als angemessen bezeichnet werden kann, bestehen gegen derartige Zusagen keine Bedenken. Eine Abfindungszusage die für sich allein genommen, wie auch im Kontext mit den übrigen Vergütungszusagen als angemessen bezeichnet werden kann, wird kein solches Gewicht haben können, dass sie die freie Entscheidung des Aufsichtsrates, die der Gesetzgeber in § 84 Abs. 1 AktG ausdrücklich und nachhaltig postuliert, in Frage zu stellen.

3.17.9 Change of control-Klausel

Unter einer Cange-of control-Klausel in einem Vorstandsdienstvertrag ist eine Klausel zu verstehen, in der die Gesellschaft dem künftigen oder derzeitigen Vorstandsmitglied Leistungen für den Fall des Kontrollwechsels verspricht, um das Vorstandsmitglied an die Gesellschaft zu binden oder für diese zu gewinnen. Es handelt sich um eine Vergütungszusage; ob es sich um Tätigkeitsbezüge im Sinne von § 87 Abs. 1 Satz 1 AktG, die gegebenenfalls ja herabgesetzt werden können, oder um Versorgungsleistungen gemäß § 87 Abs. 1 Satz 2 AktG handelt, hängt davon ab, ob die Klausel eine Verknüp-

[320] Götz, wie vor, S. 306 f.
[321] Peltzer, S. 75/76.

fung der Leistungen mit der Beendigung des Anstellungsverhältnisses vorsieht oder nicht.[322]

Change of control-Klauseln unterliegen der Angemessenheitskontrolle des § 87 Abs. 1 Satz 1 AktG und zwar für sich genommen und im Zusammenhang mit der Gesamtvergütung; sie dürfen auch nicht die Entschließungsfreiheit des Aufsichtsrates bei der Frage der erneuten Berufung beeinträchtigen.[323]

Bei der Gestaltung der Change of control-Klausel wird geraten, diese an gesetzliche Mitteilungs- oder Anzeigungspflichten anzuknüpfen, z. B. den Erwerb von 25% der Aktien bzw. Stimmrechte gem. § 20 Abs. 1 AktG bzw. § 21 Abs. 1 Wertpapierhandelsgesetz (WpHG), oder den Erwerb der Kontrolle, d. h. mindestens 30% der Stimmrechte an einer Zielgesellschaft im Sinne der §§ 29, 35 Abs. 1 Satz 1 WpÜG.[324]

Eine besondere Problematik bildet die Transparenz von Change of control-Klauseln. Nach § 85 Abs. 1 Ziff. 9 a und 9 b sind zu den in der Bilanz ausgewiesenen Verbindlichkeiten im Anhang nur die gewährten Bezüge, nicht aber die zugesagten anzugeben. Hier wird gefordert, bereits die entsprechenden Zusagen bekannt zu geben.[325]

3.18 Zeugnisanspruch

Auch das entlassene Vorstandsmitglied hat nach überwiegender Auffassung einen Anspruch auf Erteilung eines Zeugnisses durch den Aufsichtsrat.[326]

Da dieser Anspruch nicht völlig zweifelsfrei ist, empfiehlt es sich, ihn vertraglich abzusichern und im Zusammenhang mit den Regelungen über die Beendigung des Anstellungsvertrages den Anspruch auf Zeugniserteilung zu erwähnen.

Die Praxis unterscheidet zwischen einem einfachen Zeugnis oder einer Arbeitsbescheinigung und einem qualifizierten Zeugnis. Das

---

[322] Dreher, AG 2002, S. 214 (216).
[323] Dreher, wie vor, S. 217.
[324] Dreher, wie vor, S. 218.
[325] Dreher, wie vor, S. 222.
[326] Hefermehl / Spindler, § 84 Rdnr. 73 m.w.N.

einfache Zeugnis enthält folgende Angaben über die Art des Zeugnisses:

- Zeugnis oder Zwischenzeugnis
- Den Aussteller des Zeugnisses
- Die Person des Beurteilten
- Die Dauer des Arbeitsverhältnisses
- Das Aufgabengebiet sowie Datum und Ort der Ausstellung

Vorstandsmitglieder haben wie jeder Arbeitnehmer einen Anspruch auf ein qualifiziertes Zeugnis. Neben den Angaben, die auch das einfache Zeugnis enthält, sind hier zusätzlich

- die Leistung
- das soziale Verhalten zu beurteilen.

Die Leistungsbeurteilung enthält eine Beurteilung der allgemeinen fachlichen Qualifikationen, des Arbeitseinsatzes, des Arbeitsergebnisses und kann je nach Betriebszugehörigkeit kurz oder ausführlich ausfallen. Unter dem Stichwort „soziales Verhalten" im Unternehmen wird beurteilt, ob der Betroffene mit seinen Vorgesetzten, Mitarbeitern und Kunden gut oder weniger gut harmoniert hat.

Bei Führungskräften wird ein qualifiziertes ausführliches Zeugnis erwartet, in welchem neben der Frage der Weiterbildung insbesondere die Führungseigenschaften angesprochen werden. [327] Hier kann unterschieden werden zwischen Führungsstil, Führungstechnik, Führung und Arbeitsergebnis sowie Führung und Motivation. Nachfolgend einige Beispiele:

Führungsstil allgemein

- autoritär sachlich

Er/Sie führte konsequent und verlangte von seinen/ihren Mitarbeitern volle Arbeitsleistung, ohne diese jedoch zu überfordern.

- demokratisch konsequent

---

327 Wir verweisen auf den Aufsatz von Prof. Dr. jur. Karl-Heinz Schmid, Aussagen über Führungsleistungen in Arbeitszeugnissen, hier rechtliche Problematik, DB 1986, S. 1334 ff.

Er/Sie bezog seine/ihre Mitarbeiter stets in die Entscheidungsbildung ein, setzte die dann von ihm/ihr getroffene Entscheidung mit Nachdruck durch.

- natürliche Autorität

Durch seine/ihre natürliche Autorität verstand er/sie es stets, seine/ihre Entscheidungen und Anweisungen bei den Mitarbeitern durchzusetzen.

- betont sachbezogen

Im Interesse der Sache setzte er/sie seine/ihre Vorstellungen stets in die tägliche Praxis um.

- betont mitarbeiterbezogen

Ihm/Ihr war es wichtig, die Mitarbeiter zu führen, in dem er/sie diese von der Richtigkeit seiner/ihrer Auffassung überzeugte.

Führungstechnik

- angepasst

Er/Sie hat die Gabe, die unterstellten Mitarbeiter immer in einer der jeweiligen Situation und Aufgabenstellung entsprechenden Weise anzusprechen und so zu führen.

- motivieren

Er/Sie führte, indem er/sie seine/ihre Mitarbeiter motivierte.

- delegieren

Er/Sie verstand es, die Arbeit an die unterstellten Mitarbeiter so zu delegieren, dass jeder einzelne optimal eingesetzt wurde.

- teamgeformt

Er/Sie hat aus den ihm/ihr unterstellten Mitarbeitern ein gutes Arbeitsteam geformt.

- Teamarbeit geprägt

Aufgrund seiner/ihrer Persönlichkeit hat er/sie das Team, dem er/sie angehörte, und dessen Arbeit wesentlich geprägt.

Führung und Arbeitsergebnis

Unter seiner/ihrer Führung gelang es den Mitarbeitern, stets gute/befriedigende/achtbare Arbeitsergebnisse zu erzielen.

Führung und Mitarbeiter

Obwohl er/sie von ihnen viel verlangte, war Herr/Frau/Frl. bei den Mitarbeitern geschätzt und beliebt.

Unternehmerische Fähigkeit

Besonders hervorzuheben ist seine/ihre Fähigkeit zur Organisation von Arbeitsabläufen, planerische Gestaltung und selbständiger unternehmerischer Tätigkeit.

Was für die Zeugnisse von Arbeitnehmern gilt, dürfte auch für die Zeugniserteilung des Aufsichtsrats gegenüber Vorstandsmitgliedern gelten:

- Wahrheit
- Vollständigkeit
- Einzelbeurteilung
- Keine versteckten Klauseln

Für den Aufsichtsrat dürfte gelten, was für den Arbeitgeber, der ein Zeugnis ausstellt gilt:

„Es ist Sache des Arbeitsgebers, das Zeugnis zu formulieren. Er ist frei bei seiner Entscheidung, welche Leistungen und Eigenschaften seines Arbeitnehmers er mehr hervorheben oder zurücktreten lassen will. Das Zeugnis muss nur wahr sein und darf auch dort keine Auslassungen enthalten, wo der Leser eine positive Hervorhebung erwartet (etwa Ehrlichkeit des Kassierers).“ [328]

---

[328] Bundesarbeitsgericht, Urteil vom 29.07.1971, 2 AZR 250/87.

3.19 Schlussbestimmungen

Schriftformklausel

Ein gesetzliches Schriftformerfordernis für Vorstandsdienstverträge gibt es nicht. Insbesondere ist das Gesetz über den Nachweis der für ein Arbeitsverhältnis geltenden wesentlichen Bedingungen (Nachweisgesetz vom 20. Juni 1995) auf Vorstandsmitglieder nicht anwendbar, da diese keine Arbeitnehmer sind.

Vereinbaren die Parteien die Schriftform, so gilt insoweit § 126 Abs. 2 BGB

„Bei einem Vertrag muss die Unterzeichnung der Parteien auf derselben Urkunde erfolgen. Werden über den Vertrag mehrere gleich lautende Urkunde aufgenommen, so genügt es, wenn jede Partei die für die andere Partei bestimmte Urkunde unterzeichnet."

Die Schriftform hat sowohl Warnfunktion als auch Klarstellungs- und Beweisfunktion. Warnfunktion insoweit, als dass der Erklärende sich wegen der Risiken des Geschäfts vor unüberlegten oder übereiligen Bindungen geschützt werden soll.[329]

Klarstellungs- und Beweisfunktion bedeutet, dass klargestellt und bewiesen wird, dass und mit welchem Inhalt der Vertrag zustande gekommen ist.[330]

Die Bedeutung einer Vertragsurkunde liegt auch darin, dass sie die Vermutung der Richtigkeit und Vollständigkeit in sich trägt.[331]

Unter der Schriftformklausel in einem ohnehin schriftlich abgefassten Vorstandsdienstvertrag wird die Abrede verstanden, dass „Änderungen und Ergänzungen der Schriftform bedürfen". Dies dient der Rechtssicherheit und soll späteren Streitigkeiten vorbeugen, die daraus resultieren, dass die eine oder andere Partei behauptet, neben oder anstelle einer Regelung im Vertrag selbst sei etwas anderes verabredet worden.

Allerdings können die Parteien, wenn eine Schriftform nicht gesetzlich vorgeschrieben ist, diese jederzeit einvernehmlich aufheben. Auch eine stillschweigende Aufhebung wird von der Rechtsprechung angenommen, wenn die Parteien die Maßgeblichkeit der mündlichen

---

[329] Palandt / Heinrichs, § 125, Rdnr. 2.
[330] Palandt / Heinrichs, wie vor, Rdnr. 2 a.
[331] Palandt / Heinrichs, wie vor, § 125, Rdnr. 15.

Vereinbarung übereinstimmend gewollt haben.[332] Deshalb findet sich in vielen Verträgen eine Klausel, die die stillschweigende Aufhebung des Schriftformerfordernisses ausschließen will, z. B. durch die Formulierung: „Auch ein Schriftformerfordernis kann nur schriftlich aufgehoben werden“. Der Bestand einer solchen Vereinbarung ist aber gleichwohl zweifelhaft. Streitig ist, ob eine mündliche Vereinbarung auch dann wirksam ist, wenn der Vertrag für die Aufhebung der Formabrede ausdrücklich Formzwang vorsieht.[333] Dennoch ist es nach wie vor empfehlenswert, für Änderungen und Ergänzungen des Vertrages Schriftform zu vereinbaren: Wer sich auf eine Vertragsänderung beruft, die nicht in der vereinbarten Form vollzogen worden ist, muss die Vertragsänderung und die Aufhebung der Formabrede beweisen.[334]

Um Bezugnahme auf mündliche Abreden vor Vertragsschluss oder während der Vertragsverhandlungen abzuschneiden, empfiehlt es sich darüber hinaus festzuhalten:

„Dieser Vertrag gibt die Vereinbarungen zwischen den Parteien vollständig und richtig wieder. Etwaige vorherige mündliche oder schriftliche Absprachen sind mit Vertragsabschluss aufgehoben.“

Angstklausel

Angstklauseln haben ihren Hintergrund in § 139 BGB der lautet:

„Ist ein Teil eines Rechtsgeschäfts nichtig, so ist das ganze Rechtsgeschäft nichtig, wenn nicht anzunehmen ist, dass es auch ohne den nichtigen Teil vorgenommen sein würde.“

Ziel einer Angsklausel ist es also, dass auch bei Nichtigkeit einer einzelnen Abrede der Vertrag als solcher weitergilt. Angstklauseln sind möglich, da § 139 BGB dispositives Recht ist, d. h. durch eine Vereinbarung der Parteien abbedungen werden kann.

Üblich ist es auch, zumindest abstrakt festzulegen, was an die Stelle einer eventuell unwirksamen Klausel treten soll, um § 139 BGB zu verdrängen.[335]

---

[332] Palandt / Heinrichs, wie vor, Rdnr. 14 m.w.N.
[333] Palandt / Heinrichs, wie vor.
[334] Palandt / Heinrichs, wie vor, Rdnr. 14 a.
[335] Palandt / Heinrichs, § 139 Rdnr. 17 und 18.

Schiedsvereinbarung

Die Vertragsschließenden eines Vorstandsdienstvertrages können eine Schiedsvereinbarung treffen, in der sie die Organe der Justizhoheit durch frei gewählte Privatpersonen und Schiedsrichter ersetzen. Diese echten Schiedsgerichte sind zu unterscheiden von Schiedsgutachten, Schiedspersonen oder Gütestellen, Schlichtungen, Schiedsgutachtenverfahren. Nur die Übertragung der Entscheidung auf Schiedsrichter anstelle der staatlichen Gerichte ist eine Schiedsvereinbarung.[336]

Damit auch derartige Schiedsverfahren nach rechtsstaatlichen Grundsätzen verfahren, hat der Gesetzgeber in §§ 1025 ff. ZPO Regelungen für das Schiedsgerichtsverfahren aufgestellt.

§ 1029 ZPO dient der Begriffsbestimmung.

(1) *„Schiedsvereinbarung ist eine Vereinbarung der Parteien, alle oder einzelne Streitigkeiten, die zwischen ihnen in Bezug auf ein bestimmtes Rechtsverhältnis vertraglicher oder nicht vertraglicher Art entstanden sind oder künftig entstehen, der Entscheidung durch ein Schiedsgericht zu unterwerfen.*

(2) *Eine Schiedsvereinbarung kann in Form einer selbständigen Vereinbarung (Schiedsabrede) oder in Form einer Klausel in einem Vertrag (Schiedsklausel) geschlossen werden."*

Die Schiedsvereinbarung bedarf der Textform. § 1031 Abs. 1 ZPO lautet:

„Die Schiedsvereinbarung muss entweder in einem von den Parteien unterzeichneten Schriftstück oder zwischen ihnen gewechselten Schreiben, Fernkopien, Telegrammen oder anderen Formen der Nachrichtenübermittlung, die einen Nachweis der Vereinbarung sicherstellen, enthalten sein."

Die Bedeutung der Schiedsklausel, nämlich den Ausschluss des Gerichtsweges, stellt § 1032 Abs. 1 ZPO dar.

„Wird vor einem Gericht Klage in einer Angelegenheit erhoben, die Gegenstand einer Schiedsvereinbarung ist, so hat das Gericht die Klage als unzulässig abzuweisen, sofern der Beklagte dies vor Beginn der mündlichen Verhandlung zur Hauptsache rügt, es sei denn,

[336] Palandt / Albers, Grundsätze, § 1025, Rdnr. 9.

das Gericht stellt fest, dass die Schiedsvereinbarung nichtig, unwirksam oder undurchführbar ist."

Das bedeutet für ein Vorstandsmitglied, dass, wenn er eine (wirksame) Schiedsvereinbarung unterzeichnet, ihm, aber auch der Gesellschaft im Streitfalle der Weg zu den ordentlichen Gerichten verwehrt ist. Das Schiedsgerichtsverfahren hat, je nach Betrachtungsweise, den Vor- und den Nachteil, dass die Öffentlichkeit ausgeschlossen bleibt. Der Instanzenzug ist abgeschnitten. Je nach dem Inhalt oder die Besetzung des Schiedsgerichtes, wird das Schiedsgericht auch teurer sein als eine staatliches Gericht.

Der Berater eines Vorstandsmitgliedes wird diesem daher anraten, lieber keine Schiedsgerichtsvereinbarung abzuschließen.

Nach § 1034 ZPO können die Parteien die Anzahl der Schiedsrichter frei vereinbaren, fehlt eine solche Vereinbarung, so ist die Zahl der Schiedsrichter drei.

Darüber hinaus enthält das Gesetz noch Regelungen über die Bestellung der Schiedsrichter und das Verfahren, wenn sich die Parteien über die Person des Schiedsrichters streiten.

§ 1042 ZPO enthält wichtige Verfahrensregeln:

(1) „Die Parteien sind gleich zu behandeln. Jeder Partei ist rechtliches Gehör zu gewähren.
(2) Rechtsanwälte dürfen als Bevollmächtigte nicht ausgeschlossen werden.
(3) Im Übrigen können die Parteien vorbehaltlich der zwingenden Vorschriften dieses Buches das Verfahren selbst oder durch Bezugnahme auf eine schiedsrichterliche Verfahrensordnung regeln.
(4) Soweit eine Vereinbarung der Parteien nicht vorliegt und dieses Buch keine Regelung enthält, werden die Verfahrensregeln vom Schiedsgericht nach freiem Ermessen bestimmt. Das Schiedsgericht ist berechtigt, über die Zulässigkeit einer Beweiserhebung zu entscheiden, diese durchzuführen und das Ergebnis frei zu würdigen."

Das Verfahren vor dem Schiedsgericht kann, wie auch vor einem ordentlichen Gericht, durch Vergleich beendet werden (§ 1053 ZPO) oder durch einen Schiedsspruch (§ 1054 ZPO). Der Schiedsspruch hat zwischen den Parteien die Wirkung eines rechtskräftigen gerichtlichen Urteils. Gegen den Schiedsspruch ist eine Berufung oder Revision nicht möglich. Es gibt nur die Möglichkeit nach § 1059 ZPO, d. h. nur unter den im Gesetz genannten engen Voraussetzungen einen Antrag auf gerichtlicher Aufhebung des Schiedsspruchs zu stellen.

Aus einem Schiedsspruch kann nur vollstreckt werden, wenn der Schiedsspruch durch ein staatliches Gericht für vollstreckbar erklärt wird.

Aus Sicht eines Vorstandsmitglieds, der im Falle des Streites mit seiner Gesellschaft sicherlich mindestens finanziell die schwächere Partei ist, spricht nichts dafür eine Schiedsvereinbarung zu treffen.

Gerichtsstandsvereinbarung
Eine Gerichtsstandsvereinbarung ist sinnvoll, wenn keine der Vertragsparteien einen allgemeinen Gerichtsstand im Inland hat. Die Zulässigkeit einer Gerichtsstandsvereinbarung ist im Einzelfall nach § 38 ZPO zu prüfen.

Rechtswahlklauseln
In Vorstandsdienstverträgen im Geltungsbereich des deutschen Aktiengesetzes ist eine Rechtswahlklausel entbehrlich. Allenfalls, wenn es sich um die deutsche Tochter einer ausländischen Muttergesellschaft handelt, sollte aus Sicht des betroffenen Vorstandsmitgliedes die Geltung des deutschen Rechtes klargestellt werden. Im Übrigen ist einem Vorstandsmitglied immer zu raten, keine Rechtswahlklauseln zu unterzeichnen, die ein ihm unbekanntes nationales Recht beinhalten.

3.20 Besonderheiten im Konzern

Im Konzern gelten die bereits in Kapitel 3 dargelegten Grundsätze. Durch das Hinzutreten weiterer juristischer Personen und Organe vermehren sich auch die Konfliktpotentiale und das Bedürfnis nach einem Ausgleich durch gesetzliche Regelungen. Nachfolgend sind einige Besonderheiten aufgeführt; wegen der gesteigerten Haftung der Vorstände im Konzern wird auf die Ausführungen zu Ziffer 5.5 verwiesen.

Berichtspflichten der konzernabhängigen Gesellschaft

Im faktischen Konzern [337] tritt an die Stelle des Beherrschungsvertrages die Ausgleichspflicht und zum Schutz der Gesellschaft und deren Aktionäre eine Ausweitung der Berichtspflichten des Vorstandes über die Beziehungen zu verbundenen Unternehmen. Voraussetzung für die Ausweitung der Berichtspflicht ist nach § 312 AktG, dass kein Beherrschungsvertrag besteht. Berichtspflichtig ist der Vorstand der abhängigen Gesellschaft. Dieser hat in den ersten drei Monaten des Geschäftsjahres einen Bericht über die Beziehung der Gesellschaft zu verbundenen Unternehmen aufzustellen. Das Gesetz regelt den Inhalt des Berichtes:

(a) Auflistung aller Rechtsgeschäfte,

- mit herrschenden Unternehmen,
- mit den dem herrschenden Unternehmen verbundenen Unternehmen,
- auf Veranlassung des herrschenden Unternehmens,
- im Interesse des herrschenden Unternehmens

(b) Auflistung aller Leistungen und Gegenleistungen im Zusammenhang mit diesen Rechtsgeschäften
(c) Auflistung aller Maßnahmen, die auf Veranlassung des herrschenden Unternehmens

- getroffen wurden,
- oder unterlassen wurden,

(d) Erläuterung der Gründe sowie Vor- und Nachteile aller vorgenannten Maßnahmen,
(e) Darlegung des Nachteilsausgleichs oder des Rechtsanspruchs auf Vorteile,
(f) Erklärung über angemessene Gegenleistungen und Nachteile und einen Ausgleich.

Die Erklärung zu f) ist den Lagebericht aufzunehmen.

---

337 Vgl. Ausführungen zu Unternehmensverträgen in Ziffer 5.5 und die Haftung im faktischen Konzern Ziffer 5.5.2.

Zweck der Regelung ist die verbesserte Informationsbasis für Gesellschaftsgläubiger und außen stehende Aktionäre zur Vorbereitung und Durchsetzung von Ersatzansprüchen.[338]

Konzernanstellungsvertrag

Aus dem Umstand, dass der Vorstand verpflichtet ist, die Aktiengesellschaft quasi treuhänderisch zu leiten und deren Geschäfte zu führen, bestehen Bedenken dagegen, dass der Vorstand mit einem Dritten, insbesondere etwa einer anderen Konzerngesellschaft, z. B. der Konzernmutter, den Anstellungsvertrag schließt. Konflikte zwischen Organstellung und Anstellungsvertrag könnten entstehen. Sie sollten nach Auffassung der herrschenden Meinung vermieden werden.[339] In jedem Fall bleibt es dabei, dass der Aufsichtsrat der Gesellschaft, für die das Vorstandsmitglied bestellt ist, auch für den Abschluss des Anstellungsvertrages zuständig ist und bleibt.[340]

Auch ein Arbeitsvertrag mit der Konzernmutter, der die Untergesellschaft nicht betrifft, sondern eine von der Leitung und Geschäftsführung der Untergesellschaft unabhängige Verpflichtung des Vorstandsmitglieds als Arbeitnehmer der Muttergesellschaft oder einer anderen Tochtergesellschaft begründet, ist im Regelfall problematisch. Das Vorstandsmitglied sollte seine ganze Arbeitskraft und Sorgfalt der ihm anvertrauten Gesellschaft widmen. Bei kleineren Tochtergesellschaften mit geringem operativem Geschäft, gegebenenfalls bei reinen Immobilienbesitzgesellschaften scheint eine Zweigleisigkeit bei den Verträgen vorstellbar.

Interessenkonflikte kann es auch geben, wenn ein bisheriges Arbeitsverhältnis mit der Muttergesellschaft, unabhängig von der Berufung zum Vorstandsmitglied, fortbesteht. Dann stehen sich eine weisungsgebundene Tätigkeit als Angestellter und Eigenverantwortung des Vorstandes der Aktiengesellschaft gegenüber. Der gleiche Konflikt besteht, wenn der Anstellungsvertrag des Vorstandes (also kein Arbeitsvertrag) mit einem Dritten geschlossen wird, der Vorstand also in der abhängigen Gesellschaft berufen ist, sein Dienstvertrag jedoch mit dem herrschenden Unternehmen abgeschlossen wird (so genannter Konzernanstellungsvertrag).

---

[338] Hüffer, § 312, Rdnr. 1.

[339] Hefermehl / Spindler, § 84, Rdnr. 54 mit Darstellung der verschiedenen Auffassungen.

[340] Hefermehl / Spindler, wie vor.

Wiesner führt im Münchener Handbuch des Gesellschaftsrechts, Band 4, Aktiengesellschaft, 2. Auflage dazu aus.[341]

„Grundsätzlich dürften keine Bedenken bestehen, wenn das herrschende Unternehmen seinem Angestellten, um ihm den Wechsel in den Vorstand eines abhängigen Unternehmens zu erleichtern, eine Arbeitsplatzgarantie, ein konzernweites Ruhegeld oder eine Garantie hinsichtlich der von der Tochtergesellschaft zu erbringenden Leistungen gewährt."

Wiesner warnt dennoch davor, Anstellungen mit Dritten vorzunehmen, da hiergegen erhebliche rechtliche und tatsächliche Bedenken bestehen, insbesondere unter dem Gesichtspunkt der Unvereinbarkeit der autonomen Leitungsbefugnis des Vorstands nach § 76 AktG und dem arbeitsrechtlichen Weisungsrecht der Muttergesellschaft, wie aber unter dem Gesichtspunkt des unzulässigen Eingriffs in die im Aktiengesetz festgeschriebene Personalkompetenz des Aufsichtsrates.

Im übrigen werden die ohnehin durch das Auseinanderfallen von Organstellung und Dienstvertrag bestehenden Schwierigkeiten im Zusammenhang mit der Abberufung und der Kündigung des Dienstvertrages in dem Falle, in dem nicht allein der Aufsichtsrat, sondern außerhalb der Gesellschaft stehende Dritte beteiligt sind, noch erschwert. [342]

Fazit:

Eine sinnvolle Beratung beider Vertragsschließenden wird daher zum Inhalt haben, dass das Vorstandsmitglied den Dienstvertrag mit der Gesellschaft, für welche es berufen wird, abschließt. Eine Arbeitsplatzgarantie im Konzern für den Fall des Widerrufs und / oder der nicht erneuten Bestellung ist vorstellbar. Die Weiterbeschäftigung als Angestellter in der eigenen Aktiengesellschaft wird von Seiten des Vorstandsmitglieds meist nicht gewünscht.

---

[341] § 21 Rdnr. 3.

[342] Vgl. Ausführungen in Ziffer 16. Verknüpfung, Abberufung und Kündigung.

Konzernerfolgsabhängige Tantieme
Die konzernabhängige Tantieme stellt als Unterfall der gewinnabhängigen Tantieme auf den Konzernjahresüberschuss ab. Noch im Geltungsbereich des inzwischen aufgehobenen § 86 AktG bildete sich die Meinung, dass eine Abweichung von dieser Vorschrift bei der Tantiemeregelung für Vorstandsmitglieder einer Konzernobergesellschaft sachgerecht und rechtlich unbedenklich sei.[343] Hingegen wurde es als problematisch angesehen, die Tantieme für den Vorstand einer Konzerngesellschaft am Jahresüberschuss des Gesamtkonzerns auszurichten.[344]

Die Empfehlung des Deutschen Corporate Governance Kodex in der Fassung vom 21. Mai 2003 lautet in Ziffer 4.2.2 Satz 3:

„Die Kriterien für die Angemessenheit der Vergütung bilden insbesondere die Aufgaben des jeweiligen Vorstandsmitgliedes, seine persönliche Leistung, die Leistung des Vorstandes sowie die wirtschaftliche Lage, der Erfolg und die Zukunftsaussichten des Unternehmens unter Berücksichtigung seines Vergleichsumfeldes."

Die Fokussierung auf das jeweilige Vorstandsmitglied und seine persönliche Leistung neben der Leistung des Vorstandes, sowie auch der Verweis auf die wirtschaftliche Lage, den Erfolg und die Zukunftsaussichten des konkreten Unternehmen, schließen nach meiner Auffassung bei einem Unternehmen, das den Kodex anwendet, die konzernerfolgsabhängige Tantieme aus; im übrigen ist eine solche Tantieme jedenfalls nicht „best practise".

3.21 Pflichten des Vorstandes in der Gründungsphase

Die Gründung einer Aktiengesellschaft ist ein komplexer Vorgang, der zumeist juristisch begleitet wird und dessen Darstellung den

---

[343] Hoffmann / Becking, NZG 1999, S. 797 (799) mit Hinweis auf weitere Nachweise.

[344] Hoffmann / Becking, wie vor, mit Hinweis auf Mertens in Kölner Kommentar, § 86, Rdnr. 9, der die Zulässigkeiten für den Vorstand der eingegliederten Gesellschaft als gegeben ansieht.

Rahmen dieses Buches sprengen würde. Insoweit muss auf Spezialliteratur verwiesen werden.[345]

Nachdem die Gründer den ersten Aufsichtsrat der Gesellschaft bestellt haben, bestellt der Aufsichtsrat den ersten Vorstand (§ 30 Abs. 4 AktG). Damit wird die Aktiengesellschaft handlungsfähig. Auf den Vorstand kommen in der Gründungsphase mannigfache Aufgaben zu:

Tabelle 3.3. Aufgaben des Vorstands in der Gründungsphase

§ 33 AktG	Gründungsprüfung
§ 36 AktG	Anmeldung der Gesellschaft
§ 36 a Abs. 1 AktG	Einforderung der Bareinlagen bei den Gründern
§ 36 a Abs. 2 AktG	Einforderung der Sacheinlagen
§ 37 AktG	Erklärungen anlässlich der Anmeldung
§ 37 Abs. 5 AktG	Hinterlegung der Namensunterschrift zur Aufbewahrung bei Gericht
§ 48 AktG	Verantwortung dafür, dass eine zur Annahme von einzelnen auf die Aktien bestimmte Stelle hierzu geeignet ist
§ 48 AktG	Verantwortung dafür, dass die eingezahlten Beträge zur freien Verfügung des Vorstandes stehen

345 z. B. Heinz-Peter Verspay / Sattler, Die kleine AG, 4. Auflage, Kapitel 4, S. 17 – 50.

Darüber hinaus gehören zu den Aufgaben [346]

- die Weiterführung eines durch Sachgründung eingebrachten Unternehmens,
- Maßnahmen zur Erhaltung von Sacheinlagen einschließlich der Abwehr von Rechtsverletzungen,
- Aufnahme der Geschäftstätigkeit bei Vorliegen eines entsprechenden einstimmigen Beschlusses der Gründer,
- Ermittlung einer etwaigen Unterbilanz bei Aufnahme der Geschäftstätigkeit vor Eintragung und die Geltendmachung von Ansprüchen aus Unterbilanzhaftung bei den Gründern,
- Geltendmachung der Ansprüche aus Differenzhaftung bei Sachanlagen.

Die Verletzung der vorgenannten Pflichten ist mit Haftung bedroht (siehe Kapitel 5.6 Haftung des Vorstands bei der Gründung der AG).

[346] Verspay / Sattler, Seite 34

4 Muster

4.1 Vorstandsdienstvertrag

Vorwort zum Vorstandsdienstvertrag
Der Vielzahl aller denkbaren Lebenssachverhalte entspricht auch eine Vielzahl bei den Varianten eines Vorstandsdienstvertrages. Auch nur der Versuch, die gängigsten Varianten darzustellen, würde den Umfang dieses Buches sprengen. Dem nachfolgenden Muster ist folgende Situation zugrunde gelegt:

In den dreiköpfigen Vorstand einer innovativen Aktiengesellschaft wird ein neues Vorstandsmitglied berufen. Der Betroffene war bislang leitender Angestellter in einem anderen Unternehmen. Er soll nun erstmals als Vorstandsmitglied tätig werden. Die beiden vorhandenen Vorstandsmitglieder sind beide bereits zum zweiten Male in den Vorstand berufen worden und haben eine Altersversorgungszusage der Gesellschaft, die aber auch ihnen erst aus Anlass der zweiten Berufung erteilt worden war.

Muster
Vorstandsdienstvertrag

zwischen

der XYZ AG,
Strasse
Ort
vertreten durch den Aufsichtsrat *(Namen der Aufsichtsratsmitglieder unter Kennzeichnung des Vorsitzenden des Aufsichtsrates)*
- nachfolgend "die Gesellschaft" -

und

Herrn Peter Mustermann,
geboren am:
derzeit wohnhaft:

Herr Peter Mustermann ist durch Beschluss des Aufsichtsrates vom... zum Mitglied des Vorstand der Gesellschaft bestellt worden.

Die Bestellung gilt für die Dauer von drei Jahren. Für die Zeit der Bestellung wird der nachfolgende Dienstvertrag geschlossen:

Teil 1 Leitung, Geschäftsführung und Vertretung

Herr Mustermann leitet zusammen mit den übrigen Vorstandsmitgliedern eigenverantwortlich die Gesellschaft und führt deren Geschäfte.

(1) Zusammen mit den übrigen Vorstandsmitgliedern entwickelt Herr Mustermann die strategische Ausrichtung (langfristige Grobplanung und zeitnahe Feinplanung) der Gesellschaft und setzt sie nach Abstimmung mit dem Aufsichtsrat um.
Zur Umsetzung der strategischen Ausrichtung hat der Vorstand insbesondere:

- eine Struktur zu schaffen, die eine reibungslose Umsetzung der Unternehmensziele gewährleistet,
- stets in der Lage zu sein, Abweichungen zwischen Planung und tatsächlicher Entwicklung zu erkennen (Risikoinventur und Risikocontrolling),
- ein Risikomanagementsystem (Risikovermeidung, Risikoverminderung, Risikoüberwälzung, Risikokompensation) einzurichten,
- das Kapital der Gesellschaft zu erhalten,
- für eine ordnungsgemäße Buchführung zu sorgen,
- die Dienstaufsicht über die nachgeordneten Führungskräfte wahrzunehmen.

(2) Herr Mustermann hat die Sorgfalt eines ordentlichen und gewissenhaften Geschäftsleiters anzuwenden.

(3) Über vertrauliche Angaben und Geheimnisse der Gesellschaft, namentlich Betriebs- oder Geschäftsgeheimnisse, die ihm durch seine Tätigkeit im Vorstand bekannt geworden sind, hat er Stillschweigen zu bewahren.

(4) Als Mitglied des Vorstandes hat Herr Mustermann für die Einhaltung der Berichtspflichten insbesondere gegenüber dem Aufsichtsrat Sorge zu tragen.

Der Vorstand berichtet dem Aufsichtsrat:

1. die beabsichtigte Geschäftspolitik und andere grundsätzliche Fragen der Unternehmensplanung (insbesondere die Finanz-, Investitions- und Personalplanung);
2. die Rentabilität der Gesellschaft, insbesondere die Rentabilität des Eigenkapitals;
3. den Gang der Geschäfte, insbesondere den Umsatz und die Lage der Gesellschaft;
4. Geschäfte, die für die Rentabilität oder Liquidität der Gesellschaft von erheblicher Bedeutung sein können. Außerdem ist dem Vorsitzenden des Aufsichtsrats aus sonstigen wichtigen Anlässen zu berichten.

(5) Als Vorstandsmitglied hat Herr Mustermann die Geschäftsordnung zu beachten, insbesondere die darin enthaltenen Zustimmungsvorbehalte.

(6) Gibt die Gesellschaft eine Erklärung zum Corporate Governance Kodex in der Weise ab, dass die Gesellschaft diesen Kodex ganz oder teilweise anwendet, so hat Herr Mustermann zusammen mit den übrigen Vorstandsmitgliedern dafür Sorge zu tragen, dass die Gesellschaft sich entsprechend der abgegebenen Erklärung verhält.

(7) Herr Mustermann vertritt die Gesellschaft zusammen mit den übrigen Vorstandsmitgliedern gerichtlich und außergerichtlich. Er hat die durch den Gesetzgeber und die durch die Gesellschaft in der Satzung oder den Aufsichtsrat aufgrund der Satzung konstituierten und in der Geschäftsordnung niedergelegten besonderen Vertretungsregelungen zu beachten.

Teil 2 Bezüge

(1) Herr Mustermann erhält ein Festgehalt von jährlich Euro 000.000,00. Das Gehalt wird in monatlichen Teilbeträgen von Euro 00.000,00 am jeweiligen Monatsletzten ausgezahlt.

(2) Die Gesellschaft gewährt Herrn Mustermann für die Dauer dieses Anstellungsvertrages jeweils einen Zuschuss zur Krankenversicherung sowie zur Altersabsicherung (freiwillige Renten-

versicherung oder Kapitallebensversicherung) in Höhe des Arbeitgeberanteils, wie er bei Krankenversicherungspflicht bzw. Rentenversicherungspflicht (AOK) des Vorstandes bestünde, höchstens jedoch in Höhe der Hälfte der Beiträge, die der Vorstand für seine Krankenversicherung sowie Altersabsicherung tatsächlich aufwendet. Die darauf entfallenden Steuern trägt soweit zulässig die Gesellschaft, darüber hinaus Herr Mustermann.

(3) Ferner erhält Herr Mustermann eine Tantieme in Höhe von 25% des maßgeblichen Gewinns. Maßgeblicher Gewinn ist der Jahresüberschuss laut Handelsbilanz vor Abzug des Tantiemeaufwandes, vermindert um einen Verlustvortrag aus dem Vorjahr und um die Beträge, die nach Gesetz oder Satzung aus dem Jahresüberschuss in Gewinnrücklagen einzustellen sind. Die Gewinntantieme beträgt höchstens 30% des Festgehalts gem. Abs. 1. Die Gewinntantieme ist zum Ende des Monats, in dem der Jahresabschluss festgestellt worden ist, fällig.

(4) In dem Jahr des Beginns und in dem Jahr der Beendigung des Dienstvertrags besteht der Anspruch auf Festgehalt und Tantieme nur anteilig entsprechend der Zeitdauer der Tätigkeit als Vorstand.

(5) Bei Arbeitsunfähigkeit wegen Krankheit oder bei sonstiger unverschuldeter Verhinderung zur Dienstleistung werden die Bezüge für sechs Monate, längstens bis zur Beendigung des Dienstvertrags, fortgezahlt.

(6) Stirbt Herr Mustermann während der Laufzeit dieses Vertrages, so wird seiner Lebenspartnerin, wenn eine entsprechende notariell beglaubigte Verfügung des Herrn Ehemann bei der Gesellschaft vorliegt, ersatzweise seinen unterhaltsberechtigten Kindern das Festgehalt gemäß Abs. 1 für den Sterbemonat sowie die drei darauf folgenden Kalendermonate weitergezahlt. Anspruchsberechtigt sind Kinder nur bis zur Vollendung des 18. Lebensjahres, darüber hinaus für die Dauer der Berufsausbildung bis zur Vollendung des 27. Lebensjahres.

(7) Eine Abtretung oder Verpfändung der Bezüge ist ohne Genehmigung der Gesellschaft unzulässig.

(8) Herr Mustermann hat für die Dauer des Dienstvertrages Anspruch auf Überlassung eines Dienstwagens der Mittelklasse (Nettoanschaffungswert bis Euro 00.000,00) zur dienstlichen und uneingeschränkten privaten Nutzung. Betriebs- und Unterhaltskosten trägt die Gesellschaft. Die Versteuerung des geldwerten Vorteils für die private Nutzung geht zu Lasten des Herrn Mustermann.

(9) Für Geschäftsreisen, Repräsentation und Bewirtung von Geschäftspartnern, welche im Interesse der Gesellschaft erforderlich sind, hat Herr Mustermann Anspruch auf Erstattung seiner Spesen und Auslagen. Übersteigen die aufgewendeten Spesen die nach den steuerlichen Vorschriften zulässigen Pauschalbeträge, so sind diese im Einzelnen zu belegen.

(10) Die Gesellschaft stellt Herrn Mustermann ein Mobiltelefon und ein Autotelefon zur Verfügung und übernimmt alle entstehenden Kosten. Für dienstlich veranlasste Telefongespräche und Internetrecherchen von dem Privatanschluss seiner Wohnung erstattet die Gesellschaft Herrn Mustermann gegen Vorlage der monatlichen Rechnung des Fernmeldeamtes pauschal 50% der entstandenen Gebühren.

(11) Herr Mustermann hat Anspruch auf einen bezahlten Urlaub von 30 Arbeitstagen im Urlaubsjahr (Kalenderjahr). Der Urlaub dient der Erholung und ist, auch im Interesse der Gesellschaft, im Urlaubsjahr so zu nehmen, dass deren Belange nicht beeinträchtigt werden. Der Urlaub ist mit den übrigen Vorstandsmitgliedern abzustimmen. Nicht genommener Urlaub verfällt ohne finanziellen Ausgleich am 31.12. eines jeden Kalenderjahres.

Teil 3 Versicherungen

(1) Die Gesellschaft schließt zu Gunsten Herrn Mustermann für die Dauer des Dienstvertrages eine Unfallversicherung ab, die auch private Risiken deckt und zwar mit folgenden Mindestdeckungssummen:

Für den Todesfall	€	00000,00
Für den Invaliditätsfall	€	00000,00
Für den Fall der Vollinvalidität	€	000000,00

Die Ansprüche aus der Versicherung stehen unmittelbar Herrn Mustermann oder seinen Erben zu.

(2) Die Gesellschaft schließt für ihre Organmitglieder (Vorstände und Aufsichtsräte) eine D&O Versicherung (Vermögensschaden-Haftpflichtversicherung sowie eine Vermögensschaden-Rechtsschutzversicherung, Zivil- und Strafrechtsschutz) ab, die Versicherungsschutz gewährt für den Fall, dass Organmitglieder wegen einer bei Ausübung ihrer Tätigkeit begangenen Pflichtverletzung aufgrund gesetzlicher Haftpflichtbestimmungen für einen Vermögensschaden von Dritten oder von der Versicherungsnehmerin auf Schadenersatz in Anspruch genommen werden und/oder wegen des Verdachts einer Straftat gegen sie ermittelt wird.

Die Gesellschaft wird bei Abschluss oder Abänderung der Versicherungen sicherstellen, dass zu Gunsten der begünstigten Organe freie Anwaltswahl anstelle des Bestimmungsrechts des Haftpflichtversicherers vereinbart wird.

Teil 4 Nebenabreden

(1) Herr Mustermann verpflichtet sich, seine ganze Arbeitskraft in den Dienst der Gesellschaft zu stellen. Eine entgeltliche Nebentätigkeit sowie die Übernahme von Aufsichtsratsämtern oder ähnlichen Gremien sowie von Ehrenämtern im Bereich der gewerblichen Wirtschaft darf Herr Mustermann nur mit schriftlicher Einwilligung des Aufsichtsrats übernehmen und/oder ausüben. Herr Mustermann darf sich ohne schriftliche Einwilligung des Aufsichtsrats weder unmittelbar noch mittelbar an einem Unternehmen beteiligen oder bei diesem tätig werden, das mit der Gesellschaft in irgendeinem Punkt ihres Geschäftsgegenstands in Konkurrenz oder mit der Gesellschaft in geschäftlicher Beziehung steht. Dies gilt nicht für den Erwerb der Aktien von börsennotierten Gesellschaften.

(2) Bei Erfindungen, die Herr Mustermann während der Dauer des Anstellungsvertrages macht, gelten die Vorschriften des Gesetzes über Arbeitnehmererfindungen entsprechend. Die Verwertung von technischen und organisatorischen Verbesserungsvorschlägen von Herrn Mustermann steht ohne besondere Vergütung ausschließlich der Gesellschaft zu.

(3) Alle Nutzungsrechte an den von Herrn Mustermann während der Dauer dieses Vertrages erstellten Arbeitsergebnissen, insbesondere Pflichtenhefte und Gutachten, oder an dem damit verbundenen Know-how, sind ohne jegliche Beschränkung hiermit, unter Ausschluss aller Zugangs- und Herausgaberechte bei Vertragsbeendigung, auf die Gesellschaft übertragen.

Dies gilt für alle bekannten Nutzungsarten und umfasst das Recht der Gesellschaft, das Arbeitsergebnis des Herrn Mustermann weiterzugeben, zu ändern, umzugestalten und die Nutzungsrechte auf Dritte zu übertragen. Vorstehendes gilt auch für die von Herrn Mustermann gefertigten Dokumentationen, wie Handbücher, Formulare, Darstellungen von Organisationsabläufen usw.

(4) Herr Mustermann ist bereit, eine Vereinbarung über ein nachvertragliches Wettbewerbsverbot mit angemessenen Konditionen abzuschließen, wenn ein solches auch mit den anderen Vorstandsmitgliedern abgeschlossen wird und der Verkauf des Unternehmens oder die Aufnahme weiterer bedeutender Aktionäre den Abschluss einer derartigen Vereinbarung erforderlich machen.

(5) Herr Mustermann verpflichtet sich, seinen Wohnsitz, wenn das Dienstverhältnis sechs Monate bestanden hat, am Dienstort oder in dessen unmittelbarer Nähe zu nehmen. Die Gesellschaft erstattet Herrn Mustermann die Kosten einer Zweitwohnung am Dienstort in den ersten sechs Monaten gegen Nachweis bis zu einem Höchstbetrag von €...pro Monat sowie die Umzugskosten gegen Nachweis bis zu einem Höchstbetrag von €...

(6) Herr Mustermann ist verpflichtet, alle ihm von Kunden oder Geschäftspartnern in Aussicht gestellten oder gewährten Vergünstigungen oder Geschenke dem Aufsichtsrat der Gesellschaft unverzüglich anzuzeigen, wenn deren Wert 50,00 € übersteigt. Er ist verpflichtet, derartige Vorteile zurückzuweisen bzw. zurückgeben, wenn sie offensichtlich den üblichen Rahmen bei der Gewährung kleinerer Geschenke aus besonderen Anlässen übersteigen. Diese Verpflichtung besteht unabhängig davon, ob der Dritte den Vorteil von einer Gegenleistung abhängig macht.

Teil 5 Vertragsbeendigung

(1) Die Vertragszeit entspricht dem Zeitraum der Bestellung.

Der Vertrag endet, ohne dass es einer Kündigung bedarf, mit Ablauf der Zeit für die Herr Mustermann bestellt ist.

Während dieser Zeit ist der Vertrag beiderseits nur aus wichtigem Grunde kündbar.

Die Kündigung bedarf zu ihrer Wirksamkeit der Schriftform. Auch wenn der Aufsichtsrat die Bestellung des Herrn Mustermann zum Vorstandsmitglied aus wichtigem Grund widerruft, so bedarf es zur Beendigung des Vorstandsdienstvertrages einer gesonderten schriftlichen Kündigung.

Der Vertrag verlängert sich, wenn die Parteien nichts anderes vereinbaren, jeweils um die Dauer einer erneuten Bestellung des Herrn Mustermann in den Vorstand.

Für den Fall einer erneuten Bestellung, frühestens nach dreijähriger Zugehörigkeit zum Vorstand der Gesellschaft, erhält Herr Mustermann eine Alterversorgungszusage, entsprechend den bereits erteilten Zusagen an die Alt-Vorstandsmitglieder.

Die Gesellschaft wird Herrn Mustermann frühestens zwölf, spätestens sechs Monate vor Ablauf der Vertragszeit mitteilen, ob er mit einer erneuten Bestellung rechnen kann.

(2) Herr Mustermann verpflichtet sich, bei seinem Ausscheiden aus den Diensten der Gesellschaft alle in seinem Besitz befindlichen Unterlagen, die im Zusammenhang mit seiner Tätigkeit stehen, den Dienstwagen einschließlich Zubehör, sowie alle sonstigen im Eigentum der Gesellschaft stehenden Gegenstände an diese zurückzugeben. Er ist nicht berechtigt, ein Zurückbehaltungsrecht auszuüben.

Herr Mustermann ist befugt, Kopien von Unterlagen zu fertigen und aufzubewahren, soweit er diese zur Verfolgung eigener Ansprüche gegen die Gesellschaft und/ oder Dritte oder zur Verteidigung gegen Ansprüche der Gesellschaft oder Dritter gegen ihn benötigt.

Herr Mustermann ist verpflichtet, diese Kopien sorgsam zu verwahren und Dritten nur zu den vorgenannten Zwecken (Rechtsverfolgung und Rechtsverteidigung) zugänglich zu machen.

(3) Herr Mustermann verzichtet während des Bestandes und auch für die Zeit nach Beendigung des Dienstverhältnisses auf alle Rechte und Ansprüche gegen die Gesellschaft, die sich daraus herleiten, das beabsichtigte oder unbeabsichtigte Abbildungen seiner Person in Druckerzeugnissen (insbesondere Prospekten und Werbefotos) der Gesellschaft verwendet werden. Die Gesellschaft nimmt die Verzichtserklärung an.

(4) Herr Mustermann verpflichtet sich, in keinem Fall Mitarbeiter der Gesellschaft in irgendeiner Form auf einen Arbeitsplatzwechsel anzusprechen.

Teil 6 Schlussbestimmungen

Die vertraglichen Vereinbarungen der Parteien ergeben sich erschöpfend aus diesem Vertrag.

Nebenabreden und Änderungen bedürfen der Schriftform.

Die Ungültigkeit einzelner Bestimmungen bedeutet nicht die Rechtswidrigkeit des Vertrags im Ganzen.

Anstelle der unwirksamen Vorschrift oder zur Schließung einer Lücke gilt eine Regelung als vereinbart, die der wirtschaftlichen Zwecksetzung der Parteien am ehesten entspricht.

4.2 Geschäftsordnung

Muster
Geschäftsordnung

Der Vorstand hat sich durch einstimmigen Beschluss vom ... mit Zustimmung des Aufsichtsrats durch Beschluss vom ... die nachfolgende Geschäftsordnung gegeben.

1. Ressortprinzip

Die Leitung und die Geschäftsführung der Gesellschaft obliegen dem Vorstand als Kollegialorgan.

Die Geschäftsführung wird in Funktionsbereiche wie folgt gegliedert:

(a) Technische Leitung (Produktion und Forschung)
(b) Kaufmännische Leitung (Einkauf, allgemeine Verwaltung und Vertrieb)
(c) Personal und Controlling

Das nach dem Geschäftsverteilungsplan (Beschluss des Aufsichtsrates vom...) für den jeweiligen Funktionsbereich zuständige Vorstandsmitglied führt die Geschäfte im Funktionsbereich eigenverantwortlich, mit der Verpflichtung die übrigen Vorstandsmitglieder über bedeutsame Pläne, Maßnahmen und Entwicklungen fortlaufend und unaufgefordert zu unterrichten.

Hinsichtlich der übrigen Bereiche bleibt jedes Vorstandsmitglied zur Aufsicht verpflichtet. Jedes Vorstandsmitglied hat die Geschäftsführung der anderen Vorstandsmitglieder zu überwachen, insbesondere anhand der Berichte in den Vorstandssitzungen und gegebenenfalls durch Nachfrage.

Alle Vorstandsmitglieder sind zur Offenheit und kollegialen Zusammenarbeit verpflichtet.

2. Gesamtverantwortung

Das Ressortprinzip dient der Optimierung der Organisation und stellt die Gesamtverantwortung des Vorstandes für die Leitung und Geschäftsführung der Gesellschaft nicht in Frage, insbesondere dort, wo das Gesetz diese ausdrücklich vorsieht

z.B. bei:

- der Buchführungspflicht
- der Berichterstattung an den Aufsichtsrat
- der Vorbereitung und Durchführung der Hauptversammlung
- der Ausführung von Hauptversammlungsbeschlüssen
- der Vorlage des Jahresabschlusses und des Geschäftsberichtes
- dem Vorschlag über die Verwendung des Reingewinns
- der Einführung eines Systems zur Früherkennung von Risiken
- der Einführung eines Risikomanagementsystems;

Darüber hinaus besteht Gesamtverantwortung des Vorstandes bei allen Maßnahmen oder Geschäften, die mehrere Funktionsbereiche betreffen, bei ungewöhnlichen, besonders risikoreichen, oder besonders Öffentlichkeitswirksamen Maßnahmen oder Geschäften, und in

Bezug auf die Planung der Unternehmensziele und Unternehmensentwicklung.

3. Vorstandssitzung

Vorstandssitzungen finden mindestens einmal monatlich statt. Alle Vorstandsmitglieder sind zur Anwesenheit verpflichtet, soweit sie nicht durch Urlaub, Krankheit oder aus wichtigem Grund verhindert sind. Bei Abwesenheit haben die Vorstandsmitglieder dafür zu sorgen, dass sie über moderne Kommunikationsmittel in Notfällen erreichbar sind, wenn nicht dringende Gründe entgegenstehen.

Jedes Vorstandsmitglied hat die Vorstandssitzungen vorzubereiten und dort über den Zustand und die Aktivitäten in seinem Bereich zu berichten. Für die Gesamtlage des Unternehmens wichtige Informationen sind in Textform vorzulegen.

Die Vorstandssitzung wird durch das Vorstandsmitglied mit der längsten Zugehörigkeit zum Vorstand der Gesellschaft geleitet, bei identischer Zugehörigkeit von dem an Lebensjahren ältesten Vorstandsmitglied.

Der Leiter der Vorstandssitzung legt im Einvernehmen mit den übrigen Vorstandsmitgliedern zu Beginn der Sitzung die Tageordnung fest und führt das Protokoll.

Die Tagesordnung umfasst alle Punkte, die mindestens ein Vorstandsmitglied zum Gegenstand der Besprechung macht.

In der ersten Vorstandssitzung eines jeden Kalenderjahres einigen sich die Vorstandsmitglieder auf die Person eines Vorstandssprechers; kommt eine Einigung nicht zustande, so bestimmt der Aufsichtsrat den Vorstandssprecher.

4. Aufgaben des Vorstandssprechers

Der Vorstandssprecher hat folgende Aufgaben:

- Repräsentant des Unternehmens in der Öffentlichkeit
- Erster Ansprechpartner des Aufsichtsrates
- Einberufung der periodischen Vorstandssitzungen; in Eil- und Notfällen kann jedes Vorstandsmitglied eine Vorstandssitzung binnen 24 Stunden einberufen.

Einigen sich die Vorstandsmitglieder nicht auf einen Vorstandssprecher, so wird dieser durch Aufsichtsratsbeschluss bestimmt.

5. Entscheidungen des Vorstandes

Der Vorstand entscheidet durch Beschlüsse, die der Schriftform unterliegen.

Der Vorstand ist beschlussfähig wenn alle drei Vorstandsmitglieder anwesend sind oder über moderne Kommunikationsmittel an der Beratung teilnehmen.

Beschlüsse, die nach Ziffer 2 die Gesamtverantwortung des Vorstandes betreffen, bedürfen der Einstimmigkeit.

Für alle übrigen Beschlüsse gilt:

Ein Beschluss kommt zustande, wenn die Mehrheit der Vorstandsmitglieder ausdrücklich zustimmt. Wenn das nach dem Ressortprinzip zuständige Vorstandsmitglied dabei überstimmt wird, kann es verlangen, dass die Abstimmung ausgesetzt wird und dass das Thema zum Gegenstand der gemeinsamen Beratung mit dem Aufsichtsrat gemacht wird, bevor es nochmals zur Entscheidung gestellt wird. Kommt es zu einer erneuten Abstimmung, so entscheidet alsdann die Mehrheit der Vorstandsmitglieder

Der Vorstand ist in Eil- und Notfällen beschlussfähig, wenn das nach dem Ressortprinzip zuständige Vorstandsmitglied sowie ein weiteres Vorstandsmitglied, also mindestens zwei der drei Vorstandsmitglieder anwesend sind, oder über moderne Kommunikationsmittel an der Beratung teilnehmen.

Beschlüsse in Eil- und Notfällen können nur einstimmig gefasst werden und nicht in den Fällen, in denen die Gesamtverantwortung des Vorstandes nach Ziffer 2 besteht. Sie sind nur insoweit zulässig, wie sie geeignet sind, Schaden von der Gesellschaft abzuwenden. Die Ausführung der Entscheidung erfolgt im jeweiligen Fachressort.

6. Zustimmungsbedürftige Geschäfte

Der Vorstand bedarf zu folgenden Geschäften der Zustimmung des Aufsichtsrates:

(a) Erwerb und Veräußerung von Grundbesitz sowie Belastung eigener Grundstücke;
(b) Erwerb von Unternehmen, Errichtung von Betriebsstätten und Zweigniederlassungen sowie die Beteiligung an Unternehmen;
(c) Abschluss von Unternehmensverträgen;
(d) Ausgabe von Schuldverschreibungen;

(e) Aufnahme oder Gewährung von Finanzkrediten, wenn die Kreditsumme im Einzelfall den Betrag von 100.000,00 € übersteigt;
(f) Übernahme von Bürgschaften und Garantien sowie die Erteilung von Kreditaufträgen außerhalb des gewöhnlichen Geschäftsbetriebes, wenn der Wert im Einzelfall 30.000,00 € übersteigt;
(g) Investitionsvorhaben, deren Umfang im Einzelfall mehr als 10% des jeweiligen Grundkapitals beträgt, und zwar ohne Rücksicht darauf, ob die Investitionen in einem Geschäftsjahr getätigt werden oder sich nach der Planung auf mehrere Geschäftsjahre verteilen.

Die Zustimmung ist jeweils im Voraus schriftlich einzuholen.
Der Aufsichtsrat ist befugt, den Kreis der zustimmungsbedürftigen Geschäfte zu erweitern oder einzuschränken.

7. Vertretung
Die Gesellschaft wird durch jeweils zwei Vorstandsmitglieder vertreten. Den Vorstandsmitgliedern ist es untersagt, mit sich selbst oder als Vertreter Dritter Geschäfte zu tätigen.

8. Planung
Der Vorstand ist für die kurz-, mittel- und langfristige Planung der Unternehmensziele und deren Umsetzung verantwortlich und hat die entsprechenden Pläne (mindestens Personalplan, Umsatz- und Ergebnisplan, Finanzplan und Investitionsplan) jeweils zum Beginn eines Geschäftsjahres zu erstellen, fortlaufend zu überprüfen, anzupassen und mit dem Aufsichtsrat zu beraten.

9. Inkrafttreten
Diese Geschäftsordnung tritt mit ihrer Unterzeichnung durch alle Vorstandsmitglieder und den Vorsitzenden des Aufsichtsrates in Kraft.

4.3 Schiedsvereinbarung

Muster
Schiedsvertrag

zwischen

der ..... AG,
vertreten durch den Aufsichtsrat, die Herren
- nachfolgend "die Gesellschaft" -

und

Herrn Peter Mustermann

wird folgender Schiedsvertrag geschlossen:

§ 1

Grundsätzlich entscheidet über alle Streitigkeiten aus der Berufung des Herrn Mustermann zum Mitglied des Vorstandes sowie aus oder im Zusammenhang mit dem zwischen den Parteien aus diesem Anlass geschlossenen Dienstvertrag als Vorstand unter Ausschluss der ordentlichen Gerichte ein Schiedsgericht.

Ausgenommen von der Schiedsgerichtsvereinbarung ist die Verfolgung von Schadensersatzansprüchen der Gesellschaft gegen den Vorstand oder einzelne Vorstandsmitglieder, soweit eine D&O Versicherung für die Organe der Gesellschaft abgeschlossen worden ist oder aufgrund der Vereinbarung der Parteien hätte abgeschlossen werden müssen.[347]

---

[347] Entweder muss im Falle einer D&O Versicherung die Frage des Ausschlusses des ordentlichen Rechtsweges mit dem Versicherer besprochen und in den Versicherungsvertrag aufgenommen sein oder Rechtsstreite zwischen Gesellschaft und Organen von der Schiedsgerichtsvereinbarung ausgenommen werden. Anderenfalls kann die Versicherung eine Obliegenheitsverletzung einwenden, die in der Verkürzung des Rechtsweges liegt.

§ 2

Das Schiedsgericht wird für jeden Streitfall neu gebildet. Es besteht aus zwei Schiedsrichtern und einem Vorsitzenden; alle Mitglieder des Schiedsgerichtes müssen die Befähigung zum Richteramt haben.

§ 3

(1) Jede Partei ernennt einen Schiedsrichter der bereit ist, am Schiedsgerichtsverfahren mitzuwirken.

(2) Die Anspruch stellende Partei hat der Gegenpartei unter Überreichung einer Anspruchsschrift schriftlich Namen und Anschrift ihres Schiedsrichters in Textform mitzuteilen und sie aufzufordern, innerhalb von 14 Kalendertagen nach Zugang der Aufforderung ihrerseits einen bereiten Schiedsrichter zu bestellen.

§ 4

(1) Die beiden Schiedsrichter suchen und wählen einen Vorsitzenden.

(2) Benennt eine Partei nicht innerhalb der in § 3 Abs. 2 bezeichneten Frist einen Schiedsrichter oder können sich die beiden Schiedsrichter binnen zwei Wochen seit Benennung des zweiten Schiedsrichters über die Person des Vorsitzenden nicht einigen, so ernennt der Präsident der Industrie- und Handelskammer zu Köln den Schiedsrichter bzw. den Vorsitzenden.

(3) Fällt ein Schiedsrichter weg, hat die Partei, die ihn ernannt hat, der anderen Partei binnen zwei Wochen seit dem Wegfall schriftlich einen neuen Schiedsrichter zu benennen. Kommt eine Partei dieser Pflicht nicht nach, findet § 4 Abs. 2 entsprechende Anwendung.

(4) Fällt ein Vorsitzender weg, ist gemäß § 4 Abs.1 und, soweit es erforderlich wird, in sinngemäßer Anwendung von § 4 Abs. 2 ein neuer Vorsitzender zu bestimmen.

§ 5

Das Schiedsgericht tagt in Köln.

§ 6

Das Schiedsgericht fällt seine Entscheidungen mit Stimmenmehrheit. Das Schiedsgericht entscheidet auch über Einwendungen und Einreden, sowie Gegenansprüche, die eine Partei in das Verfahren einführt.

§ 7

(1) Das Schiedsgericht hat in jeder Phase des Verfahrens auf eine gütliche Einigung hin zu wirken.

(2) Das Schiedsgericht hat unter Abwägung aller gegebenen Umstände nach dem geltenden materiellen Recht der Bundesrepublik Deutschland zu entscheiden.

(3) Es bestimmt das Verfahren unter Berücksichtigung der im 10. Buch der Zivilprozessordnung enthaltenen Vorschriften nach pflichtgemäßem Ermessen. Die Parteien sind, soweit sie nicht ausdrücklich darauf verzichten, mündlich zu hören. Die Feststellung des Streitwertes liegt nach Anhörung der Parteien im Ermessen des Schiedsgerichtes. Der Schiedsspruch ist schriftlich zu begründen.

§ 8

Zuständiges Gericht im Sinne der §§ 1045 und 1046 der Zivilprozessordnung ist das Landgericht Köln.

§ 9

Gegen den Spruch des Schiedsgerichts ist kein Rechtsmittel gegeben.

.................., den ...., den.....................

5 Die Haftung des Vorstandes

5.1 Haftung und Schadensersatz

Die meisten Erwachsenen verfügen über eine private Haftpflichtversicherung, die sie vor den finanziellen Konsequenzen und der Anspruchnahme auf Schadensersatz aus Anlass eines schuldhaften Tuns oder Unterlassens im privaten Bereich schützen. Jeder der ein Kraftfahrzeug bewegt, muss eine Kfz-Haftpflichtversicherung nachweisen. Die Werte, über die ein Berufstätiger im Arbeitsleben verfügt oder mit denen er umgeht, sind in der Regel weitaus größer als diejenigen, die ihm im Privatleben zur Verfügung stehen. Jeder kann im Regelfall in der Berufswelt einen weit höheren Schaden als in seinem privaten Umfeld verursachen. Dennoch beschränkt sich die Haftpflichtversicherung auf den privaten Bereich unter Ausschluss berufsbedingt verursachter Schäden.

Während Freiberufler, Beamte und Soldaten Berufshaftpflichtversicherungen abschließen können, werden den Arbeitern und Angestellten derartige Versicherungen nicht angeboten.

Mit der Berufung zum Organ einer Gesellschaft besteht alsdann wieder die Möglichkeit der Versicherung pflichtwidrigen Handelns.

Zum besseren Verständnis der Organhaftung des Vorstandes und da ein Vorstandsmitglied natürlich wissen muss, inwieweit seine Mitarbeiter haften:

5.1.1 Arbeitnehmerhaftung und Organhaftung im Vergleich

Eng verbunden mit der Arbeitnehmerhaftung war seinerzeit der Begriff der gefahrgeneigten Arbeit. Früher war bei der Haftung eines Arbeitnehmers zu unterscheiden zwischen einer privilegierten gefahrgeneigten Arbeit und sonstiger Arbeit mit voller Haftung. Diese Unterscheidung ist inzwischen aber überholt.

Für die Arbeitnehmerhaftung gilt:

1. Haftungserleichterung für alle Arbeiten, die durch den Betrieb veranlasst sind und aufgrund des Arbeitsverhältnisses geleistet werden;
2. Abgestufte Haftung des Arbeitnehmers wie folgt:
   - Bei grober Fahrlässigkeit hat der Arbeitnehmer grundsätzlich den gesamten Schaden zu tragen (grobe Fahrlässigkeit ist anzunehmen bei besonders schwerwiegender und auch subjektiv unentschuldbarer Pflichtwidrigkeit, Nichteinhaltung einer Sorgfalt, die jedem eingeleuchtet hätte);
   - Bei mittlerer und normaler Fahrlässigkeit wird der Schaden quotal geteilt (keineswegs automatisch hälftig, sondern unter Abwägung aller Umstände);
   - Bei leichtester Fahrlässigkeit haftet der Arbeitnehmer in der Regel nicht (sie liegt vor, wenn es sich um geringfügige und leicht entschuldbare Pflichtwidrigkeiten handelt, die jedem Arbeitnehmer unterlaufen können).
3. Ab und in welchem Umfang der Arbeitnehmer an den Schadensfällen zu beteiligen ist, richtet sich im Rahmen der Abwägung der Gesamtumstände nach Billigkeits- und Zumutbarkeitsgesichtspunkten.

Für die Haftungseinschränkung werden im Wesentlichen drei Gründe angeführt:

1. Die Regelungen des BGB tragen den Risiken im Arbeitsleben keine Rechnung. Die Haftungsrisiken sind seit Inkrafttreten des BGB erhöht. Der Arbeitgeber trägt im Übrigen ein zuzurechnendes Betriebsrisiko und hat die Befugnis zur Organisation des Betriebes.
2. Die Gerichte wenden § 254 BGB auch dann an, wenn dem geschädigten Arbeitgeber kein Verschulden trifft, er aber für den entstandenen Schaden aufgrund der von ihm zu vertretenden Betriebsgefahr (Zurechnung der Gefährlichkeit der Produkte, Produktion, Produktionsanlagen und Organisation des Betriebes sowie Gestaltung der Arbeitsbedingungen) verantwortlich ist.

3. Im Übrigen halten die Gerichte umfassende Haftungseinschränkungen im Hinblick auf die verfassungsrechtliche Gewährleistung der Berufsfreiheit in Artikel 12 Grundgesetz und die allgemeine Handlungsfreiheit in Artikel 2 Abs. 1 Grundgesetz für geboten.

Die Entscheidung, in welcher Höhe der Arbeitnehmer konkret an den Schadensfällen zu beteiligen ist, wird im Rahmen einer Abwägung der Gesamtumstände nach Billigkeit und Zumutbarkeitsgesichtspunkten festgelegt. Dabei nennt die Rechtsprechung (nicht abschließend) folgende Abwägungsmerkmale:

- persönliche Verhältnisse des Arbeitnehmers;
- die Gefährlichkeit der Arbeit;
- die Höhe des Schadens;
- vom Arbeitgeber einkalkuliertes Risiko;
- vom Arbeitgeber versicherbares Risiko;
- Stellung des Arbeitnehmers im Betrieb;
- Höhe des Gehalts des Arbeitnehmers.

Anders als im Arbeitsgesetzbuch der DDR, in dem die Haftung des Arbeitnehmers auf 3 Bruttomonatseinkommen summenmäßig begrenzt war, gibt eine gesetzliche Begrenzung in der Bundesrepublik Deutschland nicht.[348]

Die Haftungsprivilegierung gilt für alle Fälle der Schlechtleistung des Arbeitnehmers und wirkt sich nicht nur auf die Höhe des Schadensersatzanspruchs des Arbeitgebers gegen den Arbeitnehmer aus, sondern gewährt dem Arbeitnehmer auch einen Freistellungsanspruch gegen den Arbeitgeber, wenn dieser einen Dritten geschädigt hat und auf vollen Schadenersatz in Anspruch genommen wird sowie, wenn der Arbeitgeber den Dritten entschädigt hat auf dessen Rückgriffsanspruch gegen den Arbeitnehmer.

Auch ein Arbeitnehmer kann sich nicht auf Haftungsprivilegierung berufen, wenn er seinen Vertrag bricht, bei Nichterfüllung des Vertrages und Verzug.

Weitgehend unbekannt ist, dass die Haftungsprivilegierung des Arbeitnehmers auch dann nicht angewandt wird, wenn ihn ein so ge-

---

[348] BAG, AP Nr. 97, zu § 611 BGB, Haftung des Arbeitnehmers.

nanntes Übernahmeverschulden trifft, d. h. wenn er sich zu Arbeiten verpflichtet, zu dem ihm die nötigen Kenntnisse fehlen.

Wenn aber ein Arbeitnehmer eine leitende Tätigkeit übernimmt (ohne dass er zum Organ einer Gesellschaft wird) stellt sich bereits die Frage, ob er sich alsdann noch auf die Haftungsprivilegierung der Arbeitnehmer berufen kann.

Der Bundesgerichtshof verweigert den leitenden Angestellten jegliche Haftungsprivilegierung.[349] Demgegenüber stellt das Bundesarbeitsgericht die leitenden Angestellten den übrigen Arbeitnehmern gleich[350] mit der Begründung, dass auch die höhere Vergütung eines leitenden Angestellten in Anbetracht der denkbaren Höhe eines eintretenden Schadens keine angemessene „Risikoprämie" enthalte und die Zahlung einer echten Risikoprämie zu einem exorbitanten Ansteigen der Gehälter führen würde.

Die herrschende Meinung folgt dem Bundesarbeitsgericht und nicht dem Bundesgerichtshof.

Dennoch ergeben sich für die Haftung des leitenden Angestellten (Managers) Besonderheiten aus ihren Tätigkeitsbereichen.

Der leitende Angestellte ist ebenso wie die Organe (Geschäftsführer und Vorstandsmitglieder) in unternehmerische Entscheidungsprozesse eingebunden und an diesen beteiligt. Er nimmt unternehmerische Teilaufgaben wahr.

Es besteht allgemeiner Konsens, dass kein Unternehmer den Erfolg seiner Handlung garantieren kann. Letztlich handelt es sich immer um Prognosen. Jede unternehmerische Handlung trägt das Risiko des Scheiterns in sich. Der leitende Angestellte darf auch nicht untätig bleiben, denn er ist zur Tätigkeit aufgrund seines Vertrages verpflichtet. Der leitende Angestellte geht die Entscheidungsrisiken im Rahmen der ihm vorgegebenen Organisation ein und muss diese verantworten. Übertreibt er die Risikofreude nicht und hält er sich an seine Zuständigkeit, kommt ihm die Haftungsprivilegierung der Arbeitnehmer, soweit er unternehmerische Entscheidungen trifft, also Risiken bewusst eingeht, zugute.

Wie ein Vorstandsmitglied hat auch ein leitender Angestellter außerhalb einer Stabsfunktion regelmäßig Mitarbeiter, auf die er dele-

---

[349] BGH Versicherungsrecht 1996, 474 sowie Urteil vom 07.10.1969, AP Nr. 51 zu § 611, Haftung des Arbeitnehmers.

[350] BAG Urteil vom 11.11.1976, AP Nr. 80 zu § 611 BGB, Haftung des Arbeitnehmers.

gieren kann und muss. Handeln die unterstellten Mitarbeiter pflichtwidrig, so stellt sich die Frage nach der Verantwortung des leitenden Angestellten und seiner Haftung. Könnte der leitende Angestellte für deren Fehler voll verantwortlich gemacht werden, so wäre er kaum bereit, Führungsaufgaben zu übernehmen. Anders als im privaten Bereich kann er sich nicht durch eine Haftpflichtversicherung schützen.

Andererseits ist der leitende Angestellte gegenüber den ihm unterstellten Mitarbeitern weisungsbefugt. Er kann damit Einfluss auf ihr Verhalten nehmen. Daher wird von ihm verlangt, dass er sorgfältig und vorab überlegt, ob die von ihm beauftragten Arbeitnehmer überhaupt in der Lage sind, den Auftrag ohne vorhersehbaren Schaden für den Arbeitgeber zu erledigen. Darüber hinaus wird verlangt, dass er auch kontrolliert, ob und wie sein Auftrag ausgeführt wird. Das bedeutet, dass bereits bei leitenden Angestellte, die delegieren, an die Stelle der Verantwortung für eigenes Tun die Verantwortung und damit die Haftung für die Auswahl des Tätigen und dessen Kontrolle treten.

Auch soweit ein leitender Angestellter spezifische Fachleistungen, zu denen er aufgrund seiner Ausbildung befähigt und für die er eingestellt ist, erbringt, können ihm Fehler unterlaufen. Aus Anlass der Prüfung der Haftung eines Justitiars hat der Bundesgerichtshof [351] festgestellt, dass ein leitender Angestellter seine qualifizierten Arbeiten regelmäßig nicht routinemäßig erledigen kann, und dass in der Wirklichkeit des Arbeitslebens und wegen des damit immer bestehenden Entscheidungsdruckes selten ausreichend Zeit zur Verfügung steht, um alle Aspekte an der konkreten Aufgabe umfassend berücksichtigen zu können. Es sei bekannt, dass leitende Angestellte vielfach unter enormen Stress arbeiten und anerkannt, dass menschliches Versagen niemals ausgeschlossen ist. Jedenfalls dann, wenn die Ursachen seines Fehlers und die Situation in der er sich befand zu erklären sind, kann sich ein leitender Angestellter ebenso wie ein einfacher Arbeitnehmer auf die Haftungsprivilegierung berufen.

Jegliche Haftungsprivilegierung setzt aber den Arbeitnehmerstatus voraus. Wie mehrfach festgestellt, ist ein Vorstandsmitglied nicht Arbeitnehmer, so dass er sich nicht auf die Haftungsprivilegierung

---

[351] BGH vom 07.10.1969, AP Nr. 51 zu § 611 BGB Haftung des Arbeitnehmers.

berufen kann. War das Vorstandsmitglied zuvor leitender Angestellter, endet die Haftungsprivilegierung mit der Berufung in den Vorstand. Jeder Berater sollte das angehende Vorstandsmitglied auf den Wegfall der Haftungsprivilegierung ausdrücklich aufmerksam machen. Auch wenn das Bundesarbeitsgericht in dem zitierten Urteil des 8. Senates vom 12.10.1989 festgestellt hat, dass die Haftung des Arbeitnehmers nach geltendem Recht nicht durch eine Höchstsumme begrenzt sei, wird von den Instanzengerichten anders entschieden. So hat das Landesarbeitsgericht Köln entschieden:

„Die Haftungserleichterung zu Gunsten des Arbeitnehmers ist auch bei grober Fahrlässigkeit nicht ausgeschlossen." [352]

Praktisch kann ein leitender Angestellter daher damit rechnen, dass er mit einem Quartalsbezug für ein von ihm angerichteten Schaden eintreten muss; dies ist schmerzlich, aber nicht Existenz bedrohend oder gar Existenz vernichtend.

Ein Vorstandsmitglied muss damit rechnen, dass ein von ihm schuldhaft verursachter Schaden zu seinem finanziellen Ruin führen kann. Dies ist auch der Grund, weshalb die Frage einer Absicherung durch eine entsprechende Haftpflichtversicherung (D&O-Versicherung) bereits bei Vertragsschluss geregelt sein muss.

Während das Merkmal der Begrenzung der Haftung den leitenden Angestellten als Manager und das Organmitglied als Manager unterscheiden, sind andere Grundsätze auf Vorstandsmitglieder anwendbar:

- Delegation erfordert sorgfältige Auswahl.
- Delegation erfordert Kontrolle bei der Ausführung.
- Wer sich um eine Position bewirbt ist dafür verantwortlich, dass er die erforderlichen Fähigkeiten für diese Position besitzt.

5.1.2 Allgemeine Voraussetzungen der Organhaftung

Wegen der Bedeutung des unterschiedlichen Haftungsumfanges eines Managers mit Arbeitnehmerstatus und eines Organs der Gesellschaft ist zunächst klar festzustellen, ab wann die Organhaftung eintritt, d. h. die gesetzliche Haftung des § 93 Abs. 2 Satz 1

[352] LAG Köln, LAGE § 11 Gefahrgeneigte Arbeit Nr. 10.

„Die Vorstandsmitglieder, die ihre Pflichten verletzen, sind der Gesellschaft zum Ersatz des daraus entstehenden Schadens als Gesamtschuldner verpflichtet“

beginnt. Hier ist festzuhalten, dass es auf den Abschluss des Vorstandsdienstvertrages nicht ankommt. Beginn und Ende der Haftung bestimmen sich durch die Bestellung bzw. den Widerruf der Bestellung. Die Haftung beginnt also, wenn der Aufsichtsrat einen entsprechenden Bestellungsbeschluss gefasst hat, dieser Bestellungsbeschluss dem zukünftigen Vorstandsmitglied zugegangen ist, dieses sein Einverständnis erklärt hat und diese Einverständniserklärung dem Aufsichtsrat zugegangen ist. Die Haftung endet mit dem Zugang der Widerrufserklärung oder durch Fristablauf mit Ende des Zeitraums für den die Berufung erfolgte.

Dies gilt auch für stellvertretende Vorstandsmitglieder (§ 94 AktG) und gerichtlich bestellte Vorstandsmitglieder (§ 85 AktG).

Eine fehlerhafte Bestellung begründet die Haftung des Betroffenen, wenn er tatsächlich für die Aktiengesellschaft tätig geworden ist.[353]

Schaden

Keinen Schadensersatz ohne Schaden. Dies klingt banal, wird von Anspruchstellern aber gerne übersehen.

Um unnötigen Aufwand bei der Feststellung der Schadensersatzpflicht eines Vorstandsmitgliedes zu sparen, empfiehlt es sich, mit der Prüfung des Schadens zu beginnen. Dabei ist ein Schaden die zu ermittelnde Differenz zwischen einem günstigen und einem schlechten Vermögenszustand (Vermögensschaden). Konkret ist zu prüfen, ob der Vorstand Geld der Gesellschaft verwendet hat für Ausgaben, für die es keine äquivalente Gegenleistung gibt. Zu denken ist an das Beispiel des Sponsoring. Der Vorstand unterstützt z. B. einen Fußballbundesligaverein durch vertraglich abgesicherte Zahlungen in Millionenhöhe. Der Vermögenszustand der Gesellschaft hat sich durch diese Maßnahme des Vorstandes zum Nachteil der Gesellschaft verschlechtert. Die Gesellschaft hat einen Schaden, da eine gleichwertige Gegenleistung nicht festzustellen ist. Unzulässig wäre es bei der Feststellung des Schadens das unternehmerische Ermessen bei der Leitung und Geschäftsführung der Aktiengesell-

[353] Hüffer, § 93, Rdnr. 12 m.w.N.

schaft, welches dem Vorstand von Gesetz wegen zugebilligt wird, mit zu berücksichtigen. Dieses ist alleine auf der Ebene der Pflichtwidrigkeit zu prüfen und hat keinen Einfluss auf den Schadensbegriff.[354] Ein Schaden führt nur zur Haftung, wenn auch die weiteren Voraussetzungen der Organhaftung vorliegen.

Pflichtwidrigkeit

Eine weitere Voraussetzung zur Begründung einer Haftung des Vorstandsmitgliedes ist die Pflichtwidrigkeit. Pflichtwidrigkeit bedeutet Verstoß gegen die dem Vorstandsmitglied obliegenden Pflichten. Derartige Pflichten können sich sowohl aus dem Aktiengesetz als auch aus anderen Gesetzen ergeben,[355] wie auch aus Satzung und Vorstandsdienstvertrag. Wegen der Vielfalt der Lebenssachverhalte können aber nicht alle denkbaren Varianten vom Gesetz[356] angesprochen werden. Daher hat der Gesetzgeber in § 93 Abs. 1 Satz 1 AktG einen Maßstab für die Beurteilung von Pflichtwidrigkeiten gesetzt, indem er die Vorstandsmitglieder verpflichtete, bei ihrer Geschäftsführung die Sorgfalt eines ordentlichen und gewissenhaften Geschäftsleiters[357] anzuwenden.

Kausalität zwischen Pflichtwidrigkeit und Schaden

Zwischen der Pflichtwidrigkeit des Vorstandsmitglieds und des entstandenen Schaden muss ein Ursachenzusammenhang bestehen. Das Verhalten des Schädigers muss ursächlich für den eingetretenen Schaden geworden sein (condicio sine qua non). Dies wird festgestellt, indem die pflichtwidrige Handlung hinweggedacht wird und dann geprüft wird, ob der Schaden dann auch eingetreten wäre. Im Einzelnen kann die Feststellung der Kausalität zwischen Pflichtwidrigkeit und Schaden durchaus problematisch sein. Dies ergibt sich bereits aus der komplexen, von Juristen entwickelten Definition:

„Das Ereignis (hier der Schaden) muss im allgemeinen und nicht nur unter besonders eigenartigen, unwahrscheinlichen und nach dem gewöhnlichen Verlauf der Dinge außer Betracht zu lassenden Um-

---

[354] Hefermehl / Spindler, § 93, Rdnr. 79 und 80.
[355] Vgl. insbesondere Kapitel 3.6 bis 3.7 und 3.11 bis 3.16.
[356] Vgl. Kapital 5.22 und 5.23 sowie 5.24.
[357] Vgl. Kapitel 5.21.

ständen geeignet sein, einen Erfolg der eingetretenen Art herbeizuführen.“ [358]

Weitere Detailfragen zur Kausalität sind durchaus streitig. So wird regelmäßig der Einwand des rechtmäßigen Alternativverhaltens durch das Vorstandsmitglied erhoben, was dann für unzulässig erachtet wird, wenn es nicht um die Verletzung von Organisationskompetenz oder Verfahrensregelung geht.[359] Andere lassen den Einwand rechtmäßigen Alternativverhaltens nur dann zu, wenn das Vorstandsmitglied beweisen kann, dass der Schaden auf jeden Fall eingetreten wäre.[360]

Festzuhalten bleibt, dass die für die Begründung der Haftung erforderliche Kausalität zwischen Pflichtwidrigkeit und Schaden in vielen Fällen ein Tummelplatz für Juristen und Argumentationen sein wird, dass die Geltendmachung von Schadensansprüchen sehr sorgfältig erwogen und vorbereitet werden muss.

Verschulden

Eine weitere Voraussetzung der Schadensersatzpflicht des Vorstandsmitgliedes ist, dass dieses seine Pflichten schuldhaft, d. h. vorsätzlich oder fahrlässig verletzt hat. Fahrlässig handelt, wer die im Verkehr erforderliche Sorgfalt außer Acht lässt. Auf den Grad der Fahrlässigkeit (einfache Fahrlässigkeit, mittlere Fahrlässigkeit, grobe Fahrlässigkeit) kommt es, anders als bei Arbeitnehmern nicht an. Ein Vorstandsmitglied haftet für jede Fahrlässigkeit. Erfahrungsgemäß impliziert die Pflichtwidrigkeit das Verschulden, da kaum Lebenssachverhalte vorstellbar sind, in denen ein Vorstand eine Pflichtwidrigkeit begeht ohne mindestens leicht fahrlässig zu handeln. Dies gilt insbesondere deshalb, weil das Vorstandsmitglied, wie bereits der leitende Angestellte, dafür eintreten muss, dass er die Fähigkeiten zur Bewältigung seiner Aufgaben tatsächlich besitzt. Das Vorstandsmitglied haftet allerdings nur für eigenes Verschulden, nicht für Angestellte der Gesellschaft und andere Vorstandsmitglieder.[361] Das Vorstandsmitglied kann aber aufgrund eigenen Verschuldens in

---

358 Palandt / Heinrichs, Vorb. V. § 249, Rdnr. 59 m.w.N.

359 Hefermehl / Spindler, § 93, Rdnr. 81.

360 Kölner Kommentar – Mertens, § 93, Rdnr. 23.

361 Die Angestellten und die anderen Vorstandsmitglieder sind weder Erfüllungsgehilfen noch Verrichtungsgehilfen nach §§ 278, 831 BGB.

Anspruch genommen werden, wenn es eine Aufgabe delegiert, ohne sich zu vergewissern, ob der Beauftragte auch in der Lage ist, sie zu erfüllen sowie die Durchführung der Aufgabe durch den Dritten nicht hinreichend überwacht.

Beweislastumkehr

Im Zusammenhang mit der Feststellung, dass Vorstandsmitglieder, die ihre Pflichten verletzen, der Gesellschaft zum Ersatz des daraus entstehenden Schadens als Gesamtschuldner verpflichtet sind, führt der Gesetzgeber in § 93 Abs. 2 Satz 2 aus:

„Ist streitig, ob sie die Sorgfalt eines ordentlichen und gewissenhaften Geschäftsleiters angewandt haben, so trifft sie die Beweislast."

Vorstehende Regelung wird als Beweislastumkehr angesprochen. Beweislastumkehr ist nur für den verständlich, der weiß, welche Bedeutung der Begriff Beweislast hat. Bei sich widersprechendem Tatsachenvortrag der Prozessbeteiligten wird das Gericht äußerst selten in Lage sein, aus eigener Kenntnis zu beurteilen, welcher Sachvortrag falsch oder richtig ist. Das Gericht kann nur Beweise erheben, wenn Beweismittel vorhanden sind. Zuweilen sind diese nicht ergiebig. Dennoch muss das Gericht auch dann, wenn nicht weiter aufgeklärt werden kann, welcher Tatsachenvortrag richtig und welcher falsch ist, eine Entscheidung fällen. Dann verliert derjenige, der eine Tatsache beweisen musste, sie aber nicht beweisen konnte, den Prozess. Denn es gilt, dass jede Partei unabhängig davon, ob sie Kläger oder Beklagter ist, die bejahenden oder verneinenden Tatsachen beweisen muss, aus denen sie ihre Rechte herleitet. Die Gesellschaft, vertreten durch den Aufsichtsrat müsste in einem Schadensersatzprozess gegen Vorstandsmitglieder also darlegen und beweisen, dass der Betroffene wirksam zum Vorstandsmitglied bestellt wurde, einen Schaden verursacht hat durch Pflichtwidrigkeit, dass zwischen Pflichtwidrigkeit und Schaden Kausalität besteht und das Vorstandsmitglied schuldhaft gehandelt hat. Der Aufsichtsrat führt aber nicht die Geschäfte der Gesellschaft und verfügt im Regelfall nicht über alle Informationen und Unterlagen, die zur Begründung einer derartigen Schadensersatzforderung notwendig sind. Das hätte zur Folge, dass die gesetzliche Haftung des Vorstandes oft ins Leere geht, da sie nicht durchgesetzt werden kann. Der Gesetzgeber hilft hier der Gesellschaft und bewirkt mit der Beweislastumkehr, dass das schuldhafte Verhalten des Vorstandsmitgliedes vermutet wird. Das Vorstandsmitglied muss also zur Abwendung der Schadensersatzpflicht darlegen und beweisen, dass er weder objektiv pflichtwidrig, noch subjektiv pflichtwidrig, also nicht rechtswidrig und nicht schuldhaft gehandelt hat. Dies wird auch für das Vorstandsmitglied dann problematisch sein, wenn es inzwischen ausgeschieden ist und nicht über Unterlagen verfügt, die es ihm ermöglichen seiner Darlegungs- und Beweislast nachzukommen. Deshalb sind – wie ausgeführt – Vertragsklauseln, nach denen das Vorstandsmitglied bei Ausscheiden unaufgefordert alle Unterlagen herauszugeben hat und nicht berechtigt ist, sich Kopien zu fertigen, äußerst problematisch.

Der klageführende Aufsichtsrat hat wegen der Umkehr der Beweislast vor Gericht nur vorzutragen, was der Vorstand getan oder unterlassen hat und darüber hinaus die Höhe des eingetretenen Schadens zu beziffern sowie den Zusammenhang zwischen dem Verhalten oder Unterlassen des Vorstandsmitglieds und dem entstandenen Schaden darzulegen. Das Vorstandsmitglied muss nachweisen, dass es nicht pflichtwidrig und schuldhaft gehandelt hat. In den Fällen des § 93 Abs. 3 muss es darüber hinaus auch noch beweisen, dass der Gesellschaft kein Schaden entstanden ist. § 93 Absatz 3 AktG lautet:

(3) „Die Vorstandsmitglieder sind namentlich zum Ersatz verpflichtet, wenn entgegen diesem Gesetz

1. *Einlagen an die Aktionäre zurückgewährt werden,*
2. *den Aktionären Zinsen oder Gewinnanteile gezahlt werden,*
3. *eigene Aktien der Gesellschaft oder einer anderen Gesellschaft gezeichnet, erworben, als Pfand genommen oder eingezogen werden,*
4. *Aktien vor der vollen Leistung des Ausgabebetrags ausgegeben werden,*
5. *Gesellschaftsvermögen verteilt wird,*
6. *Zahlungen geleistet werden, nachdem die Zahlungsunfähigkeit der Gesellschaft eingetreten ist oder sich ihre Überschuldung ergeben hat,*
7. *Vergütungen an Aufsichtsratsmitglieder gewährt werden,*
8. *Kredit gewährt wird,*

9. *bei der bedingten Kapitalerhöhung außerhalb des festgesetzten Zwecks oder vor der vollen Leistung des Gegenwerts Bezugsaktien ausgegeben werden."*

§ 93 Abs. 3 enthält insoweit eine Schadensvermutung.[362]

Verjährung

Nach § 93 Abs. 6 verjähren die Schadensersatzansprüche aus der gesetzlichen Organhaftung des § 93 in fünf Jahren. Die Verjährungsfrist kann weder durch Vertrag noch Satzung verändert werden und ist abschließend.[363]

Für den Beginn der Verjährung gilt § 199 BGB in der neuen Fassung nach der Schuldrechtsreform, in dem es heißt:

(1) „Die regelmäßige Verjährungsfrist beginnt mit dem Schluss des Jahres, in dem

1. *der Anspruch entstanden ist und*
2. *der Gläubiger von den den Anspruch begründenden Umständen und der Person des Schuldners Kenntnis erlangt oder ohne grobe Fahrlässigkeit erlangen müsste."*

Gesamtschuldnerische Haftung

Nach Gesetz haften die Vorstandsmitglieder gesamtschuldnerisch, wenn sie ihre Sorgfaltspflichten verletzt haben. Ein Geschädigter kann also ein Vorstandsmitglied verklagen oder auch alle zusammen. Untereinander sind die Vorstandsmitglieder gem. § 426 BGB zum Innenausgleich verpflichtet, d. h. ein in Anspruch genommenes Vorstandsmitglied kann seinerseits seine Vorstandskollegen in Anspruch nehmen.

Wenn aus dem Sachverhalt heraus keine andere Beteiligung herzuleiten ist, sind die Vorstandsmitglieder im Verhältnis zueinander zu gleichen Anteilen verpflichtet. Kann von einem Vorstandsmitglied der auf ihn entfallende Betrag nicht erlangt werden, so ist der Ausfall von den Übrigen zum Ausgleich verpflichteten Vorstandsmitgliedern zu tragen.

---

[362] Hefermehl / Spindler, § 93, Rdnr. 96, 97, 98.

[363] Hefermehl / Spindler, § 93, Rdnr. 157 m.w.N.

5.2. Innenhaftung gegenüber der Gesellschaft

5.2.1 Haftungsmaßstab – Sorgfalt eines ordentlichen und gewissenhaften Geschäftsleiters

Die Vorstandsmitglieder, denen die Leitung einer Aktiengesellschaft anvertraut ist, sind am ehesten einem Treuhänder fremder Vermögensinteressen vergleichbar, da sie über fremdes Eigentum verfügen können. Von ihnen wird eine erhöhte und größere Sorgfalt erwartet als von einem Einzelkaufmann, der im eigenen Namen und auf eigene Rechnung tätig wird. Dennoch ist es äußerst schwierig, die Sorgfalt eines Vorstandsmitgliedes abschließend zu definieren. Es wurde versucht, eine Definition der Sorgfaltspflicht aus der Zielsetzung des Unternehmens, so wie diese in der Satzung niedergelegt ist, abzuleiten. Dies führte genau so wenig zum Erfolg, wie ein Versuch aus den positiven Regeln des Aktiengesetzes eine Sorgfaltsdefinition herauszulesen.[364]

Einigkeit besteht, dass ein Verstoß gegen gesetzliche Vorschriften, die Satzung oder den Dienstvertrag den Vorwurf mangelnder Sorgfalt nach sich zieht und damit im Regelfall die Haftung; deshalb nachfolgend die Auflistungen wichtiger Gesetze in den Kapiteln 5.2.2 bis 5.2.4.

Schwierig wird es außerhalb des Bereiches der Verstöße gegen zivil- oder strafrechtliche Normen. Hier hilft nur die Rechtsprechung.

Sie interpretiert die Sorgfaltspflicht aus § 93 AktG so, dass der Vorstand mit seiner Geschäftsführung den Vorteil des Unternehmens zu wahren und Schaden von ihm zu wenden hat.[365]

Einigkeit besteht insofern, als dass die Anforderungen an die Sorgfaltspflicht durch eine Vielzahl von Kriterien bestimmt werden, so die konkrete Aufgabe des einzelnen Vorstandsmitgliedes, die Art und Größe des Unternehmens, die Zahl der Beschäftigten, auch die Konjunkturlage und die politischen Verhältnisse.[366]

Auch der Deutsche Corporate Governance Kodex hat bislang die erhöhte Sorgfaltspflicht nicht weiter präzisiert, sondern beschränkt sich in Ziffer 3.8 auf die Wiedergabe des Textes des § 93 AktG, um

---

[364] Kossen, DB 1988, S. 1785.

[365] Kossen, DB 1988, S. 1785.

[366] Hefermehl / Spindler, § 93, Rdnr. 22.

dann zugleich auf die D&O Versicherung zu kommen und einen angemessenen Selbstbehalt der Vorstandsmitglieder zu fordern.

Allerdings heißt es in

„4.1.1 Der Vorstand leitet das Unternehmen in eigener Verantwortung, er ist dabei an das Unternehmensinteresse gebunden und der Steigerung des nachhaltigen Unternehmenswertes verpflichtet."

Dies ist zumindest ein hilfsreicher Hinweis, bei all der Transparenz und den Berichtspflichten und der Erwartung einiger Aktionäre, kurzfristigen Kursgewinn zu erzielen.

Der Hinweis auf die Pflicht zur Steigerung des nachhaltigen Unternehmenswertes erscheint wie ein Leuchtturm, an dem sich ein ordentlicher und gewissenhafter Geschäftsleiter orientieren kann.

Unternehmerisches Ermessen

Im Rahmen des ARAG / Garmenbeck-Komplexes hat der Bundesgerichtshof 1997 [367] das unternehmerische Ermessen des Vorstandes in einem Leitsatz anerkannt und, bezogen auf die Verpflichtung des Aufsichtsrates, ausgeführt:

„Dabei hat er zu berücksichtigen, dass dem Vorstand für die Leitung der Geschäfte der AG ein weiter Handlungsspielraum zugebilligt werden muss, ohne den unternehmerisches Handeln schlechthin nicht denkbar ist."

Unter Bezugnahme auf das amerikanische Aktienrecht, das richterliche „business judgement rule", welches einen Entscheidungsfreiraum des Managements anerkennt, ist in der Literatur [368] gefordert, dass ein Vorstandsmitglied nicht haftet

1. *„Wenn es sich vor der Entscheidung im Rahmen der Möglichkeiten in ausreichender Weise informiert,*
2. *sich bei der Entscheidung nicht in einem Interessenkonflikt befindet und*
3. *bei der Entscheidung oder Vorgehensweise geglaubt hat und vernünftigerweise glauben kann, dass es im besten Interesse des Unternehmens handelt."*

---

[367] BGH-Urteil vom 21.04.1997, 2 ZR 175/95 = ZIP 97, S. 883 ff.

[368] Horn, ZIP 1997, S. 1129 (1134).

Der Vorstand soll nur „bei schlechthin unvertretbarem Vorstandshandeln“ [369] haften. Dies erfordert einen Leitungsfehler, „der auch für einen Ausstehenden derart evident ist, dass sich das Vorliegen eines Fehlers förmlich aufdrängt.“ [370] Gleichzeitig wird darauf hingewiesen, dass der Vorstand die unternehmerischen Chancen suchen und nutzen muss und dass es gleichfalls pflichtwidrig wäre, untätig zu bleiben. [371]

Zum besseren Verständnis der Sorgfalt eines ordentlichen und gewissenhaften Geschäftsleiters nachfolgend einige Beispielfälle aus der Rechtsprechung, in denen eine Gesellschaft geschädigt wurde und von ihrem Organ (Vorstand oder Geschäftsführer) Schadensersatz forderte.

Autohändlerfall

Sachverhalt:
Der Geschäftsführer eines BMW Autohauses exportierte Fahrzeuge nach Litauen und kaufte für die Gesellschaft italienische Fahrzeuge ein, die er nach Tschechien exportieren wollte. Das Litauen-Geschäft führte zunächst zu einem erheblichen Forderungsaußenstand von 260.700,00 DM. Das Tschechien-Exportgeschäft scheiterte mit der Folge, dass auf dem Firmengelände 42 Gebrauchtfahrzeuge unbenutzt herumstanden, die für den Verkauf nach Tschechien vorgesehen gewesen waren. Als die Gesellschafter vom Geschäftsführer Rechenschaft verlangt hatten, sagte dieser zu, die noch in Litauen befindlichen, nicht bezahlten Fahrzeuge und Ersatzteile nach Deutschland zurückzutransportieren, was auch geschah. Auch gelang es dem Geschäftsführer die Gebrauchtfahrzeuge zu verkaufen. Dies gelang ihm bis auf einen Rest von vier Fahrzeugen. Insgesamt verblieb ein Schaden 227.152,85 DM aus dem Litauen-Geschäft und ein Schaden von 98.524,59 DM aus dem Tschechien-Geschäft bei der Gesellschaft.

Der Bundesgerichtshof verurteilte den Geschäftsführer und befasste sich in den Urteilsgründen mit der Frage der Verletzung der Sorgfaltspflicht, dem unternehmerischen Ermessen und dem Risikogeschäft. Die lesenswerten Ausführungen gelten ohne Einschränkun-

369 Hefermehl / Spindler, § 93, Rdnr. 24.
370 Hefermehl / Spindler, wie vor mit Verweis auf Hüffer, § 93, Rdnr. 13 a.
371 Hefermehl / Spindler, § 93, Rdnr. 29.

gen auch für Vorstandsmitglieder einer Aktiengesellschaft. Der in den Urteilsgründen zitierte § 43 GmbH-Gesetz entspricht § 93 AktG. Der Maßstab für die Pflichterfüllung des GmbH-Geschäftsführers, die Sorgfalt eines ordentlichen Geschäftsmannes, entspricht der Sorgfalt eines ordentlichen und gewissenhaften Geschäftsleiters.

„Der Beklagte hat sowohl hinsichtlich des „Litauen-Geschäfts" als auch hinsichtlich des „K-Geschäfts" seine Pflichten als ordentlicher Geschäftsmann verletzt (§ 43 I GmbHG). Die Klägerin hat gegen ihn daraus einen Schadensersatzanspruch nach § 43 II GmbHG. Die Frage, in welchen Fällen ein Geschäftsführer einer GmbH seine Pflichten verletzt, ist nach den Umständen des konkreten Einzelfalles zu beurteilen. Zu diesen Umständen zählen zunächst die Art und Größe des Unternehmens, seine betriebswirtschaftliche und finanzielle Situation, aber auch die Bedeutung der Geschäftsführungsmaßnahme und das damit verbundene Risiko. Dem Geschäftsführer ist jedoch ein unternehmerischer Spielraum zuzugestehen, der ihn ermächtigt, bestimmte Risiken einzugehen. Beachtenswert kann ferner sein, ob dem Geschäftsführer etwa Aufgaben übertragen worden sind, zu deren Erfüllung er die zu beurteilende Geschäftsführungsmaßnahme getätigt hat.

Nicht entscheidend ist hingegen, ob der Geschäftsführer über hinreichend individuelle Fähigkeiten für die Aufgabenerfüllung verfügt.

Vorliegend geht es um Exportgeschäfte, bei denen sich ein Risiko verwirklicht hat. Dieses Risiko bestand in der Möglichkeit, dass die ausländischen Kunden der Klägerin die bereitgestellten bzw. verkauften Fahrzeuge und Ersatzteile u. U. nicht abnehmen bzw. nicht bezahlen würden. Hinsichtlich etwaiger Risikogeschäfte hat der Geschäftsführer zu beachten, dass er unangemessene Risiken für seine Firma zu vermeiden hat.

Ein erlaubtes Risiko geht er aber nicht schon dann ein, wenn zur Zeit der Vornahme des Geschäfts die bloße Wahrscheinlichkeit bestand, dass sich das Geschäft gewinnbringend auswirken würde. Vielmehr ist zu berücksichtigen, ob der unwahrscheinliche, aber nicht auszuschließende negative Ausgang des beabsichtigten Geschäfts zu unangemessen hohen Risiken für den Bestand und die Entwicklung der Firma führen kann. Eine Sorgfaltspflichtverletzung ist zu bejahen, wenn die nahe liegende Möglichkeit einer Schädigung bestand. Gewagte Geschäfte sind aber nicht stets als unangemessen anzusehen. Zu beachten ist hierbei der Geschäftszweck der Firma und der Wille der Gesellschafter. Stellt sich hierbei heraus, dass bei rechtzeitiger Information der Gesellschafter das Geschäft unterblieben wäre, so kann der Geschäftsführer in der Haftung stehen. Die Regeln sorgfältiger Unternehmensleitung gebieten ihm grundsätzlich, die im Rechts- und Geschäftsverkehr angemessenen und branchenüblichen Vorsichtsregeln einzuhalten. Dem widerspricht beispielsweise die leichtfertige Gewährung von Warenkrediten oder die Kreditgewährung ohne übliche Sicherheiten."

Überweisungsfall
Mit der Sorgfalt eines ordentlichen und gewissenhaften Geschäftsleiters bei der Beachtung der Vertretungsregelungen sowie bei der Prüfung von vertraglichen Voraussetzungen befasst sich das Oberlandesgericht München, das über einen Schadensersatzanspruch von 300.000,00 DM gegen ein Vorstandsmitglied zu entscheiden hatte und diesen verurteilte.

Sachverhalt:
Die Aktiengesellschaft befasste sich der Verwertung von Filmrechten und schloss mit einer Firma Media Spezial International (M) GmbH einen Vertrag, in dem es unter anderem heißt:

„Die AG wird regelmäßig eine Projektfinanzierung durchführen, wenn sichergestellt ist, dass die Produktionen durch international tätige Produzenten durchgeführt werden, die nachweislich schon erfolgreiche Filme produziert haben und renommierte Vertriebs- und Vermarktungsfirmen eingeschaltet wurden."

Das Vorstandsmitglied, das gemeinschaftlich mit einem weiteren Vorstandsmitglied zur Vertretung befugt war, veranlasste die Überweisung von 300.000,00 DM an die Media Spezial International GmbH, die in Vermögensverfall geriet. Die Insolvenzeröffnung wurde mangels Masse abgelehnt. Das Vorstandsmitglied berief sich unter anderem auf Mängel bei seiner Bestellung.

Das Gericht führte in den Gründen aus:

(a) *„Die Haftung (gem. § 93 AktG) tritt auch dann ein, wenn die Bestellung des Beklagten – so die Auffassung der Klägerin – mangelhaft gewesen ist, da der Beklagte das Amt angenommen und tatsächlich ausgeübt hat.*

(b) *Der Beklagte hat seine Pflichten gegenüber der Klägerin schon deshalb verletzt, weil er entgegen § 77 Abs.1 S. 1 AktG und § 6 der Satzung der Klägerin die Überweisung allein vorgenommen hat, obwohl er nur gemeinschaftlich mit dem weiteren Vorstandsmitglied Dr. H. zur Geschäftsführung befugt gewesen wäre.*

(c) *Unabhängig von der pflichtwidrigen Überschreitung seiner Geschäftsführungsmacht hat der Beklagte durch die Zahlung auch gegen die Sorgfalt eines ordentlichen und gewissenhaften Geschäftsleiters (§ 93 Abs. 1 S. 1 AktG) verstoßen. Hierzu gehörte, dass ein Betrag von 300.000,00 DM von der AG, die die Finanzierungsmittel ausschließlich durch Beteiligung von Anlegern aufbringt, nur im Rahmen des den Anlegern im Prospekt bekannt gegebenen Vertrags mit dem Zahlungsempfänger geleistet wird. Auch wenn für die Anleger erkennbar geplant war, dass die Klägerin gegenüber der Firma M-GmbH die Finanzierung übernehmen sollte, war sie an die im Vertrag vorgesehenen Voraussetzungen gebunden.*

Die für eine Finanzierung aufgestellten Voraussetzungen gem. Ziff. 2.1 (Fertigstellungsgarantie) und Ziff. 2.2 (Vertriebsgarantien) des Vertrags vom 14.09.1990 zwischen der Klägerin und der Firma M-GmbH lagen nach eigenem Vorbringen des Beklagten zum Zeitpunkt der Überweisung nicht vor .....

(d) *Das pflichtwidrige Verhalten des Beklagten ist für den geltend gemachten Schaden der Klägerin kausal geworden. Eingetreten ist der Schaden schon mit dem Abfluss des überwiesenen Betrags am 27.12.1990. Selbst wenn der Zusammenbruch der Firma M-GmbH darauf beruhen sollte, dass die Klägerin die Finanzierung nicht fortgesetzt hat, ist damit der Zurechnungszusammenhang nicht unterbrochen. Die Klägerin war nämlich zur Fortführung der Finanzierung nicht verpflichtet.*

Entnahmefall

In diesem Fall geht es um die Haftung des Organs für einen untreuen Angestellten und das Thema Organisationsverschulden.

Sachverhalt:

Der Insolvenzverwalter führte einen Prozess gegen die alleinige Geschäftsführerin einer GmbH. In der Zeit ihrer Geschäftsführung hatte der angestellte Sohn Kassenentnahmen und Barabhebungen vom Geschäftskonto in Höhe von 108.834,43 DM aufgrund einer ihm von der Geschäftsführerin erteilten Bankvollmacht vorgenommen. Der Insolvenzverwalter vertrat die Auffassung, dass dieser Betrag zu dem zur Erhaltung des Stammkapitals der Gemeinschuldnerin notwendigen Vermögen gehörte und führte aus, dass die Geschäftsführerin mit der Vollmachtserteilung ihre Pflichten verletzt habe, da sie von der persönlichen Unzuverlässigkeit ihres Sohnes gewusst habe spätestens nachdem ihr die unberechtigte Entnahme eines Teilbetrages von 5.334,43 DM mitgeteilt worden war. Das Oberlandesgericht Koblenz folgte dieser Auffassung und urteilte in den Entscheidungsgründen:

„Maßstab für die Pflichtverletzungen der Beklagten als Geschäftsführerin ist die Sorgfalt eines ordentlichen Kaufmanns. Inhaltlich entspricht dies der Sorgfalt eines ordentlichen und gewissenhaften Geschäftsleiters, wie sie § 93 Abs. 1 Satz 1 AktG fordert. Sie geht über die Sorgfalt eines ordentlichen Kaufmanns hinaus; denn verlangt wird die Sorgfalt, die ein ordentlicher Geschäftsmann in verantwortlich leitender Position bei selbständiger Wahrnehmung fremder Vermögensinteressen zu beachten hat. Daraus folgt, dass persönliche Eigenschaften des Geschäftsführers, wie Alter, Unerfahrenheit oder Unkenntnis, für die Beurteilung der Einhaltung des Sorgfaltsmaßstabs unerheblich sind.

Der Senat sieht die Pflichtverletzung der Beklagten darin, dass sie nicht tätig wurde, obwohl ihr Sohn am 31. Mai 1986 der Kasse ohne Beleg einen Betrag von 5.334,43 DM entnommen hatte, bzw. entsprechend ihrem Vortrag in der mündlichen Verhandlung, sich diese Summe ohne Beleg zu Lasten ihres Sohnes am Monatsende ergab. Diesen Fehlbetrag hätte die Beklagte zum Anlass nehmen müssen, das finanzielle Verhalten ihres Sohnes zu überwachen, ihm keine Bankvollmacht zu erteilen bzw. eine erteilte zu widerrufen. Ihr oblag es als verantwortliche Verwalterin des Vermögens der GmbH, diese vor Schaden durch Dritte und auch durch Gesellschafter zu bewahren. Entgegen der Ansicht der Beklagten stellt ein Kassenfehlbetrag in Höhe von 5.334,43 DM einen ausreichenden Anlass dafür dar, tätig zu werden und weiteren Schaden zu vermeiden.

Diese Pflichtverletzung entfällt nicht deshalb, weil – wie die Beklagte vorträgt – ihr Sohn häufig im Außendienst tätig, Aufwendungen für Spesen der Kasse entnommen und diese später abgerechnet habe, da unstreitig dem Betrag von 5.334,43 DM keine Spesenrech-

nungen gegenüberstehen. Vielmehr sah die Beklagten diesen am 31. Mai 1986 gebuchten Betrag als unberechtigte Entnahme an. Dann aber hätte sie die Zeit bis zum 1. Juli 1986 nutzen müssen, um den Fehlbetrag zu klären, und weitere unberechtigte Entnahmen zu verhindern.

Da sie dieses nicht getan hat, hat sie die Sorgfalt eines ordentlichen Geschäftsmannes verletzt. Dieses begründet nicht nur die Rechtswidrigkeit, sondern zugleich auch ihr Verschulden, das § 43 Abs. 2 GmbHG als Voraussetzung einer Ersatzpflicht ansieht.

Das pflichtwidrige Verhalten der Beklagten war ursächlich für den eingetretenen Schaden."

ARAG / Garmenbeck

Mit der Abwicklung eines Kreditanlagengeschäftes durch das zuständige Vorstandsmitglied befasst sich im ARAG / Garmenbeck-Komplex nicht nur der Bundesgerichtshof im Zusammenhang mit der Verpflichtung des Aufsichtsrates zur Durchsetzung von Schadensersatzansprüchen. Über die Frage der Haftung des Finanzvorstandes gegenüber der Aktiengesellschaft wurde in einem anderen Verfahren rechtskräftig durch das Oberlandesgericht Düsseldorf entschieden.[372]

Sachverhalt:

Die Aktiengesellschaft verklagte ihr ehemaliges Vorstandsmitglied auf knapp 55 Mio. DM. Das Vorstandsmitglied war zuständig für das Finanzressort in den Abteilungen Finanzbuchhaltung, Rechnungsprüfung, Inkasso, die Abteilung für Vermögensverwaltung sowie die Abteilung Liegenschaften. Zu dem verwalteten Vermögen der Aktiengesellschaft gehörte auch die Beteiligung an mehreren Tochtergesellschaften, bei denen der Kläger Geschäftsführer war. Zwischen der Aktiengesellschaft und der 1979 in London / Großbritanien gegründeten Garmenbeck Ltd. mit einem Nominalkapital von 5.000 Pfund Sterling kam 1985 zu ersten geschäftlichen Kontakten. Die Garmenbeck Ltd. verfügte in London lediglich über eine Briefkastenadresse und unterhielt dort weder Büroräume noch einen Telefonanschluss. Diese Gesellschaft verfügte nicht über Geschäftskonten, beschäftigte weder Personal, noch wurde irgendeine Geschäftstätig-

---

[372] OLG Düsseldorf, Urteil vom 28.11.1996 – 6 U 11/95 - = ZIP 97, S. 27 ff.

keit entfaltet. Der geschäftsführende Direktor der Garmenbeck Ltd. war der mehrfach vorbestrafte Elektroinstallateur Walter A., dessen ursprünglich betriebenes Elektro- und Heizungsbauunternehmen 1973 in Konkurs gegangen war und dessen Nachfolgeunternehmen im gleichen Geschäftsbereich 1978 liquidiert werden mussten. Anfang der 80iger Jahre betrieb A Anlage- und Anlagevermittlungsgeschäfte, die er im Wesentlichen über die Garmenbeck Ltd. abwickelte.

Das Geschäftsmodell Garmenbeck Ltd. sah so aus, dass auf der einen Seite Kapital zu erheblich über dem Kapitalmarktniveau liegenden Zins als Anlage entgegengenommen wurde und andererseits Billigkredite unterhalb den marktüblichen Zinsniveaus gewährt wurden. Das Geschäftsvolumen betrug zuletzt zwischen 1,2 und 1,8 Milliarden DM. Dieses Geschäftsmodell brach 1990 zusammen. 1986 hatte das Vorstandsmitglied mit der Garmenbeck verhandelt und erstmalig ein solches Anlagengeschäft abgeschlossen, in dem der Garmenbeck Ltd. ein von dieser mit 12% zu verzinsendes Darlehen in Höhe von 5 Mio. DM für die Dauer von drei Jahren zur Verfügung gestellt wurde. In der Folgezeit kam es zu weiteren Geschäften. Das siebte und achte Kreditanlagengeschäft hatte bereits ein Volumen von jeweils 50 Mio. DM. Obwohl die Verträge über diese Kreditgeschäfte noch nicht unterzeichnet waren, wurde bereits mit der Abwicklung der beiden in Aussicht genommenen Geschäfte begonnen. Die Gesellschaft gab zur Absicherung ihrer Töchter, die im Rahmen der Kreditgeschäfte Avalkredite aufnehmen und der Garmenbeck Ltd. zur Verfügung stellen mussten, Patronatserklärungen ab. Vereinbart war, dass die Garantieerklärung einer Schweizer Rückversicherung vorliegen sollte, bevor die Gelder der Garmenbeck Ltd. zur Verfügung gestellt werden.

Dann veranlasste das Vorstandsmitglied die Überweisung von 55.610.067,20 DM an ein Unternehmen, in dem Walter A. alleinige Zeichnungsbefugnis besaß, der es dann auf ein Konto der Garmenbeck Ltd. weiterleitete. Das Vorstandsmitglied hielt die Anweisung für vertretbar, weil es mit A mündlich vereinbart hatte, dass die Weiterleitung des Betrages an die Garmenbeck Ltd. erst erfolgen sollte, wenn die Garantieerklärung der Schweizer Rückversicherung zur Verfügung stand. Daran hatte sich A aber nicht gehalten. Wenig später brach die Garmenbeck-Gruppe zusammen. Der Schaden blieb zunächst bei der Tochter der klagenden Aktiengesellschaft hängen, die den Kredit aufgenommen hatte und zur Rückzahlung nicht in der Lage war. Die Aktiengesellschaft kaufte dann die wertlose Forderung ihrer Tochter gegen den Garmenbeck Ltd. zum Nennwert.

Vom Schädiger Walter A. konnte die ARAG AG 198.500,00 DM Schadensersatz erhalten Wegen des Restschadens wandte die AG sich an ihr Vorstandsmitglied. Dieser verteidigte sich unter Berufung auf Treu und Glauben damit, dass die Eingehung der Kreditanlagegeschäfte mit der Garmenbeck Ltd. dem gesamten Vorstand und dem Aufsichtsrat der Klägerin bekannt gewesen sei.

Das Oberlandesgericht Düsseldorf verurteilte das Vorstandsmitglied entsprechend dem Antrag und führte in den Entscheidungsgründen aus:

(a) *„Der Beklagte hat insbesondere eine ihm als Vorstandsmitglied der Klägerin obliegende Pflicht verletzt.*

Dabei braucht nicht entschieden zu werden, ob eine Pflichtverletzung des Beklagten bereits darin zu sehen ist, dass er überhaupt den geschäftlichen Kontakt zwischen der Klägerin und den von Walter A. gelenkten Unternehmen, namentlich der Garmenbeck Ltd, initiiert und in der Folgezeit bis zu den beiden hier streitgegenständlichen Kreditanlagegeschäften umfangreiche risikoreiche Geschäftsabschlüsse mit der Garmenbeck Ltd getätigt hat....

(b) *Bei der bereits vor Vertragsschluss begonnenen Abwicklung des 7. und 8. Kreditanlagegeschäfts hat der Beklagte allerdings unmittelbar als Geschäftsführer der niederländischen Tochtergesellschaft der Klägerin, der ARAG Finanz B. V., gehandelt, die bei den in Rede stehenden Geschäften die Vertragspartnerin der Garmenbeck Ltd. werden sollte. Als vertretungsberechtigtes Organ jener Gesellschaft oblag dem Beklagten nach Art. 8 Buch 2 Burgerlijk Wetboek (niederländisches Bürgerliches Gesetzbuch) die Verpflichtung, seine Aufgaben ordnungsgemäß zu erfüllen. Dieser Verpflichtung ist der Beklagte nicht nachgekommen...*

Eine derartige Zahlung aus dem Gesellschaftsvermögen der ARAG Finanz B. V. durfte der Beklagte unter den gegebenen Umständen nur veranlassen, wenn die ARAG Finanz B. V. hinreichend vor einem Verlust dieses Betrages gesichert war. Ein solches Sicherungsbedürfnis bestand in der hier gegebenen Situation in ganz besonderem Maße.

Zu berücksichtigen ist dabei zum einen, dass es sich bei Walter A., der die Geschicke der Garmenbeck Ltd. lenkte, um einen Geschäftsmann handelte, dessen Seriosität und dessen Fähigkeiten nicht unzweifelhaft waren. Bedenken ergaben sich insoweit aus seinem gesamten Werdegang, der selbst beim Betreiben kleinerer Unternehmen von wirtschaftlichem Misserfolg geprägt und zudem auch nicht ohne Vorstrafen verlaufen war. Auch seine Ausbildung als Elektroinstallateur prädestinierte ihn nicht gerade zur Abwicklung von Finanzgeschäften in einer Größenordnung von zumindest mehren 100 Mio. DM. Hinzu kommt, dass auch die von Walter A. geleitete Garmenbeck Ltd., die eigentliche Vertragspartnerin der ARAG Finanz B. V. war, als wenig Vertrauenserweckend erschien, wenn man berücksichtigt, dass das britische Unternehmen lediglich mit einem Nominalkapital von 5.000 Pfund Sterling ausgestattet war, an seinem Geschäftssitz in London lediglich eine Briefkastenadresse unterhielt, dort weder über irgendwelche Büroräume noch über einen Telefonanschluss noch über Geschäftskonten verfügte und an seinem Sitz auch weder Personal beschäftigte noch irgendwelche Geschäftstätigkeiten entfaltete. Neben diesen personen- bzw. unternehmensbezogenen Eigenschaften des Geschäftspartners war darüber hinaus zu beachten, dass auch das von Walter A. entwickelte und offerierte „Geschäftsmodell" bereits jedem informierten Laien, erst recht aber einem Kaufmann wie dem Beklagten, schon auf den ersten Blick als zumindest außerordentlich risikoreich und in Bezug auf die Erfolgsaussichten fragwürdig erscheinen musste.

In einer derartigen Situation erscheint es bereits zweifelhaft, ob man vor einem endgültigen Abschluss eines solchen Risikogeschäfts überhaupt – wie geschehen – mit dessen Abwicklung beginnen durfte. Jedenfalls durfte ein derart großer Geldbetrag von mehr als 55,6 Mio. DM dem in Aussicht genommenen Geschäftspartner nicht zur Verfügung gestellt werden, bevor nicht für eine hinreichende Sicherung vor einem etwaigen Verlust des Kapitals gesorgt war....."

Bemerkenswert bei den Ausführungen ist, dass auch die Beachtung ausländischen Rechts vom Vorstand verlangt wird und dass nachhaltig die Überprüfung des Vertragspartners und des Geschäftsmodells eingefordert wird.

In den weiteren Entscheidungsgründen befasst sich der Bundesgerichtshof mit dem Problem, dass der Schaden zunächst bei der Tochter eingetreten war und nur durch den Ankauf der wertlosen Forderungen zur AG gelangt war, die dann die Schadensersatzklage führte. Bei der Mutter war also zunächst nur ein Reflexschaden aufgrund der Schädigung der Tochter eingetreten, den die AG aufgrund eigenen Entschlusses in einen eigenen Schaden umgewandelt hatte. Der Bundesgerichtshof sah aber auch diesen Schaden als adäquat verursacht an, da die Muttergesellschaft anerkennenswerte Gründe hatte, den Schaden ihrer Tochtergesellschaft wirtschaftlich auszugleichen; einmal aufgrund der Patronatserklärung und zum anderen, um eine Schädigung des geschäftlichen Ansehens der Unternehmensgruppe zu vermeiden.

5.2.2 Die Haftung gegenüber der AG begründende Spezialvorschriften im Aktiengesetz

Tabelle 5.1. Spezialvorschriften im Aktiengesetz

Vorschrift	Pflichtwidrigkeit
Aktiengesetz	
§ 48	Verletzung von gründungsspezifischen Pflichten
§ 56 Abs. 4	Verletzung der gesetzlichen Pflichten für die Zeichnung von Aktien bei einer Kapitalerhöhung
§ 88 Abs. 2	Verstoß gegen Wettbewerbsverbot
§§ 90, 93	Verletzung der Berichtspflichten, neben Schadenersatz : Zwangsgeldverfahren nach § 407 möglich
§ 91	Verletzung der Buchführungspflicht Verletzung der Pflicht zur Einführung eines Früherkennungs- und Überwachungssystems
§ 92 Abs. 1, 823 Abs. 2 BGB	Verletzung der Einberufungs- und Anzeigepflicht bei Verlust in Höhe der Hälfte des Grundkapitals; Schutzgesetz nur zugunsten der AG

Tabelle 5.1. (Fortsetzung)

Vorschrift	Pflichtwidrigkeit
Aktiengesetz	
§ 92 Abs. 2, 823 Abs. 2 BGB	Verletzung der Insolvenzantragspflicht bei Zahlungsunfähigkeit und Überschuldung 92 Abs. 2 ist Schutzgesetz zugunsten der AG auch zugunsten der Gläubigern
§ 93 Abs. 3 Nr.1, 57,230	Verbotswidrige Rückgewähr von Einlagen an Aktionäre
§ 93 Abs.3 Nr.2, 57 Abs.2 und 3, § 58Abs.4, 233	Verbotswidrige Zahlung von Zinsen/ Gewinnanteilen an Aktionäre
§ 93 Abs.3 Nr.3,56,71 bis 71e, 237 bis 239	Verbotswidrige Handlungen im Zusammenhang mit dem Erwerb eigener Aktien oder der Kapitalherabsetzung durch Einziehung eigener Aktien
§ 93 Abs.3 Nr.4, 10 Abs.2	Ausgabe von Aktien vor voller Leistung des Ausgabebetrages
§ 93 Abs.3 Nr.5, 57 Abs.3,	Verteilung von Gesellschaftsvermögen (vor Auflösung der Gesellschaft)
§ 93 Abs.3 Nr.6	Zahlungen nach Zahlungsunfähigkeit oder Überschuldung
§ 93 Abs.3 Nr.7, 113,114	Vergütung an Aufsichtsratsmitglieder bei Verstoß gegen §§ 113,114
§ 93 Abs.3 Nr.8, 89, 115	Verbotene Kreditgewährung an Vorstände, Prokuristen, Handlungsbevollmächtigte und deren Angehörige (89); an Aufsichtratsmitglieder und deren Angehörige (115)
§ 93 Abs.3 Nr.9, 199	Ausgabe von Bezugsaktien bei der bedingten Kapitalerhöhung außerhalb des festgesetzten Zweckes oder vor Leistung des Gegenwertes
§ 117	Schädigende Beeinflussung eines Organmitgliedes, Prokuristen oder Handlungsbevollmächtigten zu Lasten der Gesellschaft

5.2.3 Die Haftung gegenüber der AG begründende Einzelvorschriften in anderen Gesetzen

Einzelne Bestimmungen außerhalb des Aktiengesetzes begründen gleichfalls eine Innenhaftung der Vorstandsmitglieder gegenüber der eigenen Gesellschaft.

So kommt über die Grundvorschrift des § 93 Abs. 3 Satz 1, wonach Vorstandsmitglieder zum Ersatz des daraus entstehenden Schadens verpflichtet sind, wenn sie ihre Pflichten verletzen, eine Haftung dann in Betracht, wenn die Vorstandsmitglieder entgegen § 33 WpÜg Abwehrmaßnahmen gegen eine Übernahme veranlassen, die nach dieser Norm unzulässig sind.[373]

Meist geht der zivilrechtlichen Haftung eine strafrechtliche Verfolgung voraus.

Eine Auswertung der Presseberichte [374] über Managerhaftung zeigt, dass im Zusammenhang mit der Schädigung des eigenen Unternehmens häufig nicht die Pflichtverletzung, sondern Untreue (§§ 266, 266a StGB) und Unterschlagung (§ 246 StGB) die Anspruchsgrundlage bilden.

Bindeglied zwischen Straftat und zivilrechtlicher Haftung ist § 823 Abs. 2 BGB, wonach zum Schadensersatz verpflichtet ist, wer gegen ein den Schutz eines anderen bezweckendes Gesetz verstößt.

Zu fragen ist jeweils, ob das Gesetz (auch) den Schutz der Gesellschaft bezweckt.

5.2.4 Verpflichtung des Aufsichtsrats zur Durchsetzung von Schadensersatzansprüchen gegen den Vorstand

Kein anderes Thema hat in den wirtschaftsrechtlichen Publikationen der Jahre 1995 bis 1998 eine derartige Fülle von Beiträgen hervorgerufen, wie die Frage nach der Pflicht des Aufsichtsrats zur Durchsetzung von Schadensersatzansprüchen gegen den Vorstand einer Aktiengesellschaft.[375]

---

[373] Darüber hinaus droht ihnen ein Bußgeld nach § 60 WpÜG.

[374] „Das Ende der Schonzeit" Managermagazin 8/00;
Loss & Litigation report – Managerhaftung im Spiegel der Presse, 2. Auflage, 2004, Hrsg. General/Cologne Re.

[375] Lutter, Zum unternehmerischen Ermessen des Aufsichtsrats, ZIP 95, 441 f., Dreher, Nochmals: das untenehmerische Ermessen des Aufsichtsrats,

Verursacht wurde dieser Boom durch die Entscheidungen der Instanzgerichte in den Jahren 1994 (LG Düsseldorf), 1995 (OLG Düsseldorf) und, 1997 (BGH) im Zusammenhang mit der Bewältigung des ARAG-Garmenbeck-Komplexes durch die Justiz. Einer der Rechtsstreite, in dem es um den unter Ziff. 5.2.1 als ARAG/Garmenbeck-Fall bereits beschriebenen Fall der rechtswidrigen und unter Verstoß gegen die Sorgfaltspflicht eines ordentlichen und gewissenhaften Kaufmanns durch den Finanzvorstand abgewickelten Geschäfte mit der später insolventen Garmenbeck Ltd. London ging, behandelte eine Klage gegen Beschlüsse des Aufsichtsrats, mit denen dieser die Geltendmachung von Schadensersatzansprüchen gegen den Vorstandsvorsitzenden, der neben dem in Anspruch genommenen Finanzvorstand haften sollte, abgelehnt hatte. So hatte das Landgericht in erster Instanz entschieden [376] (Leitsätze der ZIP):

1. *„Die Durchführung von versicherungsfremden Finanzgeschäften über eine hierfür gegründete ausländische Tochtergesellschaft einer Versicherungs-AG ist eine unzulässige Umgehung des Verbots von Kreditgeschäften durch § 7 Abs. 2 VAG a. F.*

2. *Der Vorstand der Aktiengesellschaft ist nach § 93 AktG zum Schadensersatz verpflichtet, wenn er Verluste dieser Tochtergesellschaft ausgleicht.*

ZIP 95, 628 ff., Jäger / Trolitzsch, ZIP 95, 1157 ff. , Unternehmerisches Ermessen des Aufsichtsrats bei der Geltendmachung von Schadensersatzansprüchen gegenüber Vorstandsmitgliedern, Raiser, Pflicht und Ermessen von Aufsichtsratsmitgliedern, NJW 96, 552 ff. , Fischer, Der Entscheidungsspielraum des Aufsichtsrats bei der Geltendmachung von Regressansprüchen gegen Vorstandsmitglieder, BB 1996, 225 ff., Jäger, Grundsätze der Ermessensausübung für den Aufsichtsrat der Aktiengesellschaft und die Gesellschafterversammlung der GmbH am Beispiel der „ARAG-Entscheidungen“, WIB 97, 10 ff., Jäger / Trölitzsch, Die Pflichten des Aufsichtsrats bei der Prüfung und Durchsetzung der Vorstandshaftung, WIB 1997, S. 684 ff., Thümmel, Zu den Pflichten des Aufsichtsrats bei der Verfolgung von Haftungsansprüchen gegenüber dem Vorstand der AG, DB 1997, 1117 ff. und Heermann, Wie weit reicht die Pflicht des Aufsichtsrats zur Geltendmachung von Schadensersatzansprüchen gegen Mitglieder des Vorstandes, AG 1998, 201 ff.

[376] LG Düsseldorf, Urteil vom 14.03.1994, 32 U 158/92.

3. *Ein Aufsichtsratsbeschluss, mit dem die Geltendmachung des von der Minderheit schlüssig vorgetragenen Schadensersatzanspruchs gegen den Vorstandsvorsitzenden abgelehnt wird, ist gem. § 246 AktG nichtig.*"

Die Literatur rügte, dieser Fall sei nicht geeignet, die Frage des Ermessens und der Haftung von Vorstand und Aufsichtsrats zu prüfen, da es sich um einen klaren Fall eines Gesetzesverstoßes (Verbot von Kreditgeschäften nach § 7 Abs. 2 VAG alte Fassung) handele. In diesen Fällen sei das Ermessen des Aufsichtsrats auf null reduziert.[377]

Der These, dass im Falle von Gesetzesverstößen das Ermessen des Aufsichtsrates im Zweifel von vornherein auf null reduziert sei oder nur sehr eingeschränkt bestehe, wurde alsdann widersprochen.[378]

Das OLG Düsseldorf urteilte [379] (Leitsatz 2 der ZIP):

„*Aufsichtsratsentscheidungen unterliegen als Ermessensentscheidung nur einer eingeschränkten richterlichen Kontrolle. Eine Reduktion der Ermessensentscheidung auf null kann nur in Ausnahmefällen angenommen werden.*"

und fügte hinzu (Leitsatz 3):

„*Der Aufsichtsrat hat bei der Entscheidung über Schadensersatzansprüche gegen Vorstandsmitglieder nicht nur die Erfolgsaussichten einer Klage zu prüfen, sondern auch die Gründe, die im Interesse der Gesellschaft gegen die Klageerhebung sprechen.*"

Das Oberlandesgericht versagte der Feststellungsklage im Ergebnis den Erfolg, weil der angegriffene Aufsichtsratsbeschluss nicht unwirksam sei. Das Oberlandesgericht war der Auffassung, dass kein Fall der Reduzierung des Ermessensspielraums auf null gegeben sei. Es gehe vielmehr vom Ermessensspielraum des Aufsichtsrates aus, der der gerichtlichen Kontrolle nur hinsichtlich der Frage unterliege, ob eine Ermessenüberschreitung oder ein Ermessensmissbrauch gegeben sei.

Das Echo auf diese Entscheidung blieb nicht aus. Es wurde Widerspruch laut und die Auffassung vertreten, dass dem Aufsichtsrat

---

[377] ZIP 95, 441, S. 442.
[378] Dreher, ZIP 95, S. 628 (629).
[379] OLG-Urteil vom 22.06.1994, 6 U 104/94, ZIP 95, 1183 ff.

nur dann ein eingeschränkt überprüfbarer Ermessenspielraum zustehe, wenn es sich um eine unternehmerische Entscheidung handele. Das aber sei die Frage der Realisierung von Vorstandshaftung gerade nicht. Ist ein Vorstandshaftungsanspruch durchsetzbar, müsse der Aufsichtsrat in aller Regel tätig werden und könne nur aufgrund gewichtiger, gegenläufiger objektiver Interessen der Gesellschaft von der Realisierung der Haftung absehen.[380]

Andere argumentierten, dass die unternehmerische Freiheit, die Vorstände und Aufsichtsrat eines Unternehmens bei ihrer Tätigkeit genießen, diese nicht dazu berechtigen, Vermögenswerte der Gesellschaft freiwillig aufzugeben.[381]

Die Geltendmachung von Schadensersatzansprüchen gegen pflichtwidrig handelnde Vorstandsmitglieder gehöre zur Überwachung und sei keine unternehmerische Tätigkeit, daher bestehe in dieser Frage kein unternehmerisches Ermessen.

Schließlich wurde darauf hingewiesen, dass dem Aufsichtsrat bei der Entscheidung Schadensersatzansprüche geltend zu machen, in besonderer Weise den Interessen der Aktionäre verpflichtet sei und ihm daher kein Beurteilungsspielraum für die Entscheidung, ob die Geltendmachung gegen den Vorstand im Interesse der Gesellschaft liegt, zustehe.[382]

Von einer Geltendmachung der Schadensersatzansprüche könne deshalb nur abgesehen werden, wenn ganz gewichtige Gegengründe dem Gesellschaftsinteresse ein Vorgehen gegenüber dem Vorstand nicht ratsam erscheinen ließen.[383]

Der BGH setzte sich mit diesen Argumenten auseinander und entschied dann letztlich 1997 wie folgt:[384]

(b) „Der Aufsichtsrat hat aufgrund seiner Aufgabe, die Tätigkeit des Vorstandes zu überwachen und zu kontrollieren, die Pflicht, das Bestehen von Schadensersatzansprüchen der AG gegenüber Vorstandsmitgliedern eigenverantwortlich zu prüfen.

Dabei hat er zu berücksichtigen, dass dem Vorstand für die Leitung der Geschäfte der AG ein weiterer Handlungsspielraum

---

380 Jäger / Trölitzsch, ZIP 1995, S. 1157 (1163).

381 Raiser, NJW 1996, S. 552 (554).

382 Fischer, BB 1996, S. 225 (230).

383 Jäger, WIB 1997, S. 10 (15).

384 BGH-Urteil vom 21.04.1997, 2 ZR 175/95, BB, S. 1169 ff.

zugebilligt werden muss, ohne den unternehmerisches Handeln schlechterdings nicht denkbar ist.

Die nach § 147 Abs. 1 AktG bestehende Möglichkeit der Hauptversammlung, eine Rechtsverfolgung zu beschließen, berührt diese Pflicht nicht.

(c) *Kommt der Aufsichtsrat zu dem Ergebnis, dass sich der Vorstand schadensersatzpflichtig gemacht hat, muss er aufgrund einer sorgfältigen und sachgerecht durchzuführenden Risikoanalyse abschätzen, ob und in welchem Unfang die gerichtliche Geltendmachung zu einem Ausgleich des entstandenen Schadens führt. Gewissheit, dass die Schadensersatzklage zum Erfolg führen wird, kann nicht verlangt werden.*

(d) *Stehen der AG nach dem Ergebnis dieser Prüfung durchsetzbare Schadensersatzansprüche zu, hat der Aufsichtsrat diese Ansprüche grundsätzlich zu verfolgen. Davon darf er nur dann ausnahmsweise absehen, wenn gewichtige Gründe des Gesellschaftswohls dagegen sprechen und diese Umstände die Gründe, die für eine Rechtsverfolgung sprechen, überwiegen oder ihnen zumindest gleichwertig sind.*

Anderen außerhalb des Unternehmenswohles liegenden, die Vorstandsmitglieder persönlich betreffenden Gesichtspunkten darf der Aufsichtsrat nur in Ausnahmefällen Raum geben.“

Die Feststellung einer eigenständigen Prüfungspflicht des Aufsichtsrats unabhängig von der Möglichkeit der Hauptversammlung nach § 147 AktG von sich aus eine Rechtsverfolgung zu beschließen, die Verpflichtung zur Feststellung des Tatbestands und zur Fertigung einer Prozessrisikoanalyse und die grundsätzliche Verfolgungspflicht des Aufsichtsrates sowie die Feststellung, dass Gründe, die gegen eine Verfolgung sprechen nur solche sein können, die im Interesse des Unternehmens liegen und nicht etwa die Schuld eines verdienten Vorstandsmitgliedes oder durch die Verfolgung eintretende soziale Konsequenzen, fanden Zustimmung.[385]

Fazit:

Zur Pflicht des Aufsichtsrats die Geschäftsführung des Vorstands zu überwachen, gehören auch

[385] Jäger / Trölitzsch, WIB 97, S. 684 ff. sowie Thümmel, DB 97, S. 1117 ff.

1. die Pflicht, das Bestehen von Schadensersatzansprüchen gegen den Vorstand zu prüfen. Hier kann der Aufsichtsrat auf das gesamte, ihm durch das Aktiengesetz eingeräumte Instrumentarium zurückgreifen, nämlich Anspruch auf laufende Information (§ 90 Abs. 1 AktG), Anspruch auf Berichterstattung (§ 90 Abs. 3 AktG), Recht auf Einsicht und Prüfung (§ 111 Abs. 2 AktG), Recht auf Vorlage des Jahresabschlusses, des Prüfungsberichtes sowie des Konzernabschlusses (170 Abs. 1 und 3 AktG).[386]

   Der Aufsichtsrat kann dieses Instrumentarium erweitern durch eine Geschäftsordnung, insbesondere die Einführung von Zustimmungsvorbehalten (§ 111 Abs. 4 AktG). Er hat die Personalkompetenz und kann Vorstandsmitglieder bestellen und abberufen sowie die Anstellungsverträge kündigen (§ 84 AktG). Er kann die Hauptversammlung einberufen (§ 171 Abs. 2, 314 Abs. 2 AktG).

2. Zur Überwachung gehört auch die Prozessrisikoanalyse. Dazu gehören Eindeutigkeit und Beweisbarkeit des Sachverhalts sowie auch die Beitreibbarkeit der Forderung.[387] Stellt der Aufsichtsrat fest, dass ein Anspruch besteht und durchsetzbar erscheint, so muss er diesen verfolgen, wenn die Gesellschaftsinteressen und Belange, die es geraten erscheinen lassen, keinen Ersatz des der Gesellschaft durch den Vorstand zugefügten Schadens zu verlangen, die Gesichtspunkte, die für eine Rechtsverfolgung sprechen, überwiegen oder ihnen zumindest annähernd gleichwertig sind.[388]

   Da der Aufsichtsrat diese Erwägungen selbst anstellen muss, steht ihm insofern ein gewisser Ermessensspielraum zu. Die Literatur hat versucht, dem Aufsichtsrat hier Hilfestellung zu leisten. Ihr ist insoweit zuzustimmen, als dass festgestellt wird:

   1. Je erfolgversprechender die Geltendmachung und nachfolgende Durchsetzung eines Ersatzanspruches ist, desto gravierender und stichhaltiger müssen die unternehmensbezogenen wirtschaftlichen Gründe eines ablehnenden Beschlusses sein.

---

386 Darüber hinaus im Konzern Anspruch auf Vorlage des Abhängigkeitsberichts und des Prüfungsberichts (§§ 312, 314 Abs. 1 AktG).

387 Heermann, AG 1998, S. 201 (204).

388 BGH, ZIP 1997, S. 883 (886).

2. Es besteht eine Korrelation zwischen der Schwere des dem Vorstand vorgeworfenen Verstoßes und dem Rechtfertigungsbedarf für einen Beschluss mit dem der Aufsichtsrat die Verfolgung eines Ersatzanspruchs ablehnt.[389]

Wenn aber die Hauptversammlung die Verfolgung eines Schadensersatzanspruchs gegen ein Vorstandsmitglied beschließt, so muss der Aufsichtsrat den Anspruch nach § 147 Abs. 1 AktG geltend machen.

5.2.5 Geltendmachung von Ersatzansprüchen durch die Hauptversammlung

Die Hauptversammlung kann mit einfacher Mehrheit die Geltendmachung von Ersatzansprüchen gegen die Mitglieder des Vorstandes beschließen. Kommt eine Mehrheit nicht zustande, kann die Geltendmachung von Ersatzansprüchen auch von einer Minderheit durchgesetzt werden, wenn diese Minderheit über 10% des Grundkapitals verfügt und glaubhaft macht, dass die Aktionäre, die die Minderheit bilden, seit mindestens 3 Monaten vor dem Tag der Hauptversammlung Inhaber der Aktien sind. Anstelle des Aufsichtsrats, der die Gesellschaft in dem Prozess gegen den Vorstand vertritt, kann per Hauptversammlungsbeschluss auch ein besonderer Vertreter bestellt werden und damit den Aufsichtsrat von der Verfolgung der Gesellschaftsansprüche ausschließen.

5.3 Außenhaftung

Während der Gesetzgeber für das Verhältnis Gesellschaft zu Vorstandsmitglied in § 93 Abs. 2 Satz 2 eine Umkehr der Beweislast angeordnet hat, bleibt es für die Außenhaftung bei dem Regelfall, dass derjenige, der sich auf eine ihm günstige Tatsache beruft, diese auch beweisen muss.

Eine weitere Besonderheit in der Außenhaftung, die auch gerne übersehen wird, besteht darin, dass §§ 93 Abs. 5 Satz 4 AktG und 92 InsO die unmittelbare Geltendmachung eines Schadens durch die Insolvenzgläubiger gegen ein Vorstandsmitglied für die Dauer des In-

[389] Heermann, AG 98, S. 201 (208) m.w.N.

solvenzverfahrens ausschließen. Diese Ansprüche können nur vom Insolvenzverwalter geltend gemacht werden, jedenfalls soweit es sich um Ansprüche handelt, die sich auf eine Masseschmälerung beziehen und deshalb allen Gläubigern zustehen (Gesamtschaden). Nur der Gläubiger, der Schadensersatzansprüche für nicht bezahlte Leistungen aus dem Gesichtspunkt des Verschuldens bei Vertragsschluss („culpa in contrahendo" [390]) oder wegen Insolvenzverschleppung (§ 823 Abs. 2 BGB in Verbindung mit § 92 Abs. 2 AktG) hat, ist nach der Rechtsprechung des Bundesgerichtshofs nicht auf den Quotenschaden begrenzt, sondern kann seinen Anspruch unabhängig von § 92 InsO selbständig verfolgen mit dem Ziel, so gestellt zu werden, als hätte er den Vertrag mit der insolvenzreifen Gesellschaft nicht geschlossen.[391]

5.3.1. Haftung aus der Pflicht zur Abführung von Steuern

Nach § 34 Abgabenordnung (AO) haben die gesetzlichen Vertreter juristischer Personen deren steuerliche Pflichten zu erfüllen. Sie haften nach § 69 AO soweit Ansprüche aus dem Steuerschuldverhältnis infolge vorsätzlicher oder grob fahrlässiger Verletzung der ihnen auferlegten Pflichten nicht oder nicht rechtzeitig festgesetzt oder erfüllt oder soweit infolge dessen Steuervergütungen oder Steuererstattungen ohne rechtlichen Grund gezahlt werden. Die Haftung umfasst auch die infolge der Pflichtverletzung zu zahlenden Säumniszuschläge. Dabei wird zwischen der Lohnsteuer und anderen Steuern unterschieden. Bei der Lohnsteuer liegt eine derartige Pflichtverletzung regelmäßig dann vor, wenn entweder einbehaltene Lohnsteuerabzugsbeträge nicht oder nicht rechtzeitig an das Finanzamt abgeführt werden, oder wenn der gesetzliche Vertreter im Hinblick auf fehlende Mittel der Gesellschaft nicht dafür sorgt, dass die auszuzahlenden Löhne entsprechend gekürzt und die Lohnsteuer vom tatsächlich zur Auszahlung kommenden niedrigen Betrag berechnet, einbehalten und an das Finanzamt abgeführt werden.[392]

Für die übrigen Steuern geht die Rechtsprechung davon aus, dass die Steuerschulden grundsätzlich in etwa demselben Verhältnis zu

[390] Heute gesetzlich geregelt in §§ 311 Abs. 2 BGB

[391] BGH-Urteil vom 07.11.1994, 2 ZR 108/93, ZIP 95, S. 211 ff.

[392] BFH Urteile vom 17.10.1980, BStBl. 1981 II 138 vom 20.04.1992, BStBl. 1982 II 521 und vom 12.07.1983, BStBl. 1983 II 653.

tilgen sind wie die übrigen Schulden. Diese dem Finanzamt gegenüber bestehende Verpflichtung verletzt der Vorstand dann, wenn er andere Gläubiger in größerem Umfange befriedigt. Dabei ist nach der Rechtsprechung nicht nur auf die bereits fällige Schuld abzustellen. Vielmehr sind bei der Befriedigung anderer Gläubiger auch Steuerschulden zu berücksichtigen, die zwar noch nicht fällig aber schon entstanden sind.

Insgesamt enthält die Abgabenordnung eine Reihe von Pflichten, neben der Steuerentrichtungspflicht des § 34 Abs. 1 Satz 2 Abgabenordnung, die Einbehaltungs- und Abführungspflichten nach §§ 38 Abs. 3, 41 a Abs. 3, 44 Abs. 1, 50 a Abs. 5 EStG, die zur Sicherung der Besteuerungsansprüche normierten Buchführungs- und Aufzeigungspflichten der §§ 140 bis 148 AO, die Steuererklärungspflichten, § 149 AO und die Verpflichtung zur Berichtigung der Erklärung, wenn erkannt wird, dass seine abgegebene Erklärung unrichtig oder unvollständig ist und es dadurch zu einer Verkürzung der Steuern kommen kann oder bereits gekommen ist nach § 153 AO.

Beauftragt der Vorstand allerdings einen sorgfältig ausgewählten Steuerberater mit der Erledigung der steuerlichen Angelegenheiten der Gesellschaft, so schließt dies das Verschulden des Vorstands aus.[393] Insofern führt der BFH aus, bezogen auf den Parallelfall des Geschäftsführers einer GmbH, der gleichfalls über § 34 wie auch der Vorstand als Organ einer juristischen Person in Anspruch genommen wird:

„Hat sich der Geschäftsführer einer GmbH...auf den Steuerberater verlassen, so trifft ihn im Allgemeinen kein so wesentliches Verschulden, dass eine Haftung...eintritt."

In einer weiteren Entscheidung äußerte der BFH 1994:[394]

„Trifft (den Geschäftsführer) persönlich kein Auswahl- oder Überwachungsverschulden und hat er keinen Anlass, die inhaltliche Richtigkeit der vom steuerlichen Berater gefertigten Steuererklärung zu überprüfen, haftet er nicht für Steuerverkürzungen, die auf fehlerhaften (oder verspäteten) Steuererklärungen beruhen."

---

[393] BFH vom 11.05.1962 VI. 1995/60 BStBl. III 1962, 342; Tipke / Kruse, AO § 69, Rdnr. 31.

[394] BFH vom 30.08.1994, VI, R 101 /92, BStBl. II 1995, 278; Hübschmann / Hepp / Spitaler-Böcker, AO § 69, Rdnr. 42.

Hat ein Vorstand einen ihm als zuverlässig bekannten steuerlichen Berater ausgesucht, diesen hinreichend überwacht und keinen Anlass gefunden, an dessen Korrektheit zu zweifeln, so handelt er im Hinblick auf die ihm durch § 34 AO auferlegten Pflichten nicht grob fahrlässig. Ein Verschulden des Steuerberaters muss sich der Vorstand der Aktiengesellschaft nicht analog § 278 BGB zurechnen lassen.[395]

Den Vorstandsmitgliedern, insbesondere dem nach dem Ressortprinzip zuständigen Vorstandsmitglied, ist also dringend anzuraten, die internen oder externen Mitarbeiter, denen steuerliche Aufgaben übertragen wurden, sorgfältig auf ihre Zuverlässigkeit zu prüfen und genau zu überwachen. Es ist anzuraten, organisatorische Maßnahmen zu treffen, damit unrichtige und unvollständige Buchungen von Geschäftsvorfällen vermieden werden. Die Nichtzahlung oder verspätete Zahlung von Umsatzsteuer ist zu vermeiden. Der Nichteinbehaltung und Abführung von Lohnsteuer ist besondere Aufmerksamkeit zu schenken, da die Gesellschaft insoweit fremdes Geld verwaltet, das sie nicht sach- und zweckdienlich verwenden darf.

Die Inanspruchnahme der Vorstandsmitglieder erfolgt im Wege des Haftungsbescheids nach § 191 Abs. 1 AO. Ob ein Vorstandsmitglied und welches Vorstandsmitglied vom Fiskus in Anspruch genommen wird, ist eine Ermessensentscheidung des Finanzamtes.

5.3.2 Haftung aus der Pflicht zur Abführung von Sozialabgaben

Den letzten Euro bekommt die Krankenkasse, lautet ein häufiger Rat an Organe von Kapitalgesellschaften in der Krise. Dieser Rat hat seine Ursache in § 266 a StGB, der in Absatz 1 lautet:

„Wer als Arbeitgeber der Einzugsstelle Beiträge des Arbeitnehmers zur Sozialversicherung einschließlich der Arbeitsförderung, unabhängig davon, ob Arbeitsentgelt gezahlt wird, vorenthält, wird mit Freiheitsstrafe bis zu 5 Jahren oder mit Geldstrafe bezahlt.“

Arbeitgeber ist zwar die Aktiengesellschaft. In § 14 Strafgesetzbuch wird aber die Strafbarkeit auch gegenüber einem Vorstandsmit-

---

[395] So unter anderem Finanzgericht Nürnberg, Urteil vom 22.10.1991, 2 104 /BFG 1992, 241 ff.

glied als vertretungsberechtigten Organ der Aktiengesellschaft begründet.

Die vorzitierte Vorschrift bringt jedes Vorstandsmitglied in eine Haftungszwickmühle.[396] § 92 Abs. 3 Satz 1 AktG bestimmt nämlich:

„Nachdem die Zahlungsunfähigkeit der Gesellschaft eingetreten ist oder sich ihre Überschuldung ergeben hat, darf der Vorstand keine Zahlungen leisten."

Damit ist der Schutz der Gläubigergesamtheit vor Masseschmälerungen durch Bevorzugung einzelner Gläubiger nach Eintritt der Insolvenzreife bezweckt.[397] Der Vorstand haftet nach dieser Vorschrift über § 93 Abs. 2 AktG auf Ersatz der Masseschmälerung. Zu ersetzen ist der gezahlte Betrag abzüglich der Insolvenzquote und abzüglich in die Masse gelangter und dort verbliebener Gegenleistungen.[398]

Wichtig für den Vorstand der Aktiengesellschaft ist es zu wissen, dass die Beitragspflicht zur Sozialversicherung nach § 22 Abs. 1 in Verbindung mit § 2 Abs. 2 Nr. 1 und § 7 Abs. 1 SGB IV durch die versicherungspflichtige Beschäftigung des Arbeitnehmers und nicht etwa durch die Zahlung der Bezüge an diesen entsteht. Die Beiträge zur Sozialversicherung sind fällig spätestens am 15. des Monats der dem Monat folgt, in dem die Beschäftigung ausgeübt worden ist. Es kommt nicht darauf an, ob der Arbeitnehmer den von ihm erarbeiteten Arbeitsverdienst auch tatsächlich erhalten hat. Die Vorenthaltung von Arbeitnehmerbeiträgen ist auch dann verwirklicht, wenn für die betreffende Beschäftigungszeit kein Lohn gezahlt worden ist. Der Bundesgerichtshof urteilte im Jahre 2000 [399]

„Arbeitnehmerbeiträge zur Sozialversicherung können auch dann im Sinne des § 266 a Abs. 1 StGB vorenthalten sein, wenn für den betreffenden Zeitraum kein Lohn an den Arbeitnehmer ausgezahlt worden ist."

Im gleichen Urteil[400] weist der Bundesgerichtshof allerdings darauf hin, dass die Zahlung des Arbeitnehmerbeitrages zur Sozialversi-

---

396 Vgl. Groß, ZIP 2001, S. 945 ff.
397 Hüffer, § 92, Rdnr. 20.
398 Hüffer, wie vor.
399 BGH-Urteil vom 16. Mai 2000, 6 ZR 90/99.
400 BGH, wie vor, NJW 2000, S. 2993 ff.

cherung überhaupt möglich gewesen sein muss. In dem vom Bundesgerichtshof zu entscheidenden Fall war der Kreditrahmen des Geschäftskontos der Gesellschaft bei ihrer Bank noch nicht ausgeschöpft gewesen und hätte der Höhe nach ausgereicht, um die Arbeitnehmerbeiträge zur Sozialversicherung abzuführen, so dass ein normgerechtes Verhalten nicht unmöglich war.

Da § 266 a Abs. 1 StGB als Schutzgesetz der Sozialversicherungsträger angesehen wird, folgt eine zivilrechtliche Haftung des Vorstandsmitgliedes über die Verweisungsvorschrift des § 823 Abs. 2 BGB. Der zivil- und strafrechtlichen Inanspruchnahme kann ein Vorstandsmitglied allerdings auch entgegen halten, dass es infolge der Eröffnung des Insolvenzverfahrens oder einer allgemeinen Verfügungs- und Veräußerungsverbot die Verfügungsbefugnis über die Konten der Gesellschaft verloren hatte. Dann war ihm die Überweisung rechtlich unmöglich.

Da die Zahlung des Arbeitnehmerbeitrages zur Sozialversicherung in der Krise andere Gläubiger objektiv benachteiligt, kann der Insolvenzverwalter eine entsprechende Anweisung anfechten. Es stellt sich die Frage, ob der Vorstand die Zahlung an die Sozialversicherungsträger unterlassen kann mit dem Hinweis, dass diese ohnehin von dem Insolvenzverwalter angefochten werden. Hierzu hat der BGH entschieden[401]

„Bei der Nichtabführung von Arbeitnehmerbeiträgen zur Sozial versicherung kann ein Schaden der Kasse zu verneinen sein, wenn die Beitragszahlung im Insolvenzverfahren erfolgreich angefochten worden wäre."

Abzuführen sind Arbeitgeber- und Arbeitnehmeranteile zu den Sozialversicherungsbeiträgen. Die strafrechtliche und zivilrechtliche Haftung bezieht sich dem Wortlaut der Gesetze und Bestimmungen nach nur auf die Arbeitnehmerbeiträge und nicht auf die Arbeitgeberbeiträge. Dadurch entsteht ein weiterer Fallstrick für das Vorstandsmitglied (oder seine Berater), nämlich dann, wenn der angewiesene Betrag nicht zur vollständigen Deckung von Arbeitnehmer und Arbeitgeberbeiträgen ausreicht. Hierzu hat der BGH entschieden:[402]

---

[401] BGH, ZIP 2001, S. 80 ff.

[402] BGH-Urteil vom 13.01.1998, 6 ZR 58 aus 1997, NJW 1998, S. 1484 ff.

„Zahlungen des Arbeitgebers auf geschuldete Gesamtsozialversicherungsbeiträge sind – soweit sie nicht nach besonderen Tilgungsbestimmungen des Arbeitgebers in vollem Umfang auf die Arbeitnehmeranteile geleistet sind – gemäß § 2 der Beitragszahlungsverordnung je zur Hälfte auf die Arbeitnehmer- und die Arbeitgeberanteile anzurechnen. Eine Heranziehung der Tilgungsreihenfolge des § 366 Abs. 2 BGB kommt angesichts der vorangingen Spezialregelungen der Beitragszahlungsverordnung nicht (mehr) in Betracht."

Dem Vorstand ist also anzuraten, in einem solchen Fall bei der Überweisung eine eindeutige Bestimmung zu treffen, dass die geleistete Zahlung zunächst auf die Arbeitnehmerbeiträge zur Sozialversicherung geleistet wird.

Eine weitere Haftungsfalle für Organmitglieder ergibt sich jedoch aus einer Entscheidung des Oberlandesgerichts Celle [403] in der es heißt:

1. *„Voraussetzung für eine Verurteilung nach § 266 a StGB ist die Zahlungsunfähigkeit des Arbeitgebers.*
2. *Der Arbeitgeber ist jedoch verpflichtet, unter Zurückstellung anderweitiger Zahlungspflichten zumutbare Vorsorge für die Begleichung der Arbeitnehmerbeiträge bei Fälligkeit zu treffen."*

Dazu führt das Gericht in den Gründen aus:

„Denn wenn sich aufgrund der konkreten finanziellen Situation, vor allem bei einer erkennbar verzweifelten Wirtschaftslage, deutliche Bedenken ergeben, ob am Fälligkeitstage ausreichende Mittel vorhanden sein werden, ist der Arbeitgeber verpflichtet, durch besondere Maßnahmen, etwa die Aufstellung eines Liquiditätsplans und die Bildung ausreichender Rücklagen unter Zurückstellung anderweitiger Zahlungspflichten seine Fähigkeiten zur Abführung der Arbeitnehmerbeiträge zur Sozialversicherung soweit wie möglich sicherzustellen."

Zur Klärung der Frage, ob alle Vorstandsmitglieder oder nur das nach dem Ressortprinzip verantwortliche Vorstandsmitglied für die Nichtabführung der Arbeitnehmerbeiträge zur Sozialversicherung zi-

---

[403] OLG Celle, Beschluss vom 22.02.2001, 32 Ss 9/01, NJW 2001, S. 2985 ff.

vil- und strafrechtlich einstehen müssen, wenn dies rechtlich und tatsächlich noch möglich war, ist ein Oberlandesgerichtsurteil von Bedeutung, das zwar auf GmbH-Geschäftsführer bezogen ist, aber auch für Vorstandsmitglieder von Aktiengesellschaften gilt. So urteilte das OLG Schleswig-Holstein:[404]

2. *„Bei mehreren Geschäftsführern einer GmbH führt eine interne Zuständigkeitsregelung nicht zu einer völligen Aufhebung ihrer Verantwortlichkeit, sondern lediglich zu einer Beschränkung, denn grundsätzlich ist jeder Geschäftsführer für alle Angelegenheiten der Gesellschaft – mithin auch für die ordnungsgemäße Abführung der Sozialversicherungsbeiträge – verantwortlich. Der primär für die Lohnbuchhaltung nicht zuständige Geschäftsführer haftet Kraft seiner Altzuständigkeiten noch für gewisse Überwachungspflichten, die ihn zum Eingreifen veranlassen müssten. Eine solche Überwachungspflicht kommt vor allem in finanziellen Krisensituationen zum Tragen, in denen die laufende Erfüllung der Verbindlichkeiten nicht mehr gewährleistet erscheint. Entscheidend für die Frage der (bedingt vorsätzlichen) Verletzung dieser Überwachungspflicht ist, ob der intern unzuständige Geschäftsführer zu den jeweiligen Fälligkeitszeitpunkten Kenntnis von der Finanzkrise der Gesellschaft hatte und ob es für ihn Anhaltspunkte dafür gab, dass die pünktliche und vollständige Abführung der Sozialversicherungsbeiträge durch den intern dafür zuständigen Mitgeschäftsführer nicht mehr gewährleistet war."*

Demnach besteht in der Krise eine besondere Überwachungspflicht, insbesondere im Hinblick auf die Abführung von Arbeitnehmerbeiträgen zur Sozialversicherung für jedes Vorstandsmitglied (und die Berater).

5.3.3 Haftung auf Erstattung von Vorschüssen bei massearmen Insolvenzverfahren

Die Insolvenzordnung enthält eine Sondervorschrift, die auch ein Vorstandsmitglied treffen kann. In § 26 InsO heißt es:

---

[404] OLG Schleswig-Holstein, Urteil vom 07.12.2001, 14 U 122/01 = GmbH-Recht 2002, S. 216 ff.

(1) „Das Insolvenzgericht weist den Antrag auf Eröffnung des Insolvenzverfahrens ab, wenn das Vermögen des Schuldners voraussichtlich nicht ausreichen wird, um die Kosten des Verfahrens decken. Die Abweisung unterbleibt, wenn ein ausreichender Geldbetrag vorgeschossen wird...

(3) Wer nach Absatz 1 Satz 2 einen Vorschuss geleistet hat, kann die Erstattung des vorgeschossenen Betrages von jeder Person verlangen, die entgegen den Vorschriften des Gesellschaftsrechts den Antrag auf Eröffnung des Insolvenzverfahrens pflichtwidrig oder schuldhaft nicht gestellt hat. Ist streitig, ob die Person pflichtwidrig und schuldhaft gehandelt hat, so trifft sie die Beweislast. Der Anspruch verjährt in fünf Jahren.“

Die Pflicht des Vorstandes bei Zahlungsunfähigkeit und Überschuldung ohne schuldhaftes Zögern, spätestens aber drei Wochen nach Eintritt die Eröffnung des Insolvenzverfahrens zu beantragen, ergibt sich aus § 92 Abs. 2 AktG. Zu beachten ist, dass das Gesetz auch hier eine Beweislastumkehr vornimmt, so dass jedes Vorstandsmitglied, wie auch bei der Innenhaftung nach § 93 Abs. 2 Satz 2 AktG, in Umkehr der allgemeinen Beweislast beweisen muss, dass es nicht pflichtwidrig und schuldhaft gehandelt hat.

5.3.4 Haftung aus Geschäften der Aktiengesellschaft

Grundsätzlich, und dies bedeutet bei Juristen, dass es Ausnahmen gibt, haftet den Gläubigern der Gesellschaft nur die Gesellschaft und nicht deren Organe. Tatsächlich kann es jedoch sein, dass Gläubiger der Gesellschaft gegen die Vorstandsmitglieder vorgehen, wenn sie nämlich einen Titel gegen die Gesellschaft haben und aus diesem im Zusammenhang mit der Vollstreckung dieses Titels Schadensersatzansprüche der Gesellschaft gegen das Vorstandsmitglied pfänden und sich zur Einziehung überweisen lassen.

Haftungsdurchgriff der Gläubiger (§ 93 Abs. 5 AktG)

§ 93 Abs. 5 AktG gibt den Gläubigern dann einen Ersatzanspruch gegen die Vorstandsmitglieder, wenn

1. die Gläubiger einen Zahlungsanspruch gegen die Gesellschaft haben;

2. die Gesellschaft einen Ersatzanspruch nach § 93 Abs. 2 gegen ein Vorstandsmitglied hat;
3. Vorstandsmitglieder die Sorgfalt eines ordentlichen und gewissenhaften Kaufmanns gröblich verletzt haben und grob fahrlässig gehandelt haben oder Vorstandsmitglieder entgegen dem Aktiengesetz die in § 93 Abs. 3 genannten Handlungen begangen haben, also Einlagen an die Aktionäre zurückgewährt, den Aktionären Zinsen oder Gewinnanteile gezahlt, eigene Aktien der Gesellschaft gezeichnet, erworben, als Pfand genommen oder eingezogen haben, Aktien vor der vollen Leistung des Ausgabebetrages ausgegeben haben, Gesellschaftsvermögen verteilt haben, Zahlungen geleistet haben, nachdem die Zahlungsunfähigkeit der Gesellschaft oder ihre Überschuldung eingetreten ist, Vergütungen an Aufsichtsratsmitglieder gewährt haben, Kredite gewährt haben oder bei der bedingten Kapitalerhöhung außerhalb des festgesetzten Zwecke oder vor der vollen Leistung des Gegenwerts Bezugsaktien ausgegeben haben. Dann reicht jegliche Fahrlässigkeit.

Auch bei einer Inanspruchnahme der Vorstandsmitglieder durch die Gläubiger nach § 93 Abs. 5 AktG ist die Beweislast bei der Innenhaftung umgekehrt mit der Folge, dass das Vorstandsmitglied nachweisen muss, dass es nicht pflichtwidrig und schuldhaft gehandelt hat. Während des Insolvenzverfahrens ist jedoch die Klage eines Gläubigers ausgeschlossen, so dass in § 93 Abs.5 Satz 4 heißt:

„Ist über das Vermögen der Gesellschaft das Insolvenzverfahren eröffnet, so übt während dessen Dauer der Insolvenzverwalter oder Sachwalter das Recht der Gläubiger gegen die Vorstandsmitglieder aus."

Verschulden bei Vertragsschluss („culpa in contrahendo")
Die Schuldrechtsreform hat nunmehr ein Rechtsinstitut in § 311 Abs. 2 Nr. 1 BGB kodifiziert, das von der Rechtsprechung entwickelt wurde und aus dem sich für ein Vorstandsmitglied zwei Haftungstatbestände ergeben können.

Ein Vorstandsmitglied haftet danach persönlich, wenn es die Vertragsverhandlungen selbst führt oder maßgeblich beeinflusst und beim Geschäftspartner der Aktiengesellschaft ein besonderes persönliches Vertrauen in Anspruch nimmt, das über das normale

Handlungsvertrauen hinaus geht und wenn es dieses verletzt. Besonders in zwei Fallgestaltungen besteht die Gefahr, dass die Rechtsprechung ein solches persönliches Vertrauen und eine Garantenstellung des Vorstandsmitgliedes annimmt:

- Bei familiären und ähnlichen Beziehungen zwischen den Vorstandsmitgliedern und den Geschäftspartnern.
- Wenn das Vorstandsmitglied sich als Sanierungsberater geriert und in eine sanierungsbedürftige Aktiengesellschaft eintritt.

Die zweite Gruppe der Haftungstatbestände des Verschuldens bei Vertragsschluss ergibt sich bei wirtschaftlichem Eigeninteresse. Entsprechend einer Entscheidung des BGH [405] ergibt sich ein wirtschaftliches Interesse eines Vorstandsmitgliedes dann, wenn dieses *„gleichsam in eigner Sache verhandelt"*. Haftungsbegründend ist es, wenn das Vorstandsmitglied *„dem Verhandlungsgegenstand besonders nahe steht, weil er wirtschaftlich selbst stark an dem Vertragsabschluss interessiert ist und aus dem Geschäft eigenen Nutzen erstrebt."* [406]

Eigenes wirtschaftliches Interesse wurde in der Rechtsprechung zum GmbH-Geschäftsführer in drei Fallgestaltungen bejaht.[407]

- Ein Vorstandsmitglied hat sich für Gesellschaftsverbindlichkeiten persönlich verbürgt oder wesentliche Kreditsicherheiten gewährt.
- Die Tätigkeit des Vorstandsmitglieds zielt auf die Beseitigung von Schäden ab, für die er anderenfalls von der Aktiengesellschaft in Anspruch genommen werden kann.
- Das Vorstandsmitglied hat schon bei Abschluss des Vertrages die Absicht, die von den Vertragspartnern zu erbringende Leistungen nicht ordnungsgemäß an die Gesellschaft weiterzuleiten, sondern sie zu eigenem Nutzen zu verwenden.

Unter den vorgenannten Voraussetzungen haftet ein Vorstandsmitglied auch in einem von der Rechtsprechung entwickelten Unterfall der culpa in contrahendo, der Prospekthaftung, die von der Rechtsprechung für den Bereich des nicht organisierten Kapital-

---

[405] ZIP 1987, S. 177.
[406] BGH, WM 1985, S.1527.
[407] Vgl. BGH, ZIP 1986, S. 26 (30).

marktes entwickelt wurde. Die Haftung erstreckt sich auf die Vollständigkeit und Richtigkeit von Prospekten im Zusammenhang mit der Beteiligung an Publikums-Kommanditgesellschaften, Bauherrenmodellen, geschlossenen Immobilienfonds und dem Erwerb von Bauträgermodellen oder ähnlichen Geschäften. Der Prospekt muss sämtliche Umstände, die für die Anlageentscheidung von Bedeutung sind, richtig und vollständig darstellen. Das Vorstandsmitglied haftet dann, wenn es als Garant des Prospektes einen Vertrauenstatbestand für die Richtigkeit des Projekts geschaffen hat und damit nach außen hervorgetreten ist.

5.3.5 Haftung für die Verletzung geschützter Rechte Dritter durch unerlaubte Handlungen

Die eine mögliche Haftung eines Vorstandsmitglieds begründende Rechtsnorm findet sich in § 823 BGB, der da lautet:

(1) „Wer vorsätzlich oder fahrlässig das Leben, den Körper, die Gesundheit, die Freiheit, das Eigentum oder ein sonstiges Recht eines anderen widerrechtlich verletzt, ist dem anderen zum Ersatz des daraus entstehenden Schadens verpflichtet.

(2) Die gleiche Verpflichtung trifft denjenigen, welcher gegen ein den Schutz eines anderen bezweckendes Gesetz verstößt. Ist nach dem Inhalt des Gesetzes ein Verstoß gegen dieses auch ohne Verschulden möglich, so tritt die Ersatzpflicht nur im Falle des Verschuldens ein."

Haftung bei Verletzung absoluter Rechte (Leben, Gesundheit, Eigentum) Dritter

Zur Veranschaulichung der Haftung nach § 823 Abs. 1 BGB dient der nachfolgend geschilderte Baustoffhändlerfall, der nach Auffassung des Bundesgerichtshofes eine die Schadensersatzpflicht auslösenden Eingriff in das Eigentum eines Dritten beinhaltet:

„Baustoffhändlerfall"

Sachverhalt:

Ein Bauunternehmen hatte bei einem Lieferanten unter verlängertem Eigentumsvorbehalt Eisenträger gekauft. In einem für die Stadt Köln durchgeführten Bauvorhaben war vertraglich die Abtretung des Werklohnes ausdrücklich ausgeschlossen worden. Dennoch wurden die Eisenträger der genannten Lieferung in diesem Bauvorhaben verbaut, anschließend fiel die GmbH des später in Anspruch genommenen Geschäftsführers in Konkurs. Der Baustoffhändler hatte den GmbH-Geschäftsführer persönlich wegen Ausfalls seines Anspruchs in Höhe von 190.935,99 DM in Anspruch genommen. Es war streitig, ob der Geschäftsführer den Vertrag mit dem Baustoffhändler, in dessen allgemeinen Geschäftsbedingungen der Eigentumsvorbehalt enthalten war und den Vertrag mit der Stadt Köln über die Erstellung des Bauwerkes persönlich geschlossen hatte. Dies hatte ihm nicht geholfen.“ [408]

Der BGH ließ den Geschäftsführer auf Schadensersatz nach § 823 Abs. 1 BGB haften, weil er fahrlässig das Eigentum des Baustoffgroßhändlers verletzt habe. Der BGH stellte fest, dass die von der GmbH zum Schutze absoluter Rechtsgüter zu beachtenden Pflichten auch ihre Geschäftsführer in einer Garantenstellung aus den ihnen übertragenen organisatorischen Aufgaben betreffen und bei der Verletzung dieser Pflichten ihre deliktische Eigenhaftung auslösen können.

Zwar sei im zu entscheidenden Rechtsfall nicht bewiesen worden, dass der beklagte Geschäftsführer persönlich am Abschluss der Verträge beteiligt gewesen sei und es sei auch richtig, dass die Pflicht aus der Organstellung grundsätzlich nur gegenüber der Gesellschaft bestehe; dennoch sei der Geschäftsführer wegen seiner Zuständigkeit für die Organisation und Leitung und der damit verbundenen Einflussmöglichkeit auch Außenstehenden gegenüber persönlich verantwortlich.

Dieses Urteil ist zur Haftung des GmbH-Geschäftsführers ergangen. Es ist jedoch ohne weiteres auf die Vorstandsmitglieder einer Aktiengesellschaft zu übertragen.

Der BGH führt weiter aus:

„Es ist deshalb in Rechtsprechung und Literatur anerkannt, dass die Verantwortlichkeit für die einer juristischen Person zuzurechnende Schädigung unter besonderen Voraussetzungen auch die zu ihrem Organ bestellten Personen trifft, selbst wenn diese nicht ei-

---

[408] BGH-Urteil vom 05.12.1989, VI ZR 335/88 = NJW 1990, S. 967 ff.

genhändig geschädigt haben, aber die Ursache für die Schädigung in Versäumnissen bei der ihnen übertragenen Organisation und Kontrolle zu suchen ist.

Voraussetzung ist allerdings auch hier, dass zur Abwehr der sich in dieser Weise aktualisierenden Gefahrenlage der Geschäftsführer gerade in seinem Aufgabengebiet gefordert ist;... Eine solche Interessenkollision wegen der Gefahr einer widerrechtlichen Verletzung des Vorbehaltseigentums im Falle der Verarbeitung der Baustoffe nach § 946 BGB zu vermeiden, ist eine organisatorische Aufgabe, zu der zu allererst der Geschäftsführer berufen ist."

5.3.6 Haftung bei Verletzung allgemeiner Vermögensinteressen

§ 823 Abs. 2 in Verbindung mit Strafgesetzen

Zur Veranschaulichung des Absatz 2 des § 823 BGB nachfolgend ein anderer Fall. Dieser betrifft die persönliche Haftung der GmbH-Geschäftsführung wegen der Verletzung strafrechtlicher Vorschriften. Er kann gleichfalls ohne weiteres auf die Vorstandsmitglieder einer AG übertragen werden.

Lederspray-Fall

Sachverhalt:

Der Chefchemiker einer Familien-GmbH hatte ein Spray zur Reinigung und Pflege von Kleidungsstücken und Möbeln aus Leder entwickelt. Nach einiger Zeit des erfolgreichen Vertriebes erhielt er Nachricht über bei Benutzung des Sprays auftretende Übelkeit. Er unternahm nichts. Einige Zeit später erhielt auch der Geschäftsführer entsprechende Nachrichten. Es fand alsdann eine Sondersitzung der Geschäftsführung statt. Einziger Tagesordnungspunkt waren die bekannt gewordenen Schadensfälle. Teilnehmer waren sämtliche Geschäftsführer und der Chefchemiker. Dieser wies darauf hin, dass nach den bisherigen Untersuchungen kein Anhalt für toxische Eigenschaften und damit für eine Gefährlichkeit des Sprays gegeben sei, weshalb keine Veranlassung zu einem Rückruf dieses Produktes bestehe. Er schlug vor, eine externe Institution mit weiteren Untersuchungen zu beauftragen, außerdem Warnhinweise auf allen Spraydosen anzubringen und bereits vorhandene Hinweise gegebenenfalls zu verbessern. Diesem Vorschlag schloss sich die Geschäftsführung an. In der Folgezeit kam es zu weiteren Gesundheitsschäden.

Der BGH entschied mit Urteil vom 06.07.1990 [409] unter anderem wie folgt:

„Wer als Hersteller oder Vertriebshändler Produkte in den Verkehr bringt, die derart beschaffen sind, dass deren bestimmungsgemäße Verwendung für die Verbraucher - entgegen ihren berechtigten Erwartungen - die Gefahr des Eintritts gesundheitlicher Schäden begründet, ist zur Schadensabwehr verpflichtet (Garantenstellung aus vorausgegangenem Gefährdungsverhalten). Kommt er dieser Pflicht schuldhaft nicht nach, so haftet er für die dadurch verursachten Schäden strafrechtlich unter dem Gesichtspunkt der durch Unterlassung begangenen Körperverletzung. Aus der Garantenstellung des Herstellers oder Vertriebshändlers ergibt sich die Verpflichtung zum Rückruf bereits in den Handel gelangter gesundheitsgefährdender Produkte. Haben in einer GmbH mehrere Geschäftsführer gemeinsam über die Anordnung des Rückrufes zu entscheiden, so ist jeder Geschäftsführer verpflichtet, alles ihm Mögliche und Zumutbare zu tun, um diese Entscheidung herbeizuführen. Beschließen die Geschäftsführer einer GmbH einstimmig, den gebotenen Rückruf zu unterlassen, so haften sie für die Schadensfolgen der Unterlassung als Mittäter."

Nach der strafrechtlichen Verurteilung der Geschäftsführer konnte der Geschädigte für seinen Schadensersatzanspruch drei Schuldner als Gesamtschuldner in Anspruch nehmen, den giftmischenden Chemiker, jeden Geschäftsführer persönlich, sowie die Gesellschaft, die nach § 31 BGB für ihre Organe haftet.

Der BGH nahm eine Garantenstellung aller Geschäftsführer an und urteilte:

4. *„Haben in einer GmbH mehrere Geschäftsführer gemeinsam über die Anordnung des Rückrufs zu entscheiden, so ist jeder Geschäftsführer verpflichtet, alles ihm Mögliche und Zumutbare zu tun, um diese Entscheidung herbeizuführen.*

5. *Beschließen die Geschäftsführer einer GmbH einstimmig, den gebotenen Rückruf zu unterlassen, so haften sie für die Schadensfolgen der Unterlassung als Mittäter.*

[409] BGH Urt. v.6.7.1990 – 2StR 549/89 , NJW 1990, S. 2560 ff.

6. *Jeder Geschäftsführer, der es trotz seiner Mitwirkungskompetenz unterlässt, seinen Beitrag zum Zustandekommen der gebotenen Rückrufentscheidung zu leisten, setzt damit eine Ursache für das Unterbleiben der Maßnahme. Dies begründet seine strafrechtliche Haftung auch dann, wenn er mit seinem Verlangen, die Rückrufentscheidung zu treffen, am Widerstand der anderen Geschäftsführer gescheitert wäre.“*

Die Garantenstellung, die Anknüpfungspunkt für die strafrechtliche und letztlich auch die zivilrechtliche Haftung ist, begründete der BGH damit, dass alle vier „als Geschäftsführer der beteiligten Gesellschaften Ledersprays auf den Markt brachten, die bei bestimmungsgemäßen Gebrauch gesundheitliche Schäden bei den Benutzern zu verursachen drohten.“

Haftungsbegründende Straftatbestände im Unternehmen

Eidam sieht im Unternehmen vier strafrechtliche Hauptrisikobereiche.[410] Das strafrechtliche Umweltrisiko, das strafrechtliche Betriebsstättenrisiko, das strafrechtliche Produktrisiko und das strafrechtliche Verkehrs- und Verkehrswirtschaftsrisiko.

Wegen der Einzelheiten muss auf die Spezialliteratur verwiesen werden. Nachfolgend zur Übersicht eine tabellarische Aufstellung der in Frage kommender strafrechtlicher Vorschriften nach Eidam,[411] die über § 823 Abs. 2 BGB zu einer zivilrechtlichen Inanspruchnahme des Vorstands führen können.

Straftatbestände im Umweltbereich

Tabelle 5.2 Straftatbestände im Umweltbereich

Vorschrift	Pflichtwidrigkeit
AtomG	
§ 46	z.B.: Ordnungswidrige Beförderung von Kernmaterialien; ordnungswidrige Verwendung von Messgeräten

[410] Eidam, S. 265 ff.
[411] Eidam, wie vor.

Tabelle 5.2 (Fortsetzung)

Vorschrift	Pflichtwidrigkeit
BGB	
§ 823	Verletzung von Leben, Körper, Gesundheit, Freiheit, Eigentum, oder eines sonstigen Rechts; Verletzung eines Schutzgesetzes
§ 906	Zuführung unwägbarer Stoffe
BImSchG	
§ 62	z.B.: Anlagenerrichtung ohne Genehmigung; wesentliche Änderung genehmigungsbedürftiger Anlagen; Nichterfüllung vollziehbarer Auflagen
BNatSchG	
§ 41	z.B.: Tötung von Tieren ohne vernünftigen Grund; Zerstörung von Lebensstätten ohne vernünftigen Grund
KrW/AbfG	
§ 61	z.B.: Ordnungswidrige Lagerung nicht verwertbarer Abfälle; Vermittlung von Verbringungen von Abfällen ohne Genehmigung
PflSchG	
§ 39	Verbreiten von Schadorganismen
§ 40	z.B.: Verstoß gegen Rechtsverordnung oder vollziehbare Anordnung
StGB	
§ 304	Beschädigung und Zerstörung von Naturdenkmälern
§ 307	Herbeiführen einer Explosion durch Kernenergie
§ 308	Herbeiführen einer Sprengstoffexplosion
§ 309	Missbrauch ionisierender Strahlen
§ 310	Vorbereitung eines Explosions- oder Strahlungsverbrechens
§ 311	Freisetzen ionisierender Strahlen

Tabelle 5.2 (Fortsetzung)

Vorschrift	Pflichtwidrigkeit
StGB	
§ 312	Fehlerhafte Herstellung einer kerntechnischen Anlage
§ 313	Herbeiführen einer Überschwemmung
§ 314	Gemeingefährliche Vergiftung
§ 315	Gefährliche Eingriffe in den Bahn-, Schiffs- und Luftverkehr
§ 315a	Gefährdung des Bahn-, Schiffs- und Luftverkehrs
§ 315b	Gefährliche Eingriffe in den Straßenverkehr
§ 315c	Gefährdung des Straßenverkehrs
§ 316	Trunkenheit im Verkehr
§ 324	Gewässerverunreinigung
§ 324a	Bodenverunreinigung
§ 325	Luftverunreinigung
§ 325a	Verursachen von Lärm, Erschütterungen und nichtionisierenden Strahlen
§ 326	Unerlaubter Umgang mit gefährlichen Abfällen
§ 327	Unerlaubtes Betreiben von Anlagen
§ 328	Unerlaubter Umgang mit radioaktiven Stoffen und anderen gefährlichen Stoffen und Gütern
§ 329	Gefährdung schutzbedürftiger Gebiete
§ 330	Besonders schwerer Fall einer Umweltstraftat
§ 330a	Schwere Gefährdung durch Freisetzen von Giften
TierSchG	
§ 17	z.B.: Tötung eines Wirbeltieres ohne vernünftigen Grund
§ 18	z.B.: Zuwiderhandlung gegen eine vollziehbare Anordnung

Tabelle 5.2 (Fortsetzung)

Vorschrift	Pflichtwidrigkeit
VerpackO	
§ 15	z.B.: Verstoß gegen Rücknahmepflicht von Verpackungen; Verstoß gegen Hinweispflichten
WHG	
§ 41	z.B.: Gewässerbenutzung ohne Genehmigung; Errichtung von Rohrleistungsanlagen ohne Genehmigung

Straftatbestände im Produktbereich

Tabelle 5.3 Straftatbestände im Produktbereich

Vorschrift	Pflichtwidrigkeit
AMG	
§§ 95, 96	z.B.: Inverkehrbringen von Arzneimitteln trotz Verdachts auf schädliche Wirkung; Verstoß gegen Rechtsverordnungen
§ 97	z.B.: Inverkehrbringen von Arzneimitteln, deren Verfalldatum abgelaufen ist; Inverkehrbringen von Arzneimitteln ohne die vorgeschriebene Kennzeichnung
GenTG	
§ 38	z.B.: Durchführung von gentechnischen Arbeiten ohne Genehmigung; Nichtanmeldung gentechnischer Arbeiten
§ 39	z.B.: Freisetzung gentechnischer Organismen ohne Genehmigung; Betreiben gentechnischer Anlagen ohne Genehmigung

Tabelle 5.3 (Fortsetzung)

Vorschrift	Pflichtwidrigkeit
LMBG	
§§ 51, 52	z.B.: Verstoß gegen Rechtsverordnungen; Verwendung nicht zugelassener Zusatzstoffe bei der Lebensmittelherstellung
§§ 53, 54	z.B.: Verstoß gegen Rechtsverordnungen; Verstoß gegen Unterrichtungspflichten
§§ 56, 57, 58, 59	Zuwiderhandlung gegen eine unmittelbare geltende Vorschrift in Rechtsakten der EG, die inhaltlich Regelungen des LMBG entspricht
ProdHG	
§ 1	Tötung, Verletzung des Körpers oder der Gesundheit oder Beschädigung einer Sache durch Inverkehrbringen eines fehlerhaften Produkts
StGB	
§ 222	Fahrlässige Tötung
§§ 223, 224	(Gefährliche) Körperverletzung
§ 229	Fahrlässige Körperverletzung

Straftatbestände im Bereich Verkehr und Verkehrswirtschaft

Tabelle 5.4 Straftatbestände im Bereich Verkehr und Verkehrswirtschaft

Vorschrift	Pflichtwidrigkeit
AEG	
§ 28	z.B.: Erbringen von Eisenbahnleistungen ohne Genehmigung; ordnungswidrige Aufstellung von Tarifen
FahrPersG	
§ 7 ff.	Verstoß gegen Lenkzeitvorschriften
GüKG	Pflichtwidrigkeit
§ 19	z.B.: Betreiben gewerblichen Güterkraftverkehrs ohne Erlaubnis; Verstoß gegen Pflicht zur Mitführung von Nachweisen

Tabelle 5.4 (Fortsetzung)

Vorschrift	Pflichtwidrigkeit
LuftVG	
§ 58	z.B.: Verstoß gegen im Rahmen der Luftaufsicht erlassene Verfügungen; Ausbilden von Luftfahrern ohne Erlaubnis
§ 59	Luftverkehrsgefährdung
§ 60	z.B.: Führen von nicht im Luftverkehr zugelassenen Luftfahrzeugen
PbefG	
§ 61	z.B.: Personenbeförderung ohne Genehmigung; Verstoß gegen Mitteilungspflichten
PflVG	
§ 6	Gebrauch eines Fahrzeugs/Gestattung des Gebrauchs eines Fahrzeugs unter Verstoß gegen die Pflicht zum Abschluss eines Haftpflichtvertrages
SeemG	
§ 115	Nichtbefolgung dienstlicher Anweisungen
§ 117	Missbrauch der Anordnungsbefugnis
§ 122	Verletzung der Ausrüstungspflichten
§ 123	Strafbare Verletzung von Arbeitsschutzvorschriften
SeeSchStrO	
§ 61	z.B.: Verstoß gegen Grundregeln über das Verhalten im Seeverkehr; Beschädigung von Schifffahrtszeichen
StGB	
§ 142	Unerlaubtes Entfernen vom Unfallort
§ 222	Fahrlässige Tötung
§ 229	Fahrlässige Körperverletzung
§ 268	Fälschung technischer Aufzeichnungen
§ 315a	Gefährdung des Bahn-, Schiffs- und Luftverkehrs
§ 315b	Gefährliche Eingriffe in den Straßenverkehr
§ 315c	Gefährdung des Straßenverkehrs
§ 316	Trunkenheit im Verkehr

Tabelle 5.4 (Fortsetzung)

Vorschrift	Pflichtwidrigkeit
StGB	
§ 330	Besonders schwerer Fall einer Umweltstraftat
StVG	
§ 21	Fahren ohne Fahrerlaubnis
§§ 22, 22a	Kennzeichenmißbrauch
StVO	
§ 49	z.B.: Geschwindigkeitsüberschreitung; Nichteinhaltung des Sicherheitsabstandes

Straftatbestände im Betriebsstättenbereich

Tabelle 5.5 Straftatbestände im Betriebsstättenbereich

Vorschrift	Pflichtwidrigkeit
AktG	
§ 399	Falschen Angaben und Verschweigen erheblicher Umstände
§ 400	Unrichtige Darstellung
§ 401	Nichtanzeige bei Verlust, Nichtbeantragung der Eröffnung des Insolvenzverfahrens bei Überschuldung oder Zahlungsunfähigkeit
§ 402	Falsche Ausstellung oder Verfälschung von Hinterlegungsbescheinigungen
§ 403	Verletzung der Berichtspflicht
§ 404	Verletzung der Geheimhaltungspflicht
§ 405	z.B.: Ausgabe von Inhaberaktien, bevor auf sie der Ausgabebetrag voll geleistet ist; Erwerb eigener Aktien der Gesellschaft
§ 406	Nichtunterrichtung der Bundesanstalt für Finanzdienst- leistungsaufsicht
AO	
§§ 370, 370a	(Gewerbsmäßige oder bandenmäßige) Steuerhinterziehung
§ 378	Leichtfertige Steuerverkürzung
§ 379	Steuergefährdung
§ 380	Gefährdung der Abzugsteuern
§ 381	Verbrauchersteuergefährdung

Tabelle 5.5 (Fortsetzung)

Vorschrift	Pflichtwidrigkeit
AO	
§ 382	Gefährdung der Einfuhr- und Ausfuhrabgaben
§ 383	Unzulässiger Erwerb von Steuererstattungs- und Vergütungsansprüchen
AÜG iVm § 130 OWiG	
§ 15	Überlassung ausländischer Leiharbeitnehmer ohne Genehmigung
§ 15a	Entleih von Ausländern ohne Genehmigung
§ 16	z.B.: Überlassen von Leiharbeitnehmern an Dritte ohne Erlaubnis; Verstoß gegen Auflagen
BDSG	
§§ 43, 44	z.B.: Verstoß gegen Meldepflicht; Nichtbestellung eines Beauftragten für Datenschutz
BetrVG	
§ 119	Straftaten gegen Betriebsverfassungsorgane und ihre Mitglieder
§ 121	Verstoß gegen Aufklärungs- und Auskunftspflichten
BörsenG	
§ 61	Verleitung zu Börsenspekulationsgeschäften oder zu einer Beteiligung an einem solchen Geschäft
§ 62	z.B.: Verstoß gegen Anzeigepflichten /Auskunftspflichten; Verstoß gegen vollziehbare Anordnungen
GebrMG	
§ 25	z.B.: Herstellung eines gebrauchsmustergeschützten Erzeugnisses
GeschmMG	
§ 14	Herstellung, Verbreitung der Nachbildung eines Musters oder Modells
GWB	
§ 81	z.B.: missbräuchliche Ausnutzung einer marktbeherrschenden Stellung; Verstoß gegen vollziehbare Anordnungen
GwG	
§ 17	z.B.: Verstoß gegen Aufzeichnungs- und Aufbewahrungspflicht

Tabelle 5.5 (Fortsetzung)

Vorschrift	Pflichtwidrigkeit
§ JarbSchG	
§ 58	z.B.: Beschäftigung eines Kindes oder eines Jugendlichen, der der Vollzeitschulpflicht unterliegt; Beschäftigung eines Jugendlichen über die zulässige Dauer der Arbeitszeit hinaus
§ 59	z.B.: Beschäftigung eines Kindes vor Erhalt des Bewilligungsbescheides; Verstoß gegen Freistellungspflicht gegenüber Jugendlichen für ärztliche Untersuchungen
KWG	
§ 54	Vornahme verbotener Geschäfte, Handeln ohne Erlaubnis
§ 55	Verletzung der Pflicht zur Anzeige der Zahlungsunfähigkeit oder Überschuldung
§ 55a	Unbefugte Verwertung von Angaben über Millionenkredite
§ 55b	Unbefugte Offenbarung von Angaben über Millionenkredite
§ 56	z.B.: Verstoß gegen vollziehbare Anordnungen; Nichteinreichung von Unterlagen
KWKG	
§ 19	z.B.: Entwicklung von Atomwaffen; Überlassung von Atomwaffen
§ 20	z.B.: Entwicklung von Antipersonenminen; Überlassung von Antipersonenminen
§ 20a	z.B.: Entwicklung von biologischen oder chemischen Waffen; Überlassung von biologischen oder chemischen Waffen
§ 22a	z.B.: Herstellung von Kriegswaffen ohne Genehmigung; Ausfuhr von Kriegswaffen
§ 22b	z.B.: Verstoß gegen Auflagen; Nichtführung des Kriegswaffenbuches
MarkenG	
§ 143	z.B.: widerrechtliche Benutzung von Bezeichnungen oder Zeichen

Tabelle 5.5 (Fortsetzung)

Vorschrift	Pflichtwidrigkeit
MuSchG	
§ 21	z.B.: Nichtbeachtung von Beschäftigungsverbote vor und nach der Entbindung; Nichtbeachtung der Vorschriften über Mehr-, Nacht- oder Sonntagsarbeit
PatG	
§ 142	z.B.: Herstellung eines patentgeschützten Erzeugnisses
RabattG	
§ 11	z.B. Gewährung eines Preisnachlasses/einer Warenrückvergütung
SGB IX	
§ 156	z.B.: Nichtbeschäftigung schwerbehinderter Menschen; Verstoß gegen Unterrichtungspflicht gegenüber der Schwerbehindertenvertretung
SortSchG	
§ 39	z.B.: Erzeugung von Vermehrungsmaterial einer geschützten Sorte
§ 40	z.B.: Inverkehrbringen einer geschützten Sorte ohne Angabe der Sortenbezeichnung
StGB	
§ 202a	Ausspähen von Daten
§ 203	Verletzung von Privatgeheimnissen
§ 261	Geldwäsche; Verschleierung unrechtmäßig erlangter Vermögenswerte
§ 263	Betrug
§ 263a	Computerbetrug
§ 264	Subventionsbetrug
§ 264a	Kapitalanlagebetrug
§ 265b	Kreditbetrug
§ 266	Untreue
§ 266a	Vorenthalten und Veruntreuen von Arbeitsentgelt
§ 283, 283a	(Besonders schwerer Fall des) Bankrott
§ 283b	Verletzung der Buchführungspflicht
§ 283c	Gläubigerbegünstigung
§ 283d	Schuldnerbegünstigung
§ 298	Wettbewerbsbeschränkende Absprachen bei Ausschreibungen

Tabelle 5.5 (Fortsetzung)

Vorschrift	Pflichtwidrigkeit
StGB	
§ 299, 300	(Besonders schwere Fälle der) Bestechlichkeit und Bestechung im geschäftlichen Verkehr
§ 306	Brandstiftung
§ 306a, 306b	(Besonders) schwere Brandstiftung
§ 306c	Brandstiftung mit Todesfolge
§ 306d	Fahrlässige Brandstiftung
§ 331	Vorteilsnahme
§ 332	Bestechlichkeit
§ 333	Vorteilsgewährung
§ 334	Bestechung
§ 335	Besonders schwere Fälle der Bestechlichkeit und Bestechung
§ 336	Unterlassen der Diensthandlung
§ 337	Schiedsrichtervergütung
§ 338	Vermögensstrafe und Erweiterter Verfall
TDG	
§ 12	z.B.: Nichtzurverfügunghalten einer Information
UrhG	
§ 106	Unerlaubte Verwertung urheberrechtlich geschützter Werke
§ 107	Unzulässiges Anbringen der Urheberbezeichnung
§ 108	Unerlaubte Eingriffe in verwandte Schutz rechte
§ 108a	Gewerbsmäßige unerlaubte Verwertung
UWG	
§ 3	Irreführenden Angaben
§ 4	Strafbare Werbung
§ 17	Verrat von Geschäfts- oder Betriebsgeheimnissen
§ 18	Verwertung von Vorlagen
WpHG	
§ 38	z.B.: Erwerb oder Veräußerung eines Insiderpapiers; Mitteilung oder Zugänglichmachung einer Insidertatsache

Tabelle 5.5 (Fortsetzung)

Vorschrift	Pflichtwidrigkeit
WpHG	
§ 39	z.B.: Vornahme einer Täuschungshandlung; Verstoß gegen eine Mitteilungspflicht
ZugabeVO	
§ 3	z.B.: Anbieten einer Zugabe neben einer Ware oder Leistung

5.3.7. Haftung bei vorsätzlicher sittenwidriger Schädigung

Neben § 823 mit den Absätzen 1 (Kapitel 8.3.5) und 2 (Kapitel 8.3.6) ist § 826 BGB die dritte Grundnorm, auf die eine Haftung eines Vorstandsmitgliedes unter dem Gesichtspunkt deliktischen Verhaltens gegründet werden kann.

„Wer in einer gegen die guten Sitten verstoßenden Weise einem anderen vorsätzlich Schaden zufügt, ist dem anderen zum Ersatz des Schadens verpflichtet.“

Der Handelnde kann auch ein Vorstandsmitglied sein. Von den vielen denkbaren Handlungsalternativen kommen für Vorstandsmitglieder insbesondere in Betracht:

Sittenwidrige Abwerbung von Mitarbeitern

Hierbei ist jedoch zu beachten, dass grundsätzlich das Ausspannen von Arbeitern, Angestellten und sonstigen Beschäftigten zulässig ist. [412]

Sittenwidrig ist das Abwerben von Mitarbeitern nur dann, wenn besondere Umstände hinzutreten oder bei Anwendung eines verwerflichen Mittels oder bei Verfolgung eines verwerflichen Zwecks.

Eine vorsätzliche sittenwidrige Schädigung stellt das Ausspannen fremder Beschäftigter mittels Verleitung zum Vertragsbruch dar. [413] Das Ausnutzen eines Vertragsbruches selbst ist nur dann sittenwidrig, wenn besondere Umstände hinzutreten, um den Vorwurf sittenwidrigen Anwerbens zu begründen. [414] Sittenwidrig wird ein solches

[412] Baumbach / Hefermehl, Wettbewerbsrecht, § 1 UWG, Rdnr. 583.
[413] Baumbach / Hefermehl, Wettbewerbsrecht, § 1 UWG, Rdnr. 584.
[414] Baumbach / Hefermehl, Wettbewerbsrecht, § 1 UWG, Rdnr. 585.

Verhalten aber dann, wenn es auf Behinderung und Ausbeutung des Mitbewerbers zielt, z. B. den verwerflichen Zweck verfolgt, Fabrikations- oder Geschäftsgeheimnisse des Mitbewerbers zu erfahren.[415] Als sittenwidrig gilt auch die einmalige direkte oder telefonische Ansprache von Mitarbeitern eines Unternehmens am Arbeitsplatz.[416]

Verschweigen von Insolvenztatbeständen

Ein Vorstandsmitglied kann dadurch gegen die guten Sitten verstoßen und eine persönliche Schadensersatzpflicht auslösen, indem er die Zahlungsunfähigkeit oder die Überschuldung seiner Aktiengesellschaft kennt, aber gegenüber einem Vertragspartner verschweigt.

Fehlerhafte Ad-hoc-Meldungen

Vorstandsmitglieder von Aktiengesellschaften, die Wertpapiere emittieren, die zum Handel an einer inländischen Börse zugelassen sind, unterliegen den Publizitätspflichten des § 15 WpHG, die im Geschäftsverkehr unter dem Stichwort Ad-hoc-Meldung oder Ad-hoc-Publizität bekannt sind.

§ 15 Abs. 1 Satz 1 WpHG lautet:

„Der Emittent von Wertpapieren, die zum Handel an einer inländischen Börse zugelassen sind, muss unverzüglich eine neue Tatsache gemäß § 15 Abs. 3 Satz 1 veröffentlichen, die in seinem Tätigkeitsbereich eingetreten und nicht öffentlich bekannt ist, wenn sie wegen der Auswirkungen auf die Vermögens- oder Finanzlage oder auf den allgemeinen Geschäftsverlauf des Emittenten geeignet ist, den Börsenpreis der zugelassenen Wertpapiere erheblich zu beeinflussen...“

Der Absatz 3 des gleichen Paragraphen verpflichtet die Emittenten zu Veröffentlichungen in mindestens einem überregionalen Börsenpflichtblatt oder über ein elektronisch betriebenes Informationsverbreitungssystem. Die Haftung nach § 826 BGB wird diskutiert, weil § 15 Abs. 6 WpHG eine Schadensersatzpflicht des Emittenten nur unter den Voraussetzungen der §§ 37 b und 37 c WpHG be-

---

415 Baumbach / Hefermehl, Wettbewerbsrecht, wie vor.

416 Baumbach / Hefermehl, Wettbewerbsrecht, wie vor, Rdnr. 594.

schränkt, gleichzeitig aber Schadensersatzansprüche, die auf einer anderen Rechtsgrundlage beruhen, unberührt lässt. §§ 37 b und 37 c WpHG erwähnen ebenfalls ausdrücklich, dass weitergehende Ansprüche, die nach den Vorschriften bürgerlichen Rechts, aufgrund von Verträgen oder vorsätzlich unerlaubten Handlungen erhoben werden können, unberührt bleiben. Emittent ist die Aktiengesellschaft; da das Wertpapierhandelsgesetz weitergehende Ansprüche, also auch solche gegen Vorstandsmitglieder offen lässt, ist grundsätzlich eine Inanspruchnahme eines Vorstandsmitglieds aus § 826 BGB denkbar.[417]

Anhand eines Beispielfalles untersuchen Möllers und Leisch [418] die komplizierten Tatbestandsmerkmale des § 826 BGB und kommen zu dem Ergebnis, dass bereits unabhängig von den geplanten Gesetzesänderungen [419] es derzeit möglich ist, Schadensersatzansprüche gegen Vorstandsmitglieder mit Erfolg geltend zu machen.

5.4 Haftung gegenüber den Aktionären

Nach der derzeitigen Rechtslage haftet der Vorstand grundsätzlich (im Regelfall) dem einzelnen Aktionär unmittelbar gegenüber nicht. [420]

Anspruchsgrundlagen

Da die Haftungsnorm des § 93 Abs. 2 AktG kein Schutzgesetz im Sinne des § 823 Abs. 2 BGB ist,[421] kann eine Schädigung der Aktionäre nur dann zu persönlicher Schadensersatzpflicht von Vorstandsmitgliedern führen, wenn diese die Voraussetzungen des § 826 BGB (siehe oben) oder eines Schutzgesetzes, z.B. eine Straftat z.B. §§ 266

---

[417] Das Landgericht Augsburg, Urteil vom 09.01.2002, ZIP 2002, S. 530 ff. hat hingegen entschieden, dass der Vorstand einer Aktiengesellschaft den Aktionären bei fehlerhaften Ad-hoc-Meldungen grundsätzlich nicht für erlittene Spekulationsverluste haftet. § 88 Börsengesetz sei kein Schutzgesetz im Sinne des § 823 Abs. 2 BGB.

[418] Haftung von Vorständen gegenüber Anlegern wegen fehlerhafter Ad-hoc-Meldungen nach § 826 BGB, WM 2001, S. 1648 (1650 ff).

[419] Vgl. Kapitel 5.6.

[420] Hefermehl / Spindler, § 93, Rdnr. 168, § 93, Rdnr. 19.

[421] Hüffer, wie vor.

StGB,[422] 399 und 400 AktG verwirklichen. Einen derartigen Nachweis wird der klagende Aktionär aber selten führen können, so dass nach der derzeitigen Rechtslage Schadensersatzansprüche der Aktionäre gegen Vorstandsmitglieder nur ausnahmsweise zum Tragen kommen.

Sogenannter Doppelschaden

Liegen die Voraussetzungen einer Inanspruchnahme eines Vorstandsmitglieds durch einen Aktionär ausnahmsweise vor, so stellt sich eine weitere Frage, die des so genannten Doppelschadens, der Schadenskongruenz, wenn sich der Schaden des Aktionärs mit dem Schaden der Gesellschaft deckt.[423] Zur Vermeidung einer Doppelhaftung nimmt die Rechtsprechung an, dass dem einzelnen Aktionär deshalb nur ein Klagerecht gegen das betreffende Vorstandsmitglied auf Leistung an die Gesellschaft (actio pro socio oder actio pro societate) zusteht.[424]

Der 2. Zivilsenat des Bundesgerichtshofs hat unter anderem in den Gründen einer Entscheidung aus dem Jahr 1987 hierzu nochmals festgestellt:

„Nach der Rechtsprechung des erkennenden Senats ist der Konflikt, der sich daraus ergeben kann, dass neben der Gesellschaft den einzelnen Gesellschaftern einen Anspruch auf Schadensersatz wegen Wertverlustes ihrer Beteiligung zusteht, grundsätzlich dahingehend zu lösen, dass der mittelbar geschädigte Gesellschafter den Schädiger nur auf Zahlung an die Gesellschaft in Anspruch nehmen kann. Diese Ansicht berücksichtigt außer dem Grundsatz der Kapitalerhaltung vor allem die allen Gesellschaften gemeinsame Zweckbestimmung des Gesellschaftsvermögens sowie des Gebots der Gleichbehandlung aller Gesellschafter. Gerade der zuletzt genannte Gesichtspunkt schließt einen Anspruch des mittelbar geschädigten Gesellschafters auf Leistung an sich persönlich im Regelfall aus; er gibt ihm vielmehr nur einen solchen auf Leistung an die Gesellschaft.“ [425]

---

[422] Die Einordnung des § 266 StGB als Schutzgesetz zu Gunsten der Aktionäre, Hefermehl / Spindler, § 93, Rdnr. 178.

[423] Hefermehl / Spindler, § 93, Rdnr. 183 ff., Hüffer § 93, Rdnr. 19.

[424] Hüffer, § 93, Rdnr. 19.

[425] BGH-Urteil vom 29.06.1987, 2 ZR 173/86 = NJW 1988, S. 413 (414).

Ein Aktionär wird selten motiviert sein, einen Schadensersatzanspruch auf eigene Kosten und eigenes Risiko zu Gunsten der Gesellschaft geltend zu machen.

Kritik an der actio pro socio

Änderungsvorschläge

Andere Autoren erkennen eine Aktionärsklage im Wege der Prozessstandschaft (actio pro socio) gegen Organmitglieder (Mitglieder des Vorstandes oder des Aufsichtsrats) nicht an.[426] Argumentiert wird mit der klaren Kompetenzverteilung im Aktiengesetz. Dieses Argument greift Ulmer in seiner Abhandlung zur Aktionärsklage auf.[427]

So habe die Neufassung des § 147 Abs. 3 AktG nicht zu einer tatsächlichen Verbesserung bei der Geltendmachung von Ersatzansprüchen durch eine Minderheit von Aktionären geführt. Unter Hinweis auf eine Veröffentlichung von Götz bestehen nach Ulmer noch immer sechs Hürden für die Durchsetzung der Anspruchsverfolgung:

1. Quorum von 5% oder nominell 1 Mio. DM Grundkapital
2. Grobes Verschulden (abweichend von §§ 93 Abs. 2, 116 AktG) als Haftungsvoraussetzung
3. Dringender, durch Tatsachen gestützter Verdacht (abweichend von §§ 142 Abs. 2, 147 Abs. 1 AktG)
4. Informationsprobleme für die Minderheit (keine Anpassung des Quorums des § 142 Abs. 2 AktG betr. die Sonderprüfung)
5. Doppelte Mediatisierung des Minderheitenrechts durch
   (a) gerichtliche Bestellung „neutraler" besonderer Vertreter ohne Vorschlagsrecht der Antragsteller
   (b) autonome Entscheidung dieser Vertreter über die Frage einer Klageerhebung ohne Bindung an die vorangegangene, zu ihrer Bestellung führende Entscheidung des Prozessgerichts

[426] Wiesner, Münchener Handbuch des Gesellschaftsrechts, Band 4, Aktiengesellschaft, § 18, Rdnr. 6.

[427] Die Aktionärsklage als Instrument zur Kontrolle des Vorstandes und Aufsichtsratshandelns vor dem Hintergrund der US-Erfahrung mit der shareholders derivative action, Prof. Dr. Dr. h. c. mult. Peter Ulmer, Heidelberg, ZHR 1999, S. 290 – 342.

und ohne Beschwerdebefugnis der Antragsteller bei negativem Ergebnis

6. Kostensanktion des § 147 Abs. 4 AktG zu Lasten der Minderheit und dies trotz autonomer Entscheidung der besonderen Vertreter. [428]

Auch das ARAG / Garmenbeck-Urteil habe zu keiner entscheidenden Verbesserung geführt, da der BGH, wie oben dargestellt, dem Aufsichtsrat ein sog. Entscheidungsermessen belässt. Der Aufsichtsrat könne eine Interessenabwägung vornehmen und zwischen den Gesellschaftsinteressen, einerseits Schadensausgleich und andererseits negative Auswirkungen des Prozesses auf das Image der Gesellschaft in der Öffentlichkeit, entscheiden. Auch dies würde einer wirksamen Rechtsdurchsetzung entgegenstehen.

Er empfiehlt § 93 Abs.2 AktG um einen Satz wie folgt zu erweitern:

„Eine Pflichtverletzung liegt nicht vor, wenn der Schaden durch unternehmerisches Handeln im Interesse der Gesellschaft auf der Grundlage angemessener Informationen verursacht wurde, auch wenn dieses Handeln sich aufgrund späterer Entwicklungen oder Erkenntnisse als für die Gesellschaft nachteilig erweist."

Darüber hinaus empfiehlt er eine Regelung durch einen neuen § 147 a AktG

- Geltendmachung von Ersatzansprüchen durch eine Minderheit:

1. Aktionäre (börsennotierter Gesellschaften), deren Anteile im Zeitpunkt der Antragstellung zusammen den 100. Teil des Grundkapitals oder einen Börsen- oder Marktwert von 100.000 Euro erreichen, können beantragen, im eigenen Namen Ersatzansprüche der Gesellschaft gegen Gründer, Mitglieder des Vorstands und des Aufsichtsrats oder gegen die nach § 117 Abs. 1, 3 haftenden Personen gerichtlich geltend zu machen, die auf Unredlichkeiten, auf grober Verletzung der Sorgfalt eines ordentlichen und gewissenhaften Gründers oder Geschäftsleiters oder auf Pflichtverstößen der in den §§ 46 Abs. 2, 48 S. 1, 2. Hs., 93

[428] Ulmer, wie vor, mit Verweis auf Götz, AG 1997, Sonderheft (Fn.7), S. 38 ff.

Abs. 3 oder § 117 genannten Art beruhen. Der Antrag ist zulässig, wenn die Aktionäre

1. *unter Angabe der Gründe die Gesellschaft von der beabsichtigten Rechtsverfolgung unterrichtet und diese aufgefordert haben, ihrerseits gegen die betroffenen Personen vorzugehen, die Gesellschaft innerhalb von drei Monaten jedoch entweder keine Stellungnahme abgegeben oder es abgelehnt hat, der Aufforderung zu entsprechen,*
2. *glaubhaft machen, dass sie die Aktien vor dem Zeitpunkt erworben haben, in dem die von ihnen beanstandete Pflichtverletzung entweder allgemein bekannt wurde oder sie von dieser Kenntnis erlangt haben, es sei denn, dass der Aktienerwerb auf Gesamtrechtsnachfolge beruht, und*
3. *die zur Antragstellung erforderlichen Aktien bis zur rechtskräftigen Entscheidung über die Ersatzansprüche hinterlegen."*

Eine Aktionärsklage in dem Sinne, dass der Aktionär zu Gunsten der Gesellschaft (actio pro socio) klagt, lehnen im Übrigen auch andere Autoren ab.[429]

5.5. Haftungsmanagement ohne D&O Versicherung

Nicht immer besteht eine D&O Absicherung oder kann eine solche abgeschlossen werden. Es stellt sich daher die Frage, ob ein Vorstandsmitglied anlässlich der Vertragsverhandlungen oder spätestens bei Verhandlung über die Beendigung des Dienstverhältnisses eine vertragliche Regelung treffen kann, die ihn vor einer Inanspruchnahme durch die Gesellschaft oder Dritter schützen. Zu denken ist zunächst an

5.5.1 Einschränkung der Vorstandshaftung durch Vereinbarung

In den Dienstverträgen von GmbH-Geschäftsführern finden sich des Öfteren Klauseln, wonach die Haftung des Geschäftsführers gegenüber der Gesellschaft auf Vorsatz und grobe Fahrlässigkeit sowie der

[429] Habersack, DStR 1998, S. 533 (537).

Höhe nach auf eine Jahreseinkommen oder einen Teil davon beschränkt wird. Darüber hinaus ist vereinbart, dass entgegen § 93 Abs. 2 Satz 2 AktG, der für GmbH-Geschäftsführer analog angewandt wird, die Beweislast für die Verletzung der Sorgfaltspflicht eines ordentlichen und gewissenhaften Geschäftsleiters bei der Gesellschaft liegt.

Schließlich wird vereinbart, dass der Geschäftsführer auch bei der Inanspruchnahme durch Dritte entsprechend dieser eingeschränkten Haftung im Innenverhältnis von der Gesellschaft von der Haftung freigestellt wird.

Solche Vereinbarungen in einem Vorstandsdienstvertrag wären nichtig. Wie anlässlich der Darstellung des Rechtsstreites ARAG / Garmenbeck festgestellt, ist der Aufsichtsrat verpflichtet, bei einer Verletzung der gesetzlichen Pflichten durch das Vorstandsmitglied, dessen Haftung zu prüfen und gegebenenfalls durchzusetzen. Andernfalls haftet der Aufsichtsrat selbst. Der Aufsichtsrat aber ist für die Dienstverträge verantwortlich. Er wird schon aus eigenem Interesse keine persönliche Haftung aus Anlass der Gewährung von Haftungserleichterung auf sich nehmen. Darüber hinaus ist die Haftung für einen durch die Verletzung seiner Pflichten der Gesellschaft zugefügten Schadens eine gesetzliche Haftung, die an die Bestellung und nicht an den Anstellungsvertrag anknüpft. Diese gesetzliche Haftung ist zwingend. Der vorherige Erlass der Haftung wegen Fahrlässigkeit ist bei der einem Vorstandsmitglied auferlegten erhöhten Sorgfaltspflicht weder durch die Satzung noch durch dienstvertragliche Vereinbarung nötig. Die Literatur leitet den zwingenden Charakter der gesetzlichen Haftungsmaßstäbe aus der eigenverantwortlichen Organstellung des Vorstandesmitgliedes ab.[430]

Da es keine Verträge zu Lasten Dritter geben kann, ist eine Beschränkung der Außenhaftung durch Vereinbarung mit dem Aufsichtsrat als Vertreter der Gesellschaft ohnehin nicht möglich.

Fazit:

Die Haftung eines Vorstandsmitglieds lässt sich nicht durch vertragliche Vereinbarungen abmildern oder gar ausschließen. Dass auch die Hauptversammlung nicht in der Lage ist, Haftungserleichterung zu gewähren ergibt sich aus der nachfolgenden Darstellung:

---

[430] Hefermehl / Eckhardt, § 93, Rdnr. 14.

5.5.2 Strategien des in Anspruch genommenen Vorstandsmitgliedes gegen eine Inanspruchnahme

Dem Geschäftsführer einer GmbH wird anempfohlen, zweifelhafte Geschäfte und Fragen der Gesellschafterversammlung zur Entscheidung vorzulegen, um einer persönlichen Haftung zu entgehen. Dies hat seine Ursache darin, dass das Machtzentrum einer GmbH nicht etwa die Geschäftsführung sondern die Gesellschafterversammlung ist. Die Gesellschafter bestimmen über die Gesellschafterversammlung und die Geschäftspolitik. Die Grundkonzeption des Aktiengesetzes ist eine andere. Sie beruht auf der gesetzlichen Festlegung, dass der Vorstand einer Aktiengesellschaft diese unter eigener Verantwortung leitet.

Ein Vorstandsmitglied könnte sich ähnlich verhalten und argumentieren mit der

Billigung des Aufsichtsrates
Der Gesetzgeber hat einer derartigen Argumentation einen Riegel vorgeschoben und in § 93 Abs. 4 Satz AktG bestimmt:

„Dadurch, dass der Aufsichtsrat die Handlung gebilligt hat, wird die Ersatzpflicht nicht ausgeschlossen.“

Dies gilt auch in den Fällen, in denen der Aufsichtsrat bestimmt hat, dass eine Maßnahme der Geschäftsführung nach § 111 Abs. 4 Satz 2 AktG seiner Zustimmung bedarf. Auch dann liegt nämlich die Entscheidung über die Durchführung der Maßnahme ausschließlich beim Vorstand.[431] Dadurch bliebe dem Vorstand der Versuch einer Enthaftung durch einen Beschluss der Hauptversammlung, indem er sich dort Rückendeckung verschafft.

Beschluss der Hauptversammlung
Insofern befindet er sich im Einklang mit dem Gesetzestext des § 93 Abs. 4 Satz 2 AktG, in dem es heißt:

„Der Gesellschaft gegenüber tritt die Ersatzpflicht nicht ein, wenn die Handlung auf einem gesetzmäßigem Beschluss der Hauptversammlung beruht.“

---

[431] Hefermehl / Spindler, § 93, Rdnr. 121; Hüffer, § 93, Rdnr. 27.

Dem Wortlaut des Gesetzes kann bereits entnommen werden, dass es sich hierbei um die Innenhaftung gegenüber der Gesellschaft geht und nicht die Haftung gegenüber Dritten, so dass die Möglichkeit des Vorstandes hier von vornherein beschränkt ist.

Zu beachten ist, dass die Hauptversammlung, wie dargelegt, nur auf Verlangen des Vorstandes über Fragen der Geschäftsführung entscheiden kann. Dabei wird angenommen, dass die Haftung eines Vorstands nur entfallen kann, wenn es sich um einen gesetzmäßigen Beschluss handelt, den die Hauptversammlung im Rahmen ihrer Zuständigkeit erlassen hat. Der Vorstand muss vor der Ausführung des Beschlusses prüfen, ob dieser nicht nichtig oder anfechtbar ist. [432]

Fazit:
Eine Enthaftung durch einen Beschluss der Hauptversammlung über eine Frage der Geschäftsführung kann ein Vorstand nur erreichen, wenn er sich eines Teils seiner Leitungs- und Führungskompetenz in Bezug auf diese Frage begibt und einen förmlichen Beschluss in der Hauptversammlung herbeiführt. Dies verlangt, dass der Vorstand einen Antrag einbringt, in dem er eine Entscheidung verlangt, weil nur dann die Hauptversammlung darüber entschließen kann. So muss er die Hauptversammlung sachgerecht und rechtzeitig informieren. Entscheidet die Hauptversammlung über eine Maßnahme der Geschäftsführung ohne, dass dies der Vorstand ausdrücklich verlangt hat, kann der Vorstand sich auf einen derartigen Beschluss, soweit es um seine Haftung geht, nicht berufen.

Theoretisch kann also der Vorstand, wie ein Geschäftsführer einer GmbH, sich bei den Gesellschaftern absichern; der Unterschied liegt allerdings in der praktischen Durchführbarkeit. Das Einberufen einer Gesellschafterversammlung einer GmbH ist im Regelfall weit weniger aufwendig, als die Einberufung und Durchführung einer Hauptversammlung einer Aktiengesellschaft. Darüber hinaus kommt es dem Vorstand einer Aktiengesellschaft auch als Führungs- und Leitungsschwäche angekreidet werden, wenn er sich allzu oft bei Maßnahmen der Geschäftsführung absichern und Beschlüsse der Hauptversammlung herbeiführen will.

[432] Hefermehl / Spindler, § 93, Rdnr. 111 und 112.

Vergleich, Verzicht
Ist die Haftung einmal eingetreten, so wird ein Vorstandsmitglied ein Interesse daran haben, im Rahmen eines Vergleichs, ob gerichtlich oder außergerichtlich, oder eines Verzichts der Gesellschaft, seine tatsächliche Inanspruchnahme zu verhindern. Auch hier hat der Gesetzgeber, anders als beim GmbH-Geschäftsführer, Grenzen gesetzt.

So heißt es in § 93 Abs. 4 Satz 3 und 4:

„Die Gesellschaft kann erst drei Jahre nach der Entstehung des Anspruchs und nur dann auf Ersatzansprüche verzichten oder sich über sie vergleichen, wenn die Hauptversammlung zugestimmt und nicht eine Minderheit, deren Anteile zusammen den 10. Teil des Grundkapitals erreichen, zur Niederschrift Widerspruch erhebt. Die zeitliche Beschränkung gilt nicht, wenn der Ersatzpflichtige zahlungsunfähig ist und sich zur Abwendung des Insolvenzverfahrens mit seinen Gläubigern vergleicht oder wenn die Ersatzpflicht in einem Insolvenzplan geregelt wird."

Eine Zuwiderhandlung gegen diese Vorschrift führt zur Nichtigkeit des abgeschlossenen Vergleiches, selbst bei einem Prozessvergleich, wie auch zur Nichtigkeit des Verzichts.[433]

Regelungen in Aufhebungsverträgen, in denen es wie üblich heißt, dass alle gegenseitigen Ansprüche mit Erfüllung dieser Vereinbarung erledigt seien, führen demnach nicht zu einer Enthaftung. Dies gilt selbst dann, wenn ein Vergleich in einem Prozess abgeschlossen wird. Auch alle Umgehungsversuche, z. B. der Abschluss eines Vergleichs vor Ablauf von drei Jahren und nachträgliche Genehmigung durch die Hauptversammlung, oder aufhebend bedingte Vergleiche haben nicht zum Erfolg geführt, sondern sind an der gesetzlichen Bestimmung gescheitert.[434] Wenn aber bereits ein Generalverzicht, „alle gegenseitigen Ansprüche gleich aus welchem Rechtsgrund gleich ob bekannt oder unbekannt", nicht zu einer Enthaftung führt, hat auch die Entlastung des Vorstandes keine haftungsbefreiende Bedeutung. Von Vorstandsmitgliedern wird die Entlastung wie auch von GmbH-Geschäftsführer häufig überschätzt. Die Entlastung bezieht sich immer nur auf Sachverhalte, von denen die Gesellschafter auch Kenntnis hatten.

---

[433] Hefermehl / Spindler, § 93, Rdnr. 128.
[434] Hefermehl / Spindler, § 93, Rdnr. 128.

Fazit:
Nur ein Verzicht oder Vergleich, der dem Gesetz entspricht, hilft. Insgesamt ist festzuhalten, dass alleine eine versicherungsrechtliche Lösung über eine D&O-Police eine hinreichende Sicherheit dagegen bietet, dass am Ende der Karriere der finanzielle Ruin, gegebenenfalls verursacht durch eine nur leichte Fahrlässigkeit, steht.

5.6 Besonderheiten der Haftung im Konzern

Unternehmensverträge
§ 291 AktG führt den Begriff „Unternehmensverträge" als Sammelbezeichnung für Beherrschungs-, Gewinnabführungs-, Geschäftsführungs- sowie Gewinngemeinschafts-, Teilgewinnabführungs-, Betriebspacht- und Betriebsüberlassungsverträge ein. Der Gesetzgeber definiert den Beherrschungsvertrag als einen Vertrag, durch den eine Aktiengesellschaft die Leitung ihrer Gesellschaft einem anderen Unternehmen unterstellt. Der Gesetzgeber definiert den Gewinnabführungsvertrag als einen Vertrag, in dem sich eine Aktiengesellschaft verpflichtet, ihren ganzen Gewinn an ein anderes Unternehmen abzuführen. Gleichzeitig wird der Begriff des Beherrschungsvertrages negativ in Absatz 2 abgegrenzt, indem festgestellt wird, dass ein Vertrag kein Beherrschungsvertrag ist, in dem sich lediglich zwei Unternehmen, die voneinander nicht abhängig sind, durch Vertrag unter einheitliche Leitung stellen, ohne dass dadurch eines von ihnen von einem anderen vertragsschließenden Unternehmen abhängig wird.

Wegen der Verpflichtungen des Vorstandes zur Kapitalerhaltung wird zudem klargestellt, dass Leistungen der Untergesellschaft aufgrund eines Beherrschungs- oder Gewinnabführungsvertrages nicht als Verstoß gegen die Kapitalerhaltungsvorschriften der §§ 57 (keine Rückgewährung und keine Verzinsung von Einlagen), 58 (Verwendung des Jahresüberschusses) und 60 (Gewinnverteilung) darstellen. Durch den Beherrschungsvertrag wird der Vertragskonzern vom faktischen Konzern abgegrenzt. Während der Gesetzgeber detaillierte Haftungsvorschriften für den Vertragskonzern (§§ 308 bis 310 AktG) getroffen hat, fehlt es an der Klarheit der Regelung für den faktischen Konzern, bei dem der Vorstand der abhängigen Gesellschaft ungeachtet der Abhängigkeit eigenverantwortlicher Leiter der Geschäfte im Sinne des § 76 AktG bleibt.

In der Lebenswirklichkeit wird es darüber hinaus auch mehr als zweistufige Konzerne geben, so dass im Zusammenhang mit der Leitung und Haftung eine Vielzahl von hoch komplizierten Haftungsfragen entsteht. Insoweit muss auf Spezialliteratur verwiesen werden.[435]

Dies gilt auch für die Frage nach eventuellen Pflichtwidrigkeiten bei der Haftung des Vorstandes der späteren Untergesellschaft beim Abschluss des Beherrschungsvertrages.[436] Hier nachfolgend aus Platzgründen nur die Grundzüge der gesetzlichen Vorschriften im zweistufigen Konzern:

5.6.1 Vertragskonzern (Beherrschungsvertrag)

Weisungsrecht des herrschenden Unternehmens

Soweit und solange ein Beherrschungsvertrag existiert und unabhängig davon, ob andere vertragliche Vereinbarungen, z. B. Gewinnabführungsverträge, existieren, gilt nach § 308 Abs. 1 AktG, dass das herrschende Unternehmen berechtigt ist, dem Vorstand der Gesellschaft hinsichtlich der Leitung der Gesellschaft Weisungen zu erteilen. Die herrschende Gesellschaft muss nicht zwangsläufig eine Aktiengesellschaft sein. Vom Inhalt des Beherrschungsvertrages hängt es ab, ob auch solche Weisungen erteilt werden können, die für die Gesellschaft nachteilig sind, wenn sie den Belangen des herrschenden Unternehmens oder der mit ihm oder der Gesellschaft konzernverbundenen Unternehmen dienen. Enthält der Beherrschungsvertrag keine Regelung, können auch derartig nachteilige Weisungen erteilt werden.

Weisungen der Obergesellschaft an die Untergesellschaft, die im Falle ihrer Durchführung zur Auflösung oder zur Insolvenz führen würden, also existenzgefährdend oder gar existenzvernichtend sind, sind nach herrschender Meinung unzulässig.[437]

---

[435] Altmeppen, S. 105 ff.

[436] Altmeppen, wie vor, S. 5 – 10.

[437] Hüffer, § 308 Rdnr. 19 m.w.N.

Folgepflicht des Vorstandes der Untergesellschaft
Mit dem Weisungsrecht korrespondiert die Folgepflicht des Vorstandes der Untergesellschaft, die gleichfalls gesetzlich in § 308 Abs. 2 AktG geregelt ist. Gleichzeitig werden die Grenzen der Folgepflicht dort aufgeführt.

„§ 308 Abs. 2 Der Vorstand ist verpflichtet, die Weisungen des herrschenden Unternehmens zu befolgen. Er ist nicht berechtigt, die Befolgung einer Weisung zu verweigern, weil sie nach seiner Ansicht nicht den Belangen des herrschenden Unternehmens oder der mit ihm oder der Gesellschaft Konzernverbundenen Unternehmen dient, es sei denn, dass sie offensichtlich nicht diesen Belangen dient."

Ein Recht und eine Pflicht zur Nichtbefolgung besteht für den Vorstand der Untergesellschaft nur dann, wenn Anweisungen offensichtlich den Konzerninteressen nicht dienlich sind. Nach der Rechtsprechung bedeutet „offensichtlich", dass es für jeden Sachkenner ohne weitere Nachforschungen erkennbar ist. [438]

Folgepflicht und Aufsichtsrat
In einen schweren Konflikt kann der Vorstand der Untergesellschaft kommen, wenn er eine Weisung erhält, für deren Ausführung er die Zustimmung des Aufsichtsrates benötigt, da es sich nach der Satzung oder der Bestimmung des Aufsichtsrats um ein nach § 111 Abs. 4 AktG zustimmungsbedürftiges Geschäft handelt.

Was passiert, wenn der Aufsichtsrat die Zustimmung verweigert? Für diesen Fall hat der Gesetzgeber in § 308 Abs. 3 eine ausgewogene Lösung vorgeschrieben.

„ 308 Abs. 3 AktG Wird der Vorstand angewiesen, ein Geschäft vorzunehmen, das nur mit Zustimmung des Aufsichtsrats der Gesellschaft vorgenommen werden darf, und wird diese Zustimmung nicht innerhalb einer angemessenen Frist erteil, so hat der Vorstand dies dem herrschenden Unternehmen mitzuteilen. Wiederholt das herrschende Unternehmen nach dieser Mitteilung die Weisung, so ist die Zustimmung des Aufsichtsrats nicht mehr erforderlich; die Weisung darf, wenn das herrschende Unternehmen einen Aufsichtsrat hat, nur mit dessen Zustimmung wiederholt werden."

[438] Hüffer, § 308, Rdnr. 22

Verantwortlichkeit der Organe des herrschenden Unternehmens
Wer die Leitung einer Aktiengesellschaft durch einen Beherrschungsvertrag an sich zieht, der soll so haften wie ein Vorstand. Die Haftungserstreckung auf den Personenkreis, der durch die Ausübung des Weisungsrechts die Leitung der Untergesellschaft an sich zieht, ist in § 309 AktG geregelt. § 309 AktG entspricht in Absatz 2 dem § 93 Abs. 2 AktG, § 309 Abs. 5 AktG entspricht § 93 Abs. 6 und § 309 Abs. 4 und Abs. 3 entsprechen den Bestimmungen des § 93 Abs. 4 und 5.

Dadurch wird die Vorstandshaftung des Aktiengesetzes auf diejenigen gesetzlichen Vertreter oder beim Einzelkaufmann auf den Inhaber des herrschenden Unternehmens erstreckt, was durchaus angemessen und plausibel ist.

Verantwortlichkeit der Organe der Untergesellschaft
Der Vorstand der Untergesellschaft haftet selbstverständlich grundsätzlich weiterhin aus § 93 AktG, da die gesetzliche, an die Organstellung gekoppelte Haftung nicht durch den Beherrschungsvertrag beendet wird. Dennoch hat der Gesetzgeber in § 310 AktG die Verantwortlichkeit des Vorstandes in der Gesellschaft nochmals aufgegriffen.

§ 310 AktG bringt zwei Besonderheiten:

Zum einen ordnet er die gesamtschuldnerische Haftung zwischen dem Vorstand der Untergesellschaft und dem Weisungsgeber nach § 309 AktG an, wenn der Vorstand der Untergesellschaft seine Pflichten verletzt hat, wobei auch hier die Beweislastumkehr des § 93 Abs. 2 Satz 2 AktG gilt. Dabei kann es sich dem Sinne der §§ 309 und 310 AktG nach nur darum handeln, dass der Vorstand der Untergesellschaften Pflichten bei der Entgegennahme und Ausführung von Weisungen missachtet hat; anderenfalls haftet er ohnehin nach § 93 AktG. Befolgt der Vorstand jedoch Weisungen, die er befolgen musste, ohne eine eigene Pflichtwidrigkeit zu begehen, so haftet er nicht. Dies bestimmt das Gesetz ausdrücklich in § 310 Abs. 3 AktG:

„Eine Ersatzpflicht der Verwaltungsmitglieder der Gesellschaft besteht nicht, wenn die schädigende Handlung auf einer Weisung beruht, die nach § 308 Abs. 3 zu befolgen war."

Die §§ 308 bis 311 AktG setzen immer voraus, dass ein Beherrschungsvertrag besteht.

5.6.2 Faktischer Konzern (ohne Beherrschungsvertrag)

Die Gesellschaftsgläubiger und Aktionäre sind bei Vorliegen eines Beherrschungsvertrages, insbesondere durch die Regelungen (§§ 308 – 310) der Verantwortlichkeit der weisungsgebenden Organe des herrschenden Unternehmens geschützt. Dagegen hat der Gesetzgeber beim faktischen Konzern neben den Regelungen für die Verantwortlichkeiten der Organe der herrschenden Gesellschaft (§ 317) und der Untergesellschaften (§ 318) erweiterte Berichts- und Vorlagepflichten in §§ 312 und 314 sowie [439] Sonderreglungen für die Prüfung durch Abschlussprüfer und den Aufsichtsrat geschaffen (§ 313 bis 315). [440]

Ausgleichspflicht
§ 311 Abs. 1 AktG lautet:

(1) „Besteht kein Beherrschungsvertrag, so darf ein herrschendes Unternehmen seinen Einfluss nicht dazu benutzen, eine abhängige Aktiengesellschaft oder Kommanditgesellschaft auf Aktien zu veranlassen, ein für sie nachteiliges Rechtsgeschäft vorzunehmen oder Maßnahmen zu ihrem Nachteil zu treffen oder zu unterlassen, es sei denn, dass die Nachteile ausgeglichen werden.

(2) Ist der Ausgleich nicht während des Geschäftsjahres tatsächlich erfolgt, so muss spätestens am Ende des Geschäftsjahres, in dem der abhängigen Gesellschaft der Nachteil zugefügt worden ist, bestimmt werden, wann und durch welche Vorteile der Nachteil ausgeglichen werden soll. Auf die zum Ausgleich bestimmten Vorteile ist der abhängigen Gesellschaft eine Rechtsanspruch zu gewähren."

Auch wenn der Weisungsberechtigte einen Ausgleich gewähren will, so würde er persönlich aufgrund seiner Weisung nach § 117 AktG haften, weil er unter Benutzung seines Einflusses auf die Ge-

---

[439] Siehe 3.2.0 Berichtspflichten der konzernabhängigen Gesellschaft.

[440] Nach § 316 gelten die §§ 312 bis 315 nicht, wenn zwischen der abhängigen Gesellschaft und dem herrschenden Unternehmen ein Gewinnabführungsvertrag besteht.

sellschaft ein Mitglied des Vorstandes bestimmt, zum Nachteil der Gesellschaft oder der Aktionäre zu handeln. Daher nimmt die herrschende Meinung an, dass § 117 AktG hinter § 311 AktG zurücktritt und § 117 AktG nur dann anwendbar ist, wenn die Voraussetzungen des § 317 AktG (siehe unten) vorliegen.

Wie der Nachteil auszugleichen ist, ist nicht näher bestimmt. Hierzu nimmt die herrschende Meinung an, dass der Nachteil durch jeden Vermögensvorteil ausgeglichen werden kann, der geeignet ist, seine bilanziellen Auswirkungen im nächsten Jahresabschluss zu neutralisieren. [441]

Verantwortlichkeit der Organe des herrschenden Unternehmens

Entsprechend der Idee, dass an die Stelle des Beherrschungsvertrages die Ausgleichspflicht tritt, ist die Haftung der Verantwortlichen des herrschenden Unternehmens in § 317 AktG daran geknüpft, dass sie die abhängige Gesellschaft veranlasst haben, ein für diese nachteiliges Rechtsgeschäft vorzunehmen oder zu ihrem Nachteil eine Maßnahme zu treffen oder zu unterlassen, ohne dass die herrschende Gesellschaft den Nachteil bis zum Ende des Geschäftsjahres tatsächlich ausgeglichen oder der abhängigen Gesellschaft einen Rechtsanspruch auf einen zum Ausgleich bestimmten Vorteil eingeräumt hat. Dann sollen die Verantwortlichen der herrschenden Gesellschaft, wie auch in § 309 AktG bei Vorliegen eines Beherrschungsvertrages sowohl gegenüber der Gesellschaft, als auch gegenüber den Aktionären haften.

Allerdings müssen auch hier die Aktionäre im eigenen Namen auf Leistung an die Gesellschaft klagen (§ 309 Abs. 4 AktG in Verbindung mit § 317 Abs. 4 AktG). Der Aktionärsklage kommt also auch im Konzern keine grundsätzliche Bedeutung zu.

Verantwortlichkeit der Organe der Untergesellschaft

Die Haftung der Organe der Untergesellschaft bei fehlendem Beherrschungsvertrages (§ 318 AktG) knüpft der Gesetzgeber an die Verletzung von Berichts- und Prüfungspflichten (§§ 312 und 314 AktG). Der Vorstand der Untergesellschaft wird demnach in Haftung genommen wenn:

1. Die herrschende Gesellschaft

---

[441] Hüffer, § 311, Rdnr. 31 m.w.N.

(a) eine nachteilige Weisung erteilt und
(b) einen Ausgleich versäumt hat.
(c) Darüber hinaus muss der Vorstand der abhängigen Gesellschaft gegen seine Berichtspflicht nach § 312 AktG verstoßen haben, also keinen Bericht gegeben haben, einen unvollständigen Bericht oder einen unrichtigen.

Auch hier, wie in § 309, wird eine gesamtschuldnerische Haftung der Organe der Untergesellschaft mit den Weisungsgebern angeordnet.

5.7. Haftung des Vorstandes bei der Gründung der AG

Nach § 48 AktG sind Mitglieder des Vorstandes, die bei der Gründung ihre Pflichten verletzen (vgl. Kapitel 3.2.1) der Gesellschaft zum Ersatz des daraus entstandenen Schadens als Gesamtschuldner verpflichtet. Für den Maßstab der Sorgfalt und Verantwortlichkeit gilt § 93 AktG (vgl. Kapitel 5.2). Die Haftung knüpft auch hier an die Organstellung an, so dass es unerheblich ist, ob ein Dienstvertrag abgeschlossen worden ist. Bei dem zu ersetzenden Schaden handelt es sich unter anderem um den Ersatz nicht geleisteter oder verloren gegangener Einlagen, ferner Schäden die sich aus unzureichender Gründungsprüfung ergeben. [442]

Handelndenhaftung in der Gründungsphase
Wie auch das GmbH-Recht, kennt das Aktienecht eine Handelndenhaftung in der Zwischenphase der Gründung für diejenigen, die im Namen der zu gründenden Gesellschaft tätig werden, insbesondere also deren Vorstände. Diese haften für eingegangene Verbindlichkeiten persönlich nach § 41 Abs. 1 Satz 2 AktG. Im Gesetz heißt es:

„§ 41 Abs. 1 AktG Vor der Eintragung in das Handelsregister besteht die Aktiengesellschaft als solche nicht. Wer vor der Eintragung der Gesellschaft in ihrem Namen handelt, haftet persönlich; handeln mehrere, so haften sie als Gesamtschuldner."

---

[442] Hüffer, § 48, Rdnr. 5.

Die Voraussetzungen für eine Haftung des Vorstandes sind also:

(a) rechtsgeschäftliches Handeln
(b) Handeln im Namen der zukünftigen Aktiengesellschaft
(c) Handeln vor Eintragung

Die gesetzliche Haftung ist dispositiv, d. h. sie kann durch Vereinbarung mit dem Geschäftspartner abbedungen werden. [443]

Obwohl das Aktiengesetz dies nicht ausdrücklich ausführt, endet nach herrschender Meinung die Handelndenhaftung sobald die Aktiengesellschaft als juristische Person dem Geschäftspartner als Schuldnerin zur Verfügung steht, in der Regel also mit Registereintragung. [444]

5.8 Gesetzesvorhaben im Zusammenhang mit der Haftung des Vorstandes

Entwurf eines Gesetzes zur Unternehmensintegrität und Modernisierung des Anfechtungsrechtes (UMAG)

Der Gesetzgeber sieht das geplante Gesetz, das am 01.01.2005 in Kraft treten soll, als dritte Stufe in einer Reihe aktienrechtlicher Reformen, beginnend mit der Einsetzung der Kommission Deutscher Corporate Governance Kodex unter Leitung von Dr. Gerhard Cromme und der Fortsetzung in der zweiten Stufe mit dem Transparenz- und Publizitätsgesetz vom 19. Juni 2002.

Ergänzung oder Änderung des Haftungsrechts

Nach der Gesetzesbegründung hat das UMAG zwei Schwerpunkte. Zum einen behandelt das Gesetz die Anfechtungsklage gegen Beschlüsse der Hauptversammlung in dem Spannungsfeld zwischen der Bewahrung dieses Schutzinstrumentes und der missbräuchlichen Ausnutzung des Anfechtungsrechts. Der Entwurf sieht Regelungen zum Frage- und Rederecht in der Hauptversammlung vor und übernimmt ein Instrument aus dem Umwandlungsgesetz für besonders wichtige Fälle der Anfechtung, das des gerichtlichen Freigabeverfahrens.

---

[443] Hüffer, § 41, Rdnr. 24.

[444] Hüffer, § 41, Rdnr. 25 m.w.N.

Der zweite Schwerpunkt steht in unmittelbarem Zusammenhang mit der Frage der Haftung der Vorstandsmitglieder, speziell der Innenhaftung. Die Möglichkeiten von Minderheiten der Aktionäre zur Durchsetzung einer Schadensersatzklage gegen den Vorstand (oder den Aufsichtsrat) werden verbessert. Auch hier wird zur Vermeidung eines Rechtsmissbrauchs ein gerichtliches Vorverfahren eingeführt. Darüber hinaus wird für die Vorstandsmitglieder ein Haftungsfreiraum im Bereich qualifizierter unternehmerischer Entscheidungen geschaffen.

„ business judgement rule"

Was das Haftungsrecht betrifft, so ist festzustellen, dass das geltende Recht unter Berücksichtigung der unter Ziffer 5.2 ausführlich dargestellten ARAG / Garmenbeck-Rechtsprechung fortentwickelt und unter Übernahme angelsächsischer Vorstellungen („business judgement rule") in das bestehende System eingearbeitet wird. So soll nach § 93 Abs. 1 Satz 1 folgender Satz eingefügt werden:

„Eine Pflichtverletzung liegt nicht vor, wenn das Vorstandsmitglied bei einer unternehmerischen Entscheidung ohne grobe Fahrlässigkeit annehmen durfte, auf der Grundlage angemessener Information zum Wohle der Gesellschaft zu handeln."

Sowohl die Technik des Einfügens eines Satzes, als auch der Inhalt der Norm erinnern deutlich an den Vorschlag von Ulmer (darge stellt unter Ziffer 5.3.7).

Die Begründung des Gesetzesentwurfes verweist darauf, dass die Feststellung des Ausscheidens einer Erfolgshaftung der Organmitglieder gegenüber der Gesellschaft auch im Hinblick auf die vorgesehene Verschärfung des Verfolgungsrechts einer Aktionärsminderheit ins Gesetz aufgenommen wurde. Ein Vorstandsmitglied soll für Fehler im Rahmen des unternehmerischen Ermessens nicht haften („business judgement rule"). Für die Haftungsfreisetzung ist demnach Voraussetzung:

- unternehmerische Entscheidung
- Gutgläubigkeit
- Handeln ohne Sonderinteressen und sachfremde Einflüsse
- Handeln zum Wohle der Gesellschaft
- Handeln auf der Grundlage angemessener Informationen

In der Begründung zum Gesetz wird nochmals klargestellt, dass die Einschränkung der Haftung nicht bei Treuepflichtverletzung oder Verstößen gegen die sich aus Gesetz, Satzung oder Anstellungsvertrag ergebenden Pflichten ohne Ermessensspielraum eingreift. Ein Handeln zum Wohle der Gesellschaft liegt nach der Vorstellung des Gesetzgebers jedenfalls dann vor, wenn es der langfristigen Ertragsstärkung und Wettbewerbsfähigkeit des Unternehmens und seiner Produkte oder Dienstleistungen dient.

Die Darlegungs- und Beweislast für das Vorliegen der die Haftungseinschränkung begründenden Tatbestandsmerkmale liegt beim Vorstandsmitglied.

Erleichterung der Durchsetzung der Haftung

Bislang war es für Aktionäre äußerst schwierig untereinander Kontakt aufzunehmen, um die für die Geltendmachung von Haftungsansprüchen erforderliche Mindestquote gemeinsam zu erreichen. Waren bei Inhaberaktien die Namen der kleinen Aktionäre der Gesellschaft ohnehin nicht bekannt, so verbot der Datenschutz bei Namensaktien die Einsicht der Aktionäre in das Aktienregister.

Hier soll ein neuer § 127 a AktG eingefügt werden.

„§ 127 a Kommunikation zwischen Aktionären

(1) Sind Aktionärsrechte nach dem Gesetz von einem Mindestbesitz oder einer Stimmrechtsquote abhängig, so kann jeder Aktionär im Aktionärsforum des elektronischen Bundesanzeigers andere Aktionäre auffordern, sich seinem Begehren anzuschließen, wenn er glaubhaft macht, dass er der Gesellschaft die Aufforderung im vollen Wortlaut mindestens drei Werktage vor dem Veröffentlichungsdatum übermittelt hat.

(2) Die Kosten der Aufforderung bis zu 5.000 Zeichen sind dem Aktionär von der Gesellschaft zu erstatten, wenn dem Begehren der Minderheit entsprochen wird.

(3) Die Gesellschaft kann zu der Aufforderung im elektronischen Bundesanzeiger Stellung nehmen.“

Dem gleichen Ziel, der tatsächlichen Durchsetzung von Haftung dient die Neufassung des § 147 und die Einführung des § 147 a.

„Klagezulassungsverfahren

(1) Aktionäre, deren Anteile im Zeitpunkt der Antragstellung zusammen den einhundertsten Teil des Grundkapitals oder einen Börsenwert von 100.000,00 Euro (142 Abs. 2 Satz 2) erreichen, können beantragen, im eigenen Namen die in § 147 Abs. 1 Satz 1 bezeichneten Ersatzansprüche der Gesellschaft gerichtlich geltend zu machen. Das Gericht lässt die Klage zu, wenn

1. *die Aktionäre durch Urkunden glaubhaft machen, dass sie die Aktien vor dem Zeitpunkt erworben haben, in dem sie von den beanstandeten Pflichtverstößen Kenntnis erlangt haben, es sei denn, dass der Aktienerwerb auf Gesamtrechtsnachfolge beruht,*
2. *sie glaubhaft machen, dass sie die Gesellschaft unter Fristsetzung erfolglos aufgefordert haben, selbst Klage zu erheben,*
3. *Tatsachen vorliegen, die den Verdacht rechtfertigen, dass der Gesellschaft durch Unredlichkeit oder grobe Verletzung des Gesetzes oder der Satzung ein Schaden entstanden ist und*
4. *der Geltendmachung des Ersatzanspruchs keine überwiegenden Gründe des Gesellschaftswohls entgegenstehen.*

(2) Über den Antrag auf Klagezulassung entscheidet das Landgericht, in dessen Bezirk die Gesellschaft ihren Sitz hat. Vor der Entscheidung hat es dem Antragsgegner und der Gesellschaft Gelegenheit zur Stellungnahme zu geben. Gegen die Entscheidung findet die sofortige Beschwerde statt. Die Rechtsbeschwerde ist ausgeschlossen.

(3) Hat das Gericht dem Antrag stattgegeben, kann die Klage nur binnen drei Monaten nach Zustellung der Entscheidung vor dem nach Absatz 2 zuständigen Gericht erhoben werden. Sie ist gegen die in § 147 Abs. 1 Satz 1 genannten Personen und auf Leistung an die Gesellschaft zu richten. Eine Nebenintervention ist nach Zulassung an die Gesellschaft zu richten. Eine Nebenintervention ist nach Zulassung der Klage nicht mehr möglich. Mehrere Klagen sind zur gleichzeitigen Verhandlung und Entscheidung zu verbinden. Die Klageerhebung ist unverzüglich von der Gesellschaft durch die Gesellschaftsblätter bekannt zu machen.

(4) Wir der Haftungsprozess in anderer Weise als durch rechtskräftiges Urteil beendet, hat der Vorstand die Verfahrensbeendigung unverzüglich in den Gesellschaftsblättern bekannt zu machen. Die Bekanntmachung hat die Art der Verfahrensbeendigung, alle hiermit im Zusammenhang stehenden Vereinbarungen einschließlich Nebenabreden im vollständigen Wortlaut sowie die Namen der Beteiligten und ihren Aktienbesitz zu enthalten. Etwaige Leistungen der Gesellschaft und in ihrem Interesse handelnder Dritter sind gesondert zu beschreiben und hervorzuheben. Satz 1 bis 3 gelten entsprechend für Vereinbarungen, die zur Vermeidung eines Prozesses geschlossen werden. Die vollständige Bekanntmachung ist Wirksamkeitsvoraussetzung für alle Leistungspflichten der Gesellschaft und in ihrem Interesse handelnder Dritter. Die Wirksamkeit von verfahrensbeendigenden Prozesshandlungen bleibt hiervon unberührt. Der Vorstand hat der Hauptverhandlung über die Verfahrensbeendigung mit allen wesentlichen Umständen zu berichten.

(5) Das Urteil wirkt, auch wenn es auf Klageabweisung lautet, für und gegen die Gesellschaft und die übrigen Aktionäre. Entsprechendes gilt für einen Vergleich (Absatz 4).

(6) Die Kosten des Zulassungsverfahrens haben die Antragsteller zu tragen, soweit ihr Antrag abgewiesen wird. Im Übrigen ist über die Kostentragung im Endurteil zu entscheiden. Wird die Klage ganz oder teilweise abgewiesen, hat die Gesellschaft den Klägern die von diesen zu tragenden Kosten zu erstatten, sofern nicht die Kläger die Klagezulassung durch mutwillig oder grobfahrlässig unrichtigen Vortrag erwirkt haben. Haben mehrere Aktionäre die Klagezulassung als Streitgenossen erwirkt, so sind die Kosten mehrer Bevollmächtigter nur zu erstatten, soweit sie zur zweckentsprechenden Rechtsverfolgung unerlässlich waren.“

In den §§ 147 und 147 a AktG wird das bisherige System der Verfolgungsrechte der Minderheit neu geregelt, und zwar wird die bisherige Schwelle abgesenkt und ein zweistufiges Verfahren eingeführt. Vor das Klageverfahren tritt ein Klagezulassungsverfahren vor dem Prozessgericht. Dieses kann angerufen werden, solange der geltend gemachte Anspruch nicht verjährt ist. Durch das Klagezulassungsverfahren erhält die Minderheit der Aktionäre die Möglichkeit, prüfen zu lassen, ob der Prozess aussichtsreich ist, ohne dabei ein Kostenrisiko tragen zu müssen. Darüber hinaus entsteht ein Filter für von vornherein sinnlose Prozesse. Das Quorum beträgt nunmehr den 100tel Teil des Grundkapitals oder einen Börsenwert von 100.000,00 €. Nach dem Willen des Gesetzgebers bleibt es aber dabei, dass zunächst der Aufsichtsrat als zuständiges Organ die Schadensersatzpflicht prüft und gegebenenfalls tätig werden muss. Daher hat es das Verfolgsrecht der Minderheit mit subsidiärem Charakter ausgestattet und gefordert, dass die antragstellenden Minderheitsaktionäre die Gesellschaft zuvor erfolglos aufgefordert haben, selbst Klage zu erheben.

In einem wichtigen Detail weicht die Gesetzesfassung von der Rechtsprechung ARAG / Garmenbeck ab. Nach § 147 a Abs. 1 Satz 3 Nr. 4 kann die Gesellschaft im Zulassungsverfahren einwenden, dass Gründe des Gesellschaftswohls dem Schadensersatzprozess entgegenstehen. Während der Bundesgerichtshof in ARAG / Garmenbeck auf „gewichtige Gründe" abstellt, spricht der Gesetzgeber von „überwiegenden" Gründen. Nach der Gesetzesbegründung soll damit herausgestellt werden, dass eine Haftungsklage bei Vorliegen der Voraussetzungen zuzulassen ist und nur bei „überwiegenden" entgegenstehenden Interesse davon abgesehen wird.

Klage auf Schadensersatz können nur die Antragsteller des erfolgreichen Klagezulassungsverfahrens erheben.

Anhang

Unverbindliche Empfehlung des Gesamtverbandes der Deutschen Versicherungswirtschaft e. V. (GDV), Abweichende Vereinbarungen sind möglich

Allgemeine Versicherungsbedingungen für die Vermögensschaden-Haftpflichtversicherung von Aufsichtsräten, Vorständen und Geschäftsführern (AVB-VG)

Musterbedingungen des GDV

1. Gegenstand der Versicherung

1.1 Der Versicherer gewährt Versicherungsschutz für den Fall, dass ein gegenwärtiges oder ehemaliges Mitglied des Aufsichtsrates, des Vorstandes oder Geschäftsführung der Versicherungsnehmerin (versicherte Personen) wegen einer bei Ausübung dieser Tätigkeit begangenen Pflichtverletzung aufgrund gesetzlicher Haftpflichtbestimmungen privatrechtlichen Inhalts für einen Vermögensschaden von Dritten oder von der Versicherungsnehmerin auf Schadensersatz in Anspruch genommen wird. Vermögensschäden sind solche Schäden, die weder Personenschäden (Tötung, Verletzung des Körpers oder Schädigung der Gesundheit von Menschen) noch Sachschäden (Beschädigung, Verderben, Vernichtung oder Abhandenkommen von Sachen) sind noch sich aus solchen Schäden herleiten. Als Sachen gelten auch Geld und geldwerte Zeichen.

1.2 Sofern mit dem Versicherer besonders vereinbart, gilt zusätzlich:
Besteht eine Freistellungsverpflichtung der Versicherungsnehmerin gegenüber versicherten Personen für den Fall, dass diese von Dritten, also nicht von der Versicherungs-

nehmerin oder einer Tochter- oder Konzerngesellschaft, in dem in Ziffer 1.1. beschriebenen Umfang haftpflichtig gemacht werden, so geht der Anspruch auf Versicherungsschutz aus diesem Vertrag in dem Umfang von der versicherten Person auf die Versicherungsnehmerin über, in welchem diese ihre Freistellungsverpflichtung erfüllt. Voraussetzung für den Übergang des Versicherungsschutzes ist, dass die Freistellungsverpflichtung nach Art und Umfang rechtlich zulässig ist.

Soweit nicht etwas anderes vereinbart wurde, gilt:

1.3 Versicherungsschutz für Schadensersatzansprüche der Versicherungsnehmerin oder einer ihrer Tochter- oder Konzerngesellschaften gegen versicherte Personen bestehen nur unter der Voraussetzung, dass diese Ansprüche nicht auf Weisung, Veranlassung oder Empfehlung einer versicherten Person, einer Tochter- oder Konzerngesellschaft oder deren Organmitgliedern geltend gemacht werden. Eine Weisung, Veranlassung oder Empfehlung liegt nicht vor bei Erfüllung gesetzlicher oder satzungsgemäßer Berichts- und Informationspflichten.

2. Versicherungsfall

Versicherungsfall ist die erstmalige Geltendmachung eines Haftpflichtanspruchs gegen eine versicherte Person durch Dritte oder durch die Versicherungsnehmerin aufgrund einer tatsächlichen oder behaupteten Pflichtverletzung einer versicherten Person. Im Sinne dieses Vertrages ist ein Haftpflichtanspruch geltend gemacht, wenn gegen eine versicherte Person ein Anspruch schriftlich erhoben wird oder ein Dritter der Versicherungsnehmerin oder der versicherten Person schriftlich mitteilt, einen Anspruch gegen eine versicherte Person zu haben.

3. Zeitlicher Umfang des Versicherungsschutzes

3.1 Erfasste Pflichtverletzungen und Anspruchserhebungen (Claims Made):

Versicherungsschutz besteht für während der Dauer des Versicherungsvertrages eingetretene Versicherungsfälle wegen

Pflichtverletzungen, welche während der Dauer des Versicherungsvertrages begangen wurden. Wird eine Pflichtverletzung durch fahrlässige Unterlassung verursacht, gilt sie im Zweifel als an dem Tag begangen, an welchem die versäumte Handlung spätestens hätte vorgenommen werden müssen, um den Eintritt des Schadens abzuwenden.

3.2 Rückwärtsversicherung für vorvertragliche Pflichtverletzungen:

Durch besondere Vereinbarung kann im Falle des Wechsels des Versicherers der Versicherungsschutz bei Ansprüchen Dritter (nicht der Versicherungsnehmerin) erweitert werden auf Versicherungsfälle wegen Pflichtverletzungen, welche vor Beginn dieses Versicherungsvertrages begangen wurden. Dies gilt jedoch nicht für solche Pflichtverletzungen, welche eine versicherte Person oder die Versicherungsnehmerin bei Abschluss dieses Versicherungsvertrages kannte oder hätte kennen müssen.

3.3 Nachhaftung für Anspruchserhebungen nach Vertragsbeendigung:

Wird der Versicherungsvertrag durch den Versicherer nicht oder nicht zu denselben Konditionen verlängert, so hat die Versicherungsnehmerin das Recht, innerhalb eines Monats nach Ablauf des Vertrages gegen Zahlung eines zusätzlichen Beitrages in Höhe von ...% der letzten Jahresprämie die Vereinbarung einer Nachhaftungszeit von 2 Jahren zu verlangen; dies gilt nicht in den Fällen der Vertragsbeendigung gemäß Ziffer 10.2. Die Nachhaftungszeit gilt für Versicherungsfälle, welche dem Versicherer innerhalb der Nachhaftungszeit gemeldet werden, soweit sie auf Pflichtverletzungen beruhen, die während der Dauer der Versicherung – oder, soweit vereinbart, während der Dauer der Rückwärtsversicherung – begangen wurden. Das Recht der Versicherungsnehmerin, die Vereinbarung einer Nachhaftungszeit zu verlangen, erlischt, wenn die Nachhaftungszeit nicht innerhalb eines Monats nach Ablauf des Versicherungsvertrages schriftlich beim Versicherer beantragt wird oder wenn die Zahlung des zusätzlichen Beitrages für die Nachhaftungszeit nicht unverzüglich geleistet wird. Versicherungsschutz besteht für die gesamte Nachhaftungszeit im Rahmen und nach Maßgabe der bei Ablauf des letzten Versicherungsjahres geltenden Vertragsbestimmungen und zwar in Höhe des unverbrauchten Teils der Deckungssumme des letzten Versicherungsjahres.

3.4 Konkurseröffnung:

Bei Eröffnung des Konkurs- , Vergleichs- oder Gesamtvollstreckungsverfahrens über das Vermögen der Versicherungsnehmerin erstreckt sich die Deckung nur auf Haftpflichtansprüche infolge von Pflichtverletzungen, welche vor der Eröffnung begangen wurden.

3.5 Vertragsdauer:

Der Vertrag wird für den im Versicherungsschein genannten Zeitraum abgeschlossen. Eine Verlängerung des Vertragsverhältnisses bedarf einer ausdrücklichen Vereinbarung.

4. Sachlicher Umfang des Versicherungsschutzes

Soweit nicht etwas anderes vereinbart wurde, gilt:

4.1 Der Versicherungsschutz umfasst sowohl die gerichtliche und außergerichtliche Abwehr unbegründeter als auch die Befriedigung begründeter Schadensersatzansprüche.

4.2 Besteht eine Kapitalbeteiligung der versicherten Person an der Versicherungsnehmerin, so umfasst der Versicherungsschutz bei Ansprüchen der Versicherungsnehmerin nicht den Teil des Schadensersatzanspruches, welche der Quote dieser Kapitalbeteiligung entspricht.

4.3 Für den Umfang der Leistung des Versicherers ist die im Versicherungsschein angegebene Versicherungssumme der Höchstbetrag für jeden Versicherungsfall und für alle während eines Versicherungsjahres eingetretenen Versicherungsfälle zusammen. Kosten gem. Ziffer 4.4 sind darin inbegriffen. In jedem Versicherungsfall tragen die in Anspruch genommenen versicherten Personen den im Versicherungsschein aufgeführten Betrag selbst (Selbstbehalt). Im Falle der Ziffer 1.2 gilt statt des Selbstbehalts der versicherten Person der im Versicherungsschein aufgeführte Betrag für die Versicherungsnehmerin.

4.4 Kosten sind:
Anwalts-, Sachverständigen-, Zeugen- oder Gerichtskosten, Aufwendungen zur Abwendung oder Minderung des Schadens bei oder nach Eintritt des Versicherungsfalles sowie Schadensermittlungskosten, auch Reisekosten, die dem Versicherer nicht selbst entstehen. Dies gilt auch dann, wenn diese Kosten auf Weisung des Versicherers entstanden sind.

4.5 Kommt es in einem Versicherungsfall zu einem Rechtsstreit über den Anspruch zwischen einer versicherten Person und dem Anspruchsteller oder dessen Rechtsnachfolger, so führt der Versicherer den Rechtsstreit im Namen der versicherten Person auf seine Kosten. Der Versicherer gilt auch außergerichtlich als bevollmächtigt, alle zur Beilegung oder Abwehr des Anspruches in zweckmäßig erscheinenden Erklärungen im Namen der versicherten Person abzugeben. Wird in einem Strafverfahren wegen einer Pflichtverletzung, die einen unter den Versicherungsschutz fallenden Haftpflichtanspruch zur Folge haben kann, die Bestellung eines Verteidigers für die versicherte Person von dem Versicherer gewünscht oder genehmigt, so trägt der Versicherer die Kosten gemäß Gebührenordnung, ggf. die mit ihm besonders vereinbarten höheren Kosten des Verteidigers. Übersteigt der Streitwert die Versicherungssumme, so trägt der Versicherer nur die Kosten nach dem Streitwert in Höhe der Versicherungssumme.

4.6 Unabhängig von den einzelnen Versicherungsjahren gelten mehrere während der Wirksamkeit des Versicherungsvertrages geltend gemachte Ansprüche eines oder mehrerer Anspruchsteller

(a) aufgrund einer Pflichtverletzung, welche durch eine oder mehrere versicherte Personen begangen wurde,

(b) aufgrund mehrerer Pflichtverletzungen, welche durch eine oder mehrere versicherte Personen begangen wurden, sofern diese Pflichtverletzungen demselben Sachverhalt zuzuordnen sind und miteinander in rechtlichem, wirtschaftlichem oder zeitlichem Zusammenhang stehen, als ein Versicherungsfall.

Dieser gilt unabhängig von dem tatsächlichen Zeitpunkt der Geltendmachung der einzelnen Haftpflichtansprüche als in dem Zeitpunkt eingetreten, in dem der erste Haftpflichtanspruch geltend gemacht wurde.

4.7 Falls die vom Versicherer verlangte Erledigung eines Haftpflichtanspruchs durch Anerkenntnis, Befriedigung oder Vergleich an dem Widerstand der Versicherungsnehmerin oder einer versicherten Person scheitert, oder falls der Versicherer seinen vertragsgemäßen Anteil zur Befriedigung des Geschädigten zur Verfügung stellt, so hat der Versicherer für den von der Weigerung bzw. der Zurverfügungstellung an entstehenden Mehraufwand an Hauptsache, Zinsen und Kosten nicht aufzukommen.

5. Ausschlüsse

Soweit nicht etwas anderes vereinbart wurde, gilt:

Ausgeschlossen vom Versicherungsschutz sind Haftpflichtansprüche

5.1 wegen vorsätzlicher Schadensverursachung oder durch wissentliches Abweichen von Gesetz, Vorschrift, Beschluss, Vollmacht oder Weisung oder durch sonstige wissentliche Pflichtverletzung. Im Falle der Rückwärtsversicherung gemäß Ziffer 3.2 werden diese Pflichtverletzungen einer versicherten Person gemäß Satz 1 allen anderen versicherten Personen zugerechnet; dies gilt nicht für Pflichtverletzungen, welche nach Beginn des Vertrages ohne ihr Wissen von anderen versicherten Personen begangen wurden;

5.2 wegen Rückzahlung oder Rückgabe von Bezügen, Tantiemen oder sonstigen Vorteilen, welche die versicherten Personen aus der versicherten Tätigkeit oder mit Rücksicht auf diese erhalten haben;

5.3 wegen Schäden durch von der Versicherungsnehmerin oder einer Tochter- oder Konzerngesellschaft in den Verkehr gebrachte Produkte, Arbeiten oder sonstige Leistungen;

5.4 wegen Schäden durch Umwelteinwirkungen und alle sich daraus ergebenden weiteren Schäden;

5.5

- welche vor ausländischen Gerichten geltend gemacht werden – dies gilt auch im Falle eines inländischen Vollstreckungsurteils (§ 722 ZPO);
- wegen Verletzung oder Nichtbeachtung ausländischen Rechts;
- wegen einer im Ausland vorgenommenen Tätigkeit;

5.6 wegen Verstoßes gegen so genannte “Insiderregeln”;

5.7 aus Verstößen bei einer anderen als der versicherten Tätigkeit (z. B. Tätigkeit bei einem anderen Unternehmen oder freiberufliche Tätigkeit);

5.8 von versicherten Personen untereinander oder von Angehörigen oder versicherten Personen. Als Angehörige gelten der Ehegatte einer versicherten Person oder der, der mit einer versicherten Person in gerade Linie oder im 2. Grade der Seitenlinie verwandt oder verschwägert ist;

5.9 die sich daraus ergeben oder damit im Zusammenhang stehen, dass Versicherungsleistungen oder Versicherungen nicht oder unzureichend wahrgenommen, abgeschlossen oder fortgeführt werden;

5.10 wegen Beleidigung, übler Nachrede, Geschäftsschädigung oder unlauteren Wettbewerbs sowie aus der Verletzung von Berufsgeheimnissen, Urheber-, Patent-, Warenzeichen-, Geschmacksmuster und vergleichbaren Immaterialgüterrechten;

5.11 der Versicherungsnehmerin oder einer verbundenen Gesellschaft, deren Vermögensschaden bei einer anderen Gesellschaft dieses Konzerns zu einem Vermögensvorteil geführt hat, in Höhe des Vermögensvorteils;

5.12 im Zusammenhang mit Bestechungen, Schenkungen, Spenden oder ähnlichen Zuwendungen;

5.13 wegen Schäden aus Spekulationsgeschäften, soweit diese nicht innerhalb eines ordnungsgemäßen Geschäftsgangs erforderlich und üblich sind (z. B. Kurssicherungsgeschäfte);

5.14 wegen Schäden der Versicherungsnehmerin oder einer Tochter- oder Konzerngesellschaft durch Einbußen bei Darlehen und Krediten. Dies gilt nicht, soweit die Einbußen verursacht sind durch Pflichtverletzungen bei der Rechtsverfolgung.

6. Anderweitige Versicherungen

Besteht für einen unter diesem Versicherungsvertrag geltend gemachten Schaden auch unter einem anderen Versicherungsvertrag Versicherungsschutz, so sind Versicherungsnehmerin und versicherte Personen verpflichtet, den Schaden zunächst unter dem anderweitigen Versicherungsvertrag geltend zu machen. Die Leistungspflicht des Versicherers unter diesem Vertrag besteht nur, wenn und insoweit der anderweitige Versicherer für den Schaden nicht leistet. Kommt es zu einer Leistung aus diesem Versicherungsvertrag, weil der Versicherer des anderweitigen Versicherungsvertrages seine Leistungspflicht gegenüber der Versicherungsnehmerin oder einer versicherten Person bestreitet, so sind diese verpflichtet, etwaige Ansprüche aus dem anderweitigen Versicherungsvertrag an den Versicherer dieses Vertrages abzutreten. Sofern die Versicherungsnehmerin oder eine versicherte Person das durch diesen Versicherungsvertrag versicherte Risiko auch anderweitig versichert (z. B. Anschlussversicherung), ist dies dem Versicherer unverzüglich anzuzeigen.

7. Obliegenheiten im Versicherungsfall, Verfahren

7.1 Jeder Versicherungsfall ist dem Versicherer unverzüglich schriftlich anzuzeigen.

Wird ein Ermittlungsverfahren eingeleitet und ergeht ein Strafbefehl oder Bescheid, der den Ersatz eines Vermögensschadens zum Gegenstand hat oder zur Folge haben könnte, so hat die Versicherungsnehmerin dem Versicherer unverzüglich schriftlich Anzeige zu erstatten, auch wenn der Versicherungsfall selbst bereits angezeigt wurde. Wird gegen eine versicherte Person ein Anspruch gerichtlich geltend gemacht oder gegen diese gerichtlich der Streit verkündet, so ist dies ebenfalls unverzüglich anzuzeigen. Das Gleiche gilt im Falle eines Arrestes, einer einstweiligen Verfügung oder eines selbständigen Beweisverfahrens.

7.2 Die Versicherungsnehmerin und die versicherten Personen sind verpflichtet, unter Beachtung der Weisungen des Versicherers nach Möglichkeit für die Abwendung oder Minderung des Schadens zu sorgen und alles zu tun, was zur Klarstellung des Versicherungsfalles dient, sofern ihnen dabei nichts Unbilliges zugemutet wird. Sie haben den Versicherer bei der Abwehr des Schadens sowie bei der Schadensermittlung und –regulierung zu unterstützen, ihm ausführliche und wahrheitsgemäße Schadenberichte zu erstatten, alle Tatumstände, welche auf den Versicherungsfall Bezug haben, mitzuteilen und alle nach Ansicht des Versicherers für die Beurteilung des Versicherungsfalles erheblichen Schriftstücke einzusenden.

7.3 Die Versicherungsnehmerin oder eine versicherte Person ist nicht berechtigt, ohne vorherige Zustimmung des Versicherers einen Haftpflichtanspruch ganz oder z. T. anzuerkennen, zu vergleichen oder zu befriedigen, soweit nicht etwas anderes vereinbart wurde. Bei Zuwiderhandlung ist der Versicherer von der Verpflichtung zur Leistung frei, es sei denn, dass die Versicherungsnehmerin oder die versicherten Personen nach den Umständen die Befriedigung oder Anerkennung nicht ohne offenbare Unwilligkeit verweigern konnten.

7.4 Übernimmt die Versicherungsnehmerin den von den versicherten Personen zu tragenden Selbstbehalt, gibt sie eine Freistellungs- oder Verzichtserklärung gegenüber diesen ab, erteilt sie bezüglich des Versicherungsfalles diesen Entlastung oder schließt mit ihnen insoweit einen Vergleich, so ist dies von der Versicherungsnehmerin dem Versicherer anzuzeigen.

8. Anzeigepflichten

Soweit nicht etwas anderes vereinbart wurde, gilt:

8.1 Vorvertragliche Anzeigepflichten der Versicherungsnehmerin:

8.1.1 Die Versicherungsnehmerin hat bei Abschluss des Vertrages alle ihr bekannten Umstände, die für die Übernahme der Gefahr erheblich sind, dem Versicherer anzuzeigen. Erheblich sind die Gefahrumstände, die geeignet sind, auf den Entschluss des Versicherers, den Vertrag überhaupt oder zu dem vereinbarten Inhalt abzuschließen, einen Einfluss ausüben. Ein Umstand, nach welchem der Versicherer ausdrücklich und schriftlich gefragt hat, gilt im Zweifel als erheblich. Ist die Anzeige eines erheblichen Umstandes unterblieben, so kann der Versicherer vom Vertrag zurücktreten. Das Gleiche gilt, wenn die Anzeige eines erheblichen Umstandes deshalb unterblieben ist, weil sich die Versicherungsnehmerin der Kenntnis des Umstandes arglistig entzogen hat. Der Rücktritt ist ausgeschlossen, wenn der Versicherer den nicht angezeigten Umstand kannte, oder wenn die Anzeige ohne Verschulden der Versicherungsnehmerin unterblieben ist.

8.1.2 Der Versicherer kann von dem Vertrag auch dann zurücktreten, wenn über einen erheblichen Umstand eine unrichtige Anzeige gemacht worden ist. Der Rückritt ist ausgeschlossen, wenn die Unrichtigkeit dem Versicherer bekannt war oder die Anzeige ohne Verschulden der Versicherungsnehmerin unrichtig gemacht worden ist.

8.1.3 Hatte die Versicherungsnehmerin die Gefahrumstände anhand schriftlicher, von dem Versicherer gestellter Fragen anzuzeigen, kann der Versicherer wegen unterbliebener Anzeige eines Umstandes, nach welchem nicht ausdrücklich gefragt worden ist, nur im Fall arglistiger Verschweigung zurücktreten.

8.1.4 Wird der Vertrag von einem Bevollmächtigten oder von einem Vertreter ohne Vertretungsvollmacht geschlossen, so kommt für das Rücktrittsrecht des Versicherers nicht nur die Kenntnis und die Arglist der Versicherungsnehmerin in Betracht. Die Versicherungsnehmerin kann sich darauf, dass die Anzeige eines erheblichen Umstandes ohne Verschulden unterblieben oder unrichtig gemacht ist, nur berufen, wenn weder dem Vertreter noch ihr selbst ein Verschulden zur Last fällt.

8.1.5 Der Rücktritt kann nur innerhalb eines Monats erfolgen. Die Frist beginnt mit dem Zeitpunkt, in welchem der Versicherer von der Verletzung der Anzeigepflicht Kenntnis erlangt.

Der Rücktritt erfolgt durch Erklärung gegenüber der Versicherungsnehmerin. Im Fall des Rücktritts sind, soweit das Versicherungsvertragsgesetz nicht in Ansehung der Prämie ein anderes bestimmt, beide Teile verpflichtet, einander die empfangenen Leistungen zurückzugewähren; eine Geldsumme ist von dem Zeitpunkt des Empfangs an zu verzinsen.

8.1.6 Tritt der Versicherer zurück, nachdem der Versicherungsfall eingetreten ist, so bleibt die Verpflichtung zur Leistung gleichwohl bestehen, wenn der Umstand in Anschauung dessen die Anzeigepflicht verletzt ist, keinen Einfluss auf den Eintritt des Versicherungsfalls und auf den Umfang der Leistung des Versicherers gehabt hat.

8.1.7 Das Recht des Versicherers, den Vertrag wegen arglistiger Täuschung über Gefahrumstände anzufechten, bleibt unberührt.

8.2 Anzeigepflichten der Versicherungsnehmerin während der Vertragslaufzeit:

8.2.1 Treten Umstände, die für die Übernahme des Versiheungsschutzes Bedeutung haben (z. B. eine Änderung des Gesellschaftszweckes, eine wesentliche Erweiterung oder Änderung des Geschäftsbereiches, eine Änderung der Gesellschafterstruktur und der Stimmrechtsverhältnisse von mehr als 10%, der Erwerb oder die Gründung von Gesellschaften, deren Bilanzsumme mehr als 10% der konsolidierten Bilanzsumme der Versicherungsnehmerin beträgt, sowie die freiwillige Liquidation oder die Eröffnung des Konkurses oder Vergleichsverfahrens über das Vermögen der Versicherungsnehmerin oder eines Tochterunternehmens) nach Unterzeichnung des Antrags und vor Zugang des Versicherungsscheins bei der Versicherungsnehmerin ein oder ändern sich die bei Antragstellung angegebenen Umstände, ist die Versicherungsnehmerin gleichfalls verpflichtet, dies dem Versicherer unverzüglich schriftlich anzuzeigen. Die Versicherungsnehmerin ist verpflichtet, dem Versicherer auf Befragen unverzüglich alle nach Vertragsschluss eintretenden, die übernommene Gefahr erhöhenden Umstände mitzuteilen. Dies gilt sowohl für die von der Versicherungsnehmerin als auch von Dritten mit Duldung der Versicherungsnehmerin verursachte Gefahrerhöhung.

8.2.2

(a) Verletzt der Versicherungsnehmer seine Anzeigepflicht gem. Ziffer 8.2.1, kann der Versicherer den Versicherungsvertrag insgesamt fristlos kündigen und zwar auch dann, wenn die Voraussetzungen für die Kündigung nur bei einem Teil der versicherten Personen oder Tochterunternehmen erfüllt sind. Beruht die Gefahrerhöhung nicht auf einem Verschulden des Versicherungsnehmers, so braucht dieser die Kündigung erst mit dem Ablauf eines Monats gegen sich gelten zu lassen. Tritt nach Abschluss des Versicherungsvertrages eine Erhöhung der Gefahr unabhängig vom Willen des Versicherungsnehmers ein, kann der Versicherer den Versicherungsvertrag insgesamt mit einer Kündigungsfrist von einem Monat kündigen und zwar auch dann, wenn die Voraussetzungen für die Kündigung nur bei einem Teil der versicherten Personen oder Tochterunternehmen erfüllt sind. Dies gilt entsprechend für eine nach Antragstellung und vor Antragsannahme eingetretene Gefahrerhöhung, die dem Versicherer bei Annahme des Antrages nicht bekannt war. Das Kündigungsrecht in den vorgenannten Fällen erlischt, wenn es nicht innerhalb eines Monats nach Kenntnis von der Gefahrerhöhung ausgeübt wird oder wenn der Zustand vor Wirksamwerden der Kündigung wiederhergestellt ist, der vor der Gefahrerhöhung bestand.

(b) Leistungsfreiheit wegen Gefahrerhöhung:

Der Versicherer ist von der Verpflichtung zur Leistung frei, wenn der Versicherungsnehmer die Pflicht zur unverzüglichen Anzeige gem. Ziffer 8.2.1 verletzt und der Versicherungsfall später als einen Monat nach dem Zeitpunkt eintritt, in welchem die Anzeige dem Versicherer hätte zugehen müssen. Die Leistungspflicht bleibt jedoch bestehen, wenn die Frist für die Kündigung des Versicherers zur Zeit des Eintritts des Versicherungsfalles abgelaufen und eine Kündigung nicht erfolgt ist oder die Gefahrerhöhung keinen Einfluss auf den Eintritt des Versicherungsfalles und den Umfang der Leistung des Versicherers gehabt hat. Die Leistungspflicht bleibt auch bestehen, wenn dem Versicherer die Gefahrerhöhung zu dem Zeitpunkt bekannt war, als ihm die Anzeige hätte zugehen müssen.

(c) Mitversicherte Gefahrerhöhungen:

Die vorstehenden Regelungen finden keine Anwendung, wenn

- die Gefahr nur unerheblich erhöht wurde;
- nach den Umständen als vereinbart anzusehen ist, dass das Versicherungsverhältnis durch die Gefahrerhöhung nicht berührt werden soll oder
- die Gefahrerhöhung durch das Interesse des Versicherers oder durch ein Ereignis, für das er eintrittspflichtig ist, veranlasst wurde.

8.2.3 Die Versicherungsnehmerin hat innerhalb von sechs Monaten nach Abschluss des jeweils letzten Geschäftsjahres dem Versicherer den Geschäftsbericht (Bilanz, Gewinn- und Verlustrechnung, Anhang, Lagebericht und Testat) einzureichen.

9. Rechtsverlust

Soweit nicht etwas anderes vereinbart wurde, gilt:

9.1 Wird eine Obliegenheit verletzt, die nach Ziffer 7 dem Versicherer gegenüber zu erfüllen ist, so ist der Versicherer von der Verpflichtung zur Leistung frei, es sei denn, dass die Verletzung weder auf Vorsatz noch auf grober Fahrlässigkeit beruht. Bei grob fahrlässiger Verletzung bleibt der Versicherer zur Leistung insoweit verpflichtet, als die Verletzung Einfluss weder auf die Feststellung des Versicherungsfalles noch auf die Feststellung oder den Umfang der dem Versicherer obliegenden Leistung gehabt hat. Handelt es sich hierbei um die Verletzung von Obliegenheiten zwecks Abwendung oder Minderung des Schadens, so bleibt der Versicherer bei grob fahrlässiger Verletzung zur Leistung insoweit verpflichtet, als der Umfang des Schadens auch bei gehöriger Erfüllung der Obliegenheiten nicht geringer gewesen wäre.

9.2 Hat die Versicherungsnehmerin oder versicherte Person ihre Obliegenheiten nach Ziffer 7.2 dadurch verletzt, dass sie den Versicherer über erhebliche Umstände wissentlich täuschte oder zu täuschen versuchte, so verliert sie alle Ansprüche aus dem betreffenden Versicherungsfall. Weitergehende gesetzliche Rechtsfolgen solcher Täuschungen bleiben bestehen.

9.3 Die Versicherungsnehmerin oder versicherte Person hat, wenn sie das versicherte Risiko auch anderweitig versichert, dem Versicherer innerhalb eines Monats Anzeige hiervon zu erstatten; andernfalls verliert sie ihren Versicherungsanspruch hinsichtlich aller Versicherungsfälle, auf welche die Doppelversicherung sich erstreckt. Deckt die anderweitige Versicherung die Versicherungsnehmerin nicht bis zu dem Umfang wie diejenige des Versicherers, so tritt letzterer im Versicherungsfall für die Differenz ein.

10. Kündigung, Erlöschen des Vertrages

10.1 Der Versicherungsvertrag kann gekündigt werden, wenn von dem Versicherer aufgrund eines Versicherungsfalles eine Zahlung geleistet wurde oder der Haftpflichtanspruch rechtshängig geworden ist oder der Versicherer die Leistung der fälligen Entschädigung verweigert hat. Das Recht zur Kündigung im Versicherungsfall, die seitens des Versicherers mit einer Frist von einem Monat und seitens der Versicherungsnehmerin mit sofortiger Wirkung oder zum Schluss der laufenden Versicherungsperiode zu erfolgen hat, erlischt, wenn es nicht spätestens einen Monat, nachdem die Zahlung geleistet wurde, der Rechtsstreit durch Klagerücknahme, Anerkenntnis oder Vergleich beigelegt oder das Urteil rechtskräftig geworden ist, ausgeübt wird. Die Kündigung ist nur dann rechtzeitig erklärt, wenn sie der anderen Partei innerhalb der jeweils vorgeschriebenen Frist zugegangen ist.

10.2 Der Versicherer ist ferner für den Fall der Eröffnung des Konkurs-, Vergleichs- oder Gesamtvollstreckungsverfahrens über das Vermögen der Versicherungsnehmerin oder eines Tochterunternehmens berechtigt, den Versicherungsvertrag mit einer Frist von einem Monat zu kündigen. In dem Fall der Ziffer 9.2 kann der Versicherer den Vertrag innerhalb eines Monats nach erlangter Kenntnis mit einmonatiger Frist kündigen. Wird die Versicherungsnehmerin selbst freiwillig liquidiert oder neu beherrscht, erlischt der Versicherungsschutz mit Abschluss der Liquidation oder mit Beginn des neuen Beherrschungsverhältnisses automatisch.

11. Versicherung für fremde Rechnung, Abtretung des Versicherungsanspruches

11.1 Anspruch auf Versicherungsschutz können nur die versicherten Personen geltend machen; dies gilt nicht in den Fällen der Ziffer 1.2. Die Anzeigepflichten und Obliegenheiten der Versicherungsnehmerin gelten sinngemäß für die versicherten Personen.

11.2 Die Versicherungsansprüche können vor ihrer endgültigen Feststellung ohne ausdrückliche Zustimmung des Versicherers nicht auf Dritte übertragen werden.

11.3 Rückgriffsansprüche der versicherten Personen und deren Ansprüche auf Kostenersatz, auf Rückgabe hinterlegter und auf Rückerstattung bezahlter Beträge sowie auf Abtretung gem. § 255 BGB gehen in Höhe der vom Versicherer geleisteten Zahlungen ohne weiteres auf diesen über. Der Versicherer kann die Ausstellung einer den Forderungsübergang nachweisenden Urkunde verlangen.

11.4 Hat eine versicherte Person auf einen Anspruch gem. Ziffer 11.3 oder ein zu dessen Sicherung dienendes Recht verzichtet, bleibt der Versicherer dieser gegenüber nur insoweit verpflichtet, als die versicherte Person nachweist, dass die Verfolgung des Anspruchs ergebnislos geblieben wäre.

12. Prämie

Soweit nicht etwas anderes vereinbart wurde, gilt:

12.1 Die Prämie wird mit dem Abschluss des Versicherungsvertrages fällig. Wir die Prämie nicht rechtzeitig gezahlt, ist der

Versicherer, solange die Zahlung nicht bewirkt ist, berechtigt, vom Vertrag zurückzutreten. Es gilt als Rücktritt, wenn der Anspruch auf die Prämie nicht innerhalb von drei Monaten vom Fälligkeitstage an gerichtlich geltend gemacht wird.

12.2 Ist die Prämie zur Zeit des Eintritts des Versicherungsfalls noch nicht gezahlt, ist der Versicherer von der Verpflichtung zur Zahlung frei.

12.3 Endet das Versicherungsverhältnis vor Ablauf der Vertragszeit oder wird es nach Beginn der Versicherung rückwirkend aufgehoben oder ist es von Anfang an nichtig, gebührt dem Versicherer Prämie oder Geschäftsgebühr nach Maßgabe der gesetzlichen Bestimmungen (z. B. §§ 40 und 68 VVG).

13. Gerichtsstand und anzuwendendes Recht

Für diesen Vertrag gilt ausschließlich deutsches Recht. Gerichtsstand ist

....

Diese Gerichtsstandsvereinbarung gilt ausdrücklich auch dann, wenn die Versicherungsnehmerin oder eine versicherte Person ihren (Wohn-)Sitz im Ausland hat.

Literaturverzeichnis

Aufsätze

Adams, Michael: Aktienoptionspläne und Vorstandsvergütung. ZIP 2002, S. 1325 ff.

Arbeitsgruppe Europäisches Gesellschaftsrecht: Zur Entwicklung des Europäischen Gesellschaftsrechts. ZIP 2003, S. 863 ff.

Assmann, Heinz-Dieter: Rechtsanwendungsprobleme des Insiderrechts. AG 1997, S. 50 ff.

Bauer, Jobst-Hubertus: Rechtliche und taktische Probleme bei der Beendigung von Vorstandsverhältnissen. DB 1992, S. 1413 ff.

Bauer, Jobst-Hubertus; Diller, Martin: Koppelung von Abberufung und Kündigung bei Organmitgliedern. Zulässige Gestaltung oder sittenwidrige Falle? GmbH Rundschau 1998, S. 809 ff.

Bauer, Jobst-Hubertus; Krets, Jérôme: Gesellschaftsrechtliche Sonderregeln bei der Beendigung von Vorstands- und Geschäftsführerverträgen. DB 2003, S. 811 ff.

Bauer, Jobst-Hubertus; Diller, Martin: Karenzentschädigung und bedingte Wettbewerbsverbote bei Organmitgliedern. BB 1995, S. 22 ff.

Bea, Franz Xaver; Scheurer, Steffen: Die Kontrollfunktion des Aufsichtsrats. DB 1994, S. 2145 ff.

Bruns, Patrick: Existenz- und Gläubigerschutz in der GmbH – das Vulkan-Konzept. WM 2003, S. 815 ff.

Buchner, Herbert; Schlobach Klaus: Die Auswirkung der Umwandlung von Gesellschaften auf die Rechtsstellung ihrer Organpersonen. GmbH Rundschau 2004, S. 1 ff.

Cramer, Peter: Strafrechtliche Probleme des Insiderhandelsverbots, insbesondere Beihilfe zur fremden Insider-Straftat. AG 1997, S. 59 ff.

Dreher, Meinrad: Change of control-Klauseln bei Aktiengesellschaften. AG 2002, S. 214 ff.

Dreher, Meinrad: Nochmals: Das unternehmerische Ermessen des Aufsichtsrats. ZIP 1995, S. 628 ff.

Elsing Siegfried; Schmidt, Matthias: Individuelle Informationsrechte von Aufsichtsratsmitgliedern einer Aktiengesellschaft. BB 2002, S. 1705 ff.

Fischer, Michael: Der Entscheidungsspielraum des Aufsichtsrats bei der Geltendmachung von Regressansprüchen gegen Vorstandsmitglieder. BB 1996, S. 225 ff.

Fleck, Hans-Joachim: Zur Beweislast für pflichtwidriges Organhandeln. GmbH Rundschau 1997, S. 237 ff.

Fleck, Hans-Joachim: Das Dienstverhältnis der Vorstandsmitglieder und Geschäftsführer in der Rechtsprechung des BGH. WM 1994, S. 1957 ff.

Fleischer, Holger: Unternehmensspenden und Leitungsermessen des Vorstands im Aktienrecht. AG 2001, S. 171 ff.

Fürhoff, Jens: Insiderrechtliche Behandlung von Aktienoptions-Programmen und Management Buy-Outs. AG 1998, S. 83 ff.

Götz, Heinrich: Die vorzeitige Wiederwahl von Vorständen. AG 2002, S. 305 ff.

Götz, Heinrich: Leitungssorgfalt und Leitungskontrolle der Aktiengesellschaft hinsichtlich abhängiger Unternehmen. ZGR 1998, S. 524 ff.

Götz, Heinrich: Die Überwachung der Aktiengesellschaft im Lichte jüngerer Unternehmenskrisen. AG 1995, S. 337 ff.

Götz, Heinrich: Stellungnahme zur Aktienrechtsreform 1997. AG 1997, Sonderheft, S. 38 ff.

Groß, Werner: Die Rechtsprechung des Bundesgerichtshofs zur Haftung des GmbH-Geschäftsführers wegen Nichtabführung von Arbeitnehmerbeiträgen zur Sozialversicherung. ZIP 2001, S. 945 ff.

Habersack, Mathias: Die Aktionärsklage – Grundlagen, Grenzen und Anwendungsfälle. DStR 1998, S. 533 ff.

Hauptmann, Markus; Müller-Dott, Markus: Pflichten und Haftungsrisiken der Leitungsorgane einer Aktiengesellschaft und ihrer Tochtergesellschaften in der Insolvenz. BB 2003, S. 2521 ff.

Heermann, Peter: Wie weit reicht die Pflicht des Aufsichtsrats zur Geltendmachung von Schadensersatzansprüchen gegen Mitglieder des Vorstands? AG 1998, S. 201 ff.

Heilmann, Joachim: Rechtsprobleme von Einstellungsuntersuchungen. AuR 1995, S. 157 ff.

Henze, Hartwig: Prüfungs- und Kontrollaufgaben des Aufsichtsrates in der Aktiengesellschaft. NJW 1998, S. 3309 ff.

Henze, Hartwig: Leitungsverantwortung des Vorstands – Überwachungspflicht des Aufsichtsrats. BB 2000, S. 209 ff.

Henze, Hartwig: Gesichtspunkte des Kapitalerhaltungsgebotes und seiner Ergänzung im Kapitalgesellschaftsrecht in der Rechtsprechung des BGH. NZG 2003, S. 649 ff.

Hoffmann-Becking, Michael: Gestaltungsmöglichkeiten bei Anreizsystemen. NZG 1999, S. 797 ff.

Horn, Norbert: Die Haftung des Vorstands der AG nach § 93 AktG und die Pflichten des Aufsichtsrats. ZIP 1997, S. 1129 ff.

Jäger, Axel; Trölitzsch, Thomas: Grundsätze der Ermessensausübung für den Aufsichtsrat der Aktiengesellschaft und die Gesellschafterversammlung der GmbH am Beispiel der „ARAG"-Entscheidungen. WiB 1997, S. 10 ff.

Jaeger, Carsten: Die Pflichten des Aufsichtsrats bei der Prüfung und Durchsetzung der Vorstandshaftung. WiB 1997, S 684 ff.

Jaeger, Carsten; Trölitzsch Thomas: Unternehmerisches Ermessen des Aufsichtsrats bei der Geltendmachung von Schadensersatzansprüche gegenüber Vorstandsmitgliedern. ZIP 1995, S. 1157 ff.

Kästner, Karin: Aktienrechtliche Probleme der D&O-Versicherungen. AG 2001, S. 113 ff.

Keller, Ulrich: Die ärztliche Untersuchung des Arbeitnehmers im Rahmen des Arbeitsverhältnisses. NZA 1988, S. 561 ff.

Kind, Sandra: Darf der Vorstand einer AG Spenden an politische Parteien vergeben? NZG 2000, S. 567 ff.

Kirchner, Christian; Ehricke, Ulrich: Funktionsdefizite des Übernahmekodex der Börsensachverständigenkommission. AG 1998, S. 105 ff.

Kossen, Klaus: Haftung des Vorstandes und des Aufsichtsrates einer Aktiengesellschaft für Pflichtverletzungen. DB 1988, S. 1785 ff.

Lutter, Marcus: Corporate Governance und ihre aktuellen Probleme, vor allem: Vorstandsvergütung und ihre Schranken. ZIP 2003, S. 737 ff.

Lutter, Marcus: Zum unternehmerischen Ermessen des Aufsichtsrats. ZIP 1995, S. 441 ff.

Mayer-Maly, Theo: Arbeitsverhältnis und Privatsphäre. AuR 1998, S. 1 ff.

Mertens, Hans-Joachim: Der Vorstand darf zahlen. AG 2000, S. 157 ff.

Möllers Thomas; Leisch, Franz Clemens: Haftung von Vorständen gegenüber Anlegern wegen fehlerhafter Ad-hoc-Meldungen nach § 826 BGB. WM 2001, S. 1648 ff.

Peltzer, Martin; von Werder, Axel: Der „German Code of Corporate Governance (GCCG)" des Berliner Initiativkreises. AG 2001, S. 1 ff.

Philipp, Wolfgang: Darf der Vorstand zahlen? AG 2000, S. 62 ff.

Preußner Joachim; Zimmermann Dörte: Risikomanagement als Gesamtaufgabe des Vorstandes. AG 2002, S. 657 ff.

Preußner Joachim; Becker, Florian: Ausgestaltung von Risikomanagementsystemen durch die Geschäftsleitung. NZG 2002, S. 846 ff.

Preußner Joachim; Zimmermann Dörte: Risikomanagement als Gesamtaufgabe des Vorstandes. AG 2002, S. 657 ff.

Raiser, Thomas: Pflicht und Ermessen von Aufsichtsratsmitgliedern. NJW 1996, S 552 ff.

von Rosen, Rüdiger: Das Board-System hat auch für deutsche Unternehmen Vorteile. Die Welt, 26. Juni 2000

von Rosen, Rüdiger: Corporate Governance: Eine Bilanz. Die Bank 4/2001
von Rosen, Rüdiger: Beruf: Aufsichtsrat. BB 2000
Schmid, Karlheinz: Aussagen über Führungsleistungen in Arbeitszeugnissen und ihre rechtliche Problematik. DB 1986 S. 1334 ff.
Schneider, Uwe; Strenger, Christian: Die „Corporate Governance-Grundsätze" der Grundsatzkommission Corporate Governance. AG 2000, S. 106 ff.
Schröder, Christian: Strafbares Insiderhandeln von Organvertretern einer AG nach geltendem und neuem Recht. NJW 1994, S. 2879 ff.
Schumacher-Mohr, Marion: Fristprobleme bei der außerordentlichen Kündigung von Vorstandsmitgliedern einer Aktiengesellschaft. ZIP 2002, S. 2245 ff.
Streck; Mack; Schwedhelm: Steuerrechtliche Behandlung von Prämienzahlungen für D&O-Versicherungen. AG 2002, S. 287 ff.
Theisen, Manuel: Die Überwachungsberichterstattung des Aufsichtsrats. BB 1988, S. 705, ff.
Thümmel, Roderich: Zu den Pflichten des Aufsichtsrats bei der Verfolgung von Haftungsansprüchen gegenüber dem Vorstand der AG. DB 1997, S. 1117 ff.
Ulmer, Peter: Die Aktionärsklage als Instrument zur Kontrolle des Vorstands- und Ausichtsratshandelns. ZHR 1999, S. 291 ff.
Weber Ulrich; Dahlbender, Frank: Die Verlängerung von Anstellungsverträgen mit Vorständen. DB 1996, S. 2373 ff.
Werres, Thomas: Das Ende der Schonzeit. Managermagazin 8/2000
Winter, Martin; Harbarth, Stephan: Verhaltenspflichten von Vorstand und Aufsichtsrat der Zielgesellschaft bei feindlichen Übernahmeangeboten nach dem WpÜG. ZIP 2002, S. 1 ff.
Wolf, Christian: Variable Vergütung in Form eines Cafeteria-Plans. BB 1997, S. 928 ff.
Zeller, Sven: Die Einstellungsuntersuchung. BB 1987, S. 2439 ff.
Zimmermann, Thomas: Shareholder Value und Stakeholder Value: Alternative Unternehmensführungskonzepte? Kurzreferat im Rahmen des Economic Policy Club von Prof. Dr. Michael Schmid an der Otto-Friedrich-Universität Bamberg vom 12. Januar 1998 (zit.: Zimmermann, Shareholder Value)

Bücher

Altmeppen, Holger: Die Haftung des Managers im Konzern, Beck, München 1998 (zit.: Altmeppen)
Ansoff, Harry Igor: Managementstrategie, München 1966 (zit.: Ansoff, Managementstrategie)
Balser, Heinrich; Bokelmann, Gunther; Ott, Hans; Piorreck, Karl Friedrich: Die Aktiengesellschaft, Umfassende Erläuterungen, Beispiele und Musterformulare für die Rechtspraxis, 4. Auflage
Bartenbach, Kurt: Gesetz über Arbeitnehmererfindungen, 3. Auflage, Köln 2004 (zit.: Bartenbach)
Baumbach, Adolf; Hefermehl, Wolfgang: Wettbewerbsrecht, Kommentar, 22. Auflage, München 2002 (zit.: Baumbach / Hefermehl, Wettbewerbsrecht)
Baumbach, Adolf; Hopt, Klaus: Handelsgesetzbuch, Kommentar, 31. Auflage, München 2003, (zit.: Baumbach / Hopt-Bearbeiter)
Baums, Theodor: Bericht der Regierungskommission Corporate Governance, Unternehmensführung, Unternehmenskontrolle, Modernisierung des Aktienrechts (zit.: Baums)
Blomeyer, Wolfgang; Otto, Klaus: Gesetz zur Verbesserung der betrieblichen Altersversorgung, 3. Auflage, München 2004 (zit.: Blomeyer / Otto)
Eidam, Gerd: Unternehmen und Strafe – Vorsorge- und Krisenmanagement, 2. Auflage (zit.: Eidam)
GeneralCologne Re Kölnische Rückversicherungs-Gesellschaft-AG: Loss & Litigation Report, Managerhaftung im Spiel der Presse, 2. Auflage 2004
Gabler: Wirtschaftslexikon, 15. Auflage, Wiesbaden 2000 (zit.: Wirtschaftslexikon)
Geßler, Ernst; Hefermehl, Wolfgang; Eckhardt, Ulrich; Kropf, Bruno: Aktiengesetz, Band VI, Kommentar §§ 291 – 410, München 1993 (zit.: Hefermehl / Eckert)
Geßler, Ernst; Hefermehl, Wolfgang; Eckhardt, Ulrich; Kropf, Bruno: Aktiengesetz, Band II, Kommentar §§ 76 – 147; München 1974 (zit.: Hefermehl)
Gottwald, Peter: Insolvenzrechthandbuch, München 2001 (zit.: Gottwald, Insolvenzrechtshandbuch)
Henze, Hartwig: Aktienrecht, Höchstrichterliche Rechtsprechung, 4. Auflage, Köln 2000, (zit.: Henze)
Heidelberger Kommentar: Kommentar zur Insolvenzordnung, 3. Auflage, Heidelberg 2003 (zit.: Heidelberger Kommentar)
Hüffer, Uwe: Aktiengesetz, Kommentar, 5. Auflage, München 2002 (zit.: Hüffer)

Kölner Kommentar zum Aktienrecht: Band 2, §§ 76 – 117 AktG, 2. Auflage, Köln, Berlin, Bonn, München 1996 (zit.: Kölner Kommentar-Bearbeiter)
Kropf, Bruno; Semler, Johannes: Münchener Kommentar zum Aktiengesetz, Band III, §§ 76 – 117 AktG, 2. Auflage, München 2004 (zit.: Hefermehl / Spindler)
Kropf, Bruno; Semler, Johannes: Münchener Kommentar zum Aktiengesetz, Band VIII, §§ 278 – 328, 2. Auflage, München 2000 (zit.: Hefermehl / Spindler)
Lutter, Marcus; Hommelhoff, Peter: GmbHG, Kommentar, 15. Auflage, Köln 2000 (zit.: Lutter / Hommelhoff)
Neumann, Dirk: Bundesurlaubsgesetz, Kommentar, 9. Auflage, München 2003 (zit.: Neumann/Fenski, Bundesurlaubsgesetz)
v. Oetinger, v. Ghyczy, Bassford (Hrsg.) Clausewitz: Strategie denken, DTV, München 2003 (zit.: Clausewitz)
Palandt, Otto: Bürgerliches Recht, Kommentar, 63. Auflage, München 2003 (zit.: Palandt / Bearbeiter)
Peltzer, Martin: Deutscher Corporate Governance Kodex (zit.: Peltzer)
Plück, Ralf; Lattwein, Alois: Haftungsrisiken für Manager, Deckungskonzepte und Praxisbeispiele für Geschäftsführer und Vorstände, Wiesbaden 2000 (zit.: Plück / Lattwein)
Scheuch, Erwin K.; Scheuch, Ute: Manager im Grössenwahn (zit.: Scheuch)
Schimansky, Herbert; Bunte, Hermann-Josef; Iwanski, Hans-Jürgen: Bankrechts-Handbuch, Band III., München 1997 (zit.: Bankrechtshandbuch)
Schmidt, Karsten; Uhlenbruck, Wilhelm: Die GmbH in Krise, Sanierung und Insolvenz, 3. Auflage, Köln 2003, (zit.: Schmidt / Uhlenbruck)
Scholz, Franz: Kommentar zum GmbHG, Band II., §§ 45 – 87, 9. Auflage, Köln 2002 (zit.: Scholz-Bearbeiter)
Schüller Annette: Vorstandsvergütung, Gesellschaftsrechtliche Fragen der Vergütung des Vorstands in der börsennotierten Aktiengesellschaft, Stuttgart 1990, Numus-Verlagsgesellschaft Baden-Baden (zit.:Schüller, Vorstandsvergütung)
Semler, Johannes; Volhard, Rüdiger: Arbeitshandbuch für die Hauptversammlung, München 1999 (zit.: Semler)
Tröndle Herbert; Fischer, Thomas: Strafgesetzbuch und Nebengesetze, Kommentar, 51. Auflage, München 2002 (zit.: Tröndle / Fischer)
Uhlenbruck, Wilhelm: Die GmbH in Krise, Sanierung und Insolvenz, 3. Auflage, Die Rechtsstellung des Geschäftsführers nach der Insolvenzordnung
Uhlenbruck, Wilhelm: Insolvenzordnung, Kommentar, 12. Auflage, München 2002 (zit.: Uhlenbruck)
Ulmer, Peter: GmbHG, Großkommentar, Band III., §§ 53 – 85, Berling / New York 1997 (zit.: Hachenburg-Bearbeiter)

Vallender, Heinz: Die GmbH in Krise, Sanierung und Insolvenz, 3. Auflage Rechte und Pflichten des Geschäftsführers
Verspay, Heinz-Peter; Sattler, Andreas: Die kleine AG, Eine Rechtsform für das mittelständische Unternehmen, 4. Auflage; Renningen 2002
Wiesner,Georg: Münchener Handbuch des Gesellschaftsrechts, Band 4, Aktiengesellschaft, 2. Auflage, München 1999 (zit.: Wiesner, München Handbuch des Gesellschaftsrechts)

Sachverzeichnis

Druck und Bindung: Strauss GmbH, Mörlenbach